DATA VISUALIZATION

데이터 시각화와 자료분석

고길곤

박영사

이 책을 누나 고은주에게 바칩니다.

머리말

이 책은 저자가 구상해왔던 방법론 시리즈의 일환으로 기획되었다. 사회과학 분야의 방법론은 빠르게 발전해왔기 때문에 특정 방법론만을 가지고 연구를 수행하는 것은 더이상 유효하지 않다. 회귀분석 정도를 알아도 충분하다는 시절이 있었고, 계량경제학이 방법론의 전부인 것처럼 오해되던 시절도 있었다. 최근에는 설명 중심의 분석 모형을 넘어서 예측모형인 기계학습(machine learning)이라는 영역이 큰 관심을 끌고 있다. 새로운 방법론이라고 불리는 것도 사실은 고전적인 모형의 논리구조를 확장하는 과정이기 때문에 방법론 발전의 맥락을 이해하면서 연구문제에 적합한 방법론을 선택하는 것이 중요하다. 이를 위해 저자는 『통계학의 이해와 활용』(문우사), 『범주형 자료분석』(문우사), 『효율성 분석』(문우사) 등을 저술해왔다. 『데이터 시각화와 자료분석』은 각종 방법론을 활용할 때 기본이 되는 시각화 방법론을 체계적으로 소개하기 위한 책이다.

데이터 분석의 경험이 풍부한 사람일수록 자료가 갖고 있는 정보를 쉽게 요약·정리해서 제공하는 것이 어렵다는 것을 많이 느낀다. 데이터 시각화 책을 쓰게 된 가장 큰 동기는 계속 축적해 나아가고 있는 공공데이터 자료들을 분석하고 정리하는 과정에서 시각화 모듈의 필요성을 절감했기 때문이다. 또한 자료 분석 방법론이 발전함에 따라 복잡한 통계모형의 결과를 이해하기 쉽게 제공하기 위해서는 시각화 방법이 효율적이지만 이를 구현하는 방법론에 대한 논의가 그동안 체계적으로 제시되지 못해왔다. 이것은 통계프로그램이 기본으로 출력해주는 표와 그래프를 별다른 고민 없이 그대로 사용하는 경향이 강했기 때문이다. 사실 저자가 통계 프로그램을 이용한 데이터 시각화를 가르치다보면 "왜 손쉬운 엑셀을 놔두고 어려운 프로그램을 사용해서 시각화를 해야 하는가?"라는 질문을 자주 받는다. 이 질문이 나오는 이유는 많은 변수를 반복적으로 분석해야 하는 작업을 수행한 경험이 없기 때문이다. 또한 사회과학 연구 결과를 소통할 때 원자료와 분석파일을 의무적으로 제공하는 관행이 정착되지 않았기 때문에 굳이 프로그램 코딩을 통해 시각화를 할 필요성을 느끼지 못하기 때문일 수도 있다. 하지만 분석해야 할 변수의 수가 늘어나고, 다수의 연구자가 협업을 통해 자료 분석을 수행해야 하는 상황이 많아질수록 대화식 방식보다는 프로그램 방식의 시각화는 필수적이다.

이미 국내에도 R이나 Python과 같은 프로그램을 이용한 데이터 시각화 방법론을 소개한 책들이 많이 출판되기 시작하였다. 이들 중 상당 부분은 해외 원서를 번역한 경우가 많고 주로 시각화 패키지의 기능을 소개하는 경우가 많았다. 이 책이 기존 책과 차별되는 점은 시각화 자체에 초점을 맞추기보다는 시각화에 적합한 자료형태를 만들기 위한 자료처리의 과정, 시각화에 사용되는 다양한 그래프의 유형, 기술통계분석/상관분석/분산분석/회귀분석/로지스틱 회귀분석/시계열 분석 등의 통계분석 결과를 시각화하는 방법, 그리고 공간분석을 위한 시각화 방법들을 통합하여 소개하고자 했다는 점이다.

저자는 Jupyter Notebook 환경하에서 SAS, R, Python 등의 프로그램을 통합하여 자료분석에 사용하고 있지만 어느 프로그램을 사용할 것인가는 큰 문제가 되지 않는다는 것을 느낀다. 저자가 익숙한 SAS 환경하에서 대부분의 시각화는 구현될 수 있으며, 이는 Python이나 R에서도 마찬가지다. 중요한 것은 시각화를 하는 패키지나 함수가 아니라 어떤 논리를 가지고 시각화를 해야 한다는 것이다. 이 책에서는 SAS를 활용한 시각화를 제시하고 있지만 독자들이 원한다면 R이나 Python을 이용한 시각화 책도 동일한 논리구조를 활용하여 향후 출판을 할 의향은 있다.

이 책의 구성은 다음과 같다. 2장과 3장 부분은 SAS를 이용한 자료처리 부분을 설명하고 있기 때문에 SAS에 익숙한 독자는 크게 신경을 쓰지 않아도 된다. 다만 자료 처리과정에서 직면하는 다양한 상황을 예제를 통해 설명하고자 했으므로 빠르게 일독을 권한다. 4장은 여러 유형의 그래프를 소개하면서 독자들이 그래프의 유형에 친숙하도록 하고자 했다. 가능하면 SAS가 제공하는 다양한 옵션을 나열하기보다는 기본 그래프를 이해하고 상황에 맞게 옵션들을 이용할 수 있도록 시각화 수준을 조금씩 높여가며 설명하였다. 5~8장은 통계분석 결과를 시각화하는 방법을 제시하였다. 사회과학 연구에서는 주로 표를 이용하여 분석 결과를 제공하지만 이 책에서는 시각화 방법을 이용하여 통계분석 결과를 제시하는 방법을 소개하고자 하였다. 그리고 마지막 9장과 10장은 공간정보의 시각화 문제를 다루었다. 공간정보 시각화는 빠르게 발전하고 있는 분야로, 과거에는 GIS에 특화된 프로그램을 이용한 시각화가 일반적이었지만 SAS에서도 다양한 시각화와 분석 기능을 제공하고 있기 때문에 이를 소개하였다. 마지막으로 11장은 자료 시각화의 발전 방향을 제시하였다. 이 책에 사용된 코드와 자료는 kilkon@gmail.com으로 연락을 주면 공유할 수 있도록 하겠다.

객체지향프로그래밍(object-oriented programming)은 컴퓨터 프로그래밍 패러다임의 핵심적인 위치를 차지하고 있다. 템플릿 방식으로 다양한 시각화 방법을 모듈화하고, 그래프 위에 통계분석 값들 정보를 함께 제공하는 모듈들은 앞으로 빠르게 발전할 것이다. 데이터 시각화를 단지 그림 그리는 것쯤으로 폄하할 수 있지만 데이터 시각화는 통계분석의 모듈화 작업의 일부로 이해할 수 있다. 통계분석을 수행하면 기본값으로 다양한 시각화 결과가 나오는 것도 템플릿 모듈을 이용한 분석 결과라고 할 수 있기 때문이다. 앞으로 많은 연구자들이 다양한 시각화 모듈을 개발하여 공유하면서 방법론 발전에 기여하기를 소망한다. 저자 역시 앞으로 데이터 시각화 방법론을 더욱 발전시켜 새로운 개정판을 통해 부족한 부분을 보완하도록 하겠다.

이 책이 나오기까지는 많은 분들의 도움을 받았다. 학문의 길을 이끌어준 서울대 행정대학원 노화준 명예교수님, University of Pittsburgh의 John Mendeloff 교수님의 가르침이 없었다면 이 책은 불가능했다. 이 책의 초고가 나왔을 때 서울대 행정대학원 박사과정 김경동, 신가영, 이시영, 김란 학생과 석사과정의 정다원, 이민아 학생은 오탈자 교정에 큰 도움을 주었다. 매주 연구실 세미나를 하면서 고생을 하는 학생들이 고마울 따름이다. 박영사 손준호 과장님은 무한한 인내로 늦어지는 원고작업을 기다려주셨으며, 편집부는 멋진 편집으로 전혀 다른 원고로 만들어주셨다. 어려운 출판 환경에서도 책의 출판을 지원해주신 박영사에 깊은 감사를 표한다.

한 권의 책이 나올 때마다 가족에 대한 미안함은 커지는 것 같다. 남편을 믿고 묵묵히 이해해주는 아내 강금화, 힘겨운 고3의 시간을 아빠의 도움 없이 혼자 잘 이겨낸 딸 희경, 그리고 한국의 잔인한 교육환경에서도 자신의 길을 개척하려고 애쓰는 아들 석찬에게 어떻게 고마움을 표해야 할지 모르겠다. 평생 농사를 지으며 성실함과 정직함을 가르쳐주신 부모님께 이 부족한 책이 조그마한 보답이 되기를 바란다. 마지막으로, 고등학교 때부터 대학원 때까지 어려운 가정환경에도 불구하고 동생의 뒷바라지를 해주면서 격려해주고 믿어준 누나의 헌신이 없었다면 나는 학자의 길을 포기했을 것이다. 감사의 마음을 담아 이 책을 누나 고은주에게 바치고자 한다.

관악 연구실에서
고 길 곤

차 례

제 1 부

자료의 시각화

자료의 시각화

Data visualization

1. 왜 자료의 시각화인가?

    우리는 자료의 홍수시대에 살고 있다. 공공데이터가 충분히 제공되지 않고 있다고 비판을 하는 사람들도 있지만, 우리나라 통계청 국가통계포털(KOSIS)이나 한국은행(ECOS) 사이트에 접속해보면 인구, 고용, 보건, 환경, 교통, 재정 등 각종 분야의 통계를 어렵지 않게 내려받아 분석할 수 있다. 또한 주요 국가통계의 경우에는 통계청의 마이크로데이터(microdata) 통합서비스[1]를 통해서 원자료를 쉽게 구할 수 있다. 더군다나 최근에는 비정형 데이터(unstructured data)로 불리는 이미지, 음성, 텍스트를 다양한 형태의 자료로 변환하여 분석할 수 있는 방법론이 빠르게 발전하고 있다. 초연결사회(hyper connected society)로 변화하고 사회에서 자료를 어떻게 적절히 가공하여 분석할 것인지는 더욱 중요해지고 있다.

    자료분석에 대한 관심이 높아지면서 많은 사람들이 의미있는 정보를 얻기 위해서는 복잡한 통계분석 기법이 필수적이라고 오해하기 시작하였다. 그 결과 복잡한 숫자와 수식이 가득한 책과 논문들이 증가해온 것이 사실이다. 하지만 아무리 많은 숫자를 제시해주어도 의사결정자가 이를 이해할 수 없다면 그 유용성이 떨어질 수밖에 없다. 바로 이런 배경하에서 자료 시각화의 중요성이 부각되기 시작하고 있다. 엄청난 양의 자료를 효과적으로 분석하고 그 결과를 의사결정자들이 쉽게 이해할 수 있도록 자료 시각화에 대한 다양한 방법론이 개발되고 있는 것이다.

    자료 시각화는 단순히 '시각화'의 화려함을 추구하는 것이 아니다. 통계학 분야에서는 화려한 시각적 이미지를 강조하기보다는 간결성, 효율성, 정확성의 원칙에 바탕을 둔 시각화를 강조하고 있다. 통계학 분야에서 가장 명성이 높은 17개의 저널과 55개의 응용과학 분야의 저널에서 사용된 논문을 비교한 Gordon & Finch(2015)의 연구에 따르면[2] [그림 1]의 왼쪽 그림과 같이 응용과학 분야에서는 다양한 색깔과 막대그래프와 같은 시각화가 선호되지만, 통계학 분야에서는 오른쪽 그림과 같이 단순한 색, 선과 점을 이용한 간결한 시각화가 선호되고 있는 것으로 나타나고 있다. 이 두 그림은 동일한 정보를 제공하고 있지만, 오른쪽 그림과 같이 하나의 그림으로 나타내는 것이 훨씬 간결하고 비교도 쉬움을 알 수 있다.

---

1) https://mdis.kostat.go.kr/index.do

2) Gordon, I. and S. Finch (2015). "Statistician Heal Thyself: Have We Lost the Plot?" *Journal of Computational and Graphical Statistics* **24**(4): 1210-1229.

[그림 1] 응용과학과 통계학에서 그래픽스 사용의 차이

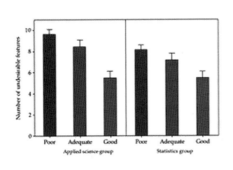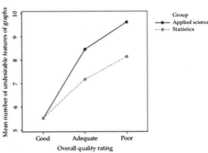

출처: Gordon & Finch(2015:1222)

　　한편, 간결성과 정확성 원칙을 강조하는 통계학과 달리 의미를 전달하는 '시각화'를 강조하는 언론사, 컴퓨터 공학자, 정부, 디자이너의 입장에서는 독자의 관심을 끌어내고 이야기를 전달해주는 것에 관심을 둔다(Gelman & Unwin 2013:4). 이러한 관점은 인포그래픽스(infographics)라는 신조어를 만들어내기 시작하였다.[3] 인포그래픽스는 〈뉴욕타임스〉와 같은 언론 매체에서 정보를 전달하기 위해 자료를 시각화하여 독자의 이해도를 높이기 위해 사용한 방법으로[4] 최근에는 정부에서도 시민과 소통하기 위해 인포그래픽스를 적극 활용하기 시작하였다. 인포그래픽스도 자료 시각화의 일종이지만 통계분석 결과의 정확한 전달보다는 정보의 효과적 전달에 더 초점을 맞춘다는 점에서 자료 시각화의 또 다른 접근 방법이라고 할 수 있다.

　　인포그래픽스는 정보와 그래픽을 결합하는데, 복잡한 수치나 글들을 각종 차트, 지도, 표, 혹은 그림 등과 결합하여 사용자가 한눈에 파악할 수 있도록 도와준다. [그림 2]는 기획재정부가 시민들에게 세법개정안의 내용을 쉽게 전달하기 위해 사용한 인포그래픽스다. 이 인포그래픽스를 보면 숫자뿐만 아니라 그림을 통해 세법 개정의 목표와 내용을 한눈에 확인할 수 있다.

　　최근 SAS와 같은 통계프로그램에서는 Visual Analytics와 같은 프로그램을 통해서 인포그래픽스를 구현할 수 있는 환경을 제공해주고 있으며 자료 시각화의 새로운 영역을 개척하고 있다.[5]

　　자료 시각화에 대한 관심과 노력은 사실 오랜 역사를 가지고 있다. 19세기 들어서면서

---

3) Gelman & Unwin(2013)은 Infovi(information visualization)라는 용어를 사용하기도 한다.
4) 원다예(2016), 『이것이 인포그래픽이다』, 한빛미디어.
5) https://blogs.sas.com/content/tag/infographic/

[그림 2] 기획재정부의 세법 개정안에 대한 인포그래픽 사례

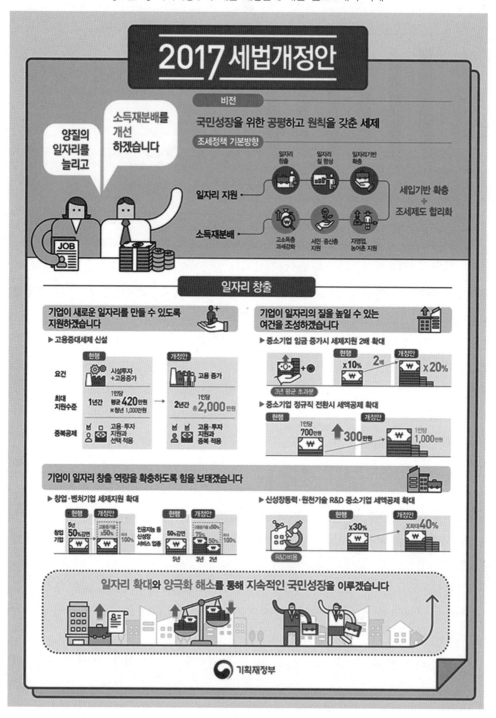

[그림 3] 게리의 프랑스 범죄 통계 비교 지도

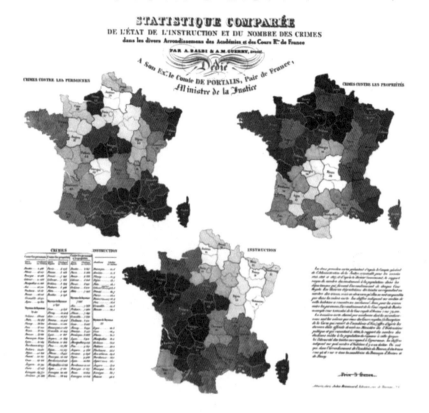

사회과학자들은 자연과학처럼 사회현상을 자료를 이용하여 나타낼 수 있다고 믿으면서 많은 사회통계를 생산해 냈으며 자료 시각화를 통계자료 분석의 중요한 방법론으로 사용하였다.6) 이 시기에 가장 유명한 사람은 프랑스의 아돌프 케틀레(Adolphe Quetelet)인데, 그는 사회물리학(social physics)이라는 영역을 개척하면서 범죄율, 결혼율 등 다양한 사회통계를 측정하고 이를 사회과학에 응용하였다.7) 케틀레와 동시대에 살았던 프랑스의 앙드레 미셸 게리(André-Michel Guerry)는 『프랑스의 윤리통계에 관한 소고(Essay on moral statistics of France)』라는 책을 1832년 출간하게 되는데 프랑스의 개인범죄, 경제범죄 등 각종 사회통계를 비교하면서 [그림 3]과 같이 지도에 자료를 나타내는 방법을 사용하였다.

---

6) 19세기와 그 이전의 사회통계의 역사에 대해서는 Friendly, M. (2007). "A.-M. Guerry's Moral Statistics of France: Challenges for Multivariable Spatial Analysis." *Statistical Science* **22**(3): 368-399를 참고하라.

7) 사회물리학이라는 용어는 원래 오귀스트 콩트(Auguste Comte)가 먼저 사용했는데 콩트는 케틀레의 사회물리학이 자기 생각과 다르다고 생각하고 사회학(sociologie, sociology)이라는 용어를 사용하여 사회학의 창시자로 불리게 된다.

[그림 4] 게리의 범죄자료의 분석과 시각화

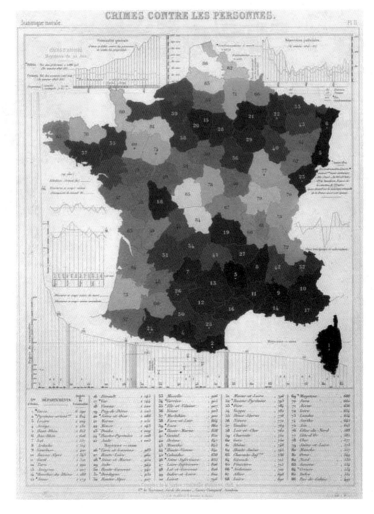

출처: Friendly(2005:9)

더욱 놀라운 것은 통계자료를 지도 위에 시각화하는 작업 이외에도 [그림 4]와 같이 각
종 그래프와 통계표를 함께 나타내주면서 사회통계의 시각화에 새로운 지평을 열었다는 것
이다. 이 그림은 현대의 인포그래픽스와 비교해보더라도 손색이 없을 정도로 체계적인 정
보를 제공하고 있다. 대인 범죄, 대물 범죄, 살인, 강간, 하인의 절도행위, 방화, 자살 등에
대한 연도별 통계가 제공되고 있고 그 순위에 따라 색깔의 강도도 달리 하고 있다.

　19세기 통계학이 보여준 자료 시각화에 관한 관심에도 불구하고 이후 자료 시각화는 크
게 부각되지 못했다. 물론 1970년대에 J. Tukey가 개척한 탐색적 자료분석(exploratory data

analysis, EDA)에서 기술통계분석을 위한 효과적인 접근방법으로 제시한 상자그림, 산점도, 평활곡선(smoothing curve) 등이 주목을 받기 시작하였지만[8] 데이터 그래픽스(data graphics)가 통계학에서 주된 영역으로 자리를 잡지 못한 것이 사실이다. 또한 Tufte(1983)나 Cleveland(1985) 등이 통계 시각화의 중요성을 강조하는 책을 출간하였지만, 데이터 그래픽스가 통계학의 핵심 분야가 되었다고 보기는 어렵다. 자료의 시각화에 대한 연구를 오랫동안 수행해온 William Cleveland가 1980~1981년 사이에 57개의 학술저널의 논문을 분석한 결과에 따르면, 그래프를 포함한 논문의 수가 6.6%밖에 되지 않는 것으로 나타났다.[9] 대학이나 대학원의 기초 통계학 수업 시간에도 자료 시각화는 기술통계를 가르치면서 간단히 설명되고 지나가는 부분으로 다루어져 왔을 뿐이다.

하지만 2000년대에 들어서 데이터 그래픽스는 매우 빠른 속도로 발전하기 시작한다. 〈Journal of Computational and Graphical Statistics〉는 비록 통계 계산과 관련한 논문이 주로 실리고 있지만, 1992년 저널이 처음 출간된 이후 2018년 1월 현재 242건의 논문이 통계 그래픽스를 다루고 있다.[10] 특히 R과 같이 최근에 개발된 오픈 소스 프로그램이 자료 시각화를 위한 다양한 통계 그래픽스 패키지를 제공하면서 통계 그래픽스가 통계학뿐만 아니라 응용과학에서도 점차 확산되고 있다. 자료 시각화 수준이 떨어진다고 알려진 SAS와 같은 통계 프로그램조차도 자료 시각화를 위한 기능들을 대폭 보강해오고 있다. 일부에서는 시각화는 표의 형태로 분석결과를 제공하는 것보다 비과학적이라고 주장하기도 하지만[11] 분석수준이 높은 분야의 저널에서 그래프를 더 많이 사용한다는 실증분석은 이를 반박하고 있다.[12]

자료 시각화는 분석에 사용되는 변수와 관찰점이 증가함에 따라 더욱 중요해지고 있다.

---

8) Tukey, J. W. (1977). *Exploratory data analysis*, Addison-Wesley.
9) Cleveland, W. S. (1984). "Graphs in Scientific Publications." *The American Statistician* **38**(4): 263-264.
10) 주제어로 graphics를 사용한 논문만을 검색한 숫자이다.
11) 이 논쟁에 대해서는 Gelman, A., et al. (2011). "Why Tables Are Really Much Better Than Graphs [with Comments and Rejoinder]." *Journal of Computational and Graphical Statistics* **20**(1): 3-40. 참고.
12) 화학이나 물리학 분야의 저널이 경제학이나 사회학 분야의 저널보다 훨씬 더 많은 그래프를 사용하고 있으며 심리학 분야에서도 분석 수준이 높은 저널일수록 그래프가 많은 논문이 출간된다는 연구도 존재한다. 이에 대해서는 다음 논문을 참고하기 바란다. Smith, L. D., Best, L. A., Stubbs, D. A., Archibald, A. B., and Roberson-Nay, R. (2002), "Constructing Knowledge: The Role of Graphs and Tables in Hard and Soft Psychology," *American Psychologist*, 57 (10), 749-761. 혹은 Smith, L. D., Best, L. A., Stubbs, D. A., Johnston, J., and Archibald, A. B. (2000), "Scientific Graphs and the Hierarchy of the Sciences: A Latourian Survey of Inscription Practices," *Social Studies of Science*, 30 (1), 73-94. 참고.

우리가 사용하는 자료를 살펴보면 많은 변수(variable)와 관찰점(observation)으로 구성되어 있어서 그 자료를 바로 읽어서는 의미를 파악하는 것이 불가능하다. 통계청 KOSIS의 경우 제공하는 표의 수만 해도 10만 개가 넘고 각각의 표에는 수많은 변수와 수십 기가가 넘는 자료가 제공되고 있다. 최근 빅데이터 분석(bigdata analysis)에서 사용되는 자료는 테라바이트 이상의 크기를 갖고 있다. 이러한 빅데이터 자료를 바로 읽어서 의미를 파악하는 것은 불가능하다. 물론 통계분석을 수행하여 평균이나 분산과 같은 간단한 숫자로 나타내서 자료의 의미를 해석할 수 있다. 하지만 많은 정보를 하나의 숫자로 축약하는 과정에서 정보의 손실이 발생할 수밖에 없다. 서로 이질적인 수백만의 지능을 평균 IQ와 같은 단순한 숫자로 요약해본다고 생각해보자. 이 숫자가 도대체 무슨 의미가 있을까? 한국 사람의 평균적인 지능, 평균적인 키, 평균적인 소득, 평균적인 나이를 모두 충족하는 사람은 5천만 명 중에서 아마 거의 없을 것이다. 자료를 분석하면 할수록 일반적인 평균에 관심을 두기보다는 특정 지역, 특정 그룹, 특정 시점의 자료를 구체적으로 분석하는 것이 중요하다. 물론 수백만 개의 관찰점을 평균이나 분산과 같은 하나의 숫자로 단순하게 요약하는 것의 장점이 분명히 있다. 하지만 정보의 손실이라는 단점과 구체성이 떨어진다는 단점도 매우 크다.[13) 자료 시각화는 이러한 단점을 훌륭하게 보완하면서, 자료가 가진 정보를 이해하기 쉽고 충분하게 전달하는데 기여할 수 있다.

> "뛰어난 그래프는 흥미로운 자료를 잘 표현하는 것이다. 즉 통계의 내용과 디자인의 문제일 수 있다. …그것은 명확성(clarity), 정확성(precision), 효율성(efficiency)을 갖추면서 복잡한 아이디어가 소통된 것이다. 그것은 또한 그래프를 보는 사람에게는 많은 아이디어를 짧은 시간에 최소한의 공백과 잉크를 가지고 제공해주는 것이기도 하다. … 또한, 뛰어난 그래프는 항상 다변량의 정보를 제공하며 … 자료의 진실을 전달한다"(Tufte, 1983:51)

이처럼 자료 시각화에 대한 긍정적이지만 다양한 관점이 존재하고 있지만, 자료 시각화의 목적이 무엇인가를 진지하게 고민하지 않으면 자료 시각화의 활용가능성은 떨어질 수밖에 없다. 따라서 자료 시각화의 목적과 구체적인 활용 가능성을 다음 절에서 살펴보도록 한다.

---

13) Rose, Todd(2016), "The End of Average: How We Succeed in a World That Values Sameness", Harper Collins.

자료의 시각화의 목적은 무엇인가?

1) 자료를 요약·정리하기 위한 목적

미국의 〈워싱턴포스트〉 기자 딜런 메튜는 성범죄 현황을 숫자로 나타내는 것이 효과적이지 않다는 생각을 하게 되었다. 강간범 중에 몇 %만이 신고되는지, 신고된 강간범 중에 얼마가 법정에서는지, 그중에 유죄율은 얼마인지, 그리고 잘못 신고되어 누명을 쓴 강간 피해자는 얼마나 되는지 등에 대한 장황한 통계 대신에 [그림 5]와 같은 시각화된 정보를 제공해주었다. 이 그림을 보면 실제 강간범 중에서 유죄율이 얼마나 낮은지, 그리고 누명을 쓴 강간 피해자가 많지 않음을 어렵지 않게 살펴볼 수 있다. 물론 이 시각화는 숫자로 제시

[그림 5] 성범죄 통계의 시각화

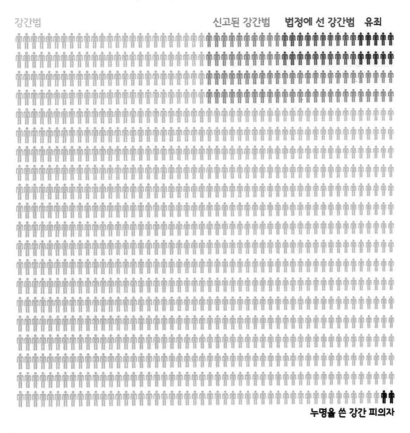

출처: http://www.wikitree.co.kr/main/news_view.php?id=101767

[그림 6] 연구개발비의 국제비교

* 환율: 1,160.27원/달러(OECD 기준)

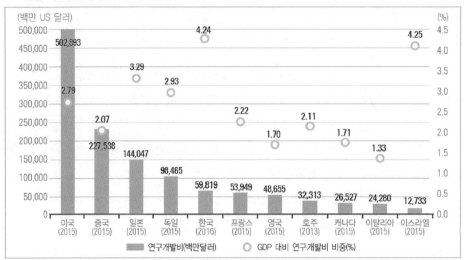

* 세계 순위는 OECD에서 집계발표(Main Science and Technology Indicators 2017-1)한 각 국가(OECD 회원국과 주요 비회원국)의 가장 최근 자료 기준으로 산출하였으며 국가별 2016년 데이터가 공표(MSTI 2017-2)되면 순위 변동 가능
* 자료원: OECD, *Main Science and Technology Indicators 2017-1*, 2017

하는 정보에 비해 부정확한 측면이 있지만, 성범죄에 관한 관심을 효과적으로 높일 수 있는 시각화라고 할 수 있다.

　[그림 6]은 한국과학기술평가원(KISTEP)의 〈2016년 연구개발활동 조사보고서〉에서 제시하고 있는 연구개발비의 국제비교 자료 시각화의 한 예시이다. 이 그림은 연구개발비 총액과 GDP 대비 연구개발비 비중 정보를 함께 제공하고 있다. 단순히 연구개발비 총액만을 제시하면 국가 규모를 고려하기 쉽지 않기 때문이다. 이를 시각화하기 위해 왼쪽과 오른쪽 축의 단위를 달리하고 있으며, 하나는 막대그래프로 다른 하나는 점그래프로 나타내서 구분을 해주고 있다. 이렇게 시각화를 한 결과 한국이나 이스라엘 같은 작은 나라는 연구개발비 규모 자체는 크지 않지만, GDP에서 차지하는 비중은 큰 것을 확인할 수 있다. 또한 그림에는 한국과 다른 나라를 비교하기 위해 한국은 막대그래프 색깔을 달리함으로써 자료의 이해도를 높이고 있으며 주석에 자료의 출처와 해석상의 주의점도 제공해주고 있다. 만일 동일한 정보를 표의 형태로 제공했다면 국가 간의 연구개발비 차이를 이해하는 것이 쉽지 않았을 것이다.

　〈표 1〉은 우리나라 시군구별 주민등록인구 자료를 연도별로 수집하여 이를 다시 광역시도별 인구로 통합한 후 65세 이상 인구비율의 평균, 표준편차, 최솟값, 최댓값을 구한 결과

〈표 1〉 연도별 광역시도별 65세 초과 인구비율의 추세

연도	관측값 수	평균	표준편차	최솟값	최댓값
2008	17	10.32	3.05	5.75	16.63
2009	17	10.69	3.07	6.05	17.01
2010	17	11.05	3.05	6.36	17.34
2011	17	11.30	3.03	6.56	17.62
2012	18	11.76	3.00	6.78	17.95
2013	18	12.20	2.98	7.17	18.52
2014	18	12.54	2.96	7.61	18.98
2015	18	12.87	3.03	8.03	19.39
2016	18	13.26	3.10	8.52	19.84

[그림 7] 광역시도의 65세 이상 인구비율 평균 및 최대/최솟값 추세

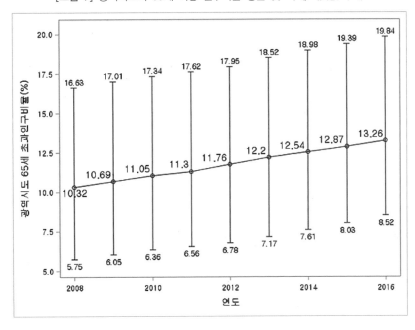

이다. 이 결과를 얻기 위해 실제로는 0세부터 100세 이상까지의 연령별 인구를 시군구별 연도별로 수집한 자료를 사용하였기 때문에 매우 많은 정보가 표에 함축적으로 담겨 있다. 하지만 자료를 요약·정리를 할 때 그래프를 이용하여 정리하면 훨씬 더 효과적으로 정리를 할 수 있다. 〈표 1〉을 보면 우리나라는 2008년 이후부터 지속적으로 고령 인구의 비율이 증가하고 있음을 알 수 있다. 2008년의 10.32%에서 2016년에는 13.26%로 증가하고 있다. 그러나 광역시도 간의 차이를 〈표 1〉에서 제공하는 정보만을 가지고는 제대로 이해

[그림 8] 상이한 자료에 대한 동일한 회귀분석 결과

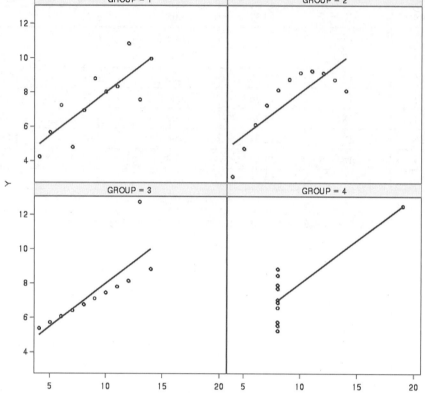

하지 못할 위험이 크다.

　광역시도 간의 차이를 명확하게 나타내주기 위해 [그림 7]과 같이 시각화를 해보면 65세 초과 인구 비율의 증가 추세를 훨씬 더 잘 확인할 수 있으며 그 크기 역시 쉽게 확인할 수 있다. 또한 최댓값과 최솟값을 보여줌으로써 일부 광역시에는 65세 초과 인구비율이 2016년에는 19.84%에 달하고 있음을 확인할 수 있다. 이것은 인구 고령화 수준이 매우 높은 광역 시·도가 존재하고 있음을 시사한다.

2) 적절한 통계 방법론 적용을 위한 시각화

　자료 시각화는 단순히 자료를 요약·정리하는 것을 넘어서 적절한 통계 방법론 적용을 위해서도 널리 사용할 수 있다. 첫째, 자료 시각화는 자료의 특징을 파악한 후 적절한 분석모형을 선택하기 위해 사용될 수 있다. 이를 설득력 있게 보여준 고전적인 연구는 Anscombe

(1973)의 논문이다. 그는 자료 시각화를 수행하지 않은 채 수행한 회귀분석의 결과가 어떻게 잘못 해석될 수 있는지를 설득력 있게 제시하였다.[14] [그림 8]에서 제시되는 4개 유형의 자료를 분석해보면 평균과 분산도 유사하고, 회귀분석을 수행해보아도 4개 유형의 자료 모두 독립변수 X가 한 단위 증가하면 종속변수 Y는 약 0.5 단위 증가하는 관계를 갖는 것으로 나타난다. 하지만, 그림의 산점도(scatter plot)가 보여주듯이 4개 유형의 자료는 매우 상이한 분포를 보인다. 이 자료를 시각화하여 검토하지 않은 상황에서는 단순히 상관계수를 구하거나 회귀분석을 이용하여 회귀계수를 계산한 후 이 값을 해석하는 식의 분석을 할 위험이 크다. 실제로 시각화에 익숙하지 않은 연구자가 복잡한 통계분석 기법들을 적용하면서도 해당 자료가 특정 기법에 적합한 자료인지를 시각화를 통해 확인하지 않는 경우가 흔히 존재한다.

이와 유사하게 자료 분석에서 널리 사용하는 상관계수도 시각화하지 않았을 때 자료를 제대로 이해하지 못하는 문제가 발생할 수 있다. [그림 9]는 자료들이 극단값을 갖는 경우, 자료가 비선형인 경우, 그룹의 형태로 나누어져 있는 경우, 분포가 치우쳐 있는 경우, 분산이 점차 증가하거나 감소하는 경우에 대한 다양한 산점도를 제시하고 있다. 하지만 이 그림들은 모두 상관계수가 0.5로 동일하다. 단순히 상관계수 값만을 가지고 자료를 분석하는 경우 이러한 자료의 분포 차이를 무시하게 되는 오류를 범하게 된다.[15] [그림 9]의 9번째 산점도는 비선형 회귀분석을, 11, 12번째 산점도는 강건 회귀분석(robust regression)을, 14, 15번째 산점도 자료의 경우에는 그룹 간의 차이를 고려한 다수준 분석(multi-level analysis)

---

14) Anscombe, F. J. (1973). "Graphs in Statistical Analysis." *The American Statistician* **27**(1): 17-21. 이 자료는 R 프로그램에서도 제시되는데 이를 사용하여 SAS로 분석하였다.

```
proc iml;
submit/r;
library(foreign)
anscombe
write.foreign(df= anscombe, datafile='d:/anscombe.txt',
codefile='d:/rdata.sas',     package = "SAS")
;
endsubmit;
quit;
%INCLUDE "D:\RDATA.SAS";
```

15) 여기서 사용한 그림은 Vanhove, Jan. 2016. "What Data Patterns Can Lie Behind a Correlation Coefficient?"에 기반하였다. Vanhove는 R 프로그램을 이용해 시각화를 했으나 이 책에서는 SAS에서 이 프로그램을 아래와 같이 IML을 이용하여 실행하였다.

```
PROC IML;SUBMIT/R;
source("http://janhove.github.io/RCode/plot_r.R")
plot_r(r = 0.5, n = 50)
ENDSUBMIT;RUN;
```

[그림 9] 동일한 상관계수(0.5)를 갖지만, 자료분포는 상이한 경우 예시

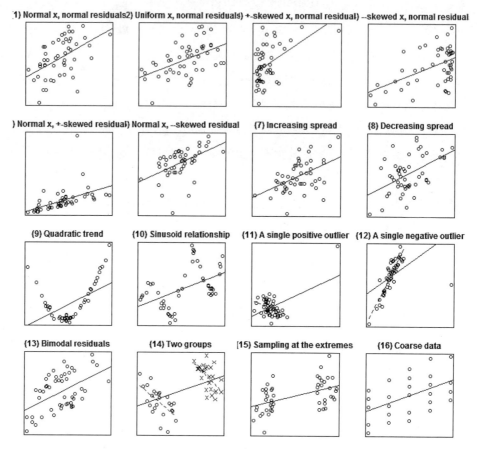

All correlations: r(50) = 0.5

1) Normal x, normal residuals 2) Uniform x, normal residuals 3) +-skewed x, normal residual 4) --skewed x, normal residual

5) Normal x, +-skewed residual 6) Normal x, --skewed residual (7) Increasing spread (8) Decreasing spread

(9) Quadratic trend (10) Sinusoid relationship (11) A single positive outlier (12) A single negative outlier

(13) Bimodal residuals (14) Two groups [15] Sampling at the extremes (16) Coarse data

을 고려해보아야 한다. 자료 시각화에 익숙하지 않은 연구자의 경우 이런 단계를 생략한 채 성급히 통계분석 기법을 적용하는 경우가 많다.

둘째, 자료 분석을 시각화를 이용하여 수행하는 것이다. 예를 들면 25명의 소비자에서 17종류의 자동차에 대한 선호를 0~9점 척도로 질문한 후 결과를 얻었다고 가정해보자. 연구자는 어떤 소비자가 선호하는 차의 유형이 무엇인지, 소비자들의 선호가 유사한 그룹의 자동차 그룹은 어떤 것인지를 종합적으로 분석하고 싶다. 이러한 경우에는 유사한 소비자들이 누구이고 유사한 자동차가 무엇인지를 [그림 10]과 같이 시각화하여 분석을 수행하는 것이 효율적이다.

[그림 10] 다차원 선호 분석의 시각화

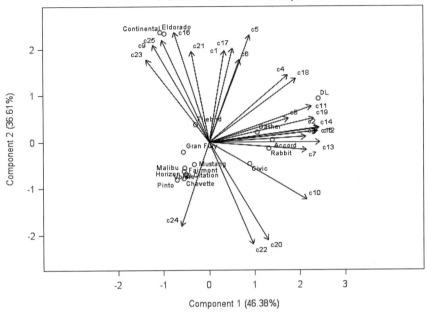

[그림 11] 로지스틱 회귀분석 결과

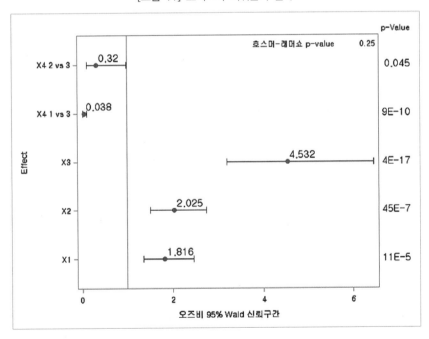

제1장 자료의 시각화   17

또한, 복잡한 통계표를 제시하기보다는 추정된 회귀계수와 모형적합도를 [그림 11]과 같이 시각화하여 나타내는 것이 분석결과를 이해하기 훨씬 쉽고 정확하게 전달할 수 있다. [그림 11]은 로지스틱 회귀분석을 통해 추정된 회귀계수의 오즈비와 그 유의확률, 그리고 모형 적합도를 나타내는 호스머-래머쇼 통계량의 p-value를 하나의 그림에 나타낸 것이다. 이러한 시각화를 수행하면 표를 이용한 통계분석 결과의 요약보다 훨씬 이해하기 쉬운 장점이 있다.

3) 효율적인 소통을 위한 시각화

대학에서 자료분석이나 통계학을 공부한 독자들조차도 통계분석 결과를 해석하는 것이 쉽지 않은 경우가 많다. 요즘은 그래도 많이 나아졌지만 상관계수, 신뢰구간, 모형 적합도 같은 용어가 낯선 경우가 많다. 과학은 새로운 것을 탐색하고 묘사하는(explore and describe) 것뿐만 아니라 설명(explanation)하는 것도 중요한 목적으로 한다. 효율적인 소통은 자료가 갖고 있는 정보를 명확히 하고 기억해야 할 통찰력을 제공하며, 이를 통해 의사결정과 행동을 변화시킬 수 있어야 한다. 이러한 현상은 비즈니스 인텔리전스(business intelligence, BI) 영역에서 두드러진다. BI는 축적된 데이터를 정보로 전환하고 이 정보를 다시 지식으로 전환해 비즈니스에 활용하는 과정으로, 아무리 엄밀한 분석이라 하더라도 비즈니스에 활용하지 못하는 분석은 그 유용성이 떨어진다고 본다. 예를 들어 5개의 상품에 대한 전화문의와 실제 판매액에 대한 자료가 있다고 해보자. 이 자료를 [그림 12]와 같이 나타낸다고 한다면 어느 방식이 더 효율적일까?[16] 두 번째 방식은 시각적으로 화려할지는 모르지만 제품 간의 차이를 쉽게 구분하기가 어렵다. 첫 번째 방식은 수평 막대그래프로 그렸기 때문에 수직 막대그래프로 그렸을 때보다 상품 범주의 레이블이 명확하게 나타난다. 이처럼 어떻게 효율적으로 소통할 것인가는 자료 시각화 방법을 선택하는 데 매우 중요한 질문이며, 좋은 시각화는 효율적인 소통을 통해 정보를 이해하기 쉽고 정확하게 전달할 수 있다.

효율적인 소통은 어떤 그래프를 이용하여 자료 시각화를 할 것인지의 문제에 국한되는 것은 아니다. 동일한 그래프를 사용하더라도 어떻게 정보를 '효율적'으로 제공할 것인지가 문제가 된다. 자료 시각화에서 효율성은 더 이상의 정보를 포함시킬 수 없을 때 달성되는 것이라기보다는 더 이상의 정보를 뺄 것이 없는 상태를 의미한다. 다음의 사례를 살펴보자. [그림 13]은 2017년 공공부문 GDP 대비 부채비율(%)을 시각화한 것이다. 그림 (1)을 살펴보면 막대그래프로 국가별 공공부문 GDP 대비 부채비율이 시각화되고 있다. 이 그림에는

---

16) 이 예제는 https://www.juiceanalytics.com/writing/chart-selection-art-and-science을 참고하였다.

[그림 12] 전화문의와 실제 판매액

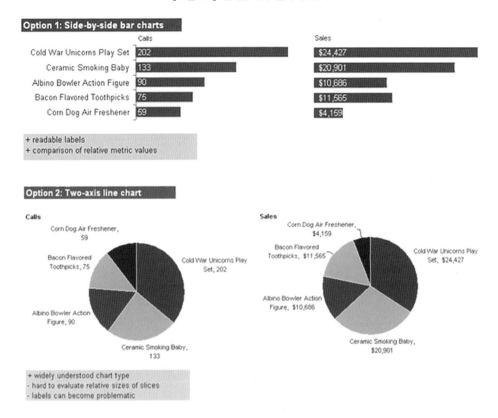

범례에 국가 이름이 제시되고 있는데, 이 범례는 이미 막대그래프의 X축에 나타나 있기 때문에 중복된 정보를 제공한다. 반면 그림 (2)에서는 이 범례를 제거하여 간결하게 시각화를 하였다.

한편 그림 (3)에서는 Y축 눈금선을 제거하였다. 자료 시각화에서 불필요하게 사용하는 잉크의 양을 줄이라는 고전적인 원칙이 제시되는데, 눈금선이 별다른 정보를 제공하지 않으면 제거하는 것이 바람직한 경우가 많다. 반면 그림 (4)와 같이 막대그래프에 데이터 값을 레이블로 제공하면 훨씬 정보를 정확하게 제공할 수 있다. 이 경우 Y축에 굳이 눈금 값을 나타낼 필요가 없으므로 이것도 제거하였다.

한편 그림 (5)의 경우에는 국가별로 부채비율이 가장 높은 국가부터 낮은 국가의 순서대로 정렬을 하였는데 그림 (4)에 비해 순서 정보를 제공한다는 점에서 훨씬 효율적이다. 마지막으로 그림 (6)의 경우에는 굳이 색깔을 이용하여 국가를 구분하지 않고 흑백의 색깔로 구분하여 그래프를 단순화하였을 뿐 아니라 막대그래프도 수평으로 그려서 국가 범주를 훨

[그림 13] 국가별 GDP 대비 부채비율

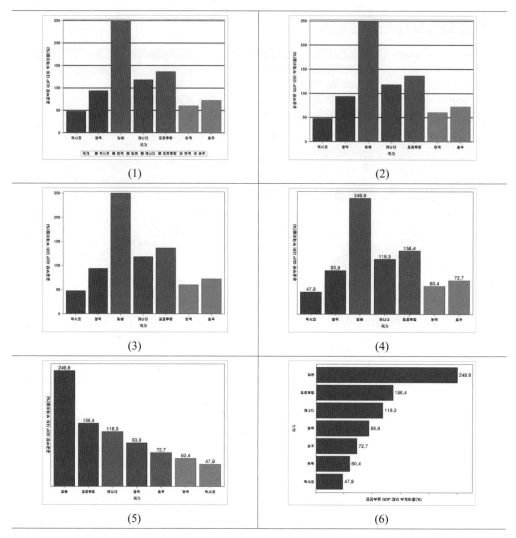

씬 이해하기 쉽게 나타내고 있다.

위의 예와 같이 단순한 막대그래프라고 할지라도 효율적 소통을 위해 다양한 시각화를 시도할 수 있으며 어떻게 시각화하는지에 따라 전달된 정보에 대한 이해도가 달라질 수 있다. 자료 시각화는 단순히 시각화에 초점을 맞추기보다는 효율적인 시각화를 통해 소통의 질을 높이는 것을 중요한 목적으로 한다.

3. 자료의 시각화 방법과 오류

　자료 시각화 방법을 배워야 하는 중요한 이유 중의 하나는 자료 시각화 과정에서 많은 오류가 발생할 수 있기 때문이다. 일부에서는 자료 시각화가 단순히 시각화하는 기술과 관련이 있다고 생각하지만 실제로는 자료 시각화 과정에서 발생하는 다양한 오류들을 확인하고 이를 수정하기 위해 상당한 수준의 통계지식도 필요하다. 최근 자료 시각화에 대한 연구의 필요성이 증가하는 것은 시각화에 대한 장점 못지않게 문제점도 점차 증가하고 있기 때문이다. 흔히 발견할 수 있는 자료 시각화의 문제점을 간단한 예를 이용하여 살펴보도록 하자.

　연구자는 상품별 판매비중의 연도별 변화를 보여주기 위해 2005년과 2006년 상품별 판매비중의 자료를 [그림 14]와 같이 나타냈다. [그림 14]는 그래프를 이용하여 자료를 정리할 때 나타나는 일반적인 문제점들을 잘 보여주고 있다.

　첫째, 적절한 그래프 종류의 선정 문제이다. 연구자는 연도별 상품별 판매 비중의 변화를 나타내고자 했으나 파이 그래프(pie graph)는 이러한 변화를 이해하기 쉽게 보여주지 못하고 있음을 알 수 있다. 파이 그래프 대신 추세선 그래프(trend line)가 더욱 적절하다고 할 것이다.

　둘째, 적절한 제목 선정의 문제이다. [그림 14]에서는 2006년 판매액, 2005년 판매액을 제목으로 나타내고 있으나 연구자의 의도를 고려해 본다면 '연도별 상품별 판매 비중의 변화'라는 제목이 더 바람직할 수 있다. 또는 분석결과를 제목에 직접적으로 반영하여 핵심 분석결과를 제목으로 제시하여 '소비재 판매의 증가와 자본재의 감소'와 같은 구체적인 그래프의 제목을 제시할 수 있을 것이다. 실제로 학술논문이나 학위논문을 살펴보면 그래프는 제시하면서도 적절한 제목을 제대로 달지 않은 경우를 많이 볼 수 있다. 이 경우 연구자의 의도가 제대로 전달되지 못해 그래프를 잘못 해석하는 오류가 발생할 수 있다.

[그림 14] 자료의 시각화 예시

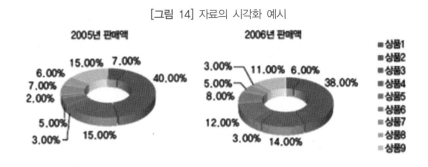

셋째, 출처나 자료 값의 단위, 변수의 레이블(label) 등과 같은 자료 표시상의 문제이다. 연구자는 출처와 그래프에 사용된 자료 값의 단위를 정확히 표현해야 된다. 위 예제는 자료의 단위가 %임이 명백하여 굳이 나타낼 필요가 없지만 일반적으로 그래프를 나타낼 때 자료의 단위가 제대로 표현되지 않으면 해석의 어려움이 있는 경우가 많다. 또한 위 예제에서는 상품 1, 상품 2 등의 레이블을 사용하고 있으나 그 의미를 독자들이 이해하기 어렵다. 따라서 레이블은 정확한 이름을 사용하는 것이 바람직하다. 마지막으로 자료의 출처를 명확히 밝혀주어 자료의 신뢰성에 대해 독자들이 판단할 수 있도록 해주는 것이 필요하다.

넷째, 간결성 원칙 위반의 문제이다. [그림 14]에서는 소수점 둘째 자리까지 자료를 나타내고 있는데 과연 그 정도의 정확성이 필요한지 의문이다. 그러한 경우에는 소수점 자리수를 줄이거나 정수로 나타내는 것이 독자들의 이해를 높일 수 있다. 또한 [그림 14]에서는 무려 9개의 상품에 관련된 자료를 제공하고 있다. 연구자가 9개 상품의 판매비중 자료에 모두 관심을 두고 있는 것이 아니라면 중요 상품의 판매비중 자료를 그래프로 나타내주는 것이 간결성의 원칙에 부합한다고 할 수 있다.

다섯째, 시각화의 표현방법 문제이다. 효과적인 시각화를 위해서는 불필요한 입체감이나 구분이 어려운 색깔을 사용을 자제해야 한다. [그림 14]에서는 입체감을 표현하기 위해 3차원 파이 그래프를 사용하였다. 하지만 이러한 3차원 그래프는 자료의 의미를 왜곡하는 경우가 많다. 한편 [그림 14]에서는 색의 채도를 달리하여 상품별 차이를 나타내고 있다. 하지만 독자들이 이러한 채도의 차이를 구분하기 어려운 경우가 많다. 특히 논문이 흑백으로 출판되는 경우에는 색깔을 달리하여 범주의 차이를 나타내기 어렵게 된다. 이러한 점을 고려하여 화려함 때문에 불필요한 입체감을 주거나 여러 색깔을 사용한 그래프는 자제할 필요가 있다.

이상의 문제점 이외에도 규모가 다른 그룹 간 차이를 반영하지 못하거나, 잘못된 축을 사용하는 경우, 입체화에 따른 정확성 상실 등 다양한 문제들이 발생할 수 있다. 이를 하나씩 살펴보면 다음과 같다.

1) 규모가 다른 그룹 간 차이를 반영하지 못한 시각화

자료의 시각화는 일반적으로 다양한 자료를 하나의 그래프에 표현하는 과정이다. 따라서 하나의 그래프에 이질적인 집단의 정보가 혼재하게 되는데 이를 제대로 구분을 하지 못하면 잘못된 시각화를 초래하게 된다. [그림 15]를 살펴보면 세 집단의 자료에서 X, Y가 서

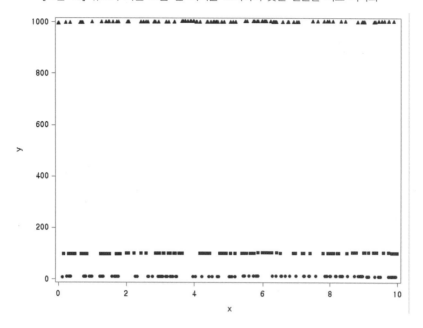

[그림 15] 규모가 다른 그룹 간 차이를 고려하지 못한 단순한 자료 시각화

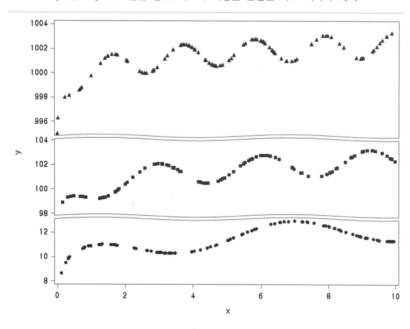

[그림 16] 축 조정을 통해 자료의 특성을 반영한 자료 시각화 예시

로 관계가 전혀 없는 것처럼 보인다. 다만, 가장 위에 있는 집단의 경우 자료의 값이 1,000
에 가까운 큰 값이지만, 아래에 있는 두 집단은 자료 값이 200 미만의 값으로 구성되어 있

[그림 17] 척도 차이가 큰 두 집단의 자료 그래프의 왜곡

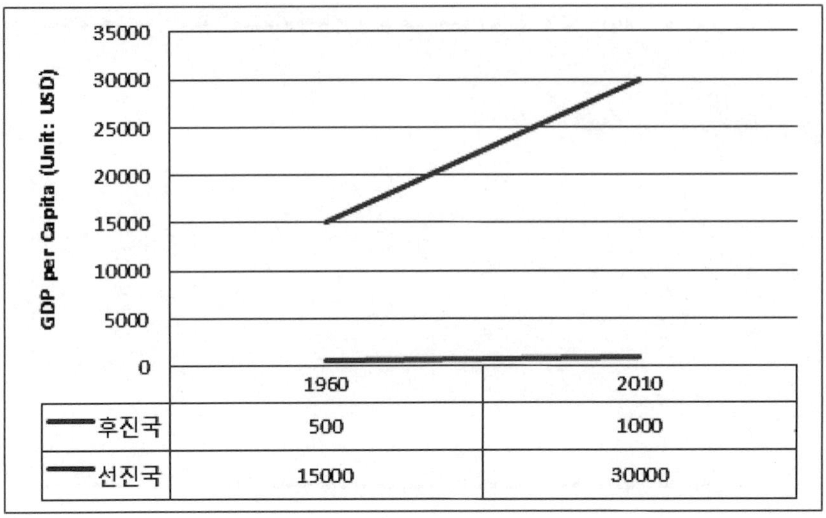

	1960	2010
──후진국	500	1000
──선진국	15000	30000

음을 알 수 있다.

동일한 자료를 그룹별로 규모에서 차이가 난다는 사실을 반영한 후 시각화를 해보면 [그림 16]과 같이 전혀 다른 자료의 모양이 나타나게 된다. 이 그림에서는 자료 변동이 훨씬 명확히 나타나고 있고 그룹별 차이도 확실히 구분된다. 이처럼 시각화 단계에서 그룹 간의 차이를 적절히 반영하지 못한 채 시각화를 하게 되면 오히려 자료의 특성을 잘못 해석할 위험이 커질 수 있다.

2) 잘못된 축의 사용에 따른 시각화의 문제점

그래프를 그릴 때 축의 선택은 매우 중요함에도 불구하고 이에 대한 관심을 제대로 기울이지 않는 경우가 많다. [그림 17]은 선진국과 후진국의 일인당 국민소득의 크기를 1960년과 2010년의 가상적인 자료를 이용하여 그래프를 그린 것이다. [그림 17]을 보면 후진국의 소득은 500달러에서 1,000달러로 2배 증가하였다. 그러나 아래 그림에서는 이러한 변화가 거의 나타나지 않고 있다. 그 이유는 선진국의 일인당 국민소득의 값이 너무 크기 때문에 규모가 다른 두 집단을 하나의 평면에 동시에 나타내면서 문제가 발생한 것이다.

한편 [그림 17]은 선진국과 후진국의 차이가 2010년에는 훨씬 크게 벌어진 것처럼 보인다. 실제로 2010년 후진국은 1,000달러, 선진국은 30,000달러로 29,000달러만큼의 일인당 국민소득의 차이가 존재한다. 하지만 비율의 관점에서 본다면 1960년과 2010년 모두 선진국은 후진국보다 일인당 국민소득이 30배 정도 크다. 만일 두 그룹의 비율 차이의 변화를

[그림 18] 로그눈금 간격을 이용한 추세선 그래프의 변화

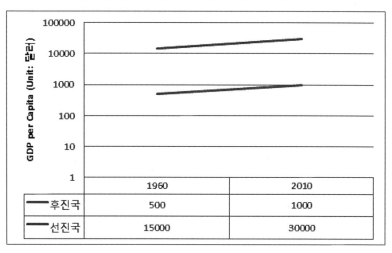

나타내는 것이 목적이라면 [그림 18]처럼 수직축을 로그눈금 간격으로 변환시킬 수 있다. 수직축의 로그눈금 간격 변환은 눈금의 간격을 5,000, 10,000처럼 5,000씩 뛰는 것이 아니라 10배씩 뛰도록 눈금이 조정되도록 하는 것이다. 따라서 눈금간격은 1, 10, 100, 1,000 등의 크기로 변화하는 것이다. 이처럼 로그눈금 간격으로 변환시키면 [그림 18]에서 확인할 수 있듯이 선진국과 후진국은 1960년과 2010년 두 시점에서 변화율이 동일함을 정확히 표현할 수 있다.17) 이처럼 수직축이나 수평축의 눈금간격을 어떻게 결정하는가에 따라서 자료의 의미가 매우 달라질 수 있으므로 그래프 작성 시 주의를 기울일 필요가 있다.

3) 입체화에 따른 정확성 상실

잘못된 자료의 시각화가 나타나는 또 다른 이유는 지나치게 미적 관점을 강조하다가 정확성을 상실하는 경우이다. [그림 19]에서 보면 3차원 그래프가 훨씬 시각적으로 보기 좋다는 느낌이 들 수 있다. 하지만 3차원 그래프에서 A 범주의 값은 2에 못 미치는 것처럼 보이지만 아래 그림에 있는 2차원 막대그래프와 동일한 자료를 이용하여 시각화한 것이다. 지나치게 시각적인 측면을 강조하다 보면 이처럼 정확성을 상실하는 문제점이 발생할 수밖에 없다.

---

17) 또 다른 방법은 자료 값 자체를 로그변환을 한 후 이 값을 이용하여 그래프를 그릴 수도 있다. 그러나 이 경우 수직축의 단위가 log(달러)로 변화하게 되어 값 해석이 어려운 문제가 발생한다.

[그림 19] 지나친 시각화가 정확성을 상실하게 하는 예시

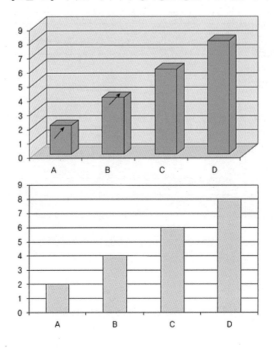

[그림 20] 지나친 시각적 효과의 예시

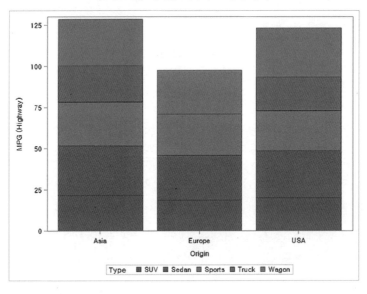

　　최근에는 미적 관점을 지나치게 강조를 하다 보니 정보 제공보다는 시각적 효과를 지나
치게 강조하는 그래프들이 늘어나고 있다. [그림 20]처럼 다양한 색깔을 이용하여 여러 범

주의 자료를 나타내는 것은 미적으로는 바람직할지는 모르지만 정확한 정보를 제공해주지는 못하기 때문에 바람직하다고 보기 어렵다.

이처럼 자료 시각화 과정에서는 다양한 오류가 발생할 수 있기 때문에 정확한 시각화를 위한 노력이 필요하다. 이를 위해서는 적절한 그래프 유형을 선택하는 것뿐만 아니라, 축, 색깔, 범례, 그룹화, 레이블, 크기, 모양 등을 적절히 선택할 수 있어야 한다.

4. 자료의 시각화를 위한 그래프에는 어떤 것들이 있는가?

자료 시각화를 위해 사용되는 그래프의 유형은 다양하다. 따라서 어떤 유형의 그래프를 선택해야 할지는 자료 시각화 과정에서 항상 부딪치는 문제이다. 사실 자료 시각화에서 사용되는 용어조차도 혼란스럽다. 그래프, 그림, 차트 등의 용어가 혼용되고 있을 뿐 아니라 시각화에 사용하는 프로그램에 따라서도 제공되는 그래프 유형도 상이하다. 자료의 시각화

[그림 21] 엑셀에서 제공하는 차트의 유형

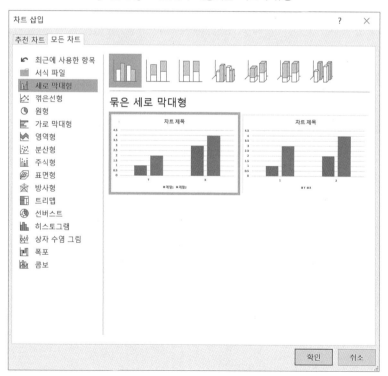

[그림 22] 세로막대형 차트의 유형

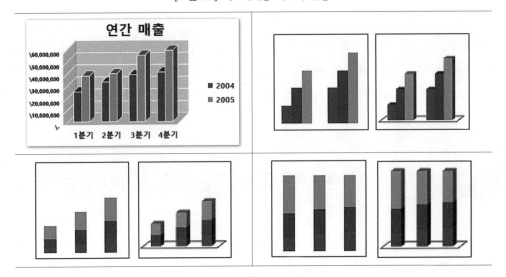

를 위해 일반인들이 많이 사용하는 엑셀의 경우에는 그래프나 그림이라는 용어 대신에 '차트'라는 용어를 사용하는데, 엑셀에서 제공하는 주요 차트 유형은 세로막대형 차트, 꺾은선형 차트, 원형 차트, 가로막대형 차트, 영역형 차트, 분산형 차트, 주식형 차트, 표면형 차트, 방사형 차트, 도넛형 차트, 거품형 차트 등 [그림 21]과 같이 구분을 한다.

한편, 각 유형의 차트는 다시 세부 유형의 차트로 나눌 수 있다. 예를 들어 세로막대형 차트의 경우에는 [그림 22]와 같이 각 범주별로 막대그래프를 그리기도 하고, 아래쪽에 있는 그림처럼 범주들을 하나의 막대에 쌓아 놓아(stack) 그림을 그리기도 하며(왼쪽 하단), 이를 100% 기준이 비율로 나타내서 그림을 그리기도 한다(오른쪽 하단).

엑셀은 많은 사용자에게 익숙하고 그림을 쉽게 편집할 수 있다는 장점이 있는 반면, 다양한 통계분석을 수행하는 데는 한계가 있고 대용량 자료의 반복처리가 쉽지 않아 시각화에 한계가 있다.

최근에는 R 통계 패키지의 활용이 늘어나고 있으며 R은 다양한 유형의 그래프를 제공하고 있다. ggplot2, ggigraph 등과 같은 패키지를 비롯하여 공간정보를 시각화할 수 있는 sp, sf 패키지 등도 널리 사용되고 있다. 엑셀과 비교해보면 훨씬 다양한 유형의 그래프를 제공할 뿐 아니라 여러 그래프를 겹쳐 그리거나 통계분석 결과들을 함께 제공할 수 있는 등 많은 장점이 있다. R graph gallery 같은 사이트를 방문해보면[18] [그림 23]과 같이 다양한 유형의 그래프들을 R을 이용하여 그릴 수 있음을 알 수 있다.

---

18) http://www.r-graph-gallery.com/all-graphs/

[그림 23] R에서 제공하는 다양한 그림들

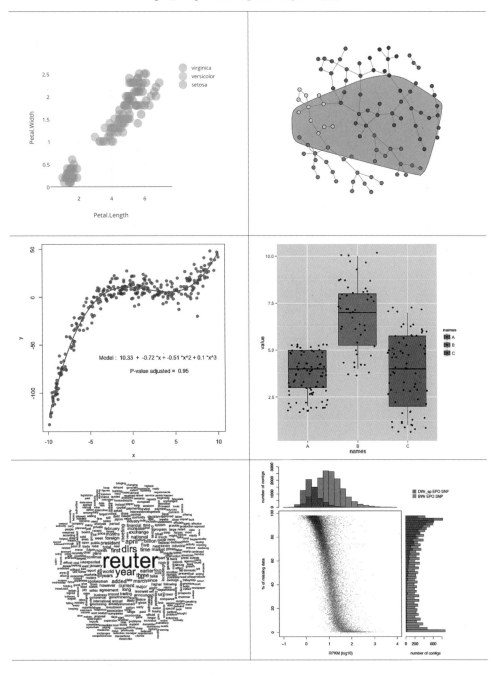

[그림 23] 계속

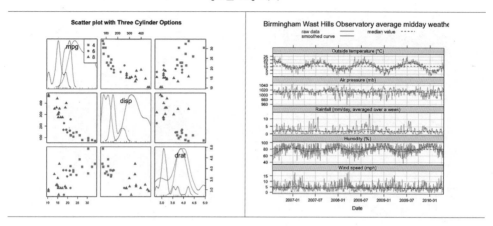

[그림 24] 그래프 선택 개념도

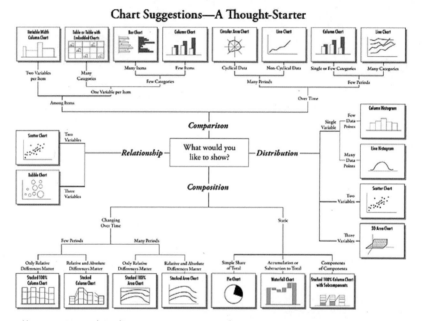

출처: https://www.tatvic.com/blog/7-visualizations-learn-r/

R이 제공하는 다양한 그래프 유형 중에서 어떤 것을 선택할지를 결정하기 위해 시각화의 유형을 비교(comparison), 구성(composition), 분포(distribution), 관계(relationship)로 구분한 후 그래프 선택을 위한 개념도를   [그림 24]와 같이 제시하기도 한다.

R 이외에도 최근에 널리 사용되는 파이썬(Python) 역시 데이터 시각화를 위한 다양한 라이브러리를 제공하고 있다. 파이썬 시각화의 강점은 다양한 Gleam, ggplot, matplotlib 등

다양한 라이브러리를 제공하고 있다는 것뿐만 아니라 웹페이지 등에 인터액티브 그래프 (interactive graph)를 쉽게 구현할 수 있게 한다는 장점이 있다.

이 책에서는 SAS를 이용한 자료 시각화를 다루고자 한다. SAS가 갖고 있는 자료처리 기능과 SGPLOT 프로시저를 비롯해 각종 통계 분석 프로시저에 내장되어 있는 그래프 구현 기능은 매우 강력하다. 또한 TEMPLATE 프로시저를 이용하여 반복적 작업을 손쉽게 시각화할 수 있고, 새로운 유형의 그래프를 만들어 사용할 수도 있다.

처음 자료 시각화를 공부하는 사람들은 다양한 그래프를 이용할 수 있다는 점을 알고 흥분한다. 하지만 시간이 지날수록 자신이 무엇을 위해 그래프를 그리는지가 불분명한 상태에서 그래프를 그리다 보면 어떤 유형의 그래프를 선택해야 할지도 모르게 되는 경우가 많다. 연구 목적에 따라 적절한 자료 시각화 방법을 선택해야 하며, 이를 위해서는 자료를 새롭게 가공해야 하는 경우도 많다. 또한 자료 시각화를 위해서는 자료를 가공하고 분석하는 능력이 뒷받침되어야 한다는 것을 깨닫게 된다. 제2장에서 SAS 프로그램에서의 자료처리 방식을 소개하는 것도 이러한 배경이다. 연구목적의 정확한 이해, 통계 분석 결과의 정확한 이해, 그리고 전달하고 하는 내용에 대한 정확한 이해가 뒷받침이 되어야 좋은 자료 시각화를 달성할 수 있는 점을 잊지 말아야 한다.

제 2 장

SAS의 소개

Data visualization

자료 시각화는 단순히 주어진 자료를 시각화하는 활동이 아니다. 만일 한국 인구의 변화 추세를 시각화한다고 하면, 왜 인구변화의 추세를 분석하려고 하는지 명확한 목적의식이 있어야 한다. 65세 이상의 고령층과 18세 미만의 유년층 인구변화에 관심을 갖는다면 연령 별로 구분된 자료를 수집해야 한다. 만일 지방 소멸과 같은 문제에 관심을 갖는다면 시군 구 수준의 지역별 자료를 수집하여 자료를 시각화해야 한다. 또한 우리가 수집한 자료가 연구목적에 맞는 형태를 보이는 것은 아니므로 원자료를 가공하여 자료 시각화에 적합하게 변형을 해야 한다. 때에 따라서는 자료를 직접 시각화하지 않고 통계분석 결과를 이용하여 시각화하기도 한다. 그리고 이런 시각화 작업을 한 번만 수행하는 것이 아니라 매월 혹은 분기마다 반복적으로 시행해야 한다. 자료 시각화를 해본 경험이 있는 연구자라면 그래프 를 그리는 것 그 자체보다는 자료 수집, 가공, 통계처리, 적절한 시각화 방법의 선택이 중 요하다는 것을 어렵지 않게 깨달을 수 있었을 것이다. 자료 시각화를 구현할 수 있는 분석 프로그램이 수없이 많지만, 이 책에서는 SAS를 이용한 자료 시각화를 중심으로 논의를 전 개하고자 한다.

1. SAS를 이용한 자료 시각화의 접근방법

SAS에서의 자료 시각화는 크게 다섯 가지 접근방법을 따른다. 첫째, 내재화된 그래프 (in-built graph) 방식이다. 이 방식은 각 통계분석 프로시저를 실행했을 때 SAS에서 내재되 어 있는 규칙에 따라 생성되는 그래프를 활용하는 방식이다. 예를 들어 〈표 1〉과 같이 키 와 몸무게의 관계를 분석하기 위해 PROC GLM이라는 회귀분석 프로시저를 실행하면 비 록 그래프를 그리라는 명령을 제시하지 않아도 SAS에서는 통계분석 결과뿐만 아니라 자동 으로 [그림 1]과 같은 그래프를 제공해준다.

〈표 1〉 분석 프로시저에 내재된 그래프의 예시

```
PROC GLM DATA=SASHELP.CLASS;
LABEL WEIGHT="몸무게 (단위: 파운드) " HEIGHT="키 (단위: 인치) ";
MODEL WEIGHT=HEIGHT;
RUN;
```

[그림 1] 프로시저에 내재된 그래프

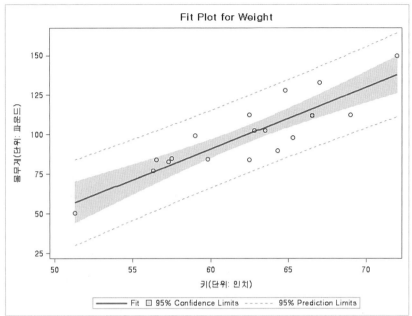

SAS에서는 다양한 통계분석을 위한 프로시저를 제공하는데 이 프로시저에서 PLOTS= ALL 명령어를 이용하면 통계분석 프로시저에서 제공하는 다양한 내재화된 그래프를 얻을 수 있으므로 초보자로서는 이를 적극적으로 활용해보는 것이 좋다.

SAS의 또 다른 장점은 프로시저에 내재화된 그래프를 연구자가 자유롭게 수정할 수 있다는 점이다. SAS에서는 ODS TRACE ON; 이라는 명령문(statement)을 사용하면 출력되는 표와 그림의 이름을 확인할 수 있다. 예를 들어 앞에서 사용한 PROC GLM 프로시저의 경우에는 ODS TRACE ON; 이라는 명령문을 사용하면 [그림 2]와 같이 출력물의 이름, 레이블, 템플릿, 경로 등에 대한 정보가 로그 창(log window)에 나타남을 확인할 수 있다. 적합도 그림의 경우 FitPlot이라는 이름으로 자료가 저장되어 있음을 알 수 있다. 이 저장된 자료는 ODS OUTPUT <출력물 이름>=<새롭게 지정한 SAS 데이터 세트 이름> 형식을 이용하면 새롭게 자료를 저장할 수 있다. 〈표 2〉는 이 절차를 나타낸 SAS 코드의 예시이며 이 자료를 이용하여 새롭게 시각화할 수 있다. 또한 SAS에서는 템플릿 개념을 이용하여 자료나 표를 출력하는 형식을 자동으로 지정해 놓고 있는데 이 템플릿을 수정하여도 출력된 표나 그림을 수정할 수 있다.

[그림 2] 로그 창에 나타난 ODS 출력물
정보 예시

```
추가된 출력물:
---------------
이름:       FitStatistics
레이블:       Fit Statistics
템플릿:    stat.GLM.FitStatistics
경로:         GLM.ANOVA.Height.FitStatistics
---------------

추가된 출력물:
---------------
이름:       ModelANOVA
레이블:       Type I Model ANOVA
템플릿:    stat.GLM.Tests
경로:         GLM.ANOVA.Height.ModelANOVA
---------------

추가된 출력물:
---------------
이름:       ModelANOVA
레이블:       Type III Model ANOVA
템플릿:    stat.GLM.Tests
경로:         GLM.ANOVA.Height.ModelANOVA
---------------

추가된 출력물:
---------------
이름:       ParameterEstimates
레이블:       Solution
템플릿:    stat.GLM.Estimates
경로:         GLM.ANOVA.Height.ParameterEstimates
---------------

추가된 출력물:
---------------
이름:       FitPlot
레이블:       Fit Plot
템플릿:    Stat.GLM.Graphics.Fit
경로:         GLM.ANOVA.Height.FitPlot
---------------
```

〈표 2〉 프로시저에 내재화된 그래프의 자료를 가져오는 방법 예시

```
ODS TRACE ON;
PROC GLM DATA=SASHELP.CLASS;
  MODEL HEIGHT=WEIGHT;
  ODS OUTPUT FITPLOT=FIT;
RUN;
PROC PRINT DATA=FIT; RUN;
```

둘째, ODS Graphics Designer라는 메뉴를 사용하는 것이다. SAS 프로그램을 실행시켜 보면 [그림 3]과 같이 도구 메뉴 폴더에 ODS Graphics Designer라는 메뉴가 있음을 알 수 있다.

[그림 3] ODS Graphics Designer 선택방법

[그림 4] ODS Graphics Designer 메뉴의 실행화면

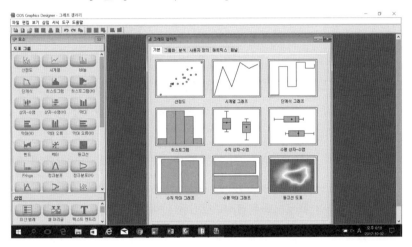

이 메뉴를 클릭하면 [그림 4]와 같이 메뉴의 실행화면이 뜬다. 이 메뉴를 실행하면 통계분석에 필요한 다양한 형태의 그래프를 풀다운(pull-down) 메뉴 방식으로 옵션을 지정해가면서 그릴 수 있다. 또한 그림을 그린 후에 SAS 코드까지도 얻을 수 있기 때문에 이 코드를 SAS 프로그램 메뉴창에 복사한 후 수정하여 그림을 그릴 수 있다.

셋째, 통계 그래프를 그리기 위해 개발된 프로시저를 사용한다. SAS는 9버전부터 다양한 통계 그래프(statistical graph, SG) 프로시저를 제공하기 시작하였는데 SGPLOT, SGSCATTER, SGPANEL이 대표적인 예이다. 통계 그래프를 그리기 위해 특화된 이 프로시저들은 주어진 자료를 시각화할 수 있도록 도와줄 뿐 아니라 그룹 평균이나 분산, 간단

〈표 3〉 통계 그래프(SG) 프로시저를 이용한 시각화 방법

```
PROC SGPLOT DATA=SASHELP.CLASS;
   REG X=WEIGHT Y=HEIGHT/CLM CLI;
RUN;
```

한 회귀분석을 수행한 후에 이를 시각화할 수 있도록 해주기 때문에 통계분석과 자료 시각화를 함께 수행할 수 있는 장점이 있다. 예를 들어 PROC GLM을 이용하여 키와 몸무게의 관계를 시각화 것과 동일한 결과를 〈표 3〉과 같이 PROC SGPLOT 프로시저를 이용하면 얻을 수 있다.

넷째, Graph Template Language(GTL)를 이용한 방법이다. GTL은 자료를 반복적으로 시각화해야 할 때 변수 입력 값만을 제공하면 그림을 그릴 수 있는 템플릿을 작성할 수 있도록 한다. SGPLOT과 같은 프로시저도 사실은 GTL에 의해 만들어진 다양한 템플릿들을 하나의 프로시저에 모아 놓은 것이라고 이해할 수 있다. GTL은 통계그래프(SG) 프로시저를 이용해서 충분하게 정보를 제공하지 못하는 경우 유용하게 사용할 수 있다.

다섯째, 다른 통계 프로그램의 시각화 기능을 연동하는 것이다. SAS는 R과 같은 오픈소스 통계 프로그램의 코드를 SAS 내에서 사용할 수 있도록 하고 있다. 따라서 R에서 제공하는 ggplot2와 같은 각종 시각화 패키지를 SAS에서 불러와 다양한 그래프를 구현할 수 있다. R은 오픈소스 형태로 제공되기 때문에 많은 사용자가 지속적으로 다양한 시각화 기법을 개발하여 제공하기 때문에 SAS에서 제공하지 않는[1] 그래프 유형을 R을 이용하면 손쉽게 시각화할 수 있다. 또한 SAS Viya 환경환경하에서는 Python 프로그램을 구현할 수 있다. 이렇게 다른 시각화 프로그램을 SAS 시스템 안에서 활용함으로써 SAS가 갖고 있는 시각화 기능의 한계를 극복할 수 있다.

---

[1] 사실 SAS에서는 R에서 제공하는 대부분의 시각화 기능을 제공한다. 다만 간단한 명령어를 사용하지 않고 GTL이나 매크로 함수 등을 사용하여 프로그램을 짠 후 그려야 하는 경우가 있기 때문에 이 경우에는 간단한 인수만 입력해도 되는 R 패키지를 사용하는 것이 편리하다.

SAS(Statistical Analysis System)는 현재 사용되고 있는 통계 프로그램 중에서도 역사가 가장 오래된 프로그램 중의 하나이다. 노스캐롤라이나 주립대학(North Carolina State University)에서 1966년부터 개발되어 1976년 처음 시장에 나온 이후로 SAS 프로그램은 통계학 초보자부터 고급 사용자에 이르기까지 널리 사용되고 있다. 하지만 사용자들에게는 SAS가 상당한 거리감이 있는 것이 사실이다. 자료 시각화의 도구로서 SAS를 추천하더라도 많은 연구자와 학생들은 SAS가 비싸고, 어려우며, 자료 시각화 기능이 떨어진다는 불평을 자주 한다. 실제로 저자도 통계학을 가르치는 과정에서 왜 SPSS와 같은 쉬운 프로그램 대신에 SAS를 사용하느냐고 반문하는 학생들을 많이 보아왔다. 이러한 오해의 원인은 SAS의 기술적 발전이 제대로 소개되지 않고 있기 때문이다. 서점에서 접하는 많은 SAS 개론서가 많은 혁신적인 변화가 일어난 2000년대 후반 출시된 SAS 9.2 버전 이후의 기능을 제대로 소개하지 못하고 있기 때문이다.

SAS에 대해 학생과 연구자들이 가진 몇 가지 오해를 살펴보면 다음과 같다. 첫째, 프로그램을 짜서 분석해야 하므로 사용하기 어렵다는 오해이다. SAS는 SPSS나 엑셀 같은 소프트웨어처럼 메뉴를 선택하고 변수들을 지정하여 분석을 수행하는 풀다운(pull-down) 메뉴방식이 아니라 프로그램을 짜서 실행시켜야 하므로 배우기 어렵다는 것이다. 일반적으로 사용자들이 생각하는 SAS 화면은 [그림 5]의 왼쪽에 있는 것과 같이 확장 편집기에 프로그램을 입력하고 이를 실행시켜 결과를 얻는 프로그램 입력식 분석 방법의 화면이다. 하지만 SAS는 풀다운 메뉴 방식의 접근이 가능한 SAS Studio, SAS Enterprise Guide와 같은 프로그램을 제공하고 있다. [그림 5]의 오른쪽은 SAS Studio의 대화식 분석 프로그램 형태의 화면으로, 사용하고자 하는 분석 메뉴를 선택한 후, 변수와 옵션들을 지정하여 분석을 수행하는 풀다운 메뉴를 지원하고 있다. 이 프로그램을 이용하면 엑셀이나 SPSS처럼 자료분석을 수행할 수 있다. 또한 SAS Enterprise Guide와 같은 패키지는 고급 통계분석을 위한 대화식 데이터 분석과 프로그램 입력식 분석 기능을 통합해서 제공하고 있다. SAS Studio의 인터페이스는 무료로 제공되고 있는 SAS University Edition에서도 채택하고 있으며, 프로그램 입력 방식과 대화식 접근 방식을 모두 제공하고 있다. 따라서 대화식 분석이 안 된다는 것은 오해라고 할 수 있다. 다만 초보자에게는 대화식 분석 프로그램이 쉬워보일 수 있으나, 자료를 분석하다 보면 자료를 수정할 때마다 대화식 분석절차를 다시 거쳐서 결과를 얻는 것이 매우 불편해진다. 또한 동일한 분석을 다른 사람이 똑같이 수행하

[그림 5] 프로그램 입력식 방식과 대화식 분석 방식의 SAS 프로그램

려고 할 때 대화식 접근은 메뉴를 하나씩 선정하는 단계를 모두 설명할 수 없기 때문에 한
계가 있을 수밖에 없다. 이러한 이유로 프로그램 입력 방식이 정확성이나 편리성에서 더
우월하다고 할 수 있다.

　SAS에 대한 또 다른 오해는 프로그램 가격이 비싸다는 것이다. 대학이나 회사에서 SAS
를 구매할 수 없어서 SAS를 사용할 수 없다는 것이다. 실제로 SAS는 학생들이 구입하기
에는 매우 비싸다. 제공하는 기능에 따라 다르지만 아주 기본적인 기능만 있는 SAS 프로
그램의 경우 1천만 원 이상이며 고급 기능을 포함하는 기업용의 경우 1년 라이선스에 1억
원 이상의 가격을 지불해야 하는 것도 있다. 하지만 최근 SAS는 매우 강력한 무료 프로그
램을 제공하고 있다. 2014년 5월에 배포된 SAS University Edition은 학생들이 무료로 다
운로드 받아 사용할 수 있다. SAS University Edition은 초급과 중급 사용자들이 거의 불

편함 없이 사용할 수 있는 대부분의 기능을 제공하고 있으며, 웹에 접속하지 않은 상황에서도 개인용 컴퓨터에서 SAS를 사용할 수 있도록 하였다. SAS University Edition은 상용으로 판매되는 SAS Studio와 같이 웹 브라우저 기반으로 작동되며 상용 프로그램의 주요 기능을 대부분 포함하고 있다. 따라서 SAS는 더 이상 학생들이 접근하기 어려운 비싼 프로그램이라고 보기 어렵다.

마지막으로, SAS에 대한 또 다른 오해는 그래픽 기능이 약하다는 것이다. 즉 SAS는 통계분석에는 적합하지만 그림을 그리기가 매우 불편하다는 것이다. 이러한 불만은 엑셀에 익숙한 사용자나 R이나 STATA가 제공하는 화려한 그래픽에 익숙한 사람들이 흔히 제기하고 있다. 우리나라에 소개되고 있는 SAS 관련 책들은 버전 8.3 전후의 SAS에 기반을 두고 있거나, 1990년대 도트 프린트(dot print) 시대의 그래프들이 소개되고 있는 경우도 있어 이 비판은 일면 타당할 수도 있다. 하지만 SAS는 이미 2000년대 중반부터 통계 그래프에 대한 혁신적인 접근들을 제공해왔으며 PROC SGPLOT의 경우 화려하고 다양한 통계 그래프를 어렵지 않게 구현하도록 하고 있다. 그뿐만 아니라 SAS의 Graph Template Language를 이용하면 통계 그래프를 자유자재로 변형시킬 수 있고, 매우 다양한 통계자료의 시각화기법을 제공하고 있다.

앞의 설명을 통해 SAS에 대한 오해가 풀렸다고 하더라도 여전히 SAS를 왜 사용해야 하는지에 대한 충분한 근거가 되지는 않는다. SAS를 사용하는 것이 왜 유용할까?

첫째, SAS의 신뢰성이다. SAS는 오랫동안 많은 전문가에 의해 사용되어 왔기 때문에 프로그램의 신뢰성이 매우 높고 정확한 이론에 기반을 둔 프로그램을 제공하고 있다. R과 같은 프로그램은 개발자가 설명서를 자세하게 제공하지 않는 경우가 많고 지속해서 업데이트하지 않으면 과거에 개발된 패키지가 새로운 환경에서 작동하지 않는 경우들이 발생할 수 있다. SAS는 프로그램에 대한 품질관리를 지속적으로 하고 있으므로 신뢰성이 높다고 할 수 있다.

둘째, SAS는 하나의 플랫폼에서 전통적인 통계분석뿐만 아니라 네트워크 분석(network analysis), 지리정보시스템(geographical information system) 분석, 내용분석(contents analysis), 생산관리(operational research), 시뮬레이션(simulation), 빅데이터 분석(big data analysis)을 비롯하여 각종 고급 자료 분석 기법들을 제공한다. 다양한 분석을 하나의 프로그램에서 수행할 수 있으므로 개별 프로그램을 배울 때 발생하게 되는 진입비용을 크게 줄일 수 있다. 저자도 많은 통계 프로그램들을 사용해보았지만 결국 하나의 프로그램에서 다양한 방법론을 구현하는 것이 최적이라는 결론에 이르게 되었다. 실제로 네트워크 분석, 자료 포락 분석, 구조방정식 모형, 시뮬레이션 등 다양한 분석을 SAS를 이용해 수행해왔으며 분석 경험이 축적되면서 빠르게 새로운 방법들을 구현할 수 있었다.

셋째, 프로그램 입력식 분석의 장점을 충분히 살릴 수 있다는 것이다. 엑셀이나 SPSS와 같은 대화식 데이터 분석은 분석할 때마다 메뉴를 선택하고 옵션을 지정하여 분석결과를 얻어야 하므로 최종결과가 어떤 절차를 통해 얻어졌는지를 알 수 없는 단점이 있다. 자료의 입력, 자료의 정리, 분석, 그리고 최종분석 결과의 출력 과정을 제삼자가 검증할 수 있는 정보를 제공하지 못하는 경우 분석이 정확히 이루어졌는지를 전혀 알 수 없게 된다. 예를 들어 자료에서 결측치의 값이 99로 입력되어 있었으나 이를 처음에 발견하지 못한 채 분석을 수행했다가 이를 수정하는 경우, 모든 분석을 처음부터 다시 수행해야 한다. 이럴 때 대화식 데이터 분석은 지나치게 많은 시간이 소요된다. 또한 여러 자료를 결합하거나 변형하여 분석할 필요가 있는 경우 대화식 분석은 자료 처리 과정에서 시간과 오류가 발생할 수 있다. 무엇보다 중요한 것은 학술논문에 통계분석을 사용하더라도 제대로 분석했는지 확인할 수 없으므로 후속 연구자들이 해당 논문을 재검증할 수 없다는 점이다. 프로그램 입력식 분석은 원자료와 프로그램 코드만 제공되면 누구나 동일하게 자료를 분석해볼 수 있으며 자료가 수정되더라도 결과들이 자동으로 업데이트될 수 있다. 또한 모든 자료 분석절차가 투명하게 제공되기 때문에 검증 가능성 높은 분석 정보를 제공해줄 수 있다.

넷째, 자주 사용하는 프로그램 코드를 저장해두고 반복적으로 사용할 수 있다. 프로그램에 익숙하지 않은 사용자가 SAS의 각종 명령어와 옵션들을 기억하는 것이 매우 번거로운 일이다. 이 문제를 해결하기 위해 SAS Studio에서는 자주 사용하는 분석절차는 스니펫(Snippets)이라는 메뉴에 저장하여 필요할 때마다 프로그램 코드를 일일이 입력하지 않고 일부 코드만 수정하면 분석할 수 있도록 도와주고 있다. 자료 시각화를 수행할 때는 템플릿을 만들어 저장해둔 후 이를 사용할 수 있다.

다섯째, 앞에서 이미 설명하였듯이 SAS는 Python이나 R과 같은 오픈소스 프로그램을 함께 구동할 수 있는 환경을 제공하고 있기 때문에 확장성이 더욱 커지고 있다는 장점이 있다. 최근에 SAS CAS(cloud analytic service) 등을 통해 클라우드 환경하에서의 빅데이터 분석을 원활하게 수행할 수 있는 환경도 제공해주고 있는 것도 장점이라고 할 수 있다.

이 밖에도 SAS는 자료처리와 기초적인 자료 분석 기능을 제공하는 Base SAS를 비롯하여, 초급부터 고급의 통계 분석 프로시저(procedure)를 제공하는 SAS/STAT, 행렬연산에 기반한 통계 분석을 가능하게 하는 SAS/IML, 계량경제학 및 시계열 분석 기법에 초점을 맞춘 SAS/ETS, 그리고 데이터베이스 접근에 필요한 각종 기능을 제공해주는 SAS/ACCESS, 생산관리 및 통계적 품질관리를 위한 SAS/OR 및 SAS/QC, 각종 2차원 및 3차원 그래프를 지원하는 SAS/GRAPH 등을 비롯한 각종 모듈을 제공해준다. 초급 및 중급 사용자의 경우 BASE SAS, SAS/STAT, SAS/IML 그리고 SAS/ETS 모듈만 이해해도 대부분의 자료 분석을 수행할 수 있다. 프리웨어로 제공되는 SAS University Edition의 경우 BASE SAS, SAS/STAT, SAS/IML, SAS/ACCESS 모듈을 제공하며 시계열 분석을 위한 SAS/ETS 모듈의 일부 기능들을 제공하고 있다. 이 책에서는 프로그램 입력식 SAS를 기본으로 설명하겠지만 SAS를 구매하지 못하는 연구자는 SAS University Edition(SAS UE)을 이용하여도 무방하다. SAS University Edition의 사용자를 위해서 부록으로 설치방법을 제공하였으니 이를 참고하기 바란다.

3. SAS 프로그램의 기본 구조: DATA 스텝과 PROC 스텝

1) SAS 프로그램의 기본 구조

SAS는 데이터 스텝(DATA step)과 분석 스텝(PROC step)이라는 두 가지 기본적 작업단위에 의해 이루어진다. 데이터 스텝은 데이터를 관리하기 위한 것, 분석 스텝은 데이터 분석하기 위한 것으로 이해하면 쉽다. 따라서, 모든 SAS 프로그램 스텝은 DATA 혹은 PROC 이라는 단어로 시작을 한다. 각 스텝은 명령문(statement), 명령어(command or keyword)와 옵션(option)으로 구성되어 있으며, [그림 6]과 같은 구조를 띤다.[2]

[그림 6] SAS 프로그램의 구조

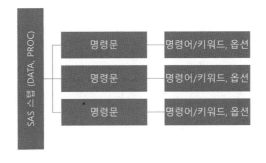

---

2) 명령어(command)는 운영환경이나 윈도우 환경에 지시를 하는 키워드의 일종이다. 명령어와 키워드로 결합된 일련의 문장이 명령문(statement)이라고 할 수 있다.

〈표 4〉 명령문과 옵션의 예시

```
MODEL Y=X /CLM CLB WHITE;
```

[그림 7] SAS의 메뉴바

SAS 문은 키워드(keyword)와 인수(argument)로 구성된 명령문(statement)을 기본 단위로 구성되며 명령문을 마칠 때마다 세미콜론(;)을 사용한다. 처음 SAS를 사용하는 사람들은 명령문을 마칠 때 세미콜론을 빼먹거나 콜론(:)을 사용하여 오류가 나는 경우가 많다. 또 큰따옴표나 작은따옴표를 하나만 사용하는 경우에 발생하는 오류도 많다. 이러한 오류는 로그(log) 창에 빨간색으로 오류표시로 나타나기 때문에 프로그램을 실행한 후 로그 창을 반드시 확인하는 습관을 들이는 것이 좋다.

한편 SAS 명령문 안에는 각종 변수를 지정하거나 옵션 등을 지정할 수 있다. 예를 들어 VAR이라는 명령문은 변수를 지정하는 데 사용되는데 VAR income age; 와 같이 나타내면 income과 age라는 변수를 분석에 사용하라는 것을 의미한다. 때에 따라서는 명령문에 각종 옵션을 지정할 때가 있는데 이 경우 / 기호를 사용하는 경우가 많다. 예를 들어 〈표 4〉와 같은 명령문은 MODEL이라는 명령문을 사용한 것으로 MODEL이라는 명령문에 Y=X라는 Y라는 종속변수와 X라는 독립변수를 지정한 후, / 기호를 사용하여 옵션을 지정하도록 하였다. 그 다음 신뢰구간 값을 출력하는 CLM 옵션을 MODEL 명령문에 부여한 것이다. 어떤 명령문이나 옵션이 있는지를 확인하기 위해서는 [그림 7]과 같은 SAS 메뉴방의 마지막에 있는 도움말 아이콘을 클릭하면 SAS에서 제공하는 각종 명령어와 옵션에 대한 설명을 어렵지 않게 확인할 수 있다.3)

SAS는 기본적으로 대소문자를 구분하지 않기 때문에 키워드, 인수, 변수 등을 나타낼 때 대소문자에 크게 신경 쓰지 않아도 된다. 다만 큰따옴표를 사용해서 문자변수의 값을 정확하게 비교해야 할 때는 대소문자 구분이 필요한 때도 있다. 또한 SAS에서 R 프로그램을 사용할 때는 R 프로그램이 대소문자를 구분하기 때문에 대소문자 구분을 해야 한다.

키워드는 프로그램 작성 때 이용하는 명령어이다. 예를 들어 분석에 사용되는 자료를 지정하는 키워드는 'DATA='과 같이 나타낸다. 인수는 키워드 또는 '=' 부호 다음에 오는 것

---

3) 질의어를 입력하고자 한다면 [그림 7]의 명령어 입력창에 help 〈질의어〉를 입력하고 엔터키를 치면 바로 도움말을 찾아볼 수도 있다.

1. SAS 스텝은 DATA 혹은 PROC으로 시작이 되며 RUN; 혹은 QUIT;로 끝난다. 이 스텝 안에는 여러 개의 문장이 올 수 있다.
2. SAS 명령문은 제시된 순서대로 실행된다.
3. SAS 명령문은 반드시 세미콜론(;)으로 끝나야 한다.
4. 공백과 관계없이 각 행의 어느 열에서나 시작할 수 있다.

       DATA TEMP; 혹은
          DATA TEMP;

또한, 한 줄에 여러 개의 명령문이 함께 있어도 상관이 없다.
PROC PRINT DATA=TEMP; VAR X Y; RUN;
또한, 한 명령문을 여러 줄에 나타내도 상관이 없다.
PROC
PRINT;

5. 여러 개의 공백도 하나의 공백으로 간주된다.

       DATA TEMP; 혹은 DATA   TEMP;

6. 일반적으로 대문자와 소문자의 구분 없이 사용할 수 있다.
7. SAS의 변수 이름은 알파벳이나 밑줄(underscore, _)로 시작해야 하며 숫자나 다른 특수문자로 변수 이름이 시작될 수 없다.
8. x1-x3은 x1 x2 x3를 의미하며 xx—ab는 데이터 세트의 xx와 ab 사이에 있는 모든 변수를 의미한다.

들을 총칭한다. 인수는 이름, 기호, 상수 등이 올 수 있다. 인수와 키워드 구분이 처음에는 어려울 수 있다. SAS는 키워드와 인수를 글자의 색상을 구분해 표시한다. 일반적으로 기본으로 지정되어 있는 확장 편집기 창의 굵은 청색으로 표시되는 DATA, PROC, 그리고 청색 글씨로 표시되는 항들이 키워드, 나머지 형식으로 표시되는 항들이 인수이다. 가령 일반 문자열(literal)은 흑색 비이탤릭체로 표시, 숫자는 굵은 녹색, 작은 또는 큰따옴표 안의 인용 문자(quoted literal)는 보라색으로 표시된다.

  SAS 구문은 어느 열에서나 시작할 수 있고, 여러 줄에 걸칠 수도 있으며 한 줄에 여러 SAS 구문이 올 수도 있다. 다만 하나의 구문이 끝나면 반드시 세미콜론(;)을 사용해야 한다는 점을 잊어서는 안 된다. SAS의 변수 이름은 영문, 숫자, 밑줄(_)로 만들 수 있고 32자까지 가능하다.[4]

---

4) 다만 여덟 글자까지만 이름을 지정하는 것을 권장한다. 일부 SAS프로그램은 여전히 기술적 문제로 여덟 글자만 읽을 수 있기 때문이다. SAS에서는 options validmemname = extend; 옵션을 지정해 주면 한글 이름을 변수 이름으로도 사용할 수 있다. 하지만 여러 가지 불편한 문제들이 발생할 수 있어 일반적으로 영문으로 변수 이름을 지정해주는 것이 바람직하다.

2) 데이터 스텝의 기본 형식

자료처리를 위한 데이터 스텝은 DATA문으로 시작해 RUN문으로 끝난다. 데이터 단락에서는 SAS 데이터 세트 생성, 수정, 갱신 등이 가능하며, INPUT, PUT문 등을 통해 관측단위 통제가 가능하다.

〈표 6〉 데이터 스텝의 예시 및 실행 절차

데이터 스텝 예시	실행 절차 (계속)
데이터 스텝 예시 ① **DATA** one; ②　INPUT x y; ③　z=x+y; ④　CARDS; 　　1 2 　　3 4 　　; **RUN;**	5. 임시공간의 X, Y, Z의 값을 결측값으로 만든다. 6. INPUT 문을 수행한다. (자료 3, 4를 읽고 변수 X와 Y의 임시공간에 저장한다.) : ② 7. 덧셈을 수행한다. (변수 X와 Y의 임시공간에 내용을 더하여 변수 Z의 임시공간에 저장한다.) : ② 8. DATA STEP 문장이 더 이상 없으므로 임시공간의 내용을 data set에 저장하고 DATA STEP의 시작으로 간다. : ④ 9. buffer의 모든 내용을 결측값으로 만든다. 10. INPUT문을 수행하는 중 더 이상의 읽을 자료가 없으므로 DATA STEP을 끝낸다.
실행 절차 1. DATA STEP의 시작 : ① 2. INPUT 문을 수행한다. (변수 x, y에 대하여 임시공간(buffer)을 만들고 그 기억장소에 결측값을 저장한다.) : ② 3. 덧셈을 수행한다. (변수 x와 y의 임시공간 값을 더하여 변수 z의 임시공간에 저장한다.) : ③ 3. CARDS 문의 첫 줄에 해당하는 숫자를 입력하면 X, Y, Z 값이 임시공간에 저장된다. 4. DATA STEP의 문장이 더 이상 없으므로 임시공간의 내용을 SAS 자료(data set)에 저장하고 DATA STEP의 시작으로 간다. : ④	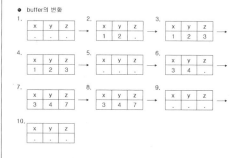

처음 SAS를 공부하는 사람들에게는 데이터 스텝에서 SAS가 자료처리 하는 순서를 이해하기 쉽지 않아 조금은 어렵게 느껴질 수 있다. 초급 사용자의 입장에서는 자료처리 순서가 크게 중요하지 않기 때문에 큰 문제가 되지는 않지만, 중급 이상의 사용자는 자료처리 과정을 이해하여 자료처리의 정확성을 높일 필요가 있다.

SAS는 데이터 세트를 SAS 안에서 직접 입력을 하여 생성할 수도 있고 외부에 있는 자

〈표 7〉 자료 입출력 방법의 예

① **PROC EXPORT** DATA=sashelp.class OUTFILE='D:\class.CSV' REPLACE; **RUN**;	①은 SASHELP.CLASS라는 데이터 세트를 D:\CLASS.CSV 파일로 저장한다.[5] REPLACE 명령어는 동일한 이름의 파일이 있는 경우 덮어쓰도록 지정한 것이다.
② **DATA** TEMP; INFILE "D:\CLASS.CSV" DLM=',' FIRSTOBS=**2**; INPUT name$ sex$ age height weight; **RUN**;	②는 D:\CLASS.CSV을 INFILE 문을 이용하여 불러 읽어오도록 한다. 파일에 첫 번째 라인에는 변수 이름이 있어 두 번째부터 자료를 불러 읽기 위해 FIRSTOBS=2로 하였고 DLM은 콤마로 분리된 자료임을 나타내는데 CSV 파일 형식에 사용한다.

료를 SAS 데이터 세트로 가져올(import) 수도 있다. 〈표 7〉은 자료 입출력의 간단한 예시를 제공하고 있다. 후자의 방식은 일반적으로 PROC IMPORT라는 특화된 프로시저를 사용하지만 데이터 스텝의 INFILE 문을 이용해서도 SAS로 외부 파일을 가져올 수도 있다. SAS에서 자료의 입출력에 대한 자세한 내용은 독립된 절에서 자세히 다룰 예정이다.

또 행렬방식의 자료처리에 익숙한 사용자들은 변수 간의 계산은 SAS가 뛰어나지만 변수 내 계산은 불편하다고 느껴질 수 있다. 예를 들어 HEIGHT 변수와 WEIGHT 변수를 더하는 것은 쉽지만, HEIGHT라는 변수의 10번째 관찰점의 값을 바꾸려는 경우 조금은 복잡한 절차를 거쳐야 한다. 하지만 PROC IML과 같은 행렬방식 자료처리에 특화된 언어를 제공해주기 때문에 이를 사용하면 된다. 이 책에서는 IML 언어는 직접 다루지는 않지만 ARRAY 함수를 이용하여 행렬방식의 접근을 이용하여 자료를 처리하는 방법은 소개할 예정이다.

3) PROC 스텝의 기본 형식

PROC 스텝은 SAS에서 제공하는 다양한 제품 안에 포함되어 있다. SAS는 특정 분석에 특화된 분석들을 지속적으로 개발해왔다. 그 결과 자료처리와 간단한 통계분석이 가능한 Base SAS, 각종 통계분석 프로시저들을 제공하는 SAS/STAT, 계량경제학 프로시저로 구

---

[5] SAS University Edition의 경우에는 파일 경로 지정이 약간 다르다. 'D:\class.CSV' 대신에 제품을 설치할 때 자료를 저장할 폴더의 물리적 주소를 지정해두기 때문에 다음과 같이 지정할 수 있다. **'/folders/myfolders/class.csv'**

[그림 8] SAS에서 제공하는 중요 분석 제품

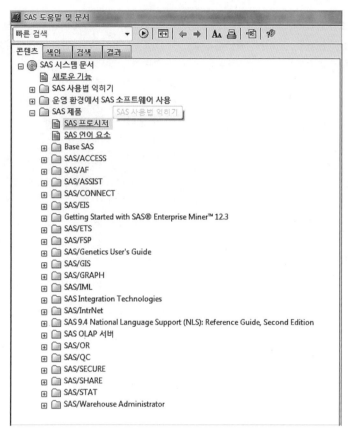

성된 SAS/ETS 등 매우 다양한 제품이 있고, 이 제품별로 다양한 프로시저를 제공하고 있다. 무료로 제공되는 University Edition의 경우는 모든 제품을 다 제공하지는 않지만, 통계 분석에 가장 많이 사용하는 SAS/STAT 제품을 제공해주기 때문에 연구자가 자료 분석에 충분한 프로시저를 사용할 수 있다. 참고로 SAS 정품에서 제공되는 제품의 목록은 [그림 8]과 같다. 독자들은 SAS HELP 메뉴를 이용하면 이 목록들을 확인할 수 있다.

위 모듈 제품들에서 제공하는 프로시저 역시 [그림 9]와 같이 매우 다양하다. SAS 도움말 메뉴에는 이 프로시저들에 대한 설명이 제공되기 때문에 개별 프로시저들을 모두 완벽하게 암기하기보다는 필요할 때마다 도움말 메뉴를 이용하여 찾아보면서 분석방법을 익혀가는 것이 좋다.

[그림 9] SAS 모듈에서 제공하는 다양한 프로시저

SAS Procedures by Name

A | B | C | D | E | F | G | H | I | J | K | L | M | N | O | P | Q | R | S | T | U | V | X | SAS Procedures by Product

A

Procedure	Location of Procedure Documentation
ACCESS	SAS/ACCESS for Relational Databases: Reference
ACCESS for ADABAS (z/OS only)	SAS/ACCESS Interface to ADABAS: Reference
ACCESS for CA-Datacom/DB (z/OS only)	SAS/ACCESS Interface to CA-Datacom/DB: Reference
ACCESS for IMS (z/OS only)	SAS/ACCESS Interface to IMS: Reference
ACCESS for PC Files	SAS/ACCESS Interface to PC Files: Reference
ACCESS for SYSTEM 2000 (z/OS only)	SAS/ACCESS Interface to SYSTEM 2000: Reference
ACECLUS	SAS/STAT User's Guide
ADAPTIVEREG	SAS/STAT User's Guide
ALLELE	SAS/Genetics User's Guide
ANOM	SAS/QC User's Guide
ANOVA	SAS/STAT User's Guide
APPEND	Base SAS Procedures Guide
APPSRV	SAS/IntrNet: Application Dispatcher
ARIMA	SAS/ETS User's Guide
AUTHLIB	Base SAS Procedures Guide
AUTOREG	SAS/ETS User's Guide

B

Procedure	Location of Procedure Documentation
BCHOICE	SAS/STAT User's Guide
BMDP	SAS Companion for z/OS
BOM	SAS/OR User's Guide: Bill of Material Processing
BOXPLOT	SAS/STAT User's Guide
BTL	SAS/Genetics User's Guide
BUILD	SAS/AF Procedure Guide

PROC 스텝은 프로시저에 따라 사용 가능한 명령어들이 조금씩 다르고 옵션들도 다르지만, 일반적으로 〈표 8〉과 같은 기본 형식을 갖는다.[6]

---

6) 〈표 8〉에서 < > 기호는 입력해야 하는 내용을 구분하기 위한 것이다. 실제 내용을 입력할 때 < > 기호는 필요없다. 이 책에서는 이러한 규칙을 따라 코드를 설명하고자 한다.

```
PROC <프로시저 이름> DATA=<분석에 사용되는 자료 이름> <옵션 등>;
LABEL <변수 이름>=<'레이블 이름'>;
    CLASS <범주형 변수> ;
    VAR <분석에 사용될 변수> ;
    BY <범주형 변수> ;
    MODEL <종속변수>= <독립변수들>/<옵션들>;
    OUTPUT OUT=<출력 결과 저장 자료 이름>
            <통계 키워드 이름>=<저장되는 변수 이름>;
RUN;


예: PROC GLM DATA=SASHELP.CLASS(WHERE=(AGE>11)) PLOTS=ALL;
        LABEL SEX="성별";
        CLASS SEX;
        MODEL WEIGHT=HEIGHT AGE SEX /SOLUTION;
RUN;
```

　　PROC 스텝은 사용하고자 하는 프로시저의 이름으로 시작하고 RUN 문장으로 마치게 된다. DATA= 부분은 분석에 사용되는 자료를 지정하는데 특정 변수나, 특정 조건을 만족하는 자료만 선택하여 분석할 수 있다.[7] 〈표 9〉의 예제처럼 WHERE문을 사용하여 특정 조건인 자료만 사용하거나 RENAME문을 사용하여 변수의 이름을 바꿀 수도 있다. 참고로, WHERE문은 조건을 충족하는 자료만을 분석할 수 있게 해주는데 실제 자료 분석에서 많이 사용하기 때문에 그 기능을 기억해두면 매우 유용하다. 다음은 WHERE문의 몇 가지 예제이다.

〈표 9〉 WHERE문 사용 예제

```
WHERE VID NOT IN (20, 23, 25);
/*VID라는 변수 값이 20, 23, 25 값이 아닌 관찰점만 사용*/
WHERE YEAR BETWEEN 2000 AND 2018;
/*YEAR라는 변수가 2000부터 2018인 경우에만 사용*/
```

---

7) 만일 DATA= 를 지정하지 않으면 바로 직전 PROC 혹은 DATA 스텝에서 사용하거나 저장된 자료를 이용하게 된다.

LABEL문은 변수가 출력될 때 변수 이름 대신에 레이블을 출력할 수 있도록 해준다. 예를 들어 LABEL SEX="성별"; 이라고 하면 SEX라는 변수를 출력할 때 SEX라는 이름 대신에 성별이라는 레이블이 출력된다.[8]

CLASS문은 여러 개의 범주를 갖는 범주형 변수를 지정할 때 사용한다. 단변량 분석에서 각 범주별로 분석결과(예: 남자의 평균과 여자의 평균)를 얻고자 하거나 회귀분석에서 범주형 변수의 가변수를 만들 때 CLASS문이 널리 사용된다.

VAR문은 분석에 사용할 변수를 지정할 때 사용되며 BY문은 지정한 변수의 범주별로 분석을 수행하도록 할 때 사용된다. 예를 들어 남성에 대한 회귀분석과 여성에 대한 회귀분석을 따로 수행하고 싶으면 BY문에 성별 변수를 지정하면 되는 것이다.

MODEL문은 선형 모형에서 종속변수와 독립변수를 지정할 때 사용한다. MODEL문에도 다양한 분석결과를 얻기 위해 옵션을 많이 사용할 수 있으므로 필요에 따라 이 옵션을 익혀가면 도움이 될 것이다.

한편 분석결과를 SAS 데이터 세트의 형태로 저장하는 경우가 많다. OUTPUT 명령문은 분석을 통해 얻어진 통계치와 결과들을 자료로 저장할 때 사용한다.

PROC 스텝에서 사용되는 각종 명령문에서 사용할 수 있는 고유한 옵션들이 있는데 이

[그림 10] SAS 도움말 및 문서 예시

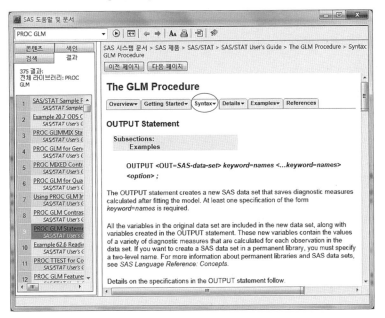

---

8) LABEL문은 FORMAT문과 함께 뒤에서 자세하게 다루고자 한다.

것들은 SAS 도움말 및 문서를 찾아보면 쉽게 찾을 수 있다. [그림 10]에서처럼 각 프로시저별로 SYNTAX를 설명하는 부분이 있는데 여기서 중요 명령문별로 자세한 설명을 제공한다.

University Edition의 경우에는 SAS 도움말 파일을 개인 컴퓨터에서 직접 제공하지 않고 인터넷을 통해 확인해야 한다. SAS Studio의 상단에 있는 메뉴 아이콘 중에 ❓ 을 선택하면 SAS Studio User's Guide를 비롯하여 다양한 문서들이 PDF 및 HTML 파일 형식으로 제공되고 있다. 또는 SAS/STAT 매뉴얼이 SAS에서 제공되고 있으므로 이를 참조하여 다양한 프로시저의 옵션과 통계분석 절차에 대한 이론들을 습득해 나가면 된다.

다른 통계 프로그램을 공부하는 때도 마찬가지만 SAS의 경우는 기본 명령어를 영어 단어 공부하듯이 암기하면 유사한 문법구조가 반복되기 때문에 어렵지 않게 공부할 수 있다. 프로그램을 처음 공부할 때 어려움을 느끼는 이유는 기본 명령어들을 암기하지 않은 채 매뉴얼에 지나치게 의존하기 때문이다. 영어단어 100개를 암기한다는 자세로 기본 명령어에 익숙해지면 SAS가 훨씬 편리하다는 사실을 발견할 수 있을 것이다.

SAS에서의 자료 입출력 및 자료운영

Data visualization

1. 자료의 입출력

SAS는 다른 통계 프로그램에서 생성된 자료를 가져와서(import) 분석에 사용할 수 있다. 자료 입력에 가장 널리 사용하는 프로그램이 엑셀이기 때문에 여기서는 엑셀 자료의 가져오기와 보내기(export)를 먼저 다루고자 한다.

1) 엑셀 자료의 가져오기와 보내기

엑셀에 저장된 자료를 SAS로 가져오는 방법은 매우 다양하다. 먼저 대화식 데이터 분석 방식을 이용하여 자료를 가져오는 방법을 살펴보자. d:\ 드라이브의 class.xlsx라는 파일에 〈표 1〉과 같은 자료가 입력되어 있다고 가정해보자.

〈표 1〉 예제 자료: class.xlsx

Name	Sex	Age	Height	Weight
Alfred	M	14	69	112.5
Alice	F	13	56.5	84
Barbara	F	13	65.3	98
Carol	F	14	62.8	102.5
Henry	M	14	63.5	102.5
James	M	12	57.3	83
Jane	F	12	59.8	84.5
Janet	F	15	62.5	112.5
Jeffrey	M	13	62.5	84
John	M	12	59	99.5
Joyce	F	11	51.3	50.5
Judy	F	14	64.3	90
Louise	F	12	56.3	77
Mary	F	15	66.5	112
Philip	M	16	72	150
Robert	M	12	64.8	128
Ronald	M	15	67	133
Thomas	M	11	57.5	85
William	M	15	66.5	112

```
PROC IMPORT DATAFILE=<파일 주소와 이름 혹은 파일참조>
   OUT=<출력될 자료 이름> DBMS=<자료의 형식> REPLACE;
   SHEET=<"시트이름">;
   <명령어들>;
RUN;
```

자료를 불러 읽을 때 사용되는 프로시저는 PROC IMPORT 프로시저이다. 이 프로시저는 다양한 형식의 자료를 SAS로 불러 읽도록 해준다.

〈표 3〉에 엑셀 자료를 불러오기 위한 프로그램이 제공되고 있다. 먼저 PROC IMPORT는 SAS에서 외부 파일을 가져올 때 사용하는 프로시저이고 'OUT='은 가져온 자료를 어떤 이름으로 어느 곳에 저장할지를 나타낸다. WORK.MYEXCEL은 WORK 라이브러리에 MYEXCEL이라는 이름으로 가져온 파일을 저장하도록 지정되었다. 'DBMS='는 가져올 자료가 어떤 통계 프로그램에 의해 생성된 것인지를 나타내주는 것이다.[1] 그리고 REPLACE는 동일한 파일이 해당 라이브러리에 존재하는 경우에는 덮어쓰라는 것이고 'SHEET='는 불러오고자 하는 엑셀 시트의 이름을 지정해주는 명령어이다. 이때 " "에 지정되는 시트 이름은 대소문자 구분하기 때문에 주의해야 한다.

한편 〈표 3〉에 제시된 프로그램 코드에서는 FILENAME이라는 명령문을 통해 불러올 자료에 대한 참조 이름(file reference name)을 KILKON이라고 만들어 준 후 DATAFILE= 옵션에 이 참조 이름을 지정한 것이다. 참조 이름을 만들게 되면 경로를 여러 번 지정해야 할 때 불필요하게 경로를 매번 쓰지 않아도 되기 때문에 편리하다.

이 밖에도 엑셀 자료를 입출력하는 방법은 매우 다양하다. RANGE 명령문을 사용하면 엑셀 자료의 특정 영역만을 불러 읽을 수도 있다.

통계 프로그램을 사용하다 보면 버전이 달라 문제가 생길 수 있다. 특히 엑셀 파일의 버전이 달라 DBMS=XLSX로 잘 읽히지 않는 경우가 발생하기도 한다. 이 오류는 엑셀 파일에 자료 자체뿐만 아니라 서식과 관련된 여러 정보가 함께 내장되어 있어서 발생한다. 이 문제를 피하기 위해서는 서식 정보 없이 원시 파일 형태의 자료로 변환하여 저장하는 것이 유용할 때가 많다. 즉 EXCEL 프로그램에서 자료를 TXT 파일이나 CSV 파일 형태로 저장하는 것이다. 특히 콤마 분리변수(comma separate values, CSV) 파일 형식은 PROC

---

1) 여기에는 XLSX뿐만 아니라 다양한 옵션이 가능하다. 엑셀의 경우에도 엑셀의 버전에 따라 DBMS 유형 선택이 달라질 수 있다.

<表 3> SAS로 자료 불러오기 위한 IMPORT 프로시저의 예시

```
/*  자료를 바로 가져오기 */
PROC IMPORT DATAFILE="D:\CLASS.xlsx"
  OUT=WORK.MYEXCEL
  DBMS=XLSX
  REPLACE;
  SHEET="Sheet1";
RUN;

/*파일 참조를 만든 후 가져오기 */
PROC EXPORT DATA=SASHELP.CLASS OUTFILE="D:\SCHOOL.CSV"
    DBMS=CSV REPLACE;
RUN;
FILENAME KILKON "D:\SCHOOL.CSV";
PROC IMPORT DATAFILE=KILKON OUT=SCHOOL
    DBMS=CSV REPLACE; GETNAMES=YES;
RUN;
PROC PRINT; RUN;
```

IMPORT 프로시저뿐만 아니라 데이터 스텝의 INFILE문에서도 무리 없이 불러 읽을 수 있어서 EXCEL 자료를 읽을 때 오류가 발생하면 CSV 파일 형태로 저장한 후 SAS에서 읽도록 해본다.

한편 명령문을 사용하지 않고 SAS의 메뉴창에서 <파일> → <데이터 가져오기> 옵션을 선택하면 [그림 1]과 같이 데이터 가져오기 마법사 화면이 뜨게 된다. 이 화면에서 제시하는 절차에 따라서 다양한 형태의 자료를 SAS 형태의 자료로 가져올 수 있다.

이 밖에도 특정 형식의 자료의 경우에는 자료 입출력을 할 때 오류가 발생하는 경우가 적지 않은데, 저자의 경험상 이 오류를 해결할 방법을 SAS는 대부분 제공하고 있기 때문에 오류 발생 시 구글 검색을 통해 해결방법을 찾아보면 어렵지 않게 이를 해결할 수 있다. 한편 SAS에서 외부 자료를 가져올 때 또 사용할 수 있는 방법은 DATA 스텝에서 INFILE 문을 사용하는 것이다. 이에 대해서는 다른 절에서 다시 논의하고자 한다.

[그림 1] 데이터 가져오기 마법사 화면

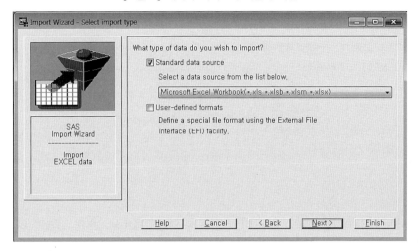

2) CSV 파일 불러오기

CSV 파일은 자료 저장 형식이 간단하여 다양한 통계 프로그램에서 호환 가능한 장점이 있다. 엑셀 파일의 경우 엑셀의 버전에 따라, 혹은 엑셀 자료에 지정된 포맷에 따라 자료를 불러올 때 문제가 발생하는 경우가 많지만, CSV 파일은 입출력 때 문제가 상대적으로 작으므로 엑셀 파일을 CSV 파일로 변환시켜 SAS에서 불러오기도 한다.

〈표 4〉는 PROC EXPORT 프로시저를 이용하여 SASHELP.CLASS 파일을 CSV 파일로 저장한 후 다시 이를 PROC IMPORT 프로시저를 이용하여 SAS 데이터 세트로 불러 읽는 예제를 보여준다.

〈표 4〉 자료를 CSV 파일 형태로 저장한 후 다시 SAS에서 불러오기

```
PROC EXPORT DATA=SASHELP.CLASS OUTFILE="D:\SCHOOL.CSV"
    DBMS=CSV REPLACE;
RUN;
PROC IMPORT DATAFILE="D:\SCHOOL.CSV" OUT=SCHOOL
    DBMS=CSV REPLACE; GETNAMES=YES;
RUN;
PROC PRINT; RUN;
```

```
PROC IMPORT OUT=TEST
    DATAFILE='C:\SFILE1.DTA'
    DBMS=DTA REPLACE;
RUN;
  PROC IMPORT OUT=WORK.TEST2
    DATAFILE='C:\SFILE1.SAV'
    DBMS=SAV REPLACE;
RUN;
```

SAS에서는 DBMS 형식으로 EXCEL, CSV 이외에도 DLM, JMP, TAP, DTA, SAV 등 다양한 파일 형식을 지정한다. 참고로 확장자명이 DTA인 STATA 데이터나 SAV인 SPSS 데이터를 SAS로 불러 읽는 방식은 〈표 5〉와 같다.

3) SAS에서 자료를 직접 입력하기

① 입력변수의 유형

SAS에서 자료를 직접 입력할 때 입력하는 자료가 문자형 변수(character variable)인지 숫자형 변수(numerical variable)인지를 구분할 필요가 있다. 문자형 변수는 입력되는 자료가 '남자', '여자'처럼 문자 형식을 의미하며, 숫자형 변수는 숫자로 입력되는 변수를 의미한다. 주의해야 할 것은 자료는 비록 숫자형 변수로 입력되지만, 문자형 변수의 의미가 있는 때도 있다. 예를 들어 남자는 1, 여자는 0으로 자료가 입력된다면 입력된 자료는 숫자형 변수이지만 실제 의미는 범주를 나타내는 범주형 변수(categorical variable)이다. 고길곤(2017)이 지적하듯이 통계학에서는 통계분석에 사용되는 자료를 숫자형 변수와 범주형 변수로 구분하지만, 이 구분은 연구 목적과 자료 특성에 맞게 주관적으로 판단해야 하는 경우가 많다. 실제로 범주형 변수지만 자료는 숫자 형태로 입력하는 경우가 많다. 예를 들어 통계청 자료의 경우 행정구역을 나타내는 변수에 서울특별시라는 값을 입력하는 대신에 11이라는 두 자리 코드를 입력하고 서울시 종로구는 11110, 용산구는 11170과 같이 다섯 자리 코드로 구분하여 자료를 입력하는 것이다. 이런 값은 SAS에서 숫자형 변수로 입력할 수도 있고 문자형 변수로도 입력할 수 있다.

한편 문자형 변수를 숫자를 이용하여 나타내면 그 숫자의 의미를 바로 파악하기 어려운 문제가 있다. 이를 해결하기 위한 것이 변수의 값에 레이블을 붙이는 데 사용되는 포맷문

(format)이다. 예를 들어 남자와 여자를 구분하기 위해 1과 0의 값을 입력한 변수의 경우 1이 남자를 의미하는지 여자를 의미하는지를 명확히 나타내기 위해 PROC FORMAT 프로시저를 사용하여 변수의 값에 레이블(lable)을 붙일 수 있다. 이하에서는 처음 SAS를 배우는 독자를 위해서 간단하게 숫자형 자료와 문자형 자료를 SAS에 입력하는 간단한 방법을 살펴본다.

② 자료를 직접 입력하는 방법

SAS에서 직접 자료 입력을 위해서는 DATA 스텝을 사용한다. 데이터 입출력을 위한 DATA 구문의 규칙은 세부적으로는 매우 다양하다. 먼저 자료 입력을 위한 DATA 구문의 기본 형태를 살펴보면 〈표 6〉과 같다. SAMPLE이라는 데이터 세트를 만들기 위한 예제를 살펴보면 INPUT에 지정하는 변수는 문자형 변수와 숫자형 변수로 구분하여 지정하는데, Y와 같이 입력변수가 문자형 변수면 변수 이름 끝에 '$'기호를 부과하여 문자형 변수임을 선언할 수 있으며 숫자형 변수에는 이 기호를 넣을 필요가 없다. CARDS라는 명령문 대신에 DATALINES라는 명령문을 사용해도 무방하다.

〈표 6〉 DATA 스텝에서 자료를 직접 입력하는 방법

```
DATA <데이터 세트 이름>;
    INPUT <변수 이름들>;
    CARDS;
    <자료들>
    ;
RUN;
예:
DATA SAMPLE;
    INPUT X Y$;
    CARDS;
    1 남
    2 여
    ;
RUN;
PROC PRINT DATA=SAMPLE;
RUN;
```

```
DATA WINERANKING;
  LENGTH COMPANY$10.;
  INPUT COMPANY$ TYPE$ SCORE DATA MMDDYY10.;
  CARDS;
  HELMES PINOT 56 09/14/2012
  HELMES REISLING 38 09/14/2012
  VACCA MERLOT 65 06/30/2012
  STERLING1 PINOT 65 06/30/2012
  STERLING2 PROSECCO 72 06/30/2012
  ;
RUN;
PROC PRINT; RUN;
```

OBS	COMPANY	type	score	date
1	Helmes	Pinot	56,345	19250
2	Helmes	Reisling	38,000	19250
3	vacca	Merlot	91,000	19251
4	Sterling1	Pinot	65,000	19174
5	Sterling2	Prosecco	72,000	19174

조금 더 복잡한 자료 입력을 살펴보자. 〈표 7〉은 문자형 변수, 숫자형 변수, 시간 변수가 모두 포함된 경우이다. SAS에서 자료를 읽을 때는 CARDS; 이하에 입력되는 자료를 INPUT에서 지정한 변수들 차례로 읽게 된다. 예를 들어 첫 줄에 있는 HELMES PINOT 56 09/14/2012 값은 첫 번째 값인 HELMES는 COMPANY라는 변수에, PINOT는 TYPE 이라는 변수에, 56은 SCORE라는 변수에, 그리고 09/14/2012 값은 DATE라는 변수에 입력하는 것이다.

SAS에서 변수가 읽는 자료의 길이는 8비트 길이를 기본값으로 설정되어 있다. 영문자의 경우 여덟 자까지를 기본으로 읽게 된다. 그런데 COMPANY 변수 중 STERLING2는 10 자나 되기 때문에 8비트가 넘게 된다. 이 경우 8비트를 넘어가는 글자는 입력되지 않는 문제가 발생한다. 이 문제를 해결하기 위해 변수의 길이를 지정해줄 수 있는데 LENGTH 명령문을 다음과 같이 사용할 수 있다. 즉 COMPANY라는 변수의 길이는 10비트며 문자형 변수이기 때문에 $를 붙여주면 된다.

두 개의 데이터 세트를 붙여서 하나의 데이터 세트를 만들어야 할 때 각 데이터 세트에서 변수의 길이가 다르게 지정되는 경우 문제가 발생할 수 있다. 이 경우 LENGTH 명령문을 이용하여 길이를 지정하면 손쉽게 문제를 해결할 수 있다.

```
LENGTH <변수 이름> <길이.>
예: LENGTH COMPANY $10.
;
```

자료를 입력할 때 자료를 어떻게 읽을지를 나타내는 것이 INFORMAT이다. 예를 들어 시간이 표시된 자료를 읽을 때 매우 다양한 방식으로 읽게 된다. 예를 들어 아래와 같이 date 변수를 읽을 때의 포맷을 MMDDYY10. 와 같이 지정을 하게 되면 실제 자료를 읽을 때는 첫 번째 관찰점의 경우에는 19250으로 자료가 읽히게 된다.[2]

SAS에서는 자료의 크기, 소수점, 자릿수 등과 관련된 다양한 INFORMAT 형식을 제공하기 때문에 관심 있는 독자들은 SAS 매뉴얼을 참고하도록 한다.

한편 SAS는 각 행의 자릿수를 지정하여 변수의 값을 입력하도록 할 수 있는데 이를 위해 사용되는 것이 열 입력(column input) 방식과 포인터 입력(pointer input) 방식이다. 열 입력 방식의 경우, 자료가 일정하게 칸을 잘 맞추어 입력되었다고 가정하고 company$1-4와 같이 입력을 하면 각 행의 첫 번째부터 네 번째 열의 값을 company라는 변수에 입력하도록 하는 것이다.

포인터 입력 방식의 경우는 company$10. +2 score와 같이 지정하는 경우 처음 10자리 열의 값은 company 변수에 입력되고 오른쪽으로 2열을 건너뛴 후에 13번째 자리부터의 값을 score라는 변수에 입력하라는 것을 의미한다.[3] 이런 입력 방식은 잘 사용되지는 않지만, 자료가 규칙적으로 입력된 경우에 흔히 사용한다.

마지막으로 흔히 사용되는 것은 @@ 기호이다. SAS에서 자료를 입력할 때 줄 단위로 읽기 때문에 INPUT에서 지정된 변수가 다 입력되고 나면 다음 줄로 자동으로 넘어가게 된다. 그러나 @@ 기호가 사용되면 지정된 변수가 다 입력되고 난 후에도 해당 줄에 여전히 자료가 있으면 값들이 다시 순서대로 변수에 입력되도록 할 수 있다.

---

2) SAS에서는 시간을 나타내는 변수처리를 특수하게 한다. MMDDYY10. 형식의 경우에 1960년 1월 1일을 0의 값으로 하여 하루에 하나씩 값이 증가하게 된다.
3) 포인터 입력 방식 중 널리 쓰는 방법은 @을 이용하는 방법으로 company$2. @5 score와 같이 지정을 하게 되면 두 번째 자릿값까지는 company 변수에 입력을 하고 다섯 번째 자리로 이동하여 score 변수를 입력하게 된다.

〈표 8〉 Length 명령문과 @@ 옵션을 이용한 자료입력 예시

```
DATA WINERANKING;
   LENGTH COMPANY$10.;
   INPUT COMPANY$ TYPE$ SCORE DATA MMDDYY10. @@;
   CARDS;
   HELMES PINOT 56 09/14/2012 HELMES REISLING 38 09/14/2012
   VACCA MERLOT 65 06/30/2012 STERLING1 PINOT 65 06/30/2012
   STERLING2 PROSECCO 72 06/30/2012
   ;
RUN;
PROC PRINT; RUN;
```

여기서 소개한 자료 입력 방식은 일부에 불과하다. 저자는 다양한 형태의 파일을 DATA 스텝에서 불러 읽기 위해 다양한 옵션을 사용해본 경험이 있다. SAS를 처음 사용하는 독자의 경우 직접 SAS에서 자료를 입력하는 것보다는 엑셀에 입력한 자료를 SAS에서 불러 읽는 방식을 추천한다. 하지만 고급 사용자의 경우는 SAS에서 직접 자료를 입력하거나 외부 파일을 불러 읽어서 SAS DATA 스텝에서 분석하는 다양한 기법들을 알아두는 것도 좋다.

③ 입력된 자료의 수정

SAS에서 이미 입력된 자료를 수정하거나 다른 SAS 자료를 통합하기 위해 DATA 스텝을 사용한다. 자료의 결합은 매우 중요한 주제이므로 독립된 절에서 살펴보도록 하고 여기서는 입력된 자료를 수정하는 방법을 간단히 살펴보도록 하자.

SAS에서 이미 있는 데이터 세트를 수정하기 위해서는 DATA 스텝에서 SET 명령문을 일반적으로 사용한다.

〈표 9〉 SET 명령문을 이용한 기존 자료 수정 데이터 스텝의 기본 구조

```
DATA <새롭게 만들고자 하는 데이터 세트 이름>;
   SET <수정하고자 하는 데이터 세트>;
   <명령어 구문들>
   ;
RUN;
```

〈표 10〉 기존 자료를 변형하여 새로운 자료를 생성하는 예제

| ```
DATA NEW;
   SET SASHELP.CLASS;
   IF SEX="M";
RUN;
PROC PRINT; RUN;
``` | ```
DATA NEW;
   SET SASHELP.CLASS;
   IF SEX="M";
   KEEP SEX HEIGHT;
   DROP WEIGHT;
RUN;
``` |

예를 들어 SASHELP.CLASS 데이터 세트에 있는 자료 중 남자인 사람들만 뽑아서 NEW라는 새로운 데이터 세트에 저장하고자 한다면 간단히 〈표 10〉의 프로그램 코드를 이용할 수 있다. 이 코드를 이용하면 WORK 라이브러리에 NEW라는 데이터 세트가 만들어져 저장된다. 한편 〈표 10〉의 오른쪽 코드처럼 새로운 데이터 세트에 포함시키고자 하는 변수의 리스트를 KEEP 스테이트먼트를 이용하여 지정할 수 있고 제거하고자 하는 변수는 DROP 스테이트먼트를 이용하여 지정할 수 있다.[4]

입력된 자료를 수정하여 새롭게 저장을 할 때는 다양한 함수와 명령어들을 이용할 수 있다. 이 함수와 명령어들은 실제 널리 사용되기 때문에 독립된 절에서 다루고자 한다.

4) SAS 자료의 출력 전달 시스템

SAS는 출력 전달 시스템(Output Delivery System, ODS)을 통해 다양한 방식으로 결과물을 출력해줄 수 있도록 한다. 초기의 SAS에서는 텍스트 양식으로 출력 윈도우(output window)에 결과를 제공하는 방식이 일반적이었다. 하지만 EXCEL, PPT, PDF, HTML, PostScript, RFT, EPUB 등 다양한 프로그램들과 호환 가능한 출력 양식으로 제공할 필요성이 커짐에 따라 SAS는 지속적으로 ODS를 발전시켜왔다. 특히 GTL(Graphic Template Language)을 이용한 그래프 출력(graphical output) 기능은 SAS 9 버전에서 빠르게 발전하였다. HTML 양식의 출력은 SAS의 기본 출력 양식으로 자리 잡았고 아래 한글과 MS 워드 등 다양한 문서 작성 프로그램과 출력 결과를 어렵지 않게 호환할 수 있다. 무엇보다도 SAS의 ODS의 가장 큰 장점은 출력되는 각종 그림이나 표를 만들 때 사용되는 자료들을 SAS 데이터 세

---

4) 실제 분석에서는 KEEP나 DROP 문 중 하나만을 사용하면 된다. KEEP 문에서 지정한 변수를 제외한 변수는 데이터 세트에서 제외되기 때문에 DROP 문을 이용하여 변수를 지정하는 것과 유사하기 때문이다.

[그림 2] ODS 문을 이용하여 PDF 형식으로 출력물을 저장하기

```
ODS PDF FILE="D:\RES1.PDF" CONTENTS=YES PDFTOC=2;
PROC UNIVARIATE DATA=SASHELP.CLASS;
RUN;
ODS PDF CLOSE;
```

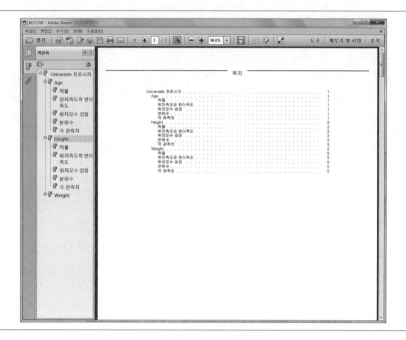

트로 저장할 수 있다는 점이다. ODS 기능을 알아두면 출력 양식을 통제하는 것뿐만 아니라 출력되어야 할 자료를 저장할 때도 유용하다. ODS를 이용해서 수행할 수 있는 기능들은 크게 다음과 같다.

① 출력 결과를 hypertext markup language (HTML), rich text format (RTF), portable document format (PDF), PostScript, SAS listing 등의 형식으로 저장함.
② 출력되는 테이블이나 그림들로부터 직접 SAS 데이터 세트를 만듦.
③ 특정 출력물만을 선택하도록 함.
④ 출력물의 레이아웃, 형식, 머리말, 스타일 등을 수정함.
⑤ ODS Graphics를 이용하여 그래프를 만들어 냄.

ODS 기법은 매우 다양하므로 몇 가지 예제들만을 소개하도록 한다. 최근 SAS 9 버전 이상들은 대부분 기본 출력을 LISTING이 아닌 HTML 형태로 제공하고 있다. 하지만

ODS EXCEL FILE="D:\CLASS.XLSX" ;	ODS CSV FILE="D:\CLASS.CSV" ;
PROC UNIVARIATE DATA=SASHELP.CLASS;	**PROC** UNIVARIATE DATA=SASHELP.CLASS;
VAR HEIGHT;	VAR HEIGHT;
RUN;	**RUN**;
ODS EXCEL CLOSE;	ODS CSV CLOSE;

HTML 이외에도 PDF 파일 형태로 결과를 출력할 수 있는데 [그림 2]처럼 목차와 책갈피 및 분석결과가 포함된 PDF 문서를 지정된 경로의 FILE로 저장할 수 있다. ODS 구문을 사용하는 방법을 살펴보면 ODS 문의 시작을 알리는 명령문을 사용하고, 출력물을 얻은 다음에는 ODS 문을 종료하는 것을 나타내는 ODS CLOSE; 명령문을 사용한다.

이 밖에 PPT, RFT 등 다양한 출력 양식으로 결과를 보낼 수 있으므로 관심 있는 독자는 SAS HELP 메뉴를 참고하기 바란다.

한편, 출력을 다양한 자료 형태로 저장할 수 있다. 출력 결과를 엑셀 파일 형태로 만들어 저장하고 싶을 때는 〈표 11〉의 왼쪽 패널과 같이 ODS EXCEL 명령문을 사용하고 저장해야 할 주소를 FILE= 로 지정해주면 된다. CSV 파일로 저장을 하고 싶으면 오른쪽 패널과 같이 CVS 형식으로 ODS 문을 이용하고 파일의 경로를 지정하면 된다. 참고로 ODS EXCEL CLOSE; 문을 사용하면 더 이상 EXCEL 파일 형식의 출력물이 나오지 않도록 한다.

위 프로그램을 실행시키면 [그림 3]과 같이 CLASS.XLSX라는 엑셀 파일에 SAS 출력 결과물이 저장됨을 알 수 있다.

ODS를 이용하여 출력된 테이블들을 SAS 데이터 세트의 형태로 저장할 수도 있다. SAS에서는 출력되는 테이블이나 그림에 고유한 이름이 부여된다. 이 이름을 모두 기억하기는 어렵지만 [그림 4]와 같이 ODS TRACE ON; 문을 사용하면 ODS 문을 통해 선택할 수 있는 테이블이나 그림의 고유한 이름을 확인할 수 있다. 예를 들어 ① 문장을 실행시킨 후 PROC UNIVARIATE 프로시저를 실행시키면 [그림 4]의 오른쪽과 같이 출력물들의 이름, 레이블, 템플릿,[5] 경로 등이 로그 윈도우에 나타난다. 분석을 수행할 때마다 이 정보들이 나타나는 것이 상당히 번거롭기 때문에 이 기능을 종료하려면 ODS TRACE OFF; 문을 사용하면 된다.

---

5) 고급 사용자의 경우에는 템플릿을 수정하여 출력물의 양식들을 자유자재로 바꿀 수 있다.

[그림 3] 출력 결과가 엑셀 파일 형태로 저장된 예시

	A	B	C	D	E
1	SAS 시스템				
2					
3	UNIVARIATE 프로시저				
4	변수: Height (키(단위: 인치))				
5					
6		적률			
7	N		19	가중합	19
8	평균		62.3368421	관측값 합	1184.4
9	표준 편차		5.12707525	분산	26.2869006
10	왜도		-0.2596696	첨도	-0.1389692
11	제곱합		74304.92	수정 제곱합	473.164211
12	변동계수		8.22479143	평균의 표준 오차	1.17623173
13					
14		기본 통계 측도			
15		위치측도		변이측도	
16	평균		62.33684	표준 편차	5.12708
17	중위수		62.8	분산	26.2869
18	최빈값		62.5	범위	20.7
19				사분위 범위	9
20					
21	Note: 표시된 최빈값은 2개의 최빈값(개수: 2) 중에 가장 작습니다.				

[그림 4] ODS 명령문을 이용하여 분석결과를 SAS 파일로 저장하기

```
ODS TRACE ON; /*①*/
ODS    OUTPUT    BASICMEASURES=KILKON
(DROP=VARNAME); /*②*/
PROC UNIVARIATE DATA=SASHELP.CLASS;
   VAR HEIGHT;
ODS SELECT QUANTILES;/*③*/
RUN;
PROC PRINT DATA=KILKON;RUN;
```

추가된 출력물:

이름: Moments
레이블: 적률
템플릿: base.univariate.Moments
경로: Univariate.Height.Moments

추가된 출력물:

이름: BasicMeasures
레이블: 위치측도와 변이측도
템플릿: base.univariate.Measures
경로: Univariate.Height.BasicMeasures

추가된 출력물:

이름: TestsForLocation
레이블: 위치모수 검정
템플릿: base.univariate.Location
경로: Univariate.Height.TestsForLocation
----

② 문장은 ①을 통해 확인된 출력물 중 BasicMeasures라는 출력물을 SAS 데이터 세트로 저장하도록 한다. 저장을 위해서는 ODS OUTPUT <출력물 이름=저장된 파일 이름>; 문을 이용하면 된다. 한편 ② 문장은 ③과 같이 PROC UNIVARIATE 구문 안에 위치해도 큰 문제가 없다. 저장된 파일 이름에 ( )을 추가하여 KEEP, DROP, WHERE, RENAME 등의 명령어를 이용하여 저장할 변수들과 관찰점도 지정할 수 있다. 예제에서는 BASICMEASURES 출력물을 KILKON이라는 데이터 세트로 저장할 때 VARNAME이라는 변수는 포함하지 않도록 하고 있다.

③ 문장은 출력 윈도우에 일부 테이블만 출력하도록 해준다. 많은 자료를 분석하다 보면

[그림 5] ODS 명령문을 이용하여 SGPLOT 그림의 자료를 SAS 데이터 세트으로 저장하기

```
ODS OUTPUT SGPLOT=KILKON2;
PROC SGPLOT DATA=SASHELP.CLASS;
   VBOX WEIGHT/DATALABEL=NAME;
RUN;
PROC PRINT DATA=KILKON2;RUN;
```

OBS	BOX_WEIGHT_DATALABEL_NAME_SOR__Y	BOX_WEIGHT_DATALABEL_NAME_SOR_ST	BOX_WEIGHT_DATALABEL_NAME_SOR_DL	Weight	Name
1	50.500	MIN		112.5	알프레드
2	84.000	Q1		84.0	앨리스
3	99.500	MEDIAN		98.0	바바라
4	112.500	Q3		102.5	캐롤
5	150.000	MAX		102.5	헨리
6	100.026	MEAN		83.0	제임스
7	22.774	STD		84.5	제인
8	19.000	N		112.5	자넷
9	50.500	DATAMIN		84.0	제프리
10	150.000	DATAMAX		99.5	존
11	.			50.5	조이스
12	.			90.0	주디
13	.			77.0	루이스
14	.			112.0	메리
15	.			150.0	필립
16	.			128.0	로버트
17	.			133.0	로날드
18	.			85.0	토마스
19	.			112.0	윌리엄

불필요한 출력물이 너무 많아지기 때문이다. ODS SELECT 대신 ODS EXCLUDE 문을 사용하면 선택된 출력물이 출력되지 않도록 해준다. ODS SELECT NONE; 문을 사용하면 아무 결과도 출력하지 않도록 해준다.

한편 PROC SGPLOT 등을 이용하여 그래프를 그리는 경우 그래프를 그리기 위해 사용된 통계량이나 자료들도 ODS OUTPUT 문을 이용하여 출력할 수 있다. SGPLOT에서 그림을 그리기 위해 사용한 자료는 SGPLOT이라는 ODS 데이터 세트로 저장되기 때문에 [그림 5]와 같이 ODS OUTPUT SGPLOT=을 지정하게 되면 그 뒤에 오는 PROC SGPLOT에서 그림을 그리는 데 사용되는 자료를 저장할 수 있게 된다. 이 명령문은 PROC SGPLOT 안에 위치시켜도 동일한 결과를 얻을 수 있다. [그림 5]는 상자그림을 그리는 경우 ODS OUTPUT 문을 이용하여 출력물 자료를 저장하는 예제이다.

ODS 기능은 매우 광범위하고 유용하게 사용할 수 있으므로 필요할 때마다 기능을 살펴보고 SAS HELP를 이용하여 다양한 옵션들을 활용해보면 자료 분석 능력을 크게 향상시킬 수 있다. 한편 ODS 함수는 아니지만 OPTIONS NOSOURCE; 문을 사용하면 로그 윈도우에 분석 과정 출력이 안 되는데 시뮬레이션 등을 수행할 때 로그 윈도우가 꽉 차서 실행이 멈추는 것을 예방할 수 있다.[6]

2. 교차표 형식의 자료 입력

　자료를 입력하다 보면 다양한 형태의 자료를 마주치게 된다. 일반적으로는 엑셀에 변수별로 잘 입력된 자료를 사용하여 분석하는 경우가 많다. 하지만 논문이나 보고서에서 제시된 다양한 표의 자료를 이용해서 분석해야 하는 경우도 적지 않다. 예를 들어 〈표 12〉와 같은 교차표 자료가 주어졌다고 해보자. 이러한 교차표를 SAS 자료로 입력하는 문제는 생각보다 간단하지 않다. 자료를 통계자료 분석에 적합한 형태로 자료를 입력해야 하기 때문이다.

〈표 12〉 연도별 직원 고용상태 분류 교차표

TYPE	YEAR				
	2010	2011	2012	2013	2014
무기계약	9642	10490	11904	15441	17948
비정규직	38100	41608	45368	44431	43685
상임임원	793	811	836	827	834
소속외	55928	59229	61313	63060	65244
정규직	246802	251735	255302	261254	266563

　SAS를 비롯한 통계 프로그램에서는 자료를 변수중심으로 입력하게 된다. 따라서 모든 자료를 입력할 때는 해당 자료의 변수가 무엇인지를 확인하는 것이 필요하다. 위 교차표에서 변수는 직원의 고용상태(TYPE), 연도(YEAR), 그리고 빈도(COUNT)이다. 연구자가 변수별로 자료를 SAS에 입력해서 최종 얻고자 하는 자료 형태가 〈표 13〉과 같다고 가정해보자.

〈표 13〉 컴퓨터가 이해하기 좋은 변수별 데이터 양식

OBS	TYPE	YEAR	COUNT
1	상임임원	2010	793
2	상임임원	2011	811
⋮	⋮	⋮	⋮

---

6) 이를 해제하려면 OPTIONS SOURCE; 명령문을 사용하면 된다. 한편 로그창의 내용을 지우고 싶으면 DM 'LOG;CLEAR'; 명령문을 사용하면 로그 창의 내용을 지울 수 있다.

<表 14> 단순 반복과정을 이용하여 자료를 입력하는 방법

```
DATA TEMP;
  INPUT TYPE$ YEAR COUNT;
  CARDS;
 상임임원 2010 793
 상임임원 2011 811
  ...
  ;
 RUN;
```

위와 같이 자료를 입력하기 위해 DATA 스텝을 이용하여 〈표 14〉와 같이 자료를 입력할 수 있다. 하지만 이렇게 자료를 입력하는 경우에는 25개의 관찰점을 〈표 14〉와 같이 입력해야 한다. 이 경우 TYPE와 YEAR 변수를 반복해서 입력해야 하는 번거로움이 있다.

교차표 형식의 자료를 입력하는 또 다른 방법은 아래와 같이 DO 루프를 사용하는 것이다. 위 예제는 TYPE이라는 변수 아래에 YEAR가 있고, 마지막에 COUNT가 있는 계층구조를 갖는 자료라고 이해할 수 있다. 따라서 상위 계층에 있는 TYPE이나 YEAR의 각 범주 값이 반복되게 되어 있다. 이러한 범주 값의 반복되는 특성은 DO 문을 이용하여 나타낼 수 있다.

DO 문은 반복하여 데이터 스텝 또는 프로시저를 실행시킬 때 사용한다. 반복하는 대상은 아래와 같이 숫자 또는 문자열 모두를 사용할 수 있다.

예1) 변수 I가 숫자 1에서 10까지 10번 반복: DO I=1 TO 10;
예2) 변수 I가 숫자 2에서 10까지 2씩 증가하며 5번 반복: DO I=2 TO 10 BY 2;
예3) 문자변수 TYPE가 문자열 "가" "나" "다" 순서로 반복:
　　　　　　　DO TYPE = "가", "나", "다";

DO 문을 사용하여 작업할 내용을 다 지시한 다음에 DO 문을 마치려면 반드시 END;를 이용하여 반복 실행을 종료하도록 선언을 해야 한다. 그렇지 않으면 SAS는 잘못된 명령어라는 오류 메시지를 로그 윈도우에 출력한다.

DO와 END 문장 사이에 포함되는 실행 가능한 SAS 문장을 'DO 그룹(DO GROUP)' 이

<표 15> DO 문의 기본 형식

```
① DO;
    <실행 명령들>;
   END;


예: DO j=3;
       k=j**3;
       PUT j k;
    END;


② DO index=<반복되는 값들>;
        <실행 명령들>;
    END;


예: DO count=2,4,6,8;
       k=count+1;
       OUTPUT;
    END;
    DO count="서울","경기";
       PUT count;
    END;
```

```
③ DO index=<시작> TO <끝> BY <증가분>;
     <실행 명령들>;
   END;


예: DO j=1 TO 10 BY 2;
       PUT j;
    END;
예: DO j=1 TO 10, 15 to 20;
       PUT j;
    END;
예: DO j=1 TO 10 WHILE(X<20);
       X=3*j;
    END;


④ DO WHILE(<조건문>);
     <실행 명령들>;
   END;
```

라고 한다. DO 문은 다양한 형식이 있지만 DO와 END 사이에 있는 실행문을 지정된 지수 변수(index variable)의 값이 변하면서 반복하도록 한다.

예를 들어 ②의 형식처럼 count라고 하는 지수 변수 값이 2, 4, 6, 8로 변화하면서 k=count+1이라는 실행문이 계속 반복되는 것이다. 주의해야 할 것은 이렇게 반복문이 실행이 될 때 자료들이 임시저장 될 뿐이라는 점이다. 따라서 DO 문 안의 실행 결과를 저장하기 위해서는 DO 문을 종료하기 이전에 OUTPUT이라는 스테이트먼트를 사용해야 한다.

한편 경우에 따라서는 ④ 형식처럼 지수 변수가 없이 조건문이 만족될 때까지 반복 실행을 할 수도 있다. WHILE 문 이외에도 UNTIL 문도 사용할 수 있는데 양자는 서로 유사한 개념이어서 WHILE (X>20)이나 UNTIL (X>=20)은 동일한 결과를 얻게 한다.

```
DATA EMPLOY;
   DO TYPE="상임임원", "정규직", "무기계약직", "비정규직", "소속 외 인력";/*①*/
     DO YEAR=2010, 2011, 2012, 2013, 2014;/*②*/
        INPUT COUNT@@;/*③*/
        OUTPUT;/*④*/
     END;/*⑤*/
   END;/*⑥*/
   CARDS;/*⑦*/
   793 811 836 827 834
   246802 251735 255302 261254 266563
   9642 10490 11904 15441 17948
   38100 41608 45368 44431 43685
   55928 59229 61313 63060 65244
   ;
RUN;
PROC PRINT DATA = EMPLOY;
RUN;
```

DO 문을 어느 정도 이해했으면 이제 교차표의 자료를 입력하는 방법을 살펴보도록 하자. 〈표 16〉의 프로그램 코드는 DO 문을 이용하여 교차표의 행과 열 변수의 범주들을 반복하여 입력하도록 함으로써 입력 시간을 줄여주도록 하고 있다. 코드를 살펴보면 자료 테이블에 있는 행 변수인 TYPE을 첫 번째 DO 문에, 열 변수인 YEAR를 두 번째 DO 문에 사용하고 있고 마지막으로 COUNT 변수를 INPUT 명령문을 이용하여 입력하도록 하고 있음을 알 수 있다.

코드 예제에서 ①은 TYPE 변수에 상임임원부터 소속 외 인력까지 다섯 개의 카테고리를 순차적으로 입력한다. 이러한 ①에 대응하는 END 문이 ⑥번에 있다. 즉 이 코드는 ①번 DO 문과 ⑥번 END 문 사이의 코드를 ①의 DO 문에서 지정한 상임임원부터 소속 외 인력이 TYPE에 모두 입력될 때까지 반복하는 것이다.

다음으로 ②의 DO 문은 연도를 나타내는 YEAR 변수에 2010년부터 2014년까지 입력한다. ②의 DO 문에 대응하는 것이 ⑤의 END 문이다. 즉 ②의 DO 문과 ⑤의 END 문 사이의 코드를 YEAR 변수에 2010부터 2014가 입력되는 동안 반복하는 것이다. 물론 DO YEAR=2010 TO 2014; 식으로 입력해도 동일한 결과를 얻을 수 있다.

<표 17> 변수별로 입력된 EMPLOY 자료

OBS	TYPE	YEAR	COUNT
1	상임임원	2010	793
2	상임임원	2011	811
⋮	⋮	⋮	⋮
25	소속외	2014	65244

③의 INPUT 문은 향후 CARDS 문에서 나열되는 숫자들을 현재 반복 중인 각 직급별, 연도별 인원수 변수(COUNT)에 입력한다. COUNT 변수에 @@이 붙은 것은, INPUT에서 지정된 변수들이 반복해서 현재 CARDS 문 이하에서 제시되는 자료들이 줄이 끝날 때까지 읽으라는 것을 의미한다.

④의 OUTPUT문은 현재 두 개의 DO 문에서 반복되는 자료들을 각각 관측치로 저장하라는 의미이다. 만약 이 OUTPUT문이 없다면 두 개의 DO 루프에서 반복되는 명령들은 모두 하나의 관측치에서 반복되게 되며, 그 최종결과는 맨 마지막 입력값인 2014년의 "소속 외 인력" 인원수인 65244만 남게 된다.[7] 따라서 DO 문을 이용할 때 계산된 결과를 자료로 저장하기 위해서는 반드시 OUTPUT 문을 사용해야 한다.

위와 같이 DO 반복문을 이용한 자료 입력을 마치고 PRINT문을 이용하여 입력된 자료를 확인해보면 〈표 17〉과 같이 컴퓨터가 이해하기 좋은 변수별 입력 양식으로 입력되어 있음을 확인할 수 있다.

동일한 정보를 가진 자료지만 입력이나 표현 양식이 다름을 알 수 있다. 원래 〈표 12〉의 자료의 경우에는 2010, 2011, 2014년은 연도라는 변수의 범주 값인데 이 범주값이 변수 이름처럼 사용되고 있다. 이를 횡형(wide-type) 자료라고 부른다. 반면 우리가 DO 문을 통해 얻은 〈표 17〉의 자료는 YEAR라는 변수 아래에 연도 값들이 제시되는 형태로 자료가 나타나고 있다. 이를 종형(long-type) 자료라고 한다. 종형 자료 형태와 횡형 자료 형태 간의 변환은 시계열 자료나 범주형 자료 분석에서 빈번하게 나타나는 문제인데 PROC TRANSPOSE 프로시저를 설명하면서 구체적으로 다룰 예정이다.

---

7) 독자들은 output 문을 삭제하고 본 예제를 실행시켜보기를 권한다. 설명한 바와 같이 단 하나의 관측치에 DO loop의 마지막 입력값만 남아 있음을 확인할 수 있을 것이다. 더 관심 있는 독자들은 output 문의 위치를 두 개의 DO loop에서 어디에 두느냐에 따라 결과값이 어떻게 달라지는지를 확인해보기 바란다.

〈표 18〉 OUTPUT 위치가 처음에만 놓여 있을 때

```
DATA SIM;
CALL STREAMINIT(1234);
  DO I=1 TO 5;
  X=RAND("NORMAL");
  OUTPUT;
  END;
  DO J=1 TO 5;
  Y=RAND("NORMAL");
  END;
RUN;
PROC PRINT;RUN;
```

OBS	I	X	J	Y
1	1	0.86503	.	.
2	2	0.81118	.	.
3	3	-1.04436	.	.
4	4	-1.05649	.	.
5	5	-1.74895	.	.

DO 반복문을 수행할 때 OUTPUT 위치가 어느 곳에 있는지에 따라 자료 저장 결과가 상당히 달라진다. 처음에 SAS를 배울 때는 OUTPUT 명령어의 위치가 왜 중요한지 크게 신경을 쓰지 않지만, 자료를 다루다 보면 그 중요성을 점차 깨닫게 된다. 만일 X, Y라는 변수가 각각 5개의 무작위 관찰치를 갖는 시뮬레이션 자료를 만든다고 가정해보자. 다음에 제시된 프로그램과 출력결과들은 OUTPUT 명령문의 위치에 따라 결과가 어떻게 달라지는 지를 보여준다.

〈표 18〉의 결과를 보면 OUTPUT 명령문이 첫 번째 DO 반복문에만 놓여 있는 경우 두 번째 반복문에서 생성되는 J와 Y값이 전혀 저장되지 않음을 알 수 있다.

〈표 19〉에서는 OUTPUT 명령문이 두 번째 DO 문에 놓여 있게 된 경우다. X 변수를 보면 모든 값이 -1.74895로 동일하게 나타나고 있다. 그리고 I 변수는 모두 6이라는 값으로 지정되어 있음을 알 수 있다. 처음 I에 DO 반복문이 5번 실행될 때는 I=1부터 X값이 생성된다. 하지만 OUTPUT 명령문이 없으므로 자료는 저장되지 않고 그냥 I와 X 변수를 저장하는 임시 공간(buffer)에 저장된 후 다음 I와 X값이 넘어오면 지워지게 된다. 마지막 I=5가 수행되면 임시 공간에는 I=5 및 〈표 18〉에서처럼 마지막 X값인 -1.74895가 남아 있게 된다. 그리고 다음 I=6이 실행되면서 I의 임시공간에는 6이 입력되지만 이 경우 I는 5까지 값만 갖는다는 조건에 두 번째 J에 대한 반복문으로 넘어가게 된다. 결국 I와 X 임시공간에는 6과 -1.74895가 남아 있게 된다. 그리고 두 번째 J의 DO 반복문으로 넘어간다. 여기서는 반복이 실행될 때마다 임시공간에 저장되어 있는 자료를 저장하도록 하기 때문에 J와 Y 의 값뿐만 아니라 I와 X에 남아 있는 자료가 모두 저장되게 된다. 따라서 결과

〈표 19〉 OUTPUT 명령문이 두 번째 DO 반복문에 놓여 있을 때

```
DATA SIM;
CALL STREAMINIT(1234);
    DO I=1 TO 5;
    X=RAND("NORMAL");
    END;
    DO J=1 TO 5;
    Y=RAND("NORMAL");
    OUTPUT;
    END;
RUN;
PROC PRINT;RUN;
```

OBS	I	X	J	Y
1	6	-1.74895	1	0.56657
2	6	-1.74895	2	-1.46444
3	6	-1.74895	3	0.26030
4	6	-1.74895	4	-0.65384
5	6	-1.74895	5	0.41714

〈표 20〉 OUTPUT 반복문을 각각의 DO 반복문에 포함시킬 때

```
DATA SIM;
CALL STREAMINIT(1234);
    DO I=1 TO 5;
    X=RAND("NORMAL");
    OUTPUT;
    END;
    DO J=1 TO 5;
    Y=RAND("NORMAL");
    OUTPUT;
    END;
RUN;
PROC PRINT;RUN;
```

OBS	I	X	J	Y
1	1	0.86503	.	.
2	2	0.81118	.	.
3	3	-1.04436	.	.
4	4	-1.05649	.	.
5	5	-1.74895	.	.
6	6	-1.74895	1	0.56657
7	6	-1.74895	2	-1.46444
8	6	-1.74895	3	0.26030
9	6	-1.74895	4	-0.65384
10	6	-1.74895	5	0.41714

가 〈표 19〉와 같게 나타나게 되는 것이다.

만일 DO 반복문에 각각 OUTPUT 명령문을 실행시키면 어떻게 될까? 〈표 20〉에서 확인할 수 있듯이 첫 번째와 두 번째 반복문의 결과가 각각 저장되지만, I와 X의 경우에는 마지막 임시공간에 남아 있는 값이 반복해서 저장됨을 알 수 있다.

<표 21> 이중 DO 반복문의 두 번째 DO 반복문에 OUTPUT이 있는 경우

OBS	J	I	X	Y
1	1	1	0.86503	.
2	1	2	0.81118	.
3	1	3	-1.04436	.
4	1	4	-1.05649	.
5	1	5	-1.74895	.
6	2	1	-1.46444	0.56657
7	2	2	0.26030	0.56657
8	2	3	-0.65384	0.56657
9	2	4	0.41714	0.56657
10	2	5	-0.06057	0.56657
11	3	1	-0.07467	-1.82914
12	3	2	0.45391	-1.82914
13	3	3	-0.60456	-1.82914
14	3	4	-0.29778	-1.82914
15	3	5	0.32770	-1.82914
...	...	...	...	...

```
DATA SIM;
CALL STREAMINIT(1234);
   DO J=1 TO 5;
     DO I=1 TO 5;
       X=RAND("NORMAL");
          OUTPUT;
     END;
     Y=RAND("NORMAL");
   END;
RUN;
PROC PRINT;RUN;
```

이제 DO 반복문을 각각 수행하지 않고 하나의 DO 반복문 안에서 다시 DO 반복문을 수행하는 경우를 살펴보자. 독자들은 OUTPUT 위치에 따라 어떻게 자료가 저장되는지를 살펴보면 출력 결과가 달라짐을 알 수 있을 것이다.

〈표 22〉 이중 DO 반복문의 첫 번째 DO 반복문에 OUTPUT이 있는 경우

<table>
<tr><td>

```
DATA SIM;
   CALL STREAMINIT(1234);
   DO J=1 TO 5;
      DO I=1 TO 5;
      X=RAND("NORMAL");
      END;
      Y=RAND("NORMAL");
   OUTPUT;
   END;
   RUN;
PROC PRINT;RUN;
```

</td><td>

OBS	J	I	X	Y
1	1	6	-1.74895	0.56657
2	2	6	-0.06057	-1.82914
3	3	6	0.32770	0.59204
4	4	6	-0.63422	0.09526
5	5	6	0.65378	2.57501

</td></tr>
</table>

〈표 23〉 이중 DO 반복문의 각각의 DO 반복문에 OUTPUT이 있는 경우

<table>
<tr><td>

```
DATA SIM;
   CALL STREAMINIT(1234);
   DO J=1 TO 5;
      DO I=1 TO 5;
      X=RAND("NORMAL");
      OUTPUT;
      END;
      Y=RAND("NORMAL");
      OUTPUT;
   END;
   RUN;
PROC PRINT;RUN;
```

</td><td>

OBS	J	I	X	Y
1	1	1	0.86503	.
2	1	2	0.81118	.
3	1	3	-1.04436	.
4	1	4	-1.05649	.
5	1	5	-1.74895	.
6	1	6	-1.74895	0.56657
7	2	1	-1.46444	0.56657
8	2	2	0.26030	0.56657
9	2	3	-0.65384	0.56657
10	2	4	0.41714	0.56657
11	2	5	-0.06057	0.56657
12	2	6	-0.06057	-1.82914
...	...	...	...	...
26	5	2	-0.00932	0.09526
27	5	3	0.26237	0.09526
28	5	4	0.57453	0.09526
29	5	5	0.65378	0.09526
30	5	6	0.65378	2.57501

</td></tr>
</table>

<표 24> 이중 DO 반복문에서 연산을 두 번째 반복문에서 함께 시행하는 경우

	OBS	J	I	X	Y
	1	1	1	0.86503	0.81118
	2	1	2	-1.04436	-1.05649
	3	1	3	-1.74895	0.56657
	4	1	4	-1.46444	0.26030
	5	1	5	-0.65384	0.41714
	6	2	1	-0.06057	-1.82914
	7	2	2	-0.07467	0.45391
	8	2	3	-0.60456	-0.29778
	9	2	4	0.32770	0.59204
	10	2	5	0.93645	-0.55504
	...	...	...	...	...
	21	5	1	-0.01852	0.61798
	22	5	2	-0.21214	0.48688
	23	5	3	1.05950	1.05946
	24	5	4	0.30333	0.34738
	25	5	5	2.67020	0.19984

```
DATA SIM;
    CALL STREAMINIT(1234);
    DO J=1 TO 5;
        DO I=1 TO 5;
        X=RAND("NORMAL");
        Y=RAND("NORMAL");
        OUTPUT;
        END;
    END;
    RUN;
PROC PRINT;RUN;
```

3. 변수변환

자료를 분석하다 보면 원래의 변수를 다양한 형태로 바꿀 필요가 있다. 변수변환에는 다양한 유형이 있으나 크게 다음과 같이 구분해볼 수 있다.

a) 원래 변수의 값을 사칙연산을 통해 새로운 변수를 만드는 경우

　(예: 백만 원 단위로 측정된 것을 억 원 단위로 바꾸는 경우)

b) 연속형 변수를 범주형 변수로 변환하여 분석해야 하는 경우

　(예: 1점과 2점은 "불만족", 4점과 5점은 "만족"으로 변화시키는 경우)

c) 문자형 변수를 숫자형 변수로 변환시키는 경우

　(예: 문자형 변수로 입력된 숫자를 SAS에서 숫자형 변수로 인식하도록 하는 경우)

d) 여러 변수를 종합해서 새로운 변수를 만들어야 하는 경우

　(예: 직무만족도를 측정하기 위해 사용한 4개의 설문 문항 값을 평균해서 종합 만족도로 측정하는 경우)

1) 사칙연산 및 연산자를 이용한 변수변환

자료 분석을 하다 보면 단위가 지나치게 크거나 작아서 값을 해석하기 어려울 수가 있다. 예를 들어 A=1,000,000,000(원)이라고 하면 원 단위로 나타내기보다는 백만 원 단위로 나타내는 것이 값을 해석하기 편리하다. 또는 0.93456과 같이 소수점 자릿수가 지나치게 크면 반올림을 하여 소수점 둘째 자리에서 반올림하여 0.93과 같이 나타내는 것이 이해하기 쉽다. 이러한 경우에는 다양한 사칙연산 기호 및 연산자 기호를 이용하여 원래 변수를 SAS DATA STEP에서 변환을 시킬 수 있다. 즉 A=1,000,000,000(원)을 백만 원 단위를 갖는 새로운 변수로 바꾸기 위해서는 다음과 같이 변환시킨 새로운 X 변수를 만들 수 있다.

$$X=A*0.000001;$$

소수점 자릿수를 반올림하는 함수로는 ROUND라는 함수가 있는데 B=0.93456을 소수점 둘째 자리로 반올림한 변수 Y는 다음과 같이 만들 수 있다.

$$Y=ROUND(B, 0.01);$$

소수점 자릿수를 조정하기 위해 CEIL 함수가 사용되기도 한다. 이 함수는 자룻값보다 큰 가장 작은 정수를 출력하도록 한다. 예를 들어 CEIL(0.34); 는 0.34보다 큰 정수 값 중에서 가장 작은 값인 1을 출력하는 것이다. 이와 반대가 되는 함수는 FLOOR로 자룻값보다 작은 정숫값 중에서 가장 큰 값을 출력하도록 한다. FLOOR(0.34); 는 0의 값을 출력한다.

〈표 25〉 변수변환의 간단한 예제

```
DATA TEMP;
  A=1000000000;
  B=0.93456;
  X1=A*0.000001;
  X2=A/(10**6);
  Y1=ROUND(B,0.01);
  Y2=CEIL(0.34);
  Y3=FLOOR(0.34);
RUN;
  PROC PRINT;RUN;
```

<표 26> 정숫값 연산을 위한 함수

FLOOR(변수 이름 혹은 값) : 주어진 값보다 작거나 같은 정수 중 최댓값

    예: FLOOR(4.3) →4

CEIL(변수 이름 혹은 값) : 주어진 값보다 크거나 같은 정수 중 최솟값

    예: CEIL(4.3) → 5

ROUND(변수 이름 혹은 값, 자릿수) : 주어진 자릿수에서 반올림을 함

    예: ROUND(123.45, 0.1) →123.5

        ROUND(123.45, 10) →120

SAS에서 사용되는 사칙연산 기호는 +, -, *. / 와 같이 우리가 일반적으로 사용되는 기호와 유사하므로 큰 문제가 없다. 다만 제곱과 같은 승수의 계산 기호는 **의 기호를 쓰게 된다. 예를 들어 $\sqrt{2}$ 를 계산하기 위해서는 2**(1/2)와 같이 계산하면 되고 2^2은 2**2와 같이 계산하면 된다. 이 외에 다양한 연산자들을 나타내면 <표 27>과 같다.

<표 27>의 연산식은 독자들이 어렵지 않게 이해할 수 있으므로 자세한 설명은 생략하고자 한다. 다만 계산 순서에서 승수의 계산은 오른쪽에서 왼쪽으로 됨에 유의할 필요가 있다. 예를 들어 y=5**6**7이라고 한다면 Y=(5**(6**7))이 계산된다.

경우에 따라서는 연산자가 기호의 형태로 나타내기도 하고 연상 기호 형태로 나타내기도 한다. 예를 들어 변수 A와 변수 B 중에서 작은 값을 가지는 변수를 X라고 하면 다음과 같이 두 가지 방식으로 나타낼 수 있다.

$$X=MIN(A,B);$$

혹은

$$X=(A><B)$$

<표 27> SAS에서 사용되는 다양한 연산자

Priority	계산순서	기호	연상기호 (Mnemonic symbol)	Definition	Example
Group I	오른쪽에서 왼쪽	**		승수 계산	y=a**2;
		+		양의 괄호	y=+(a+b);
		-		음의 괄호	z=-(a+b);
		^ ¬ ~	NOT	부정 조건 연산자	if not z then put x;

〈표 27〉 계속

		><	MIN	최솟값	x=(a><b);
		< >	MAX	최댓값	x=(a<>b);
Group II	왼쪽에서 오른쪽	*		곱셈	c=a*b;
		/		나눗셈	f=g/h;
Group III	왼쪽에서 오른쪽	+		덧셈	c=a+b;
		-		뺄셈	f=g-h;
Group IV	왼쪽에서 오른쪽	‖ !! ¦¦		두 문자변수를 결합하는 것	name= 'J'‖'SMITH';
Group V (table note 6)	왼쪽에서 오른쪽	<	LT	작은 것	if x<y then c=5;
		<=	LE	작거나 같음	if x le y then a=0;
		=	EQ	같음	if y eq (x+a) then output;
		^=	NE	같지 않음	if x ne z then output;
		>=	GE	크거나 같음	if y>=a then output;
		>	GT	큼	if z>a then output;
			IN	리스트 중에서 같은 값을 갖는 것	if state in ('NY','NJ','PA') then region='NE';
Group VI	왼쪽에서 오른쪽	&	AND	공통조건	if a=b & c=d then x=1;
Group VII	왼쪽에서 오른쪽	¦ ! ¦	OR	최소조건	if y=2 or x=3 then a=d;

이 밖에도 자료 분석에서 흔히 사용되는 연산자들을 나타내보면 다음과 같다.

절대값 연산기호:

    ABS(변수 이름 혹은 값), 예: ABS(-4.3) → = 4.3

원주율(PI) 연산기호:

```
DATA TEMP;
   INPUT X Y @@;
   CARDS;
   1 1 2 . 4 5
   ;
RUN;
DATA TEMP2;
   SET TEMP;
   A1=X+Y;
   A2=SUM(OF X Y);
   A3=(X+Y)/2;
   A4=MEAN(OF X Y);
RUN;
PROC PRINT NOOBS;RUN;
```

X	Y	A1	A2	A3	A4
1	1	2	2	1.0	1.0
2	.	.	2	.	2.0
4	5	9	9	4.5	4.5

CONSTANT('PI') → = 3.14159

자연상수(e) 연산기호:

EXP(1) → = 2.7183

SAS의 사칙연산을 이용한 변수변환에서 주의를 기울여야 하는 것 중의 하나가 결측값 처리 문제이다. 결측값이 있는 변수를 합하는 방식에 따라 그 결과가 달라지기 때문이다. 〈표 28〉 예제에 있는 것처럼 Y의 두 번째 관찰점은 결측치이다. 만일 A1=X+Y라고 정의를 하게 되면 두 번째에 관찰점의 A1 값은 역시 결측치로 계산된다. 즉 덧셈 기호를 사용할 때 어느 변수라도 결측치를 갖게 되면 연산 결과도 결측치로 계산된다.

하지만 〈표 28〉과 같이 SUM 명령어를[8] 사용하게 되면 결측치가 있는 경우에 이를 제외하고 관찰값이 있는 변수만을 대상으로 합을 구하게 된다. 유사하게 MEAN 명령어를 사용하는 경우에도 결측치가 있는 변숫값을 제외하고 나머지 자료를 이용하여서 평균을 구한다. A4의 두 번째 관찰값을 보면 평균이 2가 되는데 이것은 Y 변수가 결측치를 갖기 때문에 이를 제거한 상황에서 X값만을 가지고 평균을 구하기 때문이다.

---

8) SUM 명령어는 괄호 안에 있는 변숫값을 더하도록 한다. 이때 괄호 안에 OF 명령어를 사용하면 변수를 구분하는 쉼표를 사용할 필요가 없다. 만일 OF를 사용하지 않으면 쉼표를 사용해야 한다. 즉 SUM(X,Y)와 같이 표현할 수 있다.

결측치의 문제는 예외적인 경우라고 오해할 수 있으나 실제 자료 분석에서 흔히 직면하는 문제이다. 예를 들어 X를 근로소득, Y를 이전소득이라고 할 때 총소득 변수를 만들려고 한다고 가정해보자. 이전소득이 없는 사람의 경우에는 Y가 결측값을 갖는 경우가 많다. 만일 총소득을 단순히 X+Y로 계산을 하게 되면 총소득이 결측값이 되게 되어 잘못된 결과를 얻게 된다.

2) 연속형 변수와 범주형 변수 간의 변환

일반적으로 연속형 변수는 범주형 변수보다 정보의 양을 훨씬 많이 포함하고 있다. 따라서 연속형 변수를 범주형 변수로 바꾸는 것이 항상 바람직한 것은 아니다. 하지만 '매우 불만족'(1점)에서 '매우 만족'(5점)까지 5점 척도로 측정된 자료의 경우 중간에 '보통'(3점)이 있는 경우, 응답 결과를 1점과 2점은 '부정', 4점과 5점은 '긍정' 항목으로 구분하여 변환할 필요가 있는 때도 있다.

이 경우에는 IF 문을 사용하여 어렵지 않게 연속형 변수를 범주형 변수로 변환할 수 있다. IF 문은 단순히 연속형 변수를 범주형 변수로 혹은 범주형 변수를 연속형 변수로 만드는 것에만 사용하는 것이 아니라 훨씬 광범위하게 사용된다. 이 문장은 실행 흐름을 선택적으로 제어하기 때문에 제어 문장(control statement)이라고 부른다.

IF 문은 크게 다음과 같이 세 가지 주요 형식을 가지고 있다. 먼저 ①과 같이 단순히 조건문만을 제시하는 것은 조건문이 참인 관측치만으로 새로운 SAS 데이터 세트를 만들 때 사용된다. 예제의 경우에는 sex라는 변수가 F라는 값을 가진 값들만 새로운 SAS 데이터 세트에 남게 된다.

②의 경우는 조건문이 참인 경우에 한해서 THEN 이후의 문장을 실행하는 것이다. 예제의 경우는 sex가 F라는 값을 가지면 이 값을 '여자'라는 이름으로 바꾸도록 한다.

③의 경우는 조건문이 참이면 THEN 이후의 문장을 실행하고, 그렇지 않으면 ELSE 이후의 문장을 실행하도록 한다. 이때 ELSE 이후의 문장에 다시 새로운 IF ~ THEN/ELSE 문장들이 사용될 수 있다.

IF 문의 3가지 주요 형식

① IF <조건문>;
   예) : IF sex="F";
② IF <조건문> THEN <IF문이 참일 때 실행되는 명령>;
   예) : IF sex="F"THEN sex="여자";
③ IF <조건문> THEN <IF문이 참일 때 실행되는 명령>;
         ELSE <IF 문이 참이 아닌 경우 실행되는 명령>;
   예) IF age<10 THEN group="10대 미만";
           ELSE IF AGE>15 THEN group="15세 초과";
               ELSE group="10세 이상 20세 이하";

5점 척도를 사용한 자료의 경우 $X \geq 4$이면 Y는 "긍정", $X \leq 2$이면 Y는 "부정"의 값을 갖게 하기 위해서 다음과 같이 IF 문을 사용할 수 있다.

IF X>=4 THEN Y="긍정";
IF X<=2 THEN Y="부정";

IF 문을 사용할 때 조심해야 할 것은 변수에 결측치가 있는 경우 부등식 형태의 조건문인 경우 결측치 값이 매우 작은 값으로 인식된다는 점이다. 아래 〈표 30〉의 프로그램에서 결측치 값이 있는 경우에서 Y값이 "부정" 값이 출력되는 이유는 결측치가 X<=2라는 조건을 만족한다고 가정하기 때문이다. 한편 3의 경우에는 어떤 조건도 만족하지 않기 때문에 결측치로 처리되고 있음을 알 수 있다.[9]

---

9) 결측치가 있는 경우에 IF 문에서 해당 변수의 값이 매우 작은 값으로 간주되는 문제를 해결하기 위해서는 본 예제의 경우 간단히 다음과 같은 문장을 사용할 수 있다. 여기서 IF X THEN 문장은 X 변수의 값이 있을 때 THEN 이하의 문장을 실행시키도록 하는 것이다.
   ELSE IF X AND X<=2 THEN Y="부정";

〈표 30〉 IF 문에서 결측치 처리방식

DATA TEMP;
  INPUT X@@;
  CARDS;
  1 2 3 . 4 . 5
  ;
RUN;
DATA TEMP2;
  SET TEMP;
  IF X>=**4** THEN Y="긍정";
  ELSE IF X<=**2** THEN Y="부정";
RUN;
PROC PRINT;RUN;		

OBS	X	Y
1	1	부정
2	2	부정
3	3	
4	.	부정
5	4	긍정
6	.	부정
7	5	긍정

〈표 31〉 IF 문의 여러 유형

```
✓IF X NE Y THEN DELETE;
✓IF X='OK' AND Y=3 THEN COUNT+1;
✓IF X=0 THEN IF Y NE 0 THEN PUT 'X ZERO, Y NONZERO';
   ELSE PUT 'X ZERO, Y ZERO';
   ELSE PUT 'X NONZERO';
✓IF X=4 THEN
                DO;
                   X=.;
                END;
             ELSE
                DO;
                   X=Y;
                   COUNT+1;
                END ;
```

참고로 IF 문은 이 밖에 다양한 형식으로 사용되는데 사용 예만 몇 가지 제시해보면 〈표 31〉과 같다.

```
DATA TEMP;
    OLDVAR="32000"; /*①*/
    NEWVAR1=INPUT(OLDVAR, 5.);/*②*/
    NEWVAR2=INPUT(OLDVAR, 5.2);/*③*/
    NEWVAR3=INPUT("32,000",COMMA3.);/*④*/
    INPUT X @@;
    NEWVAR4=PUT(X,DOLLAR7.);/*⑤*/
    CARDS;
    2 3 4
    ;
RUN;
PROC PRINT;RUN;
PROC CONTENTS DATA=TEMP2;RUN;/*⑥*/
```

OBS	OLDVAR	NEWVAR1	NEWVAR2	NEWVAR3	X	NEWVAR4
1	32000	32000	320	32	2	$2
2	32000	32000	320	32	3	$3
3	32000	32000	320	32	4	$4

변수와 속성 리스트(오름차순)

#	변수	유형	길이
2	NEWVAR1	숫자	8
3	NEWVAR2	숫자	8
4	NEWVAR3	숫자	8
6	NEWVAR4	문자	7
1	OLDVAR	문자	5
5	X	숫자	8

문자형 변수를 숫자형 변수로 바꿀 때는 INPUT 함수를, 숫자형 변수를 문자형 변수로 바꾸고자 하면 PUT 함수를 사용한다. 〈표 32〉의 프로그램 코드에서 ①번 코드를 보면 OLDVAR은 32000이라는 값을 갖지만, 큰따옴표에 값이 입력되어 있다. 이것은 32000이라는 값이 문자형 변수임을 의미한다. 이 문자형 변수를 숫자형 변수로 전환할 수 있는데 이때 ②와 같이 INPUT 함수를 사용할 수 있다. 숫자형 변수로 변화시킬 때 다양한 서식을 활용할 수 있다. ③의 경우는 32000를 숫자형 변수로 전환할 때 다섯 자리 중에 두 자리는 제외하고 출력하도록 하고 있다. ④는 문자형 변수로 입력되어 있는 숫자에 콤마가 포함된 경우이다. 이 경우에는 COMMA 형식임을 지정해주면 된다. COMMA3.를 지정하면

32,000은 콤마를 포함하여 여섯 자리를 갖는 값인데 처음 세 자리만을 숫자형 변수로 변환시켜준다. 이때 콤마 정보는 의미가 없으므로 32가 출력된다. 엑셀 자료 중에 일부는 콤마를 포함한 숫자형 변수가 있는데 이를 SAS에서 불러 읽으면 문자형 변수로 이해하게 된다. 이 경우에 INPUT 함수와 COMMA 형식을 사용하면 숫자형 변수로 손쉽게 변형시킬 수 있다.

PUT 함수를 이용하면 숫자형 변수를 문자형 변수로 변환시킬 수 있다. ⑤에서 PUT 함수를 이용하여 숫자형 변수인 X를 달러 형식의 문자형 변수로 전환하였다.

주의 깊은 독자는 〈표 32〉의 하단 부분에 제시된 출력물에서 문자형 변수와 숫자형 변수의 정렬방식이 다른 것을 알 수 있다. 32000으로 동일하게 나타나고 있지만 OLDVAR은 문자형 변수이기 때문에 왼쪽을 기준으로 정렬되어 있다. 이와 달리 NEWVAR1은 숫자형 변수로 변환되었는데 오른쪽을 기준으로 정렬되었음을 알 수 있다.

자료가 갖고 있는 변수의 유형을 정확히 살펴보기 위해서는 ⑥과 같이 PROC CONTENTS 프로시저를 사용할 수 있다. 이를 사용하면 변수의 유형이 무엇인지, 길이가 얼마인지, 그리고 변수가 생성된 순서에 따라 번호(#)가 어떻게 부여되었는지를 확인할 수 있다. 이 번호 순서에 따라 변수들이 순서대로 출력되게 된다.

4. 변수 및 변수 값에 레이블 붙이기

통계분석을 하다 보면 데이터 세트, 변수, 값에 의미를 설명하는 정보를 자료에 포함할 필요가 많다. 예를 들면 데이터 세트 이름은 간단한 영문으로 WORLD라고 표시되어 있으나 이 자료가 "세계 인구" 자료임을 나타내는 설명을 붙여야 할 경우가 있다. 또한 자료에 사용된 변수가 GDPW와 같이 간단히 표현된 경우 '원화 표시 명목 국내총생산'이라는 설명을 달아 변수의 의미를 명확히 할 필요가 있다. 변수의 이름에 레이블을 붙이기 위해 사용하는 명령문이 LABEL이다.

한편 변수가 갖는 값이 범주를 나타낼 때 그 의미를 나타내야 할 경우가 있다. 예를 들면 Q1이라는 변수가 3이라는 값을 가진 경우 3이 "보통"이라는 설명을 제시할 필요가 있는 것이다. 이때 사용하는 명령문이 FORMAT이라는 명령문이다.

처음 SAS를 배우는 사람들은 LABEL과 FORMAT 문의 필요성을 잘 느끼지 못하겠지만 자료 분석에 익숙해지면 익숙해질수록 LABEL과 FORMAT 문의 유용성을 느끼게 될

<표 33> 설문조사 결과 코딩의 예시

ID	CODE	Q1A1	Q1A2	Q1A3	Q1A4	Q1A5
1	25	5	5	5	5	5
2	25	4	3	4	4	3
3	25	2	4	4	4	3
4	25	4	5	4	4	3
5	25	4	3	3	4	3
6	25	4	4	4	4	3
7	25	3	3	3	2	2
8	25	4	4	4	4	3
9	25	4	4	5	5	4
10	25	5	4	4	5	2
11	25	3	2	2	2	1
12	25	4	4	4	3	4
13	25	5	4	5	5	4
14	25	4	4	3	4	4
15	25	4	4	4	4	4
16	25	5	3	3	4	3
17	25	4	4	4	4	4
18	25	5	4	4	5	4
19	25	4	5	4	5	3
20	25	5	5	5	5	5

것이다. 실제로 정기적으로 조사되는 패널 조사의 경우 백여 개가 훨씬 넘는 변수들이 있는데 레이블이 없으면 각 변수의 의미를 파악하기 어렵다. 대부분의 설문조사 자료 입력은 각 문항의 내용을 반영한 변수 이름을 부여하기보다는 설문지의 문항의 번호에 따라 Q1, Q2와 같이 이름을 부여하는 경우가 흔하다. 이 경우에는 변수 이름에 레이블을 붙여 그 의미를 명확히 나타내는 것이 필요하다.

〈표 33〉은 서울대 행정대학원의 공무원 인식조사 설문조사 수행 후 엑셀에 자료를 최종 입력한 결과의 예시이다. 코딩북이 없는 경우 〈표 33〉과 같이 입력된 자료가 무엇을 의미하는지 이해하는 것은 불가능하다.

이처럼 자료의 각 변수 이름이 무엇을 의미하는지 알 수 없으므로 자료를 정리할 때 원자료에 대한 설명을 자세히 달아 둔 코딩북(coding book)을 함께 만들게 된다. 코딩북을 만들 때 변수가 갖는 값의 의미를 정확히 해야 할 필요도 있다. 예를 들어 리커트 척도를 사

〈표 34〉 코딩북 예시

Variable	설문	척도
ID	ID	
CODE	기관명	전혀 그렇지 않다:1 매우 그렇다:5
Q1A1	우리 조직은 비용을 절감하기 위해 노력한다.	전혀 그렇지 않다:1 매우 그렇다:5
Q1A2	지난 2년간 우리 부서의 생산성이 개선되었다.	전혀 그렇지 않다:1 매우 그렇다:5
Q1A3	우리 조직의 행정서비스는 질적으로 우수한 편이다.	전혀 그렇지 않다:1 매우 그렇다:5
Q1A4	우리 조직은 개인특성과 관계없이 국민을 공평하게 대우한다.	전혀 그렇지 않다:1 매우 그렇다:5

용한 만족도 조사에서는 보통 숫자로 변수가 갖는 값을 코딩하게 된다. '매우 불만족'을 1로, '매우 만족'을 5로, 1부터 5의 숫자를 이용해 코딩하는 것이 그 예이다. 하지만 이러한 리커트 척도의 2 혹은 3이라는 숫자의 의미는 설문 문항마다 달라지기 때문에 변수가 갖는 값의 의미가 무엇인지를 정확히 설명하지 않으면 자료 분석을 할 수 없다. 한편 회사 이름과 같은 변수도 문자로 나타내기보다는 1, 2, 3과 같이 숫자를 부여하는 것이 분석에 편리한 경우가 많다. 따라서 범주형 변수의 경우 코딩북에 각 범주를 나타내는 숫자가 무엇을 의미하는지에 대한 정보를 제공할 필요가 있다.

〈표 34〉와 같은 코딩북을 따로 관리하면 불편한 경우가 많다. 따라서 변수와 각 변수가 갖는 값의 의미가 무엇인지를 설명하는 레이블을 SAS 데이터 세트에 포함을 시킴으로써 자료의 의미를 파악하는 데 도움이 되게 할 필요가 있다. LABEL 명령문과 FORMAT 명령문은 실제 분석에서 매우 유용하게 사용되기 때문에 그 기능을 살펴보도록 하자.[10]

---

10) 데이터 세트에 레이블을 다는 것은 DATA SASHELP.CLASS(LABEL="학생들 성적"); 과 같이 데이터 세트 이름에 바로 LABEL 스테이트먼트를 사용하면 되기 때문에 이하에서는 변수와 변수의 값에 레이블 붙이는 것을 중심으로 살펴보도록 한다.

1) 데이터 세트와 변수에 설명 붙이기: LABEL 명령

먼저 데이터 세트에 레이블을 붙이는 경우를 살펴보자. DT_1001B와 같은 이름을 갖는 데이터 세트가 있다고 가정해보자. 이 데이터세트가 무슨 자료를 포함하고 있는지 바로 알기 쉽지 않기 때문에 데이터 세트에 레이블을 붙이는 것이 좋다. 이 경우에는 다음과 같이 LABEL 명령문을 사용할 수 있다.

DATA DT_1001B (LABEL="시군구인구통계");

변수에 레이블을 붙이는 방법을 예제를 이용하여 살펴보자. 〈표 35〉는 어떤 음악제의 공연별 만족도 조사의 일부이다. 문항은 세 가지이다. 피아노 독주회의 만족도(q1), 실내악 공연의 만족도(q2), 그리고 교향악 공연의 만족도(q3)이다. 이러한 설명을 담은 코딩북이 없는 경우, 각 문항이 무엇을 나타내는지 정확하게 알기 어렵다. 이 경우, 각각의 변수에 정확한 설명을 LABEL문을 통해 추가하는 방법을 알아보도록 하자.

〈표 35〉 음악제 만족도 조사

id	q1	q2	q3
1	3	1	5
2	2	5	4
3	1	1	4
4	2	5	3
5	1	4	2
6	3	1	2
7	5	4	2
8	1	1	1
9	5	5	4

〈표 36〉 레이블과 포맷 명령문 활용 예제

```
DATA SURVEYSAMPLE;
    INPUT Q1 Q2 Q3;
    LABEL Q1 = '피아노공연 만족도' Q2 = '실내악공연 만족도'
          Q3 = '교향악공연 만족도'; /*①*/
    CARDS;
    3   1   5
    2   5   4
    1   1   4
    2   5   3
    1   4   2
    3   1   2
    5   4   2
    1   1   1
    5   5   4
    ;
RUN;
PROC MEANS DATA = SURVEYSAMPLE; /*②*/
RUN;
LIBNAME C "D:\";
PROC FORMAT LIBRARY=C; /*③*/
    VALUE LIKERT 1='매우불만족' 2='불만족' 3='보통' 4='만족' 5='매우만족'; /*④*/
RUN;
OPTIONS FMTSEARCH=(C);
PROC FREQ DATA=SURVEYSAMPLE;
    FORMAT Q1 Q3 LIKERT.; /*⑤*/
    TABLE Q1 Q3;
RUN;
PROC SGPLOT DATA=SURVEYSAMPLE;
    FORMAT Q3 LIKERT.; /*⑥*/
    VBAR Q3;
RUN;
```

변수	레이블	N	평균	표준편차	최솟값	최댓값
Q1	피아노공연 만족도	9	2.555556	1.589899	1	5
Q2	실내악공연 만족도	9	3	1.936492	1	5
Q3	교향악공연 만족도	9	3	1.322876	1	5

① LABEL 문은 각 변수의 설명을 추가하는 기능이다. 위는 Q1 변수에 '피아노 공연 만족도'라는 설명을, Q2에는 '실내악 공연 만족도'라는 설명을 달고 있다. 이후 작업에서 PROC MEANS 또는 PROC FREQ 등의 기술통계 분석 작업을 할 때 각 변수의 설명이 같이 출력되게 된다. 〈표 37〉은 ②의 PROC MEANS문을 사용한 기술통계 분석 결과 나타난 표이다. LABEL 작업을 DATA STEP에서 할 때와 달리, '레이블'이라는 열이 추가되어 변수 설명이 나타나는 것을 볼 수 있다.

2) 변수 값에 설명 붙이기: FORMAT 명령

변수 값에 설명을 붙이기 위해서는 앞의 〈표 36〉에서처럼 PROC FORMAT 프로시저를 이용하여 설명에 대한 정보를 먼저 만들어 사용하면 된다. 예를 들면 관측치 값을 지정하는 규칙을 만들 때는 ④번과 같이 VALUE 명령을 사용할 수 있다. ④번은 관측치가 1일 때 '매우 불만족'부터 5일 때 '매우 만족'이라는 뜻을 가진다는 규칙을 LIKERT라고 선언하는 명령이다. 향후 기술통계분석 또는 데이터 시각화에서 어떤 변수가 1이 매우 불만족부터 5가 매우 만족을 나타낸다는 걸 보여주고 싶을 때, 해당 명령문에서 LIKERT라는 포맷을 불러오면 된다. 이렇게 생성된 포맷은 기본적으로 WORK 폴더에 임시 저장되어 SAS 프로그램을 종료하면 사라진다. 그러나 PROC FORMAT 명령문에 LIBRARY=<라이브러리 이름>을 지정하면 포맷이 해당 라이브러리에 영구히 저장된다. 예를 들어 C라는 라이브러리에 저장된 포맷을 확인하려면 다음과 같이 SAS의 <탐색기> 창에서 포맷이 저장된 라이브러리에 가서 해당 LIKERT 포맷을 클릭하면 [그림 6]과 같이 포맷의 결과가 출력된다. 한편 영구저장된 포맷을 불러오기 위해 다음과 같이 FMTSEARCH 옵션을 사용하면 된다.

OPTIONS FMTSEARCH=(<포맷이 저장된 라이브러리 이름>);

[그림 6] 영구저장된 포맷 자료의 모습

```
                        SAS 시스템

-----------------------------------------------------------------
|    FORMAT NAME: LIKERT   LENGTH:  10   NUMBER OF VALUES:  5    |
|  MIN LENGTH:   1  MAX LENGTH:  40  DEFAULT LENGTH:  10  FUZZ: STD |
-----------------------------------------------------------------
|START       |END          |LABEL  (VER. V7|V8   17MAY2016:14:02:20)|
-----------------------------------------------------------------
|           1|            1|매우불만족                             |
|           2|            2|불만족                                 |
|           3|            3|보통                                   |
|           4|            4|만족                                   |
|           5|            5|매우만족                               |
-----------------------------------------------------------------
```

FORMAT 프로시저에서 문자변수와 숫자형 변수의 포맷을 구분하는데, 문자형 변수의
경우는 다음과 같이 $ 기호를 붙인다.

VALUE $CITY 'BR1'='Birmingham UK'
              'BR2'='Plymouth UK'
              other='INCORRECT CODE';

⑤번은 PROC FREQ를 이용한 기술통계분석에서 위의 PROC FORMAT에서 지정한
LIKERT 포맷을 불러오는 방법을 설명하고 있다. FORMAT 문을 통해 어떤 변수에 어떠
한 포맷을 적용할지 알려주는 것이다. ⑤번 명령은 Q1, Q2, Q3 세 변수에 LIKERT라는
포맷을 적용하라는 명령이다. 이때 반드시 포맷 마지막에 "."을 써 주어야 포맷 양식임을
SAS SYSTEM이 인식할 수 있다. "."이 없는 경우, 포맷을 적용할 변수로 인식하기 때문
이다. 또한, 주의할 점은, 이 명령이 실행되기 전에 PROC FORMAT문을 통해 이미 해당
포맷이 만들어져 있어야 한다. 위의 PROC FREQ 명령의 결과로, 관측치에 해당하는 1~5
의 숫자 대신 다음과 같이 각 문항별 만족도가 표시되게 된다.

피아노공연 만족도				
Q1	빈도	백분율	누적 빈도	누적 백분율
매우 불만족	3	33.33	3	33.33
불만족	2	22.22	5	55.56
보통	2	22.22	7	77.78
매우 만족	2	22.22	9	100

교향악공연 만족도				
Q3	빈도	백분율	누적 빈도	누적 백분율
매우 불만족	1	11.11	1	11.11
불만족	3	33.33	4	44.44
보통	1	11.11	5	55.56
만족	3	33.33	8	88.89
매우 만족	1	11.11	9	100

[그림 7] 포맷이 적용된 교향악공연 만족도에 대한 막대그래프

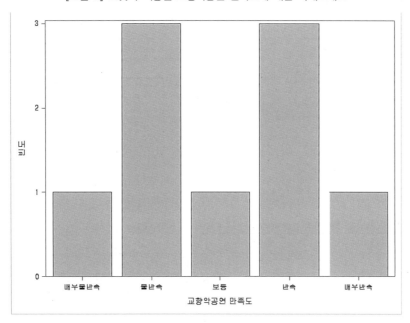

이러한 포맷은 데이터 시각화에도 자주 사용된다. 사용하는 방법은 기술통계분석과 유사하다. ⑥번은 막대그래프를 그릴 때 해당 문항(교향악공연)에 LIKERT 포맷을 적용하라는 명령이다. [그림 7]은 LIKERT 포맷을 적용한 막대그래프를 그린 결과이다.

위에서 살펴본 바와 같이 포맷을 사용하여 관측치의 값을 나타내는 방법은 매우 편리하다. 또한 대부분의 만족도 조사가 유사한 척도를 사용하기 때문에 미리 포맷을 만들어 두고 필요할 때마다 연구자가 관심 있는 변수에 적용한다면 매우 편리하게 사용할 수 있다.

3) 엑셀 입력 자료를 통한 레이블과 포맷 지정[11)

LABEL.XLSX라는 엑셀 자료에 〈표 39〉와 같이 변수 이름과 해당 변수 이름의 레이블 정보가 저장되어 있다고 가정해보자. 그리고 〈표 40〉에 예시된 REAL이라는 SAS 데이터 세트에 이 변수들에 대한 값들이 제공되었다고 해보자. REAL이라는 SAS 데이터 세트에 LABEL.XLSX에 있는 변수의 레이블 정보를 포함시키기 위해서는 일일이 변수별로 레이블로 지정하는 것은 번거로운 작업이다.

〈표 39〉 변수 이름과 레이블 자료를 갖고 있는 LABEL.XLSX 파일

VAR	LABEL
dmu	요소명
input1	평균인원
input2	자본총계
input3	자산총계
input4	유동자산
input5	고정자산
input6	판매관리비
input7	영업비용
output1	매출액
output2	영업이익

〈표 40〉 자료들이 입력된 REAL이라는 SAS 데이터 세트

input1	input2	input3	input4	input5	input6	input7	output1	output2
359	225	971	854	118	53.4	362	398	35.7
378	238	1187	1032	155	67.3	363	383	19.6
387	254	1198	998	200	75.3	378	396	17.6
407	265	1064	867	198	71.2	359	379	20.2
397	268	835	641	195	71.9	329	338	8.34
385	264	930	744	186	66.6	283	285	2.3
327	340	1002	768	234	58.1	301	319	18.3
316	351	1154	912	241	63.3	317	335	17.8
303	343	788	556	232	40	207	217	10
303	333	740	496	244	55.5	213	204	-9

---

11) 이 부분은 내용이 쉽지 않으므로 관심 있는 독자만 읽어도 된다.

<표 41> 변수 이름과 레이블 정보가 있는 엑셀 파일을 이용하여 변수의 레이블 붙이기

```
PROC IMPORT OUT= WORK.LABEL DATAFILE= "D:\공공기관 효율성 평가\LABEL.XLSX"
    DBMS=EXCEL REPLACE; /*①*/
  RANGE="SHEET1$";
  GETNAMES=YES;
  SCANTEXT=YES;
RUN;


FILENAME GENCODE 'D:\공공기관 효율성 평가\GENCODE.SAS'; /*②*/
LIBNAME C "D:\공공기관 효율성 평가";
DATA _NULL_; /*③-1*/
  SET WORK.LABEL END=EOF;
  FILE GENCODE; /*③-2*/
  IF _N_ = 1 THEN DO;/*③-3*/
  PUT "PROC DATASETS LIB=C NOLIST;" /
     "    MODIFY REAL;"; /*③-4*/
  END;
  IF INDEXC(LABEL,"'")=0 THEN PUT " LABEL " VAR " = '" LABEL "';";/*④*/
  ELSE IF INDEXC(LABEL,'"')=0 THEN PUT " LABEL " VAR ' = "' LABEL '";';
  IF EOF THEN PUT "QUIT;";
RUN;
```

번거로움을 해결하기 위해 〈표 41〉과 같이 간단한 SAS 코드를 사용하면 레이블 정보를 포함한 엑셀 자료를 REAL이라는 SAS 데이터 세트에 포함할 수 있다.

먼저, /*①*/과 같이 레이블 정보를 포함한 엑셀 LABEL.xlsx를 label이라는 데이터 세트로 저장한다. /*②*/는 FILENAME 문 뒤에 입력한 GENCODE라는 이름을 가진 새 파일을 다음과 같은 경로에 생성하라는 명령문이다. 이때 만들어진 파일은 LIBNAME 문에 따라 'D:\공공기관 효율성 평가'라는 폴더와 연결된 영구라이브러리 C에 저장된다.

/*③-1*/의 데이터 스텝은 LABEL 데이터 세트에 있는 정보를 이용하여 각 변수의 LABEL을 만들기 위한 GENCODE 프로그램 파일을 만들기 위한 것이다. _NULL_ 데이터 세트는 데이터 스텝이 종료되면 사라지기 때문에 LABEL 데이터 세트를 처리하는 과정에서 발생하는 로그 창의 정보를 저장하는 것이 주된 목적이다. 참고로 END=EOF에서 EOF는 END OF FILE의 약자로 데이터 세트의 마지막 관찰점에 부여한 이름이다.

/*③-2*/의 FILE 스테이트먼트는 로그 창에 출력되는 결과를 저장하도록 한다. 일반적으로 SAS에서는 자료를 처리할 때 그 과정이 로그 창에 다 기록되는 것은 아니지만 PUT 명령문을 이용하면 로그 창에 결과를 기록할 수 있다.[12] 따라서 FILE GENCODE; 는 데이터 스텝을 통해 출력되는 로그 파일의 내용을 GENCODE라는 파일로 저장을 하도록 해준다.[13]

/*③-3*/에서 _N_ 은 SAS의 자동 변수(automatic variable)[14]로 데이터 스텝에서 자료를 하나씩 읽어갈 때 하나씩 증가하는 변수로 첫 번째 관찰점은 1의 값을 갖게 되고 두 번째, 세 번째 관찰점 등을 읽으면 _N_=2, _N_=3 등의 값으로 증가한다. IF _N_=1 THEN DO 문장은 첫 번째 관찰점을 읽은 후 DO 문장 이후를 시행하라는 것이다.

/*③-4*/의 PUT 명령문은 DO 이후 실행이 되는데 큰따옴표에 있는 문장을 로그 창에 출력을 하도록 해준다. / 기호는 출력을 할 때 다음 줄에 출력하도록 하는 것이다.

```
PUT          "PROC DATASETS LIB=C NOLIST;" /
     "    MODIFY REAL;";
```

위 문장을 시행하면 다음과 같은 명령문이 로그 창에 출력되고 그 결과는 FILE 명령문에 의해 GENCODE라는 SAS 파일에 저장이 된다.

```
PROC DATASETS LIB=C NOLIST;
     MODIFY REAL;
```

/*④*/의 PUT 명령어는 아래와 같이 변수 이름에 LABEL을 붙이는 명령문을 반복적으로 만들기 위한 것이다. 여기서 INPUT1, INPUT2 등은 LABEL.XLSX 파일에 있는 VAR 변수에 정보가 저장되어 있고 '평균 인원', '자본총계', '자산총계' 등의 정보는 LABEL이

---

12) INFILE 문은 외부 파일을 가져올 때 INPUT 문에 사용하는 것처럼 FILE 문은 PUT 문에 사용하여 PUT 문의 결과를 저장할 장소를 지정하여 준다.

13) FILE 문장은 출력 파일을 지정하는 명령어로 FILE LOG;가 지정 값으로 데이터 스텝에서 자료처리 과정은 로그 윈도우에 나타나도록 되어 있다. 하지만 FILE <파일 이름>; 형식을 사용하면 파일에 저장이 되도록 하며, FILE PRINT; 명령어를 사용하면 출력 윈도우에 자료처리 과정이 출력되게 된다.

14) 자동 변수는 데이터 스텝을 수행할 때 자동으로 만들어지는 변수로, _N_ 이외에도 자료 처리 과정에서 오류가 있는지 여부를 나타내는 _ERROR_ 변수가 있다. 만일 오류가 있으면 _ERROR_ 값은 1의 값을 갖는다.

라는 변수에 정보가 저장되어 있다. 만일 LABEL.XLSX에 이 변수 이름을 다르게 지정하면 그 이름을 반영하여 코드를 수정해야 한다.

```
LABEL INPUT1 = '평균인원';
LABEL INPUT2 = '자본총계';
LABEL INPUT3 = '자산총계';
```

/*④*/ Label <LABEL.xlsx의 변수 이름> <='> <LABEL.xlsx의 해당 변수의 레이블 정보를 갖고 있는 변수 ;'>을 출력하도록 하고 있다. 따라서 따옴표 안에 ①에서 불러온 엑셀 LABEL.xlsx의 변수 및 레이블 정보를 각각 포함한 변수명이 차례로 정확하게 들어가야 한다는 것이다. 예를 들면 아래 코드는 첫 번째 큰따옴표에 있는 LABEL이 로그 창에 출력한 후 다음에 나오는 VAR은 LABEL.XLSX에 있는 VAR 변수 값을 출력하도록 한다. 그리고 그 다음 큰따옴표에 있는 = ' 이 출력 한 후 다시 LABEL.XLSX에 있는 LABEL 변숫값을 출력한다. 그리고 마지막으로 큰따옴표에 있는 ';' 값을 출력하는 것이다.

```
PUT "      LABEL " VAR " = '" LABEL "';";
```

SAS 데이터 스텝에서는 자료를 하나씩 읽을 때마다 위 PUT 명령문이 생성되므로 VAR 값과 LABEL 값이 차례로 입력되게 된다.

한편 INDEXC 함수는 LABEL.xlsx 파일에 있는 label이라는 변수 값에 작은따옴표나 큰따옴표가 포함되지 않는지 여부를 확인하기 위한 것이다. 만일 작은따옴표가 있는 경우에는 레이블 이름에 이를 반영하기 위해서 큰따옴표 안에 레이블 이름이 표시되어야 하기 때문이다. [15]

마지막으로 /*⑤*/에서는 %INCLUDE 명령어를 이용하여 생성된 코드 GENCODE.SAS를 실행함으로써 각 변수에 레이블을 부여할 수 있도록 한다. 〈표 42〉는 생성된 GENCODE.SAS 프로그램 코드이다.

---

15) 즉 "he's story"라는 레이블은 SAS에서 출력되지만 'he's story'는 오류가 난다. 작은따옴표가 있는 단어나 문장을 레이블로 사용하기 위해서는 큰따옴표로 표현을 해야 한다.

```
PROC DATASETS LIB=C NOLIST;
    MODIFY REAL;
    LABEL DMU = '요소명';
    LABEL INPUT1 = '평균인원';
    LABEL INPUT2 = '자본총계';
    LABEL INPUT3 = '자산총계';
    LABEL INPUT4 = '유동자산';
    LABEL INPUT5 = '고정자산';
    LABEL INPUT6 = '판매관리비';
    LABEL INPUT7 = '영업비용';
    LABEL OUTPUT1 = '매출액';
    LABEL OUTPUT2 = '영업이익';
QUIT;
```

코드 실행 후 생성된 GENCODE.SAS 파일을 열어보면 위와 같이 만들어진 코드를 확인할 수 있다. 이와 같은 과정을 통해 레이블을 번거롭게 일일이 입력하지 않고도 미리 만들어놓은 엑셀 파일을 활용하여 변수에 손쉽게 레이블을 부여할 수 있을 것이다.

한편 변수가 가진 값이나 범주가 매우 많은 경우에는 PROC FORMAT 프로시저에서 VALUE 값을 일일이 지정하기 어려운 경우가 많다. 이 경우에는 EXCEL 혹은 SAS 파일의 형태로 포맷을 지정한 후 이를 불러 읽으면 된다. 이때 포맷 정보를 갖고 있는 파일은 〈표 43〉과 같이 FMTNAME, TYPE, START, LABEL의 변수와 정보를 가지고 있어야 한다. 예시에서 $REGCODE는 포맷변수 이름을 나타내는 것으로 TYPE 변수에 C는 문자형 변수에 대한 포맷을 나타내며[16] START는 포맷을 지정하고자 하는 변수가 갖고 있는 각 범주를 나타내고, LABEL은 해당 변수가 START 변수의 특정 값을 가질 때 해당 값에 부여하는 LABEL을 나타낸다. 예를 들어 00이라는 문자형 변수의 값을 $REGCODE라는 포맷을 사용하게 되면 '전국'으로 표시되게 된다.

위와 같은 포맷 정보가 FMTCHAR이라는 SAS 데이터 세트에 저장되어 있다고 가정해 보면 해당 데이터 세트를 PROC FORMAT 프로시저에서 CNTLIN=<데이터 세트이름> 명령어를 이용하여 불러 읽으며 포맷이 지정된다.

---

16) 숫자형 변수에서는 N의 값을 갖도록 하면 된다.

<표 43> 포맷정보를 포함하고 있는 데이터 파일 예시

FMTNAME	TYPE	START	LABEL
$REGCODE	C	00	전국
$REGCODE	C	11	서울특별시
$REGCODE	C	11110	종로구
$REGCODE	C	11140	중구
$REGCODE	C	11170	용산구
$REGCODE	C	11200	성동구
$REGCODE	C	11215	광진구
$REGCODE	C	11230	동대문구
$REGCODE	C	11260	중랑구
$REGCODE	C	11290	성북구

<표 44> 포맷 데이터를 만들기 위한 예시 자료(자료이름: TEMP)

VAR1	VAR2	VAR4	VAR7
00	전국	총인구수	50555262
00	전국	남자인구수	25328299
00	전국	여자인구수	25226963
11	서울특별시	총인구수	10314245
11	서울특별시	남자인구수	5110818
11	서울특별시	여자인구수	5203427
11110	종로구	총인구수	170617
11110	종로구	남자인구수	85138
11110	종로구	여자인구수	85479
11140	중구	총인구수	132997

　　독자들의 이해를 돕기 위해 〈표 44〉와 같은 원자료가 있다고 가정해보자. 이 자료는 우리나라 행정구역에 대한 코드 정보를 포함하고 있다.[17] VAR2에는 VAR1의 코드 값이 무엇을 의미하는지에 대한 정보가 포함되어 있다. 우리는 이 정보를 이용하여 VAR1의 포맷을 지정하고 싶다.

---

17) 한국의 광역시도, 시군구 등에는 고유한 코드들이 부여되어 있다. 만일 이름이 동일한 구가 서로 다른 광역시에 두 개 존재한다면 VAR1의 코드를 이용하면 광역시도 정보를 알 수 있기 때문에 구분을 할 수 있다.

위 TEMP 데이터 세트의 **VAR1**과 **VAR2**의 자료를 이용하여 FMTCHAR 데이터 세트를 ①번 데이터 스텝과 같이 만들고 이것을 다시 ③번 PROC FORMAT 스텝과 같이 포맷 데이터로 만들어 주면 된다. 이제 이 포맷이 저장되어 있으므로 ④의 PROC PRINT 스텝을 이용하여 출력을 해보면 VAR1이 이제 코드가 아닌 지역 이름으로 나타남을 확인할 수 있다.

```
DATA FMTCHAR;/*①*/
    SET TEMP;
    LABEL=VAR2;
    START=VAR1;
    TYPE="C";
    FMTNAME="$REGCODE";
    KEEP TYPE LABEL START FMTNAME;
RUN;
PROC SORT DATA=FMTCHAR NODUP;/*②*/
    /*NODUP 옵션은 START에 있는 지역코드가 여러 번 반복되기 때문에
    중복되는 경우 자료를 지우도록 하기 위해서 사용하였음*/
    BY START;RUN;
PROC FORMAT CNTLIN=FMTCHAR; /*③*/
RUN;
PROC PRINT DATA=TEMP(OBS=10) LABEL;/*④*/
    FORMAT VAR1 $REGCODE.;
    VAR VAR1 VAR4 VAR7;
RUN;
```

FORMAT 프로시저는 단순히 변수의 값의 이름을 지정해주는 것 이외에도 다양하게 사용할 수 있다. 특히 PICTURE 스테이트먼트를 이용하여 숫자들의 형식들을 지정해줄 수도 있으며[18] 색깔을 지정할 수 있고, 일정 범위의 값에 대한 이름을 지정해줄 수 있다.

4) 레이블과 포맷 정보 지우기

레이블과 포맷 정보를 지정한 자료는 분석상 장점이 많지만 경우에 따라서는 이 정보를

---

18) http://www2.sas.com/proceedings/sugi31/243-31.pdf 혹은 http://analytics.ncsu.edu/sesug/2004/TU03-Croghan.pdf 참고.

〈표 45〉 데이터 레이블과 포맷을 지우는 방법

```
PROC DATASETS LIB=MYLIB MEMTYPE=DATA;
   MODIFY CLASS;
   ATTRIB _ALL_ LABEL=' ';
   ATTRIB _ALL_ FORMAT=;
RUN;
QUIT;
```

제거해야 하는 경우가 있다. 예를 들어, SPSS의 자료에 포맷과 레이블이 입력되어 있으면 이를 SAS로 불러 읽었을 때 변수명이 정확히 무엇인지 혹은 "매우 좋다"가 숫자로는 얼마가 입력되었는지를 알 수 없어 불편한 상황이 발생하는 것이다. 만일 자료에 있는 레이블과 포맷 정보를 지우고자 한다면 간단히 〈표 45〉와 같이 DATASETS 프로시저를 사용하여 ATTRIB 명령문을 사용하면 된다.

5) 기타 포맷과 관련된 특수문제들

앞에서 지적한 것과 같이 SPSS 파일의 경우에는 데이터보기 창에는 데이터가, 변수보기 창에는 변수의 포맷이 지정된 경우가 많다. SPSS 데이터파일은 SPSS에서 "파일>다른 이름으로 저장하기"를 선택한 후 SAS 파일로 저장할 수 있다. 이때 [그림 8]처럼 저장을 할 때 "SAS 파일로 값 레이블 저장(E)"이라는 박스를 선택하게 되면 SAS 데이터 세트뿐만 아니라 포맷을 지정하는 SAS 파일이 만들어지게 된다.

주의해야 할 것은 인코딩 문제인데 SAS에서는 한글을 유니코드(UTF-8) 방식을 기본 값으로 사용하지 않고 완성형(EUC-KR) 방식을 사용하기 때문에 [그림 8]처럼 로컬 인코딩을 선택해서 저장해야 한다.

또한, 자료를 저장할 때 [그림 8]과 같이 한글 이름으로 부여된 디렉토리에 저장을 하게 되면 디렉토리를 나타내는 문자가 깨지는 문제가 발생한다. 따라서, 가능하면 영문이름으로 디렉토리를 지정해주는 것이 좋다. 그리고 SAS 데이터 세트의 이름도 [그림 8]과 같이 숫자가 먼저 나오거나 한글로 지정하게 되면 SAS에서 데이터를 읽지 못하는 문제가 발생하기 때문에 가능하면 영문으로 시작하는 데이터 이름을 부여해주는 것이 바람직하다.

[그림 8] SPSS에서 SAS 파일로 저장을 하는 방법

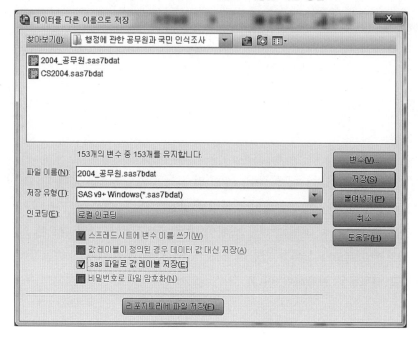

한편, 포맷 정보가 지정된 결과를 출력하기 위해서는 아래와 같이 CNTLOUT= 옵션을 지정하게 되면 SAS 데이터 세트로 포맷 정보를 저장할 수 있고 이를 출력하면 포맷 정보를 손쉽게 확인할 수 있을 뿐 아니라 저장된 SAS 데이터 세트를 수정하면 포맷 정보도 수정할 수 있다.

```
PROC FORMAT LIBRARY=WORK FMTLIB CNTLOUT=TEMP;
RUN;
```

한편 FORMAT이 지정된 변수에서 FORMAT 정보를 값으로 갖는 변수를 얻기 위해서는 VVALUE(포맷이 지정된 변수 이름) 함수를 사용하면 된다.

5. 횡형 자료와 종형 자료 간의 변형

통계분석을 수행하다 보면 반복 측정된 자료나 시계열 자료를 다루어야 하는 경우가 많다. 반복 측정된 자료는 동일한 대상에 대해 동일 변수를 다양한 시점에서 측정한 자료이고, 시계열 자료는 동일 대상은 아니지만 여러 시점에서 동일 변수를 측정한 경우이다. 이 경우 자료를 입력할 때 종형(long type) 혹은 횡형(wide type)으로 입력하게 된다.

〈표 46〉의 왼쪽 패널에서 확인할 수 있듯이 종형 자료구조는 하나의 열에 하나의 변수가 들어가야 한다는 원칙에 충실하게 자료가 나타나 있다. 하지만 왼쪽의 횡형 자료에 비해 입력되는 자료가 훨씬 긴 것을 알 수 있다. 이러한 이유로 종형 자료를 영어로는 long type 자료라고 부른다. 횡형 자료에서 변수 이름을 보면 INC96, INC97, INC98과 같이 소득과 연도의 정보가 함께 포함되어 있음을 알 수 있다. 횡형 자료는 일반적인 통계분석에는 적절하지 않은 구조로 되어 있지만, 연도 간의 차이를 새로운 변수를 만들어 분석해야 할 때에는 매우 유용하다. 예를 들어 96년과 97년의 소득 변화와 97년과 98년의 소득 변화의 평균이 같은지 여부를 분석하기 위해서는 횡형 자료의 형태로 분석하는 것이 편리할 수가 있다. 자료의 변환은 다양하게 수행할 수 있으나 여기서는 TRANSPOSE 프로시저를 이용하는 방법, OUTPUT 명령문을 이용하는 방법, ARRAY 명령문을 이용하는 방법을 중

〈표 46〉 종형 및 횡형 자료구조

종형 자료 예시				횡형 자료 예시			
ID	YEAR	INCOME		ID	INC96	INC97	INC98
1	96	40000		1	40000	40500	41000
1	97	40500		2	45000	45400	45800
1	98	41000		3	75000	76000	77000
2	96	45000					
2	97	45400					
2	98	45800					
3	96	75000					
3	97	76000					
3	98	77000					

심으로 살펴보고자 한다.[19]

1) 자료 전치 방법을 이용한 변환: PROC TRANSPOSE

PROC TRANSPOSE 프로시저는 횡형 자료와 종형 자료 간의 변환을 위해 사용된다. 이 프로시저는 ARRAY 문에 익숙하지 않은 초보자들에게는 매우 유용하기 때문에 그 사용법을 익혀두면 통계분석에 매우 유용하게 활용할 수 있다.

예제 자료는 공공기관의 이름, 경영 활동 항목을 범주로 하는 변수, 각 경영 활동 범주에 해당하는 값을 제시하는 변수로 구성되어 있다. 〈표 47〉에서 VARNAME이라는 변수는 경영 활동 항목의 범주를 나타내며, Y2010은 한전과 공항공사의 VARNAME의 각 범주별 값을 제시하고 있다. 예를 들어 2010년도 한전의 매출액은 50이다. 이 왼쪽 자료를 오른쪽 과 같은 종형 자료로 변환을 시키는 방법을 살펴보자.

ID	NAME	VARNAME	VNAME	Y2010	Y2011
1	한전	당기순이	V1	100	200
1	한전	매출액	V2	50	100

ID	NAME	YEAR	당기순이	매출액
1	한전	2010	100	50
1	한전	2011	200	100

〈표 47〉 예제에 사용된 자료

ID	NAME	VARNAME	VNAME	Y2010	Y2011
1	한전	당기순이익	V1	100	200
1	한전	매출액	V2	50	100
2	공항공사	당기순이익	V1	10	20
2	공항공사	매출액	V2	5	10

```
DATA EX1;
    LENGTH NAME VARNAME $24.;
    INPUT ID NAME$ VARNAME$ VNAME$ Y2010 Y2011 @@;
    CARDS;
    1 한전 당기순이익 V1 100 200
    1 한전 매출액 V2 50 100
    2 공항공사 당기순이익 V1 10 20
    2 공항공사 매출액 V2 5 10
    ;
RUN;
```

---

19) 자료를 전치하는 방법으로는 PROC SQL 문을 사용하는 것이 매우 편리하지만 여기서는 다루지는 않고자 한다.

```
PROC TRANSPOSE DATA=자료 이름 OUT= 자료 이름
                PREFIX=접두어 SUFFIX=접미어 NAME=변수 이름 <옵션들> ;
    BY <전치할 때 기준이 되는 변수 이름>;
    COPY <전치되지 않고 그대로 복사되는 변수 이름>;
    ID <새로운 열 변수 이름이 될 변숫값을 가진 변수>;
    IDLABEL <변수의 레이블 정보를 갖고 있는 변수 이름>;
    VAR <전치된 변수 이름>;
RUN;
```

PROC TRANSPOSE 프로시저의 기본 형식은 〈표 48〉과 같다.

먼저 BY 문에 지정되는 변수는 자료를 전치할 때 기준이 되는 변수이다. 이 기준이 되는 변수를 축으로 자료가 전환된다. SAS에서는 BY 문에 사용된 변수는 항상 정렬(sort)을 먼저 해야 하므로 PROC SORT 프로시저를 이용하여 자료를 정렬한 후 TRANSPOSE 문을 사용해야 한다.

COPY 변수는 전치되지 않고 그대로 복사되는 변수이다. 만일 COPY 문을 사용하게 되면 전치를 하여 생성한 새로운 데이터 세트나 원래 데이터 세트의 관찰점 수가 동일하게 된다.

ID 문에는 자료가 전치되었을 때 변수의 이름값을 저장한 변수를 지정한다. 즉 ID 문에서 지정한 변수의 값은 새롭게 전치된 자료의 열 변수 이름이 된다.

IDLABEL 문은 새롭게 전치된 자료의 변수의 레이블로 사용할 수 있는 값을 저장하고 있는 변수를 지정한다. 따라서 ID 문에 의해 새롭게 전치된 자료의 열 변수의 레이블은 IDLABEL에 의해 지정된 변수의 값에 따라 부여된다.

VAR 문에 지정된 변수는 원래 자료에서 전치된 변수의 값이 된다. 여기서 지정된 변수는 새롭게 전치된 자료에서는 _NAME_ 이라는 변수의 값이 된다.

예제에서는 VARNAME 변수의 값인 당기순이익, 매출액은 한글로 되어 있기 때문에 자료를 전치했을 때 변수 이름이 제대로 생성되지 않는 문제가 발생한다. 따라서 가능하면 영문 이름을 갖는 새로운 변수를 만든 후 이 자료를 전치하는 것이 바람직하다. 위 예제 자료에서 VNAME이라는 변수는 이러한 문제를 해결하기 위해서 포함된 변수이다.

〈표 49〉의 왼쪽 결과를 살펴보면 먼저 원자료와 비교해서 BY문에서 지정한 변수인 ID와 NAME은 전치를 할 때 축으로 사용되었기 때문에 그대로 유지되고 있음을 알 수 있다.

ID	NAME	_NAME_	V1	V2
1	한전	Y2010	100	50
1	한전	Y2011	200	100
2	공항공사	Y2010	10	5
2	공항공사	Y2011	20	10

ID	NAME	NAME OF FORMER VARIABLE	당기순이익	매출액
1	한전	Y2010	100	50
1	한전	Y2011	200	100
2	공항공사	Y2010	10	5
2	공항공사	Y2011	20	10

```
PROC SORT DATA=EX1; BY ID NAME; RUN;
PROC TRANSPOSE DATA=EX1 OUT=EX2;
    BY ID NAME;
    ID VNAME;
    VAR Y2010-Y2011;
RUN;
PROC PRINT NOOBS; RUN;
```

```
PROC TRANSPOSE DATA=EX1 OUT=EX2
NAME=YEAR PREFIX=Q; /*①*/
    BY ID NAME;
    ID VNAME;
    IDLABEL VARNAME; /*②*/
    VAR Y2010-Y2011;
RUN;
PROC PRINT NOOBS LABEL; RUN;
```

한편 ID 문에 사용된 변수는 VNAME이며 이 변수의 값, 즉 V1과 V2가 전치된 자료의 변수 이름으로 사용되고 있다. 마지막으로 원래 자료에서 Y2010과 Y2011은 V1 및 V2의 전치된 값으로 사용되고 있으며 _NAME_ 이라는 변수에 VAR 문에 사용된 변숫값이 입력되고 있음을 알 수 있다.

한편 오른쪽 코드의 /*①*/에 있는 결과에서는 V1과 V2 변수가 각각 당기순이익과 매출액으로 나타나고 있는데 이것은 /*②*/의 IDLABEL 문에 변수 VARNAME을 지정함으로써 VARNAME 값이 V1 및 V2의 레이블로 사용되었기 때문이다.

또한, /*①*/에 NAME=YEAR라는 옵션을 지정하였는데 왼쪽 결과의 _NAME_ 이라는 변수 이름을 YEAR라는 이름으로 바꾸라고 지정한 것이다. 한편 SAS에서는 _NAME_이라는 변수에 자동으로 NAME OF FORMER VARIABLE이라는 레이블을 부여하기 때문에 오른쪽에 출력되어 있다. 실제 변숫값 대신에 변수의 레이블이 오른쪽 출력 결과에 나타난 이유는 PROC PRINT 스테이트먼트에 LABEL이라는 옵션을 부여했기 때문이다. 이 옵션을 제거하면 당기순이익의 경우 QV1이라는 변수 이름으로 출력된다. 여기서 QV가 붙은 것은 /*①*/에서 PREFIX=Q라는 옵션을 부여했기 때문이다. 이 옵션으로 ID 문에 지정한 변수의 값이 전치된 자료의 변수로 사용될 때 앞에 Q라는 접두어가 붙기 때문에 발생한 것이다.

<표 50> TRANSPOSE 프로시저를 이용하여 횡형 자료를 종형 자료로 변환시키는 방법

PROC TRANSPOSE DATA=EX2 OUT=EX3; 　BY ID NAME; 　ID YEAR; 　VAR QV1 QV2; RUN; PROC PRINT;RUN;	

ID	NAME	_NAME_	_LABEL_	Y2010	Y2011
1	한전	QV1	당기순이익	100	200
1	한전	QV2	매출액	50	100
2	공항공사	QV1	당기순이익	10	20
2	공항공사	QV2	매출액	5	10

위에서 종형 자료로 변형된 자료를 〈표 50〉의 코드를 이용하면 다시 원래 자료와 같이 횡형 자료로 변환시킬 수 있다.

여러 개의 변수가 있는 종형 자료를 각 변수의 연도별 값을 변수로 하는 횡형 자료를 변환시켜야 할 경우가 있다. 즉, 〈표 51〉의 왼쪽 형태의 자료를 아래 형태의 자료로 변환하기 위해서는 각 변수별로 전치시킨 자료들을 합하면 어렵지 않게 결과를 얻을 수 있다.[20] 〈표 51〉의 예제는 FAMINC, SPEND, DEBT 변수를 연도별로 구분하여 횡형 자료(Wide type)로 바꾸는 것이다.

〈표 51〉 여러 개의 변수가 있는 경우 종형 자료를 횡형 자료로 변환시키는 경우

DEBT	FAMID	YEAR	FAMINC	SPEND
YES	1	96	40000	38000
YES	1	97	40500	39000
NO	1	98	41000	40000
YES	2	96	45000	42000
NO	2	97	45400	43000
NO	2	98	45800	44000
NO	3	96	75000	70000
NO	3	97	76000	71000
NO	3	98	77000	72000

```
DATA LONG5;
  LENGTH DEBT $ 3;
  INPUT FAMID YEAR FAMINC SPEND DEBT $ @@;
CARDS;
1 96 40000 38000 YES 1 97 40500 39000 YES
1 98 41000 40000 NO 2 96 45000 42000 YES 2
97 45400 43000 NO 2 98 45800 44000 NO 3 96
75000 70000 NO 3 97 76000 71000 NO 3 98
77000 72000 NO
;
RUN;
PROC  TRANSPOSE  DATA=LONG5  OUT=WIDEF
PREFIX=FAMINC;
BY FAMID;
```

---

20) 이 예제는 http://www.ats.ucla.edu/stat/sas/modules/ltow_transpose.htm 참고.

```
ID YEAR;
VAR FAMINC;
RUN;
PROC   TRANSPOSE   DATA=LONG5   OUT=WIDES
PREFIX=SPEND;
BY FAMID;
ID YEAR;
VAR SPEND;
RUN;
PROC   TRANSPOSE   DATA=LONG5   OUT=WIDED
PREFIX=DEBT;
BY FAMID;
ID YEAR;
VAR DEBT;
RUN;
DATA WIDE5 ;
MERGE  WIDEF (DROP=_NAME_) WIDES (DROP
=_NAME_) WIDED (DROP=_NAME_);
BY FAMID ; RUN;
PROC PRINT DATA=WIDE5 NOOBS;
RUN;
```

famid	faminc96	faminc97	faminc98	spend96	spend97	spend98	debt96	debt97	debt98
1	40000	40500	41000	38000	39000	40000	yes	yes	no
2	45000	45400	45800	42000	43000	44000	yes	no	no
3	75000	76000	77000	70000	71000	72000	no	no	no

2) OUTPUT 문을 이용한 횡형 자료를 종형 자료로 변환하기

OUTPUT 문을 이용하여 횡형 자료를 종형 자료로 변화하는 방법은 SAS의 데이터 스텝이 자료를 처리하는 방식을 이해하면 어렵지 않게 구현할 수 있다. SAS의 데이터 스텝은 문장을 수행하면서 결과를 버퍼(buffer) 메모리에 저장을 한 모든 문장의 수행이 완료된 후 버퍼에 있는 자료를 데이터 세트에 저장한다. 이때 문장 실행하는 과정에서 버퍼에 저장을 하지 않고 바로 데이터 세트에 저장하려면 OUTPUT 문을 사용할 수 있다. 이때 OUTPUT 문이 사용되면 데이터 스텝의 모든 문장이 수행된 후에도 버퍼의 내용이 데이터 세트에 자동 저장이 되는 것이 아니라 OUTPUT문을 만났을 때만 저장된다. 예제를 이용해서 이를

〈표 52〉 OUTPUT 문을 이용하여 횡형 자료를 종형 자료로 바꾸기

ID	BEF	AFT
1	10	11
2	12	13
3	14	15

↓

ID	GROUP	VALUE
1	BEF	10
1	AFT	11
2	BEF	12
2	AFT	13
3	BEF	14
3	AFT	15

```
DATA TEMP;
  INPUT ID BEF AFT;
  CARDS;
  1 10 11
  2 12  13
  3 14 15
  ;
RUN;
DATA LONG;
  SET TEMP;
  GROUP="BEF";VALUE=BEF;OUTPUT;
  GROUP="AFT";VALUE=AFT;OUTPUT;
  DROP BEF AFT;
RUN;
PROC PRINT NOOBS;RUN;
```

살펴보자. 먼저 동일한 사람에 대해서 사전/사후 만족도를 측정하였다고 가정해보자. 자료를 입력할 때 〈표 52〉와 같이 ID, Bef, Aft 변수를 만들어 자료를 입력할 수 있다. 하지만 이 자료를 ID, Group, Value라는 종형 자료로 변환시킬 수도 있는데 이때 OUTPUT 문을 다음과 같이 사용할 수 있다.

다음은 여러 시점에 대해 여러 변수가 있는 경우 OUTPUT 문을 이용하여 자료를 저장하는 예제이다.

〈표 53〉 여러 개의 변수가 있는 경우 OUTPUT 문을 이용한 종형 자료로 변환

```
DATA WIDE;
  INPUT REGION$ INT2013 INT2014 INT2015 GDP2013 GDP2014 GDP2015;
  CARDS;
  A 4.5 4.6 4.7 10 11 12
  B 4.8 4.9 5.0 13 14 15
  C 5.1 5.2 5.3 16 17 18
  ;
```

```
DATA LONG;
   SET WIDE;
   YEAR=2013; INT=INT2013; GDP=GDP2013; OUTPUT;
   YEAR=2014; INT=INT2014; GDP=GDP2014; OUTPUT;
   YEAR=2015; INT=INT2015; GDP=GDP2015; OUTPUT;
   DROP INT2013-INT2015 GDP2013-GDP2015;
RUN;
PROC PRINT; RUN;
```

OBS	region	YEAR	INT	GDP
1	A	2013	4.5	10
2	A	2014	4.6	11
3	A	2015	4.7	12
4	B	2013	4.8	13
5	B	2014	4.9	14
6	B	2015	5.0	15
7	C	2013	5.1	16
8	C	2014	5.2	17
9	C	2015	5.3	18

3) ARRAY 문을 이용한 변형 방법

① ARRAY 함수의 이해

배열(array)은 변수의 집합이다. SAS에서는 여러 변수에 동일한 명령을 적용할 때 ARRAY 함수를 사용한다. 이 함수는 종형과 횡형 자료 간의 변환뿐만 아니라 반복 계산 수행, 결측치의 처리, 같은 속성을 가지는 많은 변수 생성, 변수들 비교하기, 테이블 검색하기, 특정 조건을 만족하는 관찰 값의 대체 등 다양하게 사용되기 때문에 자료처리에서 널리 사용되는 명령문이다.

ARRAY 문은 여러 변수로 구성되어 있고 이 변수들은 행렬의 벡터처럼 간주된다. ARRAY 문의 기본구조는 〈표 54〉와 같다. 〈표 54〉의 예제는 x1부터 x10까지의 변수를 10차원(dimension)을 갖는 real이라는 이름을 갖는 배열을 만든 후 각 변수들이 99의 값을 갖고 있으면 결측치로 처리하는 문장이다. 배열은 문자변수들에 대해서 지정할 수도 있는데 이 경우에는 배열이름과 배열차원을 지정한 뒤에 $ 기호를 부과하면 된다. 배열 차원은 [ ] 기호를 사용할 수 있지만 { } 의 기호도 사용이 가능하다. 또한 [2,3]과 같이 나타내면

```
ARRAY <배열이름> <[배열차원지정 ]> 변수 이름들 ;
예:
ARRAY REAL [10] x1-x10;
  DO I=1 TO 10;
    IF REAL[I]=99 THEN REAL[I]=.;
  END;
```

〈표 55〉 한국복지패널 개인별 명목소득

가구ID (ID)	연도 (YEAR)	시장소득 (INCOME1)	가처분소득 (INCOME2)	근로소득 (INCOME3)
1	2006	614	608	563
1	2012	787	858.8	653
1	2013	1197	1260.8	987
2	2006	1257	1125	1011
2	2007	-520.06	-748.06	1023
2	2008	602	434	502
3	2008	1252	1432	973

2행 3열의 배열을 나타낸다.

ARRAY 문의 이해를 돕기 위해 명목소득을 실질소득으로 바꾸는 예제를 살펴보도록 하자. 〈표 55〉는 2006년부터 2013년까지 '한국복지패널'의 개인별 시장소득과 가처분소득 자료이다. 보통 이러한 다년간 소득자료를 사용할 시에는 물가 상승에 따라 명목소득이 자동으로 증가하는 문제가 있어 명목소득을 물가지수를 이용해서 조정한 실질소득을 사용하는 것이 바람직하다. 실질소득은 연도별 명목소득에 '소비자물가지수'라는 디플레이터를 곱해 얻을 수 있다.

연도별 '소비자물가지수'는 통계청에서 제공하고 있으며 다음과 같다.

〈표 56〉 소비자물가지수, 통계청

연도	소비자물가지수(INDEX)
2006	88.728
2007	90.899
2008	94.892
2009	97.410
2010	100.0
2011	104.0
2012	106.16
2013	107.54

각 명목소득을 소비자물가지수로 나누기 위해서는 먼저 두 자료를 하나의 자료로 통합하여 변환하는 것이 필요하다. 아래 왼쪽 패널과 같이 MERGE문을 이용하여 소득자료와 물가자료를 결합하여 ALL이라는 데이터 세트를 만든다.[21]

자료 통합단계

```
DATA TEMP;
    INPUT ID YEAR INCOME1 INCOME2 INCOME3@@;
    CARDS;
    1 2006 614 608 563 1 2012 787 858.8 653
    1 2013 1197 1260.8 987 2 2006 1257 1125 1011
    2 2007 -520.06 -748.06 1023 2 2008 602 434 502
    3 2008 1252 1432 973
    ;
RUN;
DATA DEF;
    INPUT YEAR INDEX@@;
    CARDS;
    2006 88.728 2007 90.899 2008 94.892
    2009 97.410 2010 100.0 2011 104.0
    2012 106.16 2013 107.54
```

---

21) 주의해야 할 것은 MERGE 문에서 결합의 기준이 되는 BY 변수가 순서대로 정렬되어 있어야 제대로 자료가 결합된다. MERGE 문에 대한 설명은 132쪽을 참고.

```
      ;
   RUN;
   PROC SORT DATA=TEMP; BY YEAR; RUN;
   DATA ALL;
      MERGE TEMP(in=one) DEF(in=two);
      BY YEAR;
      IF one;
   RUN;
```

ARRAY 문을 이용한 실질소득 계산단계

```
   DATA NEW;
      SET ALL;
      ARRAY INCOME[3] income1 income2 income3; /*①*/
      ARRAY REALINC[3]; /*②*/
      DO i=1 to 3; /*③*/
      REALINC[i]=(INCOME[i]/INDEX)*100;
      END;
      DROP I;
   RUN;
   PROC PRINT DATA=NEW;
   RUN;
```

자료가 결합되어 있으면 개별관측치의 명목소득(시장소득=INCOME1, 가처분소득=INCOME2, 근로소득=INCOME3)을 각 연도의 소비자물가지수(INDEX)로 나누어야 한다. **ARRAY** 문을 사용하지 않고 실질소득을 계산한다면 아래와 같이 각 변수별로 반복하여 계산해야 한다. 하지만 위와 같이 **ARRAY** 명령을 사용하면 간단하게 값을 구할 수 있다.

```
   N_INCOME1= INCOME1/INDEX*100;
   N_INCOME2= INCOME2/INDEX*100;
   N_INCOME3= INCOME3/INDEX*100;
```

코드 예제 ①에서는 가처분소득과 시장소득, 근로소득에 소비자물가지수를 동일하게 나눠 주는 것이므로 가처분소득(income1), 시장소득(income2), 근로소득(income3)을 이름이 INCOME

<표 57> 2013 한국복지패널 개인별 실질소득 변환 결과

ID	YEAR	income1	income2	income3	INDEX	REALINC1	REALINC2	REALINC3
1	2006	614	608	563	88.728	692.0025	685.2403	634.5235
1	2012	787	858.8	653	106.16	741.3338	808.9676	615.1093
1	2013	1197	1260.8	987	107.54	1113.074	1172.401	917.798
2	2006	1257	1125	1011	88.728	1416.689	1267.92	1139.437
2	2007	-520.06	-748.06	1023	90.899	-572.13	-822.957	1125.425
2	2008	602	434	502	94.892	634.4054	457.3621	529.0225
3	2008	1252	1432	973	94.892	1319.395	1509.084	1025.376

인 배열로 묶어주었다.[22] array-name 옆의 대괄호[ ] 안[23]의 수는 array를 구성하고 있는 벡터, 즉 변수의 수를 나타낸다. 코드 예제 ①에서는 가처분소득, 시장소득, 근로소득 세 가지로 ARRAY에 포함된 벡터의 수는 3이다.

코드 예제 ②는 실질소득을 저장하고자 하는 배열을 차원이 3인 REALINC 이름으로 생성하고 있다. 이처럼 ARRAY 문은 해당 데이터 세트에 없는 새로운 변수를 만들어낼 수 있다. 여기서는 REALINC 배열에 포함되는 변수가 3개이므로 배열 이름에 접미사로 숫자를 부여하여 새로운 변수 REALINC1, REALINC2, REALINC3가 생성되게 된다. 만일 변수 이름을 따로 지정하고 싶으면 ARRAY REALINC[3] REALINCA REALINCB REALINCC; 와 같이 배열이름과 차원을 지정한 후에 변수 이름을 지정해주면 된다.[24]

코드 ①, ②와 같이 여러 변수를 한꺼번에 지칭하는 여러 개의 ARRAY를 정의하고 난 후, 해당 배열 이름으로 동일 작업을 수행한다. 코드 예제 ③은 DO 문을 사용하여 명목소득묶음인 INCOME[I]를 소비자물가지수(INDEX)로 나누고 100을 곱하여 실질소득변수들 묶음인 REALINC[I]로 나타내는 것을 벡터 개수 즉 3만큼 반복해주고 있다. [ ]에 사용된 I는 지시자를 나타내는 것으로 ARRAY 변수 INCOME의 I번째 원소를 나타낸다. 이 절차의 반복을 통해 얻어진 결과는 <표 57>과 같다.

한편 위 프로그램 코드에서는 배열 벡터 수를 구체적으로 기입하였지만 명시적으로 지정하지 않을 수 있고 하한값과 상한값 사이로 지정할 수도 있다. 코드 예제 ④는 묵시적

---

22) ARRAY문으로 묶을 변수들은 모두 같은 형식이어야 한다. 만약 문자변수라면 문자변수끼리, 숫자변수라면 숫자변수끼리 ARRAY를 지정해야 한다.
23) 대괄호([ ]) 외에도 중괄호({ }), 소괄호(( ))도 사용 가능하다.
24) ARRAY 문을 이용하여 새로운 변수를 생성할 때 초기 값을 괄호 안에 넣어 지정할 수 있다. 예를 들어 X1과 X2 변수에 초기값으로 각각 1과 2를 할당하고 싶으면 다음과 같은 코드를 사용할 수 있다.
```
ARRAY XY[2] X1 X2 (1 2);
```

(implicitly)으로 배열의 원소 수를 설정했는데 원소 수를 잘 모를 경우에 편리하게 사용할 수 있다. 코드 ①과 동일한 결과가 도출된다.

ARRAY 문은 기본적으로 숫자변수를 인식하므로 ARRAY 문으로 묶어내려는 변수가 문자변수인 경우 ⑤와 같이 '$'를 추가하면 된다.

```
④ ARRAY INCOME[*] INCOME1-INCOME3;
⑤ ARRAY my_name[3] $ first middle last;
```

한편 다차원 배열도 지정할 수 있다. 예를 들어 ARRAY MULT[3,4] X1-X12; 라고 지정을 하게 되면 12개의 변수를 아래와 같이 3행 4열의 행렬에 배정하게 된다.

행(row)	열(column)			
	x1	x2	x3	x4
	x5	x6	x7	x8
	x9	x10	x11	x12

다차원 행렬을 응용하여 분기별 합을 계산하는 식을 계산하는 코드의 예시를 제시하면 다음과 같다.[25]

```
DATA MONTH;
    INPUT YEAR MONTH1 MONTH2 MONTH3 MONTH4 MONTH5 MONTH6 MONTH7 MONTH8
    MONTH9 MONTH10 MONTH11 MONTH12;
    DATALINES;
2013    1000    1500    2000    2500    3000    3500    4000    3500
3000    2500    2000    1500
2014    1200    1700    2200    2700    3200    3700    4200    3700
3200    2700    2200    1700
2015    1100    1600    2100    2600    3100    3600    4100    3600
3100    2600    2100    1600
    ;
```

---

25) http://m.blog.naver.com/hsj2864/220627714263 참고.

제3장 SAS에서의 자료 입출력 및 자료운영 115

```
RUN;

DATA WORK.QUARTERS (DROP=I J);
   SET MONTH;
   ARRAY M{4,3} MONTH1-MONTH12;
   ARRAY QTR{4};
   DO I=1 TO 4;
      QTR{I}=0;
      DO J=1 TO 3;
      QTR{I} + M{I,J};
      END;
   END;
RUN;
PROC PRINT; RUN;
```

② ARRAY 문을 이용한 횡형 자료의 종형 자료로의 변환

한글 파일이나 PDF 파일에 〈표 58〉과 같은 교차표가 있다고 가정해보자. 그렇다면 우리는 복사/붙이기 옵션을 이용하여 이 자료를 SAS에 붙일 수 있다. 이러한 경우 앞에서와 같이 TYPE, YEAR, COUNT 변수를 갖는 SAS 자료를 ARRAY 명령을 이용하여 종형 자료로 변환시켜보자.

〈표 58〉 교차표로 SAS 데이터가 저장된 경우

type	y2010	y2011	y2012	y2013	y2014
무기계약	9642	10490	11904	15441	17948
비정규직	38100	41608	45368	44431	43685
상임임원	793	811	836	827	834
소속외	55928	59229	61313	63060	65244
정규직	246802	251735	255302	261254	266563

```
DATA FT0;
    INPUT TYPE$ Y2010    Y2011    Y2012    Y2013    Y2014;
    CARDS;
    무기계약       9642    10490    11904    15441    17948
    비정규직      38100    41608    45368    44431    43685
    상임임원       793      811      836      827      834
    소속외        55928    59229    61313    63060    65244
    정규직       246802   251735  255302  261254   266563
    ;
RUN;
DATA FT1;
    SET FT0;
    ARRAY YEARS[5] Y2010-Y2014;/*①*/
        DO I = 1 TO 5;/*②*/
        COUNT = YEARS[I];/*③*/
        YEAR = VNAME(YEARS[I]);/*④*/
        YEAR_N = I + 2009;/*⑤*/
        OUTPUT;
        END;
    KEEP TYPE COUNT YEAR YEAR_N;
RUN;
PROC PRINT DATA = FT1;
RUN;
```

①의 ARRAY 문은 Y2010부터 Y2014까지 다섯 개의 변수를 열벡터로 묶어 배열 YEARS를 만들라는 명령이다. YEARS 다음의 [5]는 ARRAY 문으로 만들어질 배열 YEARS가 5개의 차원, 즉 5개의 변수가 존재한다는 것을 선언한다.[26] 이렇게 배열이 만들어지면 배열에서 특정 열벡터를 추출할 수 있다. 예를 들어 ③의 YEARS[1]은 행렬 YEARS의 1번째 차원/열벡터, 즉 Y2010을 가리킨다.

---

[26] 사실 이러한 열벡터의 숫자를 굳이 제시하지 않아도 오류 없이 실행된다. 그러나 이 경우 array 문에서 years에 몇 개의 변수가 할당되는가를 알려주지 않는다면 SAS system에서는 변수 숫자를 충분히 담아내기 위해 메모리에 실제 사용되는 변수 숫자보다 더 큰 수를 할당한다. 이는 대용량 자료의 경우 메모리 누수로 인한 작업능률의 저하를 불러오기 때문에 가급적 정확한 변수 숫자를 할당해주는 것이 바람직하다.

<표 59> 교차표를 이용하여 변수별 자료로 입력한 결과

OBS	TYPE	COUNT	YEAR	YEAR_N
1	무기계약	9642	y2010	2010
2	무기계약	10490	y2011	2011
⋮	⋮	⋮	⋮	⋮
25	정규직	266563	y2014	2014

②의 DO LOOP는 Y2010부터 Y2014까지 각 변수의 관측치를 병합해주는 반복문이다. 현재 연도를 나타내는 변수가 5개이기 때문에 반복 횟수를 나타내는 I도 1부터 5까지 1씩 증가하도록 설정한다. ③은 새로 생성되는 COUNT 변수에 YEARS 배열의 I번째 변수를 할당하라는 명령이다. 즉 I가 1일 때는 YEARS[1], 다시 말해 Y2010 변수의 관측치가 COUNT 변수에 할당된다. 이러한 할당을 각 관측치별로 남기도록 OUTPUT 문이 반복문 마지막에 설정되었다.

④는 DO LOOP에서 COUNT에 할당되는 관측치가 어느 변수에 해당되는가를 알려주기 위해 제시된다. 여기서 VNAME 함수는 ARRAY 문에서 선언되어 사용 중인 배열의 실제 변수명을 돌려주는 함수이다. 예를 들어 VNAME(YEARS[2])는 YEARS 배열의 두 번째 열벡터의 이름인 Y2011을 입력하게 한다. 제시된 코드에서는 I가 1일 때는 YEAR라는 변수에 YEARS[1]에 해당하는 변수명, 즉 Y2010이 YEAR 변숫값으로 입력되게 된다.

⑤의 YEAR_N은 숫자로 연도를 기록해주기 위해 제시된 변수이다. I는 반복문의 진행, 즉 COUNT와 YEAR에 어떠한 관측치가 기록되느냐에 따라 1에서 5까지 변한다. 따라서 본 자료의 최초 연도인 2010년을 만들어주기 위해서는 반복문에 등장하는 I에 2009를 더해주면 된다. 앞서 언급한 바와 같이, 이러한 반복문 내의 모든 동작들을 기록하기 위해 반복문 마지막에 OUTPUT이 사용되었다. 그리고 불필요한 변수들을 모두 삭제하고 TYPE, COUNT, YEAR, YEAR_N만 남기기 위해 KEEP 문을 사용하였다. 이를 PROC PRINT를 이용하여 출력하면 〈표 59〉와 같이 나타난다.

이번에는 여러 변수에 대한 시계열 자료가 있을 때 횡형 자료를 종형 자료로 변환하는 법을 살펴보기 위해, 지역별 청렴도 및 GDP의 연도별 자료가 다음과 같이 넓은 형태로 입력되었다고 가정해보자. 이 자료에서 변수는 지역(REGION)과 연도(YEAR), 청렴도점수(INTSCORE), 지역총생산(GDP)이다. 하지만 자료는 〈표 60〉과 같이 조직과 연도별로 청렴도 값 및 연도별 지역총생산으로 나타낸 분할표 형식으로 나타나고 있다. 실제 통계분석을 위해서는 연도별 변수 형태로 나타내진 〈표 61〉의 형태를 변수별, 즉 REGION, YEAR,

<표 60> 연도별 자료 형태의 예시(횡형 자료)

region	INT2013	INT2014	INT2015	GDP2013	GDP2014	GDP2015
A	4.5	4.6	4.7	10	11	12
B	4.8	4.9	5.0	13	14	15
C	5.1	5.2	5.3	16	17	18

<표 61> 변수별 자료 형태의 예시(종형 자료)

region	intscore	gdpscore	YEAR
A	4.5	10	2013
A	4.6	11	2014
A	4.7	12	2015
B	4.8	13	2013
B	4.9	14	2014
B	5.0	15	2015
C	5.1	16	2013
C	5.2	17	2014
C	5.3	18	2015

INTSCORE, GDP를 갖는 형태로 긴 형태의 자료로 변환할 필요가 있다. 이때 ARRAY 함수를 이용할 수 있다.

<표 62> 프로그램 예시에서 횡형자료를 ARRAY 변수로 지정을 한 후에 각 원소들을 하나의 변수(INTEGRITY, GDPSCORE)에 저장을 하면 <표 61>과 같이 종형자료로 변환할 수 있다.[27]

---

27) 독자들은 KEEP 스테이트먼트를 제외하고 결과를 출력해보면 ARRAY 문의 원리를 좀더 잘 이해할 수 있을 것이다.

```
DATA INTEGRITY;
  INPUT REGION$ INT2013 INT2014 INT2015 GDP2013 GDP2014 GDP2015;
  CARDS;
  A 4.5 4.6 4.7 10 11 12
  B 4.8 4.9 5.0 13 14 15
  C 5.1 5.2 5.3 16 17 18
  ;
RUN;
PROC PRINT NOOBS;RUN;
DATA SERIES;
  SET INTEGRITY;
  ARRAY INTEGRITY(*) INT2013-INT2015;
  ARRAY GDP(*) GDP2013-GDP2015;
  DO I=1 TO DIM(INTEGRITY);
  INTSCORE=INTEGRITY(I);
  GDPSCORE=GDP(I);
  YEAR=2012+I;
  OUTPUT;
  END;
  KEEP REGION YEAR INTSCORE GDPSCORE ;
RUN;
PROC PRINT NOOBS;RUN;
```

이제까지 TRANSPOSE, OUTPUT 명령문, ARRAY를 이용하여 횡형 자료를 종형 자료로 변환시키는 방법을 살펴보았다. 독자들은 이러한 자료 수정과 관리가 어렵게 느껴질 것이다. 그러나 이러한 방법은 패널 자료를 포함하여, 다양한 통계분석이나 자료의 시각화에도 널리 사용되기 때문에 많은 연습을 해두는 것이 필요하다. 분석 목적에 맞는 형태로 자료를 변환하지 못하게 되면 자료 시각화는 불가능하기 때문이다.

4) ARRAY를 이용한 결측치 처리

SAS에서 숫자형 변수의 결측치는 " . "으로 나타내고 문자형 변수의 결측치는 빈 공백으로 나타낸다. 우리가 자료 분석할 때는 EXCEL 자료를 SAS에서 불러 읽는 경우가 일반적이다. 이 경우 EXCEL에서 결측치를 입력할 때는 해당 셀을 그냥 공백으로 두면 SAS가 이를 결측치로 인식하게 된다.

하지만 실제 SAS에서 자료를 다룰 때 문제가 되는 것은 SPSS 등에서 결측치를 9999와 같은 숫자로 나타낸 경우이다. 이 경우 SAS는 9999가 실제값인지 혹은 결측치를 나타내는 임의의 기호인지를 구분할 수 없게 된다. 따라서 SPSS 자료를 SAS로 불러 읽고 난 후에 9999와 같이 결측치를 나타내는 변숫값을 결측치로 변환을 할 필요가 있다.

다음 예제는 SAS에서 결측치를 9999라는 숫자로 대체하고 다시 이 자료를 SAS의 결측 치 자료로 전환하는 과정을 보여준 프로그램이다.

〈표 63〉 결측치를 특정값으로 대체하는 방법

```
DATA TEMP;
  INPUT LANDVAL  IMPROVAL    TOTVAL  SALEPRIC SALTOAPR;
  CARDS;
  30000     64831     94831    118500   1.25
  30000     50765     80765     93900   .
  46651     18573     65224     .        1.16
  45990     91402     .         184000   1.34
  42394     .         40575     168000   1.43
  .         3351      51102     169000   1.12
  63596     2182      65778     .        1.26
  56658     53806     10464     255000   1.21
  51428     72451     .         .        1.18
  93200     .         4321      422000   1.04
  76125     78172     54297     290000   1.14
  .         61934     16294     237000   1.10
  65376     34458     .         286500   1.43
  42400     .         57446     .        .
  40800     92606     33406     168000   1.26
  ;
RUN;

DATA NEW;
  SET TEMP;
  ARRAY NUMS _NUMERIC_;
  DO OVER NUMS;
  IF NUMS=. THEN NUMS=9999;
  END;
  RUN;
```

```
DATA NEW2;
   SET NEW;
   ARRAY NUMS _NUMERIC_;
   DO OVER NUMS;
   IF  NUMS=9999 THEN NUMS=.;
END;
RUN;
```

위와 같이 ARRAY 명령을 사용하여 간편하게 결측치를 한꺼번에 변환시킬 수도 있지만 특정한 변수의 결측치는 DATA 스텝에서 다음과 같이 간단한 IF 문을 사용하여 변환시킬 수 있다. 만일 X라는 변수의 결측치를 999로 나타내고 싶다면 아래와 같은 프로그램을 짜면 될 것이다.

IF MISSING (X) THEN X=999;

위 명령어는 결측치가 있는 관찰점을 제거할 때도 다음과 같이 응용하여 사용할 수 있다.

IF MISSING (X) THEN DELETE;

참고로 위에서는 DO OVER 명령어를 사용하였지만, 지시자를 이용하여 다음과 같은 DO-LOOP를 사용할 수도 있다.[28]

```
DO I=1 TO DIM(NUMS);
    IF NUMS[I]=999 THEN NUMS[I]=.;
END;
```

5) ARRAY 함수의 기타 용법

ARRAY 함수는 변수를 1차원으로 배열할 수도 있고 다차원으로 배열할 수 있다. 1차원 배열은 다음과 같이 나타내지게 된다.

---

28) 참고로 DO-LOOP는 지시자(INDEX)를 사용하여 시작점과 끝점을 지정하여 반복하는 방법, DO OVER처럼 변수의 모든 값에 대해 반복하는 방법, 논리적 조건이 충족될 때까지 반복하는 DO UNTIL, 논리적 조건이 충족되는 동안에만 반복하는 DO WHILE 방식 등이 사용될 수 있다.

〈표 64〉 1차원 ARRAY의 자료 입력 형식

ARRARY arrayname [4] X1–X5				
[1]	[2]	[3]	[4]	[5]
X1	X2	X3	X4	X5

다차원 배열도 가능하다. 이때 지시자는 행과 열을 나타낼 수 있도록 한다.

〈표 65〉 다차원 ARRAY의 자료 입력 형식

ARRARY arrayname [3,4] X1–X4 Y1–Y4 Z1–Z4				
	2차원			
1차원	X	X1	X2	X3	X4
	Y	Y1	Y2	Y3	Y4
	Z	Z1	Z2	Z3	Z4

한편 **ARRAY** 변수의 값을 다음과 같이 직접 입력할 수도 있다. 특히 _TEMPORARY_ 라는 옵션을 지정하면 이 변숫값은 일시적으로 사용되고 최종적으로 만들어지는 데이터 세트에서는 사라지게 된다. 아래 예제는 _TEMPORARY_ 옵션을 사용하지 않은 X2 변수만 출력이 되는 것을 보여준다. 참고로 X2 변수는 지시자에 따라 X21, ..., X25와 같이 변수 이름이 만들어졌음을 알 수 있다.

〈표 66〉 ARRAY 명령문에서의 _TEMPORARY_ 옵션의 기능

```
DATA TEMP;
   ARRAY X1 [5]  _TEMPORARY_ (0 1 2 3 4);
   ARRAY X2 [5]  (0 1 2 3 4);
RUN;
PROC PRINT;RUN;
```

X21	X22	X23	X24	X25
0	1	2	3	4

여러 개의 변수를 같은 방법을 처리하는 과정으로 ARRAY 문은 다양한 함수들과 함께 응용하기가 쉽다. 대표적으로 OF 연산자(operator)와 IN 연산자를 이용하여 변수들의 평균,

최솟값, 최댓값 그리고 찾아 바꾸기 과정을 여러 변수에 한꺼번에 처리할 수 있다. 그에 대한 예로, 〈표 67〉은 2013년 '한국복지패널'에서 각 가구원들의 근로소득을 나타낸 것이다. 근로소득의 경우 가구원 조사로 측정하므로 가구 근로소득을 구할 때 각 가구원의 근로소득의 총합으로 계산해야 하는 경우가 있다. 이러한 경우 ARRAY 문을 이용해 합계함수나 평균함수를 이용하여 도출할 수 있다. 또한 소득이 가장 큰 가구원이 누구인지를 구하는데도 ARRAY문을 사용할 수 있다.

〈표 67〉 2013년 한국복지패널 가구원조사의 근로소득

가구ID	가구원1	가구원2	가구원3	가구원4
1	140	140	.	.
2	304	168	159	.
3	258	294	103	.
4	489	693	102	106
5	239	205	.	.

〈표 68〉 ARRAY 문을 이용한 변수의 합계, 평균, 최솟값 구하기

```
DATA TABLE3;
   INPUT ID PID1 PID2 PID3 PID4;
   CARDS;
   1 102 140 . .
   2 304 168 159 .
   3 258 294 103 .
   4 489 693 102 106
   5 239 205 . .
   ;
RUN;

DATA TABLE3_EX;
   SET TABLE3;
   ARRAY LABORINC[4] PID1-PID4;
   HOUSEINC=SUM(OF LABORINC[*]);/*①*/
   MEANINC=MEAN(OF LABORINC[*]);/*②*/
   MAXINC=MAX(OF LABORINC[*]);/*③*/
   DO I=1 TO DIM(LABORINC);/*④*/
```

```
    IF LABORINC[I]=MAXINC THEN DO;
    MAXNAME=VNAME(LABORINC[I]);/*⑤*/
    OUTPUT;
    END;
    END;
    DROP I;
  RUN;
  PROC PRINT;RUN;
```

〈표 69〉 ARRAY문과 함수를 사용한 결과

ID	PID1	PID2	PID3	PID4	HOUSEINC	MEANINC	MAXINC	MAXNAME
1	140	140	.	.	280	140.000	140	PID1
1	140	140	.	.	280	140.000	140	PID2
2	304	168	159	.	631	210.333	304	PID1
3	258	294	103	.	655	218.333	294	PID2
4	489	693	102	106	1390	347.500	693	PID2
5	239	205	.	.	444	222.000	239	PID1

각 가구원들의 근로소득을 LABORINC으로 배열 이름(array name)을 설정해주고 코드 ①에서는 이 배열에 있는 변숫값을 모두 합하는 SUM 함수를 사용하여 새로운 HOUSEINC변수를 나타내었다. 이와 동일한 과정으로 각 가구원의 근로소득의 평균을 MEAN함수로 구한 것이 코드 ②, 가구원 중 가장 높은 근로소득 즉 가구원 근로소득의 최댓값을 MAX함수로 구한 것이 코드 ③이다. 이때 설정된 ARRAY의 차원의 수를 명시하지 않고 묵시적으로 '*'로 나타내는 것도 가능하다.

마지막으로 최대 소득을 갖고 있는 가구원이 누구인지를 나타내기 위해 ④의 DO 루프를 사용하고 있다. 이 DO 루프에서는 배열의 원소 값이 최댓값일 때 그 원소가 속한 변수의 이름을 ⑤의 VNAME 함수를 이용하여 MAXNAME이라는 변수의 값으로 저장하도록 한 것이다. 참고로 첫 번째 관찰점의 경우에는 최댓값을 갖는 가구원이 PID1와 PID2 두 개가 존재하기 때문에 〈표 69〉의 출력결과에는 두 관찰점이 모두 나타나고 있음을 알 수 있다.

6. 축차변수 만들기

시계열 자료를 분석하다 보면 전기의 값과 현재의 값의 차이를 비교해야 하는 경우가 많다. 이 경우에는 전기의 값을 갖는 새로운 변수를 만드는 것이 필요하다. 축차변수(lag variable)는 변수의 관찰점이 그룹별로 정렬되어 있을 때 앞의 관찰점을 다음 관찰점의 값에 입력한 후 얻어진 변수이다. 가장 간단한 형태의 축차변수는 다음과 같다. 〈표 70〉의 프로그램 식과 같이 LAG 함수를 이용하면 관찰점이 하나씩 밀려서 입력되고 있음을 알 수 있다.

한편 축차변수를 만들지 않고 DIF 함수를 이용하면 원래 관찰점에서 축차변수를 뺀 차이변수를 만들 수 있다.

〈표 70〉 LAG 함수와 DIF 함수 사용 예제

```
DATA TEMP;
   INPUT PID ORG @@;
   CARDS;
   1 10   2 25   3 40   4 65   5 -80
   ;
RUN;
DATA TEMP2;
   SET TEMP;
   LAG=LAG(ORG);
   DIF=DIF(ORG);
RUN;
PROC PRINT;RUN;
```

〈표 71〉 축차변수와 차이변수 분석 결과

PID	ORG	LAG	DIF
1	10		
2	25	10	15
3	40	25	15
4	65	40	25
5	-80	65	-145

실제 자료 분석에서는 여러 연도의 월별 자료가 지자체 혹은 그룹별로 존재하는 경우가 많다. 이 경우 전년 동월 대비 변화를 각 그룹별로 계산해야 하는 문제가 발생한다. 이를 나타내보기 위해 〈표 72〉의 /*①*/과 같이 CPI라는 가상의 변수와 날짜변수를 갖는 자료를 만들어보자. /*①*/은 3개의 그룹의 2017년 1월부터 2018년 12년까지의 CPI 값을 무작위 변수를 생성하여 TEMP라는 데이터 세트를 만들었다.

그룹별로 전월 대비, 전년 동월 대비 변화를 측정하기 위해서 먼저 자료를 그룹과 날짜를 기준으로 정렬하였다. 이 정렬된 자료를 이용하여 전월 대비 변화를 측정하기 위해 /*②*/는 CPI 변수의 축차변수와 차이 변수를 생성하였으며, PCTCHG 변수는 $(CPI_{t+1} - CPI_t)/CPI_t$의 값을 계산한 값을 저장하게 된다. 이때 각 그룹의 마지막 관찰값은 다음 그룹의 전년도 값으로 오해될 수 있기 때문에 /*③*/는 각 그룹의 첫 번째 관찰값을 결측값으로 만들었다. 이때 사용한 FIRST.GROUP은 GROUP 변수의 각 범주별 첫 번째 관찰점을 나타내는 함수이다.

한편 /*④*/는 퍼센트 변화율을 훨씬 간단하게 계산하기 위해 IFN 함수를 이용하였다. IFN 함수는 IFN(조건, 조건이 참일 때 값, 거짓일 때 값)을 출력하도록 하는 것으로 IF … THEN … ELSE 조건문을 간단하게 한 것이다. 출력되는 값이 문자형 값이면 IFC 함수를 사용하면 된다.

전년 동월 대비 변화를 측정하기 위해서는 축차변수의 시기 차이를 12달로 조정할 필요가 있다. /*⑤*/는 축차함수의 시기를 12로 조정한 것으로 LAG12 함수를 사용하였다. /*⑥*/은 IFN 함수를 이용하여 간단하게 전년 동월 대비 차이를 계산할 수 있도록 해준 자료이다. 출력 결과를 살펴보면 LAG, DIF, IFN 함수의 사용법을 어렵지 않게 이해할 수 있을 것이다.[29]

마지막으로 /*⑦*/은 연초 대비 연말 변화를 측정하기 위한 것이다. 여기서 주목해야 할 것은 START 변수가 RETAIN 함수에 의해 지정되어 있다는 점이다. RETAIN 함수에 의해 지정된 변수는 새로운 값이 입력되기 이전에는 그 값이 계속 유지한다.

---

29) LAG 함수의 반대는 LEAD 함수이다. 직전 관찰점의 값을 구하는 것이 LAG 함수라면 다음 번 관찰점의 값을 구하는 것이 LEAD 함수이다. SAS의 경우에는 LEAD 함수를 제공하지 않기 때문에 따로 프로그램을 짜야 하는 번거로움이 있다.

〈표 72〉 100퍼센트 변화율을 구하는 다양한 방법

```
DATA TEMP; /*①*/
   DO GROUP=1 TO 3;
      DO YEAR=2017 TO 2018;
         DO MONTH=01 TO 12;
            CPI=RAND('NORMAL',0,1);
            IF MONTH<10 THEN DATE=COMPRESS(YEAR||'0'||MONTH)*1;
            ELSE DATE=COMPRESS(YEAR||MONTH)*1;
            OUTPUT;
         END;
      END;
   END;
   DROP YEAR MONTH;
RUN;
PROC SORT DATA=TEMP;BY GROUP DATE;
RUN;
DATA TEMP2;
   SET TEMP;
   BY GROUP;
   RETAIN START;
      DIF=DIF(CPI); LAG=LAG(CPI); /*②*/
         PCTCHG=DIF/LAG;
      PCTCHG2=DIF(CPI)/LAG(CPI);
      IF FIRST.GROUP THEN PCTCHG=.;   /*③*/
      PCTCHG3=IFN(FIRST.GROUP, . , DIF(CPI)/LAG(CPI)); /*④*/

      DIF12=DIF12(CPI);LAG12=LAG12(CPI); /*⑤*/
         YONYCHANGE= DIF12/LAG12;
      YONYCHANGE2=DIF12(CPI) / LAG12(CPI );
      IF FIRST.GROUP THEN YONYCHANGE=.;
      YONYCHANGE3= IFN(FIRST.GROUP,.,DIF12(CPI)/LAG12(CPI)); /*⑥*/

      IF FIRST.GROUP THEN START=CPI; /*⑦*/
      IF LAST.GROUP THEN END=CPI;
      CHANGE=END/START;
   RUN;
```

```
DATA TEMP;
   INPUT A @@;
   CARDS;
   1 2 3 4 5
   ;
RUN;
DATA TEMP2;
   RETAIN B 4;
   SET TEMP;
   C=4;
   B=A+B;
   C=A+C;
RUN;
```

B	A	C
5	1	5
7	2	6
10	3	7
14	4	8
19	5	9

참고로 RETAIN은 누적합 등을 구하는 데 유용하게 사용할 수 있는 함수이다. SAS의 경우 자료를 불러 읽을 때 관찰점(OBS)을 단위로 값을 불러오기 때문에 이전 관찰점의 정보는 새로운 관찰점이 불러오게 되면 임시 저장장치에서 지워지게 된다. 하지만 이전 관찰점의 정보를 지우지 않고 유지하도록 해주는 것이 RETAIN 함수이다. RETAIN 함수를 이해하기 위해서 〈표 73〉의 코드와 같이 B라는 변수는 초깃값을 4로 하고 RETAIN 변수로 지정하였고, C라는 변수는 초깃값을 4로 지정하였지만 RETAIN 함수로 지정을 하지 않았다. 이를 실행시킨 결과를 보면 B의 첫 번째 관찰점이 5가 되는 것을 알 수 있는데 이것은 4의 값이 임시 저장소에 저장되어 있고 A의 첫 번째 관찰값 1과 더해져서 5가 된 것이다. 그런데 이 5 값은 두 번째 관찰점을 읽을 때 지워지지 않고 남아 있다가 다시 A의 두 번째 관찰점 2와 더해져서 7의 값이 되는 것이다. 이와 달리 C는 4의 값으로 지정된 값이 계속 남아서 A와 더해지는 것을 알 수 있다.

7. 자료의 정렬과 결합

통계분석을 수행하다 보면 여러 개의 자료를 통합하여 사용해야 하는 경우가 많다. 자료들을 통합하는 방법은 다양하지만, 자료를 수직으로 결합하는 경우와 수평으로 결합하는 경우로 나누어질 수 있다. 전자는 일반적으로 동일한 변수에 대해 새로운 관찰점을 추가하는 경우이다. 후자는 동일 관찰점에 대해 다른 변수를 추가하는 상황에 해당한다. 자료의 결합을 위해서는 자료를 먼저 정렬하는 것이 필요하기 때문에 자료를 정렬할 때 사용되는 PROC SORT 프로시저를 먼저 살펴본 후, 수평으로 자료를 결합하는 MERGE 문과 수직으로 자료를 결합하는 SET 문을 살펴보도록 한다.

1) 자료의 정렬: PROC SORT

자료를 수평으로 결합하는 MERGE 명령문을 사용하기 위해서는 두 자료를 결합할 수 있는 공통변수(key variable 혹은 identification variable)가 있어야 한다. 예를 들어 첫 번째 자료에는 개인별 ID, 연도, 지역, 소득이 있고, 두 번째 자료에는 개인별 ID, 성별 자료가 있다고 가정해보자. 만일 두 자료를 결합하여 개인별로 연도, 지역, 소득, 성별이 모두 함께 있는 자료를 만들려고 한다고 가정해보자. 이 경우 첫 번째와 두 번째 자료는 두 자료에 공통적으로 존재하는 변수, 즉 개인별 ID를 이용하여 결합할 수 있다. 공통변수인 개인별 ID는 각 관찰점을 고유하게 식별할 수 있는 변수가 되어야 한다.

공통변수를 이용하여 자료를 결합할 때 결합되는 자료는 먼저 공통변수에 따라 정렬되어 있어야 한다. 원하는 변수를 기준으로 관측치를 정렬하고자 할 때 PROC SORT 프로시저를 사용할 수 있다.

〈표 74〉 PROC SORT 프로시저의 기본 구조

PROC SORT DATA=<정렬할 자료 이름> OUT=<정렬된 자료 이름> 옵션들;
   BY <정렬에 사용할 공통 변수들>;
RUN;

PROC SORT 프로시저의 기본적인 형태는 먼저 정렬할 데이터와 정렬기준이 될 변수를 지정하는 것이다. DATA= 옵션은 정렬할 데이터 세트를 OUT= 옵션은 정렬된 결과를 저

```
DATA test;
INPUT PID YEAR AREA$ INCOME @@;
CARDS;
001 2006 서울 35000 001 2007 서울
38920 005 2007 부산 34590
005 2006 부산 32039 003 2007 대구
23905 003 2006 대구 34902
004 2006 대전 25903 004 2007 대전
49302 002 2007 광주 13902
002 2006 광주 23905
;
RUN;


PROC SORT DATA=test OUT=sort_test;
BY PID YEAR;
PROC PRINT DATA=sort_test;
TITLE 'PANEL DATA';
RUN;
```

원자료

PANEL DATA

OBS	PID	YEAR	AREA	INCOME
1	1	2006	서울	35000
2	1	2007	서울	38920
3	2	2007	광주	13902
4	2	2006	광주	23905
5	3	2007	대구	23905
6	3	2006	대구	34902
7	4	2006	대전	25903
8	4	2007	대전	49302
9	5	2007	부산	34590
10	5	2006	부산	32039

정렬된 자료

PANEL DATA

OBS	PID	YEAR	AREA	INCOME
1	1	2006	서울	35000
2	1	2007	서울	38920
3	2	2006	광주	23905
4	2	2007	광주	13902
5	3	2006	대구	34902
6	3	2007	대구	23905
7	4	2006	대전	25903
8	4	2007	대전	49302
9	5	2006	부산	32039
10	5	2007	부산	34590

장할 데이터 세트 이름을 지정한 것이다. 만일 OUT= 옵션을 지정하지 않으면 정렬된 자료가 DATA=에서 지정한 데이터 세트 이름으로 저장된다.

BY 옵션으로 지정된 변수로 정렬하는 데 여러 개의 기준 변수를 둘 수 있다. 만약 〈표 75〉와 같이 PID 다음에 YEAR 변수를 설정하면 〈표 75〉의 오른쪽에 있는 표와 같이 정렬이 됨을 알 수 있다. 만약 소득을 중심으로 정렬하고자 한다면 소득이 낮은 순서나 높은 순서로 정렬할 수 있다. 기본적으로는 오름차순으로 정렬하지만, 내림차순으로 정렬할 필요가 있을 때는 BY DESCENDING INCOME; 옵션을 사용하면 된다.

참고로 자료 정렬을 할 때 모든 변수가 동일한 값을 갖는 중복된 관찰점들은 하나만 남겨둘 필요가 있을 수가 있다. 이때 PROC SORT 문에서 옵션으로 NODUP(혹은 NODUPRECS)

를 사용하면 된다. 또한 정렬이 기준이 되는 BY 변수의 값이 동일한 경우 하나만 남겨두고 싶을 때는 NODUPKEY 옵션을 사용하면 된다.

2) 자료의 수평결합: MERGE

두 개 이상의 데이터를 수평으로 합치고자 할 때 MERGE 문을 사용한다. 이때 데이터에 서로 다른 변수들로 구성되어 있어도 무방하다. 두 데이터 세트가 동일한 공통변수를 갖고 있는 경우에 MERGE 문을 사용하는 것이 일반적이나 공통변수가 없는 경우에도 단순히 자료를 수평으로 결합할 때 사용할 수 있다. 다음은 설문조사 자료의 일부로 하나는 관측치 개인의 특성자료이고 다른 하나는 관측치의 설문 응답의 일부이다.

〈표 76〉 두 개의 데이터 세트 예시

ID	GENDER	AGE	ID	Q1	Q2
101	F	32	101	2	3
102	M	33	102	3	4
103	M	27	103	1	4

통계분석을 위해 개인 특성자료와 설문 응답 자료를 합쳐 하나의 자료로 만들어보자. 이 자료의 경우 ID별로 두 데이터를 가로로 병합해야 하므로 MERGE 문을 사용해야 한다. MERGE 문의 기본구성은 〈표 77〉과 같다.

〈표 77〉 MERGE 문의 기본 구조

```
DATA <새로 만들어질 자료 이름>;
    MERGE <데이터 세트1 데이터 세트2 데이터 세트3...>;
    BY <기준 변수>;
RUN;
```

MERGE 문을 이용할 때 조심해야 하는 점은 결합할 데이터 세트가 기준변수로 정렬이 되어 있어야 한다는 점이다. 〈표 78〉의 TEMP1 데이터 세트의 경우 기준변수인 ID의 순서가 TEMP1의 데이터 세트의 ID의 순서가 동일하지 않다. 결합할 데이터 세트를 ID에 의

```
DATA TEMP1;
  INPUT ID GENDER $ AGE @@;
  CARDS;
   101 F 32 102 M 33
   103 M 27 104 F 29
   105 M 28
   ;
RUN;


DATA TEMP2;
  INPUT ID Q1 Q2 @@;
  CARDS;
  101 2 3 102 3 4
  103 1 4 104 3 7
  105 4 8
   ;
RUN;


PROC SORT DATA=TEMP1;
  BY ID;RUN;
PROC SORT DATA=TEMP2;
  BY ID;RUN;
DATA COMB;
  MERGE TEMP1 TEMP2;
  BY ID;
RUN;
PROC PRINT DATA=COMB;
  TITLE 'SURVEY DATA';
RUN;
```

TEMP1 데이터 세트

OBS	ID	GENDER	AGE
1	101	F	32
2	102	M	33
3	103	M	27
4	104	F	29
5	105	M	28

+

TEMP2 데이터 세트

OBS	ID	Q1	Q2
1	101	2	3
2	102	3	4
3	103	1	4
4	104	3	7
5	105	4	8

=

최종 결과

OBS	ID	GENDER	AGE	Q1	Q2
1	101	F	32	2	3
2	102	M	33	3	4
3	103	M	27	1	4
4	104	F	29	3	7
5	105	M	28	4	8

해 정렬해주지 않으면 MERGE 문에 오류가 발생하게 된다. 코드 예제를 보면 TEMP1을 정렬하여 MERGE 문을 사용한 것을 알 수 있다.

이 자료는 기본적으로 TEMP1과 TEMP2에 ID라는 공통변수가 있고 이 공통변수에 해당하는 관측치가 똑같이 존재했다. 이렇게 동일한 변수에 똑같은 관측치에 해당하는 자료

[그림 9] 다대다 수평결합

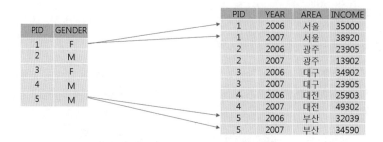

PID	GENDER	YEAR	AREA	INCOME
1	F	2006	서울	35000
1	F	2007	서울	38920
2	M	2006	광주	23905
2	M	2007	광주	13902
3	F	2006	대구	34902
3	F	2007	대구	23905
4	M	2006	대전	25903
4	M	2007	대전	49302
5	M	2006	부산	32039
5	M	2007	부산	34590

들의 결합을 ONE-TO-ONE MATCH라고 한다. 그러나 종종 우리는 다른 형태의 자료를 결합할 때가 많다.

[그림 9]의 패널 데이터를 살펴보면 왼쪽 테이블의 PID가 오른쪽 테이블에는 두 번 중복된 것을 볼 수 있다. 이러한 자료를 결합하는 경우를 ONE-TO-MANY MATCH라고 한다. 이런 경우 MERGE 문을 사용하게 되면 기준변수에 해당하는 값을 기준변숫값이 동일한 관측치마다 동일한 값을 부여해준다.

위와 같이 결합하려는 자료 또한 기준변수에 동일한 값이 여러 개가 있는 경우 또한 MERGE 문에서는 동일하게 부여해준다. 이를 MANY- TO- MANY MATCH MERGE라고 한다. 이런 형태의 결합은 공통적으로 기준변수를 중심으로 결합한다는 특징을 가지고 있다. 따라서 세 가지 유형의 자료결합은 모두 MERGE 문의 BY 옵션을 사용하여 결합할 수 있다.

3) 자료의 수직결합: SET

MERGE의 경우 데이터를 가로로 병합하는 것으로 동일한 관측치에 새로운 변수를 추가하는 형태라고 볼 수 있다. 그런데 우리는 종종 같은 변수에 다른 관측치를 첨가하는 방식으로 데이터를 결합할 필요가 있다. 그런 경우 데이터를 변수를 기준으로 세로로 병합하는데 이때 쓰이는 명령문이 SET이다. SET 문을 통해 세로로 결합할 수 있는 데이터 세트의 개수는 최대 50개이다. SET 문도 데이터에 형태에 따라 다양하게 결합할 수 있는데 One-to-One Reading, Concatenating, Interleaving 등이 있다.[30]

DATA 스텝 내에 여러 개의 SET 명령문을 사용하는 일대일 가로결합(one-to-one reading)을 수행할 수 있다.[31] 이때 만들어지는 새로운 데이터 세트는 입력 데이터 세트의 모든 변수들을 포함한다. 만약 데이터 세트가 동일한 이름의 변수를 포함하고 있다면, 마지막 데이터 세트로부터 읽은 값은 이전에 읽은 값을 대체한다. 그 결과 새로운 데이터 세트의 관찰값 수는 결합된 데이터 세트 중 가장 작은 관찰값 수를 갖는 데이터 세트의 관찰점 수와 동일하다. 즉 데이터 세트의 관찰점을 순서대로 읽다가 크기가 가장 작은 데이터 세트의 마지막 관찰점을 읽고나면 데이터 스텝을 멈춘다. 〈표 79〉 예에서는 가장 작은 B 데이터

〈표 79〉 일대일 가로결합

```
DATA A;
  INPUT N A$ @@;
  CARDS;
  1 A1   2 A2   3 A3
  ;
DATA B;
  INPUT N B$ @@;
  CARDS;
  2 B1 4 B2
  ;
DATA COMBINE;
  SET A;
  SET B;
PROC PRINT;RUN;
```

N	A
1	A1
2	A2
3	A3

+

N	B
2	B1
4	B2

=

N	A	B
2	A1	B1
4	A2	B2

---

30) SET 명령문은 자료의 결합 이외에도 기존 자료의 수정에도 널리 활용되기 때문에 활용방법을 알아두면 매우 유용하다. SET 명령문의 다양한 활용방법은 SAS 도움말을 참고하기 바란다.
   http://support.sas.com/documentation/cdl/en/lrdict/64316/HTML/default/viewer.htm#a000173782.htm
31) 결합과 관련된 예제는 다음을 참고하였다. https://m.blog.naver.com/hsj2864/220624094325

〈표 80〉 수직결합의 예시

	N	A	B
DATA COMBINE; SET A B; RUN;	1	A1	
	2	A2	
	3	A3	
	2		B1
	4		B2

〈표 81〉 세로 끼워넣기 수직결합의 예시

	N	A	B

PROC SORT DATA=A; BY N;RUN;
PROC SORT DATA=B; BY N;RUN;
DATA COMBINE;
  SET A B;
  BY N;
RUN;
PROC PRINT NOOBS;RUN;
	1	A1	

	2	A2	
	2		B1
	3	A3	
	4		B2

세트가 2개의 관찰점을 갖기 때문에 결합된 데이터 세트는 2개의 관찰값을 갖는다.

수직결합(Concatenating)은 가장 보편적인 결합방식으로 한 데이터 세트에 다른 데이터 세트의 값을 아래로 붙이는 것이다. 수직결합을 할 때, SET 명령문 데이터 세트는 그들이 나열된 순서대로 순차적으로 읽힌다. 수직결합을 통해 만들어진 데이터 세트는 결합을 위해 사용된 입력 데이터 세트의 모든 변수와 총 관측치들을 모두 포함한다.

세로 끼워넣기(interleaving)는 수직결합을 할 때 BY 문을 사용하여 결합된 자료의 순서를 BY 문에서 사용된 변수에 따라 배치하도록 하는 것이다. 세로 끼워넣기를 하기 위해서는 투입 데이터 세트가 모두 BY 문에 사용된 변수에 따라 정렬되어야 한다.

세로 끼워넣기 결합을 할 때 두 데이터 세트가 동일한 변수를 갖는다고 가정해보면 모든 관찰점들이 수직으로 결합되게 된다. 〈표 82〉에서 데이터 세트 B는 변수를 데이터 세트 B와 동일하게 X라는 변수를 갖고 있는데 이를 세로 끼워넣기 결합을 하면 모든 관찰점이 수직으로 결합됨을 알 수 있다.

〈표 82〉 동일변수가 있는 경우 세로 끼워넣기 수직결합의 예시

```
DATA A;
   INPUT N X$ @@;
   CARDS;
   1 A1   2 A2   3 A3
   ;
DATA B;
   INPUT N X$ @@;
   CARDS;
   2 B1 4 B2
   ;
PROC SORT DATA=A; BY N;RUN;
PROC SORT DATA=B; BY N;RUN;
DATA COMBINE;
   SET A B;
   BY N;
RUN;
PROC PRINT NOOBS;RUN;
```

N	X
1	A1
2	A2
2	B1
3	A3
4	B2

데이터 시각화를 공부하려는 학생들은 왜 굳이 어려운 자료처리 방법을 공부해야 하는지 의문을 가질 수 있다. 앞에서도 지적하였지만 자료를 시각화하기 위해서는 시각화하고자 하는 자료를 먼저 요약 정리한 후에 시각화를 해야 한다. 자료처리를 자유롭게 할 수 없으면 시각화하려는 정보를 만들어 낼 수 없게 된다. 자료분석의 경험이 많은 연구자들은 자료분석에 걸리는 시간보다는 자료를 수집하고, 수집된 자료를 분석 목적에 맞게 가공하는 데 시간이 많이 걸린다는 사실을 잘 인지하고 있다. 자료를 적절히 가공할 줄 모르는 연구자가 높은 수준의 시각화를 하는 것은 불가능하다. 어쩌면 자료 시각화가 각종 연구에서 널리 활용되지 못하고 있는 이유도 연구자가 자료처리를 능숙하게 할 능력이 없는 상황에서 통계 프로그램이 제공하는 기본 출력물만을 해석하는 데 초점을 맞추고 있기 때문인지 모른다. 대용량 자료가 늘어나고 있는 현실을 감안한다면 자료처리 방법을 배우는 것은 더욱 중요해지고 있다. 비록 이 책에서 SQL과 같은 데이터베이스 처리를 위한 프로그램은 다루지 않고 있지만, SAS SQL 등을 함께 활용한다면 자료 시각화를 위한 자료처리의 수준이 한 단계 높아질 수 있을 것이다.

제2부

자료 시각화를 위한 기본 그래프 유형

Marriage
Hospital visits
Adoption
Employment
Housing
Hate crimes
Schools

제 4 장 · 시각화를 위한 기본 그래프

시각화를 위한 기본 그래프

1. SAS의 통계 그래프의 기본 유형

SAS는 초기에 SAS/GRAPH라는 독립된 제품(product)을 중심으로 자료 시각화를 시도하였다.[1] 이 접근 방식은 주로 출력물 매체의 드라이버(device driver)(예: png, gif, activex, gif, svg)에 따라 시각화 환경을 컨트롤 하는 것이었다. 하지만 최근에는 ODS Graphics 접근 방법을 많이 사용하는데, 이 접근은 매체 중심의 그래픽(device-based graphics)이 아니라 템플릿 중심의 그래픽(template-based graphics)을 채택하고 있다.

ODS Graphics 접근을 지원하는 프로시저로는 SGPLOT, SGPANEL, SGSCATTER, SGDESIGN, SGRENDER 등이 있다. 통계분석을 위해 사용하는 SAS/STAT, SAS/ETS 제품의 프로시저에서 자동으로 제공되는 다양한 그래프는 템플릿 중심의 ODS Graphics 접근에 기반한 것이다.[2]

이 책에서는 ODS Graphics를 이용한 시각화를 중심으로 접근할 예정이다. 이 접근을 채택한 이유는 여러 프로시저를 따로 배우지 않더라도 SGPLOT과 같은 프로시저를 사용하면 대부분의 시각화가 가능하며, 이 시각화 기법을 숙지한 고급 사용자는 그래프 템플릿 언어(graph template language, GTL)를 사용하여 자신만의 템플릿을 만들어 그래프를 수정하여 다양한 시각화를 시도할 수 있기 때문이다. 뿐만 아니라 PROC GLM이나 PANEL과 같은 통계분석 프로시저에서 자동으로 제공되는 그래프들도 연구자가 GTL을 이용하여 수정을 할 수 있고, 시각화를 위해 사용된 자료를 이용하여 추가적인 통계분석이나 시각화를 시도할 수 있도록 해주기 때문이다.

1) 통계 그래프의 유형

SAS의 SGPLOT에서는 그래프를 호환성을 기준으로 〈표 1〉과 같이 구분한다.[3]

---

1) SAS는 단일한 통계 프로그램이라기보다는 플랫폼에 가깝고 다양한 제품으로 구성된다. 일반적으로 자료처리와 기본 통계분석에 사용되는 Base SAS, 통계분석을 위해 사용되는 SAS/STAT, 계량경제 및 시계열 분석에 특화된 SAS/ETS, 지리정보시스템을 위한 SAS/GIS, 대화형 행렬 자료처리를 위한 SAS/IML 등은 대표적인 예 중의 하나이다.
2) 템플릿도 SAS 코드의 형식으로 제공된다. 이를 확인하는 예를 들어보면 다음과 같다.
   ```
   PROC TEMPLATE;
   SOURCE STAT.REG.GRAPHICS.RESIDUALPLOT
   /FILE='D:\TEMP\TEMPLATE.SAS.'; RUN;
   ```
3) 이 그래프들은 WATERFALL과 ELLIPSE 그래프를 제외하고는 여러 패널에 나누어 그릴 수 있는 SGPANEL 프로시저에서도 동일하게 사용할 수 있다. SGPLOT 그래프 간의 호환에 대해서는 SAS

<표 1> SAS SGPLOT에서 제공하는 그래프의 유형

기본 그래프 (basic plots)	BAND HBARPARM NEEDLE SPLINE BUBBLE HEATMAP POLYGON STEP BLOCK HEATMAPPARM REFLINE TEXT DROPLINE HIGHLOW SCATTER VBARPARM FRINGE LINEPARM SERIES VECTOR
적합 및 신뢰구간 그래프 (fit and confidence plots)	ELLIPSE LOESS PBSPLINE REG
분포 그래프 (distribution plots)	DENSITY HBOX HISTOGRAM VBOX
범주화 그래프 (categorization plots)	DOT HLINE VLINE HBAR VBAR WATERFALL HBARBASIC VBARBASIC

[그림 1] 이산형 변수와 연속형 변수인 경우 빈도 백분율 시각화

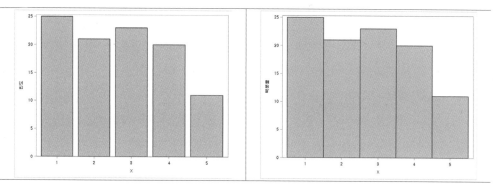

그래프의 호환성이 중요한 것은 범주형 변수와 연속형 변수를 수직 혹은 수평축에 나타내는 방식이 다르기 때문이다. 예를 들어 변수가 1, 2, 3, 4, 5의 값을 갖는다고 가정해보자. 만일 이 변수를 범주형 변수로 간주한다면 그래프의 축은 범주의 값을 의미하게 된다. 따라서 1과 2 사이에는 값이 존재할 수 없고 빈 여백이 존재한다. 이러한 상황처럼 막대그래프는 범주형 변수를 시각할 때 사용한다. 반면 이 변수를 연속형 변수로 나타내면 축에 나타난 1과 2는 숫자이며 이 두 값 사이에 다른 값이 존재하는 것을 가정하고 축이 만들어진다. [그림 1]의 오른쪽 그림에서와 같이 연속형 변수의 빈도는 히스토그램을 통해 나타낼수 있다.

ODS Graphics Procedure Guide 매뉴얼을 참고.

<표 2> SGPLOT 그래프 유형 간의 호환 여부

	Basic	Fit and Confidence	Distribution	Categorization
Basic	x	x		
Fit and Confidence	x	x		
Distribution			x	
Categorization				x

이처럼 겉으로는 숫자로 입력되어 비슷해 보이지만 연속형 변수의 축과 범주형 변수의 축은 서로 다르게 인식된다. 따라서 서로 다른 유형의 변수를 갖는 그림을 겹쳐서 그리게 되면 문제가 발생하게 된다. 이러한 이유로 연속형 변수와 범주형 변수 그래프 간의 호환성 문제에 관심을 기울여야 한다.

SGPLOT에서 제공되는 모든 그래프가 호환할 수 있게 사용되는 것은 아니다. 〈표 2〉와 같이 동일한 유형의 그래프에서는 호환 가능하지만 서로 다른 유형의 그래프에서는 서로 호환되지 않기 때문에 주의할 필요가 있다. 예를 들어 VBOX 명령문을 이용한 상자그림은 명목형 변수를 핵심축으로 하는데 SCATTER 명령문을 이용한 산점도는 연속형 변수를 축으로 하므로 서로 호환되지 않는다.

이러한 호환 문제를 해결하기 위해 동일한 그래프를 그리지만, 호환성을 높인 명령문을 SAS는 제공하고 있다. 예를 들면 AGE라는 변수를 명목형 변수로 간주하여 막대그래프를 그릴 때 VBAR 명령문을 사용할 수 있지만, SCATTER 명령문과 호환되지 않는다. 왜냐하면 SCATTER 명령문에서 수평축의 변수는 연속형 변수이기 때문이다. 하지만 [그림 2]와 같이 VBARBASIC 명령문을 사용하면 두 그래프는 서로 호환이 될 수 있다. 이를 이용하면 막대그래프는 AGE별 HEIGHT의 평균을 나타내고 산점도는 AGE별 HEIGHT의 산점도를 나타낼 수 있다.

[그림 2] VBARBASIC 그래프와 SCATTER 그래프의 호환

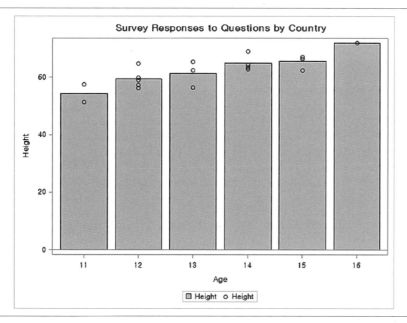

```
PROC SGPLOT DATA=SASHELP.CLASS;
  VBARBASIC AGE / RESPONSE=HEIGHT STAT=MEAN;
  SCATTER X=AGE Y=HEIGHT ;
RUN;
```

그래프의 호환을 이해하기 위해서는 보조변수(auxiliary variable)와 핵심변수를 잘 구분해야 한다. 보조변수는 그래프의 X, Y축에 사용되는 변수가 아니라 핵심변수의 범주를 구분하는 변수이다. [그림 3]의 왼쪽 그림에서 HEIGHT에 대한 상자그림은 남자인지 혹은 여자인지에 따라 구분되어 그림이 그려졌다. 이때 남자 혹은 여자인지가 X축의 범주값으로 사용되고 있음을 알 수 있다. 반면 오른쪽 그림은 남자와 여자의 상자그림을 시각화했지만 남자 혹은 여자인지 여부는 X축의 범주값으로 사용되지 않고 단순히 유형을 구분하는 변수로 사용되었음을 알 수 있다. 보조변수는 축의 변수로 사용되지 않지만 축에 사용되는 변수들을 구분할 때 사용되는 변수를 의미하는데 GROUP= 옵션을 사용한다. 반면 왼쪽 그림의 경우처럼 CATEGORY= 옵션을 사용하면 이 옵션에 지정된 변수는 축의 변수로 사용할 수 있다. 산점도와 상자그림을 함께 그려야 하는 경우 산점도는 X, Y축이 모두 지정이 되어야 하는데 GROUP= 옵션을 사용한 상자그림의 경우 X축이 지정되지 않기 때문에 [그림 3]의 오른쪽과 같이 산점도가 나타나지 않는 것을 알 수 있다.

[그림 3] GROUP(보조변수)과 CATEGORY의 차이

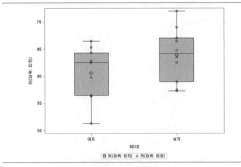

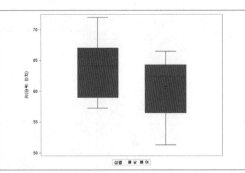

```
PROC SGPLOT DATA=SASHELP.CLASS;
  VBOX HEIGHT/CATEGORY=SEX;
  SCATTER X=SEX Y=HEIGHT;
RUN;
```

```
PROC SGPLOT DATA=SASHELP.CLASS;
  VBOX HEIGHT/GROUP=SEX;
  SCATTER X=SEX Y=HEIGHT;
RUN;
```

[그림 4] 그래프의 순서에 따른 시각화 결과 차이

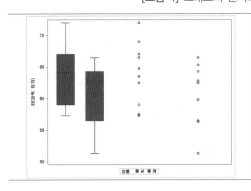

```
PROC SGPLOT DATA=SASHELP.CLASS;
  SCATTER X=SEX Y=HEIGHT;
  VBOX HEIGHT/GROUP=SEX;
RUN;
```

참고로 GROUP을 사용했을 때는 상자그림의 색깔이 남자/여자 범주에 따라 달라지는 것을 알 수 있다. 보조변수를 사용하면 축을 이용하여 차이를 구분하기 어렵기 때문에 색깔로 이를 구분하기 때문이다. 반면 CATEGORY= 옵션을 사용하면 축을 이용하여 범주 간 차이를 구분할 수 있으므로 동일한 색깔로 상자그림이 그려짐을 알 수 있다.

한편 그래프를 겹쳐 그릴 때 그래프의 순서에 따라서 시각화 결과가 달라질 수 있음도 유의할 필요가 있다. [그림 4]는 [그림 3]의 오른쪽 그림과 달리 산점도를 먼저 그리고 그 다음 상자그림을 그리도록 한 결과이다. 시각화된 결과를 보면 앞에서는 찾아볼 수 없었던 산점도가 나타남을 알수 있다.

이처럼 다양한 그래프를 함께 겹쳐서 그릴 수 있다는 것이 SGPLOT의 장점이지만 호환성과 그래프의 순서를 상황에 맞게 고려하여 시각화해야 한다.

2) 기본 그래프의 유형

SAS SGPLOT 프로시저는 다양한 유형의 기본 그래프를 제공한다. SGPLOT이 제공하는 기본 그래프는 BAND, HBARPARM, NEEDLE, SPLINE, BUBBLE, HEATMAP, HEATMAPPARM, POLYGON, STEP, BLOCK, REFLINE, DROPLINE, HIGHLOW, SCATTER VBARPARM, FRINGE, LINEPARM, SERIES, TEXT, VECTOR 등이 있다. 이들의 사용법은 SAS 매뉴얼을 참고하면 구체적인 기능을 확인할 수 있지만, 개괄적으로 이들의 형태를 예시해보면 [그림 5]와 같다.

[그림 5] 기본 그래프의 유형들 I

기본 그래프 유형	기본 코드

Band 그래프 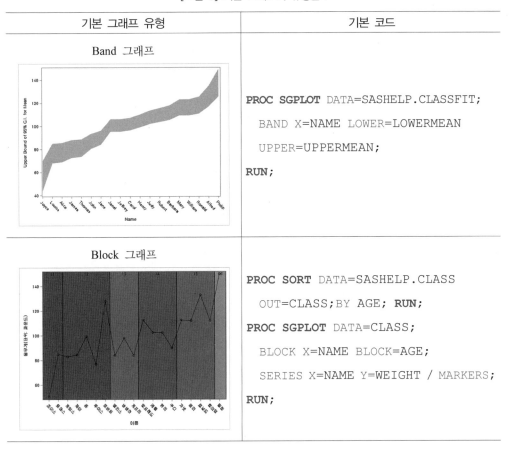	`PROC SGPLOT DATA=SASHELP.CLASSFIT;`
	`  BAND X=NAME LOWER=LOWERMEAN`
	`    UPPER=UPPERMEAN;`
	`RUN;`

Block 그래프	`PROC SORT DATA=SASHELP.CLASS`
	`    OUT=CLASS;BY AGE; RUN;`
	`PROC SGPLOT DATA=CLASS;`
	`  BLOCK X=NAME BLOCK=AGE;`
	`  SERIES X=NAME Y=WEIGHT / MARKERS;`
	`RUN;`

[그림 5] 계속

버블 그래프	
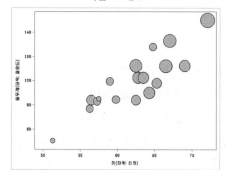	**PROC SGPLOT** DATA=SASHELP.CLASS; BUBBLE X=HEIGHT Y=WEIGHT SIZE=AGE; **RUN**;
Fringe 그래프	

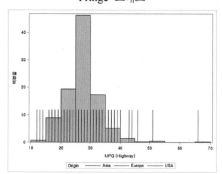	**PROC SGPLOT** DATA=SASHELP.CARS;
	  HISTOGRAM MPG_HIGHWAY;
	  FRINGE MPG_HIGHWAY / GROUP=ORIGIN
	  HEIGHT=**1**IN;
	RUN;

[그림 6] 기본 그래프의 유형들 II

기본 그래프의 모습	기본 코드
히트맵	
	PROC SGPLOT DATA=SASHELP.HEART; HEATMAP X=WEIGHT Y=CHOLESTEROL; **RUN**;

[그림 6] 계속

모수 지정을 이용한 히트맵

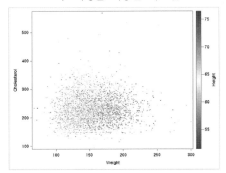

```
ODS GRAPHICS/NXYBINSMAX=200000;
PROC SGPLOT  DATA=SASHELP.HEART;
  HEATMAPPARM X=WEIGHT Y=CHOLESTEROL
  COLORRESPONSE=HEIGHT;
RUN;
```

High-Low 그래프

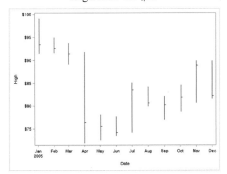

```
PROC SGPLOT DATA=SASHELP.STOCKS;
  WHERE (DATE >= "01JAN2005"D AND
  STOCK = "IBM");
  HIGHLOW X=DATE HIGH=HIGH LOW=LOW
  /CLOSE=CLOSE;
RUN;
```

참조선(reference line)과 추세선(series)

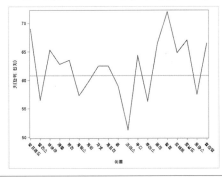

```
PROC SGPLOT DATA=SASHELP.CLASS;
  SERIES X=NAME Y=HEIGHT;
  REFLINE 60.8/AXIS=Y;
RUN;
```

[그림 7] 기본 그래프의 유형들 III

기본 그래프 모습	기본 코드

산점도와 drop line 그래프
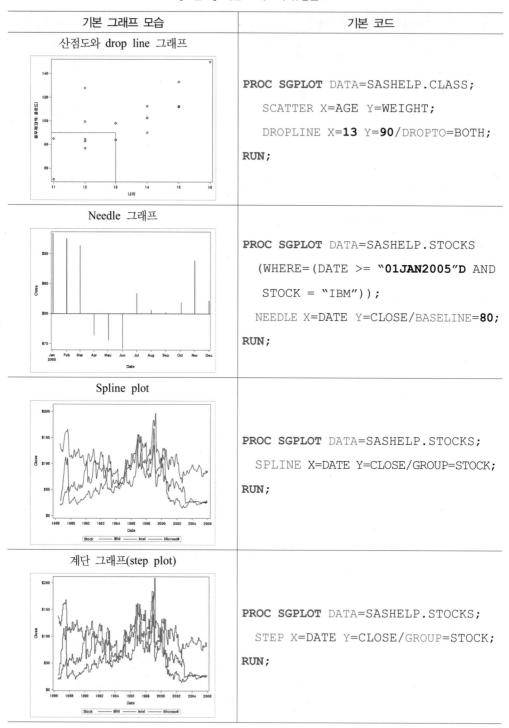
	``
	PROC SGPLOT DATA=SASHELP.CLASS;
	   SCATTER X=AGE Y=WEIGHT;
	   DROPLINE X=13 Y=90/DROPTO=BOTH;
	RUN;
	``

Needle 그래프	```
	PROC SGPLOT DATA=SASHELP.STOCKS
	   (WHERE=(DATE >= "01JAN2005"D AND
	   STOCK = "IBM"));
	   NEEDLE X=DATE Y=CLOSE/BASELINE=80;
	RUN;
	``

Spline plot	``` PROC SGPLOT DATA=SASHELP.STOCKS; SPLINE X=DATE Y=CLOSE/GROUP=STOCK; RUN; ```
계단 그래프(step plot)	``` PROC SGPLOT DATA=SASHELP.STOCKS; STEP X=DATE Y=CLOSE/GROUP=STOCK; RUN; ```

[그림 8] 기본 그래프 유형들 IV

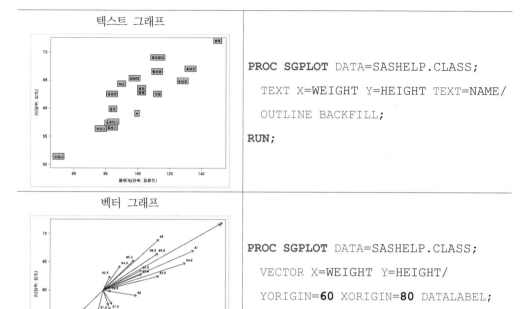

텍스트 그래프

```
PROC SGPLOT DATA=SASHELP.CLASS;
  TEXT X=WEIGHT Y=HEIGHT TEXT=NAME/
  OUTLINE BACKFILL;
RUN;
```

벡터 그래프

```
PROC SGPLOT DATA=SASHELP.CLASS;
  VECTOR X=WEIGHT Y=HEIGHT/
  YORIGIN=60 XORIGIN=80 DATALABEL;
RUN;
```

이하에서는 위에서 설명된 기본 그래프를 하나씩 살펴보면서 시각화의 목적과 사용되는 자료 유형에 따라 기본 그래프가 어떻게 다양하게 활용될 수 있는지를 살펴보도록 한다.

2. 기본 그래프의 구현과 응용

1) 막대그래프

막대그래프(bar graph)는 핵심축이 범주형 변수인 자료의 시각화에 널리 사용된다. 여기서 핵심축이라는 것은 주된 변수가 위치하게 되는 2차원 평면상의 축을 의미한다. 이 막대그래프는 단순히 하나의 변수가 있는 경우부터 여러 변수가 있는 경우에 이르기까지 다양하게 사용할 수 있다.

<표 3> CARS 데이터 세트 관찰점의 예시

Origin	Type	Model	MPG_Highway
Asia	SUV	MDX	23
Asia	Sedan	RSX Type S 2dr	31
Asia	Sedan	TSX 4dr	29
Asia	Sedan	TL 4dr	28
Asia	Sedan	3.5 RL 4dr	24
Asia	Sedan	3.5 RL w/Navigation 4dr	24
Asia	Sports	NSX coupe 2dr manual S	24
Europe	Sedan	A4 1.8T 4dr	31
Europe	Sedan	A41.8T convertible 2dr	30
Europe	Sedan	A4 3.0 4dr	28

[그림 9] 하나의 범주형 변수의 범주별 빈도의 시각화

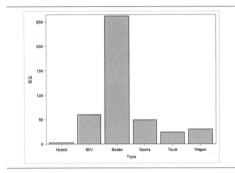

```
PROC SGPLOT DATA=SASHELP.CARS;
  VBAR TYPE;
RUN;
```

막대그래프를 이용한 범주형 계층 구조를 갖는 자료를 시각화하는 방법을 살펴보기 위해 SAS에서 제공하는 SASHELP.CARS 자료를 이용해보자. 이 자료에는 제1계층에는 원산지 (아시아, 미국, 유럽, ORIGIN), 제2계층에는 차의 유형(SUV, 세단 등, TYPE) 변수가 존재하며 제조사의 모델별로 고속도로 연비(MPG_highway)에 관련된 자료가 있다. 이때 연비는 연속형 자료이다. 이 자료의 최초 10개 관찰점을 나타내면 〈표 3〉과 같다.

① 단일 범주형 변수의 막대그래프: 빈도의 시각화

시각화하고자 하는 변수가 하나의 범주형 변수이고 이 변수의 범주별로 빈도(frequency)나 퍼센트(percent)를 시각화한다고 가정해보자. 간단한 형태의 막대그래프를 VBAR 명령문을 이용하여 다음과 같이 그릴 수 있다. X축에는 VBAR 명령문에서 지정한 변숫값이 나타나게 되는데 이때 사용된 변수는 범주형 변수로 간주된다. Y축에는 X축의 각 범주별 빈도 값이 나타나게 된다.

[그림 10] 수평 막대그래프와 빈도 백분율 나타내기

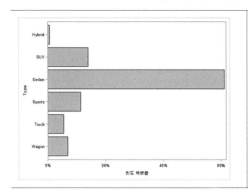

```
PROC SGPLOT DATA=SASHELP.CARS;
  HBAR TYPE/STAT=PERCENT;
RUN;
```

[그림 11] WHERE 명령문을 이용하여 특정 자료만 시각화하는 예시

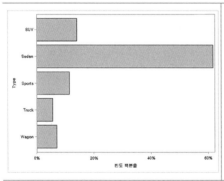

```
PROC SGPLOT DATA=SASHELP.CARS;
  WHERE TYPE ^ ="Hybrid";
  HBAR TYPE/STAT=PERCENT;
RUN;
```

한편 막대그래프를 HBAR 명령문을 사용하면 막대를 수평으로도 나타낼 수 있다.4) 또한, 빈도 대신에 빈도 백분율을 나타내기 위해서는 HBAR나 VBAR 명령문에 STAT=PERCENT 옵션을 사용하면 된다. [그림 10]은 수평 막대그래프에 범주별 비율을 나타낸 그림이다.

[그림 10]에서 Hybrid 유형의 차는 빈도가 매우 낮음을 알 수 있다. 만일 이 유형을 제외하고 시각화를 하고자 한다면 WHERE 명령문을 이용하여 자료에서 특정값이나 범주값을 제외할 수 있다. WHERE 명령문은 SAS의 다른 프로시저에서도 널리 사용되는 명령문인데 시각화를 할 때도 유용하게 사용할 수 있다.

---

4) SGPLOT에서는 HBAR, HLINE, HBOX 등이 수평 그래프를 그릴 수 있도록 해준다.

한편 좀더 효율적인 시각화를 위해서 수직축에 사용된 범주들을 빈도 백분율 값이 크기가 큰 것부터 작은 것 순서대로 시각화하는 것이 바람직할 수 있다. 또한 불필요하게 수평축의 눈금 값을 제시할 필요도 없다. 주된 축의 범주를 통계값의 크기에 따라 내림차순 정렬을 하기 위해서는 CATEGORYORDER=RESPDESC 옵션을 사용할 수 있다. 또한 각 범주별 통계값을 그래프에 나타내기 위해 DATALABEL 옵션을 사용할 수 있다. 이를 반영하여 시각화를 해보면 다음 그림과 같다.

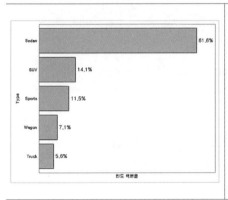

```
PROC SGPLOT DATA=SASHELP.CARS ;
   WHERE TYPE ^="Hybrid";
   HBAR TYPE/STAT=PERCENT CATEGORYORDER
   =RESPDESC
   DATALABEL DATALABELATTRS=(SIZE=11);
   YAXIS DISPLAY=(NOTICK);
   XAXIS DISPLAY=(NOVALUE);
RUN;
```

② 하나의 범주형 변수와 하나의 연속형 변수의 시각화

자료의 시각화에서는 두 개 이상의 변수를 시각화해야 하는 경우가 있다. 이를 위해 차의 종류별로 평균 연비가 어떻게 다른지 살펴보자. 이 문제는 차의 종류라는 범주형 변수의 범주별로 연비(miles per gas, MPG)라는 연속형 변수의 값을 시각화하는 문제로 이해할 수 있다. 원래 BAR 그래프는 핵심축이 명목형 변수이기 때문에 연속형 변수는 RESPONSE= 옵션을 이용하여 지정해준다. 이렇게 연속형 변수를 지정하면 STAT= 옵션을 이용하여 범주별로 연속형 변수의 합, 평균, 중윗값, 비율 등을 계산하여 시각화할 수 있다.[5]

각 범주의 조합별로 구하려는 연속형 변수의 통계량은 다양하다. 이 예제에서는 평균 연비를 구하려고 했으므로 STAT=MEAN으로 지정하였다. STAT= 명령어의 키워드로는 MEAN 이외에도 MEDIAN, PERCENT, FREQ, SUM 등을 사용할 수 있다. [그림 12]에서는 차의 종류별로 평균 연비 값을 구하고 그 값을 막대 위에 나타내도록 DATALABEL

---

5) VBAR 그래프의 경우는 범주형 변수가 주된 변수이므로 RESPONSE= 옵션을 사용하지 않는 경우 STAT= 옵션은 범주형 변수에 대한 빈도, 퍼센트 등만이 계산된다. 하지만 RESPONSE= 옵션에 연속형 변수를 사용하는 경우에는 평균, 분산 등의 다양한 통계량 계산이 가능하다.

[그림 12] 범주형 변수의 범주별로 연속형 변수의 평균을 나타내는 방법

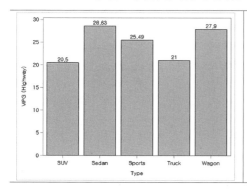

```
PROC SGPLOT DATA=SASHELP.CARS;
 WHERE TYPE ^="HYBRID";
 VBAR TYPE/RESPONSE=MPG_HIGHWAY
  STAT=MEAN DATALABEL;
RUN;
```

옵션을 사용하였다.[6]

③ 두 개 이상의 범주형 변수와 하나의 연속형 변수의 시각화

앞에서와 달리 이제 두 개의 범주형 변수와 하나의 연속형 변수가 있는 경우를 다루어보자. 지역별, 차 유형별 평균 연비를 구하여 시각화하는 문제인 것이다. 이때 지역이 가장 상위 수준의 계층이고 차 유형은 지역 아래에 속한 하위 계층으로 이해할 수 있다.[7] 따라서, 차 유형을 보조변수로 간주할 수 있다. 이러한 자료의 시각화는 누적 막대그래프(stack bar graph)와 군집 막대그래프(cluster bar graph)로 구분하여 시각화할 수 있다. VBAR 명령문에서는 누적 막대그래프가 기본값으로 설정되어 있고 GROUPDISPLAY=CLUSTER 옵션을 사용하면 군집 막대그래프를 그릴 수 있다.

GROUPDISPLAY=STACK과 GROUPDISPLAY=CLUSTER 구분에 따라 시각화에 차이가 존재하므로 이를 이해할 필요가 있다. [그림 13]의 왼쪽에 있는 VBAR 명령문을 살펴보면 VBAR에 제1계층 범주형 변수인 ORIGIN이 사용되었음을 알 수 있고, 옵션에 제2계층 변수를 GROUP=TYPE으로 지정하였다. 그리고 평균을 구하려는 제3계층 연속형 변수는 RESPONSE=MPG_HIGHWAY로 지정되어 있음을 알 수 있다. 그리고 이 연속형 변수에 대해 각 범주의 조합별로 구하고자 하는 통계량이 평균이므로 STAT= MEAN으로 지정하였다. STAT=명령어의 키워드로는 MEAN 이외에도 MEDIAN, PERCENT, FREQ,

---

6) 데이터 레이블의 크기나 색깔 등 다양한 속성을 지정할 수 있는데 DATALABELATTRS=(Color= Green Family=Arial Size=8 Style=Italic Weight=Bold)과 같이 COLOR, FAMILY, SIZE, STYLE, WEIGHT 등의 옵션에 적절한 값을 부여하면 데이터 레이블의 속성을 변화시킬 수 있다.
7) HBAR <제1계층 명목형 변수>/RESPONSE=<제3계층 연속형 변수> GROUP=<제2계층 명목형 변수>

[그림 13] 두 개의 범주형 변수와 하나의 연속형 변수를 누적 막대그래프로 시각화하기

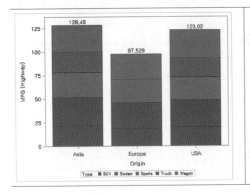

```
PROC SGPLOT DATA=SASHELP.CARS;
  WHERE TYPE ^='Hybrid';
  VBAR ORIGIN/RESPONSE=MPG_HIGHWAY
  GROUP=TYPE GROUPDISPLAY=STACK
  STAT=MEAN DATALABEL;
RUN;
```

[그림 14] SEGLABEL 옵션을 이용한 분할 범주별 통계치 나타내기

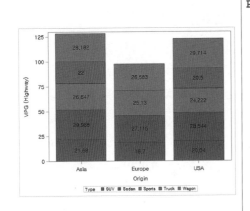

```
PROC SGPLOT DATA=SASHELP.CARS;
  WHERE TYPE ^='Hybrid';
  VBAR ORIGIN/RESPONSE=MPG_HIGHWAY
  GROUP=TYPE STAT=MEAN SEGLABEL
  SEGLABELATTRS=(SIZE=12);
  XAXIS VALUEATTRS=(SIZE=12)
  LABELATTRS=(SIZE=12);
  YAXIS VALUEATTRS=(SIZE=12)
  LABELATTRS=(SIZE=12);
RUN;
```

SUM 등을 사용할 수 있다.

[그림 13]에서는 각 지역별로 차의 유형별 평균 연비 값이 각각 분할 범주(segment)로 나누어져 다른 색으로 칠해져 있다. 하지만 이 그림을 이용해서는 아시아 지역의 SUV 차의 평균 연비가 얼마인지를 알 수 없다. 또한, DATALABEL 옵션에 따라 나타내진 막대의 높이는 각 차 유형별 평균들의 총합일 뿐 각 차 유형별 평균 연비를 알 수 없다. 평균을 누적한다는 것은 자료를 잘못 해석할 위험도 있다. 특히 [그림 13]과 같이 누적 막대그래프를 이용하여 시각화하게 되면 마치 ASIA나 USA의 평균연비가 높은 것처럼 오해할 수 있다. [그림 13]에서 전체 막대의 높이는 분할 범주의 평균값이 누적되어 나타내져 있으므로 잘못된 해석을 할 수 있다. 물론 [그림 14]와 같이 SEGLABEL 옵션을 사용하면 각 범주

[그림 15] 군집 막대그래프를 이용한 시각화(GROUPDISPLAY=CLUSTER 옵션)

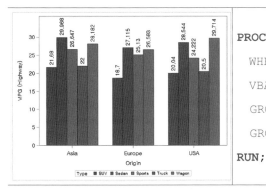

```
PROC SGPLOT DATA=SASHELP.CARS;
  WHERE TYPE ^='Hybrid';
  VBAR ORIGIN /RESPONSE=MPG_HIGHWAY
  GROUP=TYPE STAT=MEAN
  GROUPDISPLAY=CLUSTER DATALABEL;
RUN;
```

별 STAT 값을 나타낼 수 있어 이 문제를 어느 정도는 해결할 수 있다.

STACK 그래프의 문제를 해결하기 위해 사용하는 것이 군집 막대그래프이다. 군집 막대그래프는 범주들을 누적하지 않고 독립적으로 나타낼 수 있도록 한다. [그림 15]는 GROUPDISPLAY=CLUSTER 옵션을 이용하여 군집 막대그래프를 그린 것이다. CLUSTER 옵션을 사용하면 GROUP=에서 지정된 그룹을 나타내는 변수의 범주에 따라 그림을 그릴 수 있다. [그림 15]에서 확인할 수 있듯이 앞의 누적 막대그래프보다 각 지역의 차종별 평균 연비의 값과 차이를 잘 시각화하고 있음을 확인할 수 있다. 한편 각 범주별 통계치는 DATALABEL 옵션을 사용하면 시각화할 수 있다.8)

막대그래프를 이용하여 범주형 변수를 시각화할 때 범주의 순서를 조정해야 하는 경우가 발생한다. 이때 제1계층 범주형 변수의 범주를 조정하기 위해서는 CATEGORYORDER= 옵션을, 제2계층 범주형 변수의 범주를 조정하기 위해서는 GROUPORDER= 옵션을 사용한다. [그림 15]에서는 1계층은 VBAR 명령문에서 지정한 변수 이름(ORIGIN)을 의미하며 X축에 표시된 변수가 된다. 2계층은 VBAR 명령문의 GROUP= 옵션에서 지정한 변수(TYPE)를 의미한다.

[그림 16]은 CATEGORYORDER=RESPDESC 옵션을 사용한 것으로, 범주를 RESPONSE= 옵션에서 지정한 변수의 값의 크기의 내림차순에 따라 정렬한다.9)

---

8) DATALABEL 옵션에서 DATALABEL=<변수명>을 지정하게 되면 데이터레이블을 지정된 변숫값을 이용하여 지정하게 된다.

9) "When a group variable is used with the CATEGORYORDER= option, the response values for each group segment become the sorting key. CATEGORYORDER sorts first by the response statistic and then displays the GROUP values sorted within each category."

[그림 16] 범주형 변수의 범주 순서를 조정한 예: CATEGORYORDER 옵션

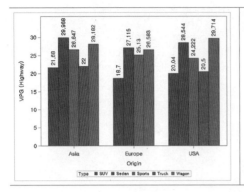

```
PROC SGPLOT DATA=SASHELP.CARS;
  WHERE TYPE ^='Hybrid';
  VBAR ORIGIN/RESPONSE=MPG_HIGHWAY
  GROUP=TYPE STAT=MEAN
  GROUPDISPLAY=CLUSTER
  CATEGORYORDER=RESPDESC DATALABEL;
RUN;
```

[그림 17] 범주형 변수의 범주 순서를 조정한 예: GROUPORDER 옵션

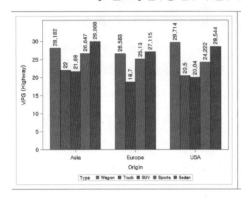

```
PROC SGPLOT DATA=SASHELP.CARS;
  WHERE TYPE ^='Hybrid';
  VBAR ORIGIN/RESPONSE=MPG_HIGHWAY
  GROUP=TYPE STAT=MEAN
  GROUPDISPLAY=CLUSTER
  GROUPORDER=DESCENDING DATALABEL;
RUN;
```

제2계층 변수의 범주 순서를 조정할 때는 GROUPORDER= 옵션을 사용한다. 예제의 경우 제2계층 변수인 차의 유형은 SUV, SEDAN, SPORTS, TRUCK, WAGON 등의 범주를 갖고 있다. GROUP 변수의 범주 순서를 GROUPORDER= 옵션의 DATA, REVERSEDATA, ASCENDING, DESCENDING 등의 키워드에 따라 지정할 수 있다. DATA 키워드는 범주의 순서를 데이터에서 지정한 것에 따라 정하도록 하는 것이며 나머지 키워드는 각각 데이터 순서의 반대, 오름차순, 내림차순으로 정렬하도록 한다. SAS에서는 기본값이 ASCENDING 값이다. CATEGORYORDER= 옵션이 사용되면 GROUPORDER= 옵션은 무시된다는 점에 유의할 필요가 있다.

막대그래프는 단순히 범주별 평균, 중윗값, 퍼센트 등을 계산하는 데 그치지 않는다. 각 범주 평균의 95% 신뢰구간이나 자료가 평균으로부터 1 표준편차 혹은 2 표준편차 떨어진 구간들을 나타낼 때도 사용된다.

[그림 18] 막대그래프에 신뢰구간을 동시에 시각화하는 방법

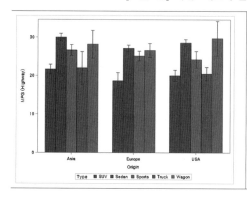

```
PROC SGPLOT DATA=SASHELP.CARS;
  WHERE TYPE ^='Hybrid';
  VBAR ORIGIN/RESPONSE=MPG_HIGHWAY
  GROUP=TYPE STAT=MEAN LIMITS=BOTH
  LIMITSTAT= CLM
  GROUPDISPLAY=CLUSTER ;
RUN;
```

먼저 [그림 18]은 LIMITS=BOTH와 LIMITSTAT=CLM 옵션을 사용하여 각 범주의 평균에 대한 95% 신뢰구간을 상한선과 하한선을 이용하여 그린 것이다. 이 선의 길이가 길수록 표본평균의 신뢰구간이 넓다는 것을 의미한다.[10] 즉, 신뢰구간이 넓다는 것은 모집단의 평균이 위치하는 구간이 넓어서 계산된 표본평균의 크기를 바로 모평균으로 해석하는 경우 위험이 크다는 것을 의미한다.

참고: LIMIT= 과 LIMITSTAT= 옵션

이 옵션은 VBAR 그래프 이외에도 다양한 그림에서 널리 사용된다. 상한과 하한 중 무엇을 나타낼 것인지에 따라 LIMITS=BOTH | LOWER | UPPER 등의 옵션을 사용할 수 있고, 상한과 하한에 나타내야 할 통계량에 따라 LIMITSTAT=CLM | STDDEV | STDERR 옵션을 사용할 수 있다. LIMITSTAT=STDDEV 혹은 LIMITSTAT=STDERR 옵션을 사용한 경우에는 평균으로부터 상한과 하한으로 떨어진 거리를 지정하기 위해 NUMSTD= 옵션을 사용할 수 있다. 기본값은 NUMSTD=1로 평균으로부터 1 표준편차(STDDEV) 혹은 1 표준오차(STDERR) 떨어진 곳에서 상한과 하한이 결정된다. 자료가 얼마나 퍼져 있는지를 알려고 한다면 STDDEV 키워드를 사용하는 것이 바람직하고, 모평균의 신뢰구간을 추측하기 위해서는 STDERR 키워드를 사용해야 한다.

한편 LIMITSTAT=CLM을 사용하는 경우에는 ALPHA= 옵션을 이용하여 유의수준을 지정해야 할 수 있다. 기본값은 ALPHA=0.05로 설정되어 있다.

한편, [그림 18]을 가지고는 범주별 평균값이나 상한 혹은 하한 값을 제대로 알 수 없는 단점이 있다. GROUPDISPLAY=CLUSTER를 이용한 경우 DATALABEL 옵션을 지정하

---

10) 신뢰구간 한계막대는 STAT=MEAN 옵션을 지정하였을 때만 지정할 수 있다는 점에 유의할 필요가 있다.

[그림 19] 통계량을 DATALABEL 옵션을 이용하여 표로 나타내기

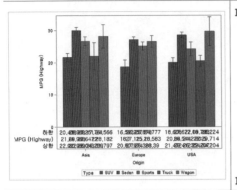

```
PROC SGPLOT DATA=SASHELP.CARS;

WHERE TYPE ^='Hybrid';

VBAR ORIGIN/RESPONSE=MPG_HIGHWAY

GROUP=TYPE STAT=MEAN LIMITS=BOTH

LIMITSTAT= CLM

GROUPDISPLAY=CLUSTER DATALABEL

DATALABELATTRS=(SIZE=12);

RUN;
```

[그림 20] FORMAT 명령문을 이용한 자룟값 소수점 자리 조정

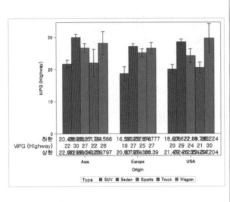

```
PROC SGPLOT DATA=SASHELP.CARS;

WHERE TYPE ^='Hybrid';

FORMAT MPG_HIGHWAY BEST3.0;

VBAR ORIGIN/RESPONSE=MPG_HIGHWAY

GROUP=TYPE STAT=MEAN LIMITS=BOTH

LIMITSTAT= CLM

GROUPDISPLAY=CLUSTER DATALABEL

DATALABELATTRS=(SIZE=12);

RUN;
```

면 [그림 19]와 같이 평균과 상한, 하한이 X축 아래에 표의 형태로 나타남을 알 수 있다. 하지만 표에 나타난 숫자의 소수점 자리가 너무 많아 숫자가 겹쳐서 제대로 시각화되지 않고 있다.

출력된 변숫값의 형식을 지정하기 위해서는 FORMAT 문을 적절히 사용하면 된다. 예를 들어 RESPONSE= 옵션에 사용된 변수가 MPG_HIGHWAY인데 이 변수에 대한 FORMAT을 BEST3.0으로 [그림 20]과 같이 지정을 하면 DATALABEL에 출력된 값도 이 형식에 따라 지정됨을 알 수 있다. 하지만 LIMITSTAT= 에 의해 생성된 값의 FORMAT은 여전히 통제되지 않는다.

OBS	Origin	Type	_Mean1_MPG_Highway_	_ERRORUPPER1_	_ERRORLOWER1_
1	Asia	SUV	22	22.9225	20.4375
2	Asia	Sedan	30	30.9685	28.9676
3	Asia	Sports	27	28.0426	25.2515
4	Asia	Truck	22	26.2394	17.7606
5	Asia	Wagon	28	31.7974	24.5663
6	Europe	SUV	19	20.8073	16.5927
7	Europe	Sedan	27	27.9737	26.2570
8	Europe	Sports	25	26.3831	23.8778
9	Europe	Wagon	27	28.3898	24.7769
10	USA	SUV	20	21.4723	18.6077
11	USA	Sedan	29	29.4118	27.6771
12	USA	Sports	24	26.3544	22.0900
13	USA	Truck	21	22.2074	18.7926
14	USA	Wagon	30	34.2045	25.2241

자료를 시각화하다 보면 [그림 20]과 같이 자신이 원하는 형태의 그림을 완벽하게 얻지 못하는 경우가 흔히 발생한다. SAS는 자료 처리 경험이 많은 개발자들이 직면했던 다양한 상황을 해결하기 위해 매우 많은 옵션을 제공하고 있다. 하지만 이러한 옵션으로도 부족한 경우에 사용자가 스스로 그래프 템플릿(graph template language, GTL)을 수정하거나 ODS(output delivery system)를 이용할 수 있다. 여기서는 ODS를 이용하는 방법으로 앞의 FORMAT 문제를 해결해보도록 하자.

SAS에서는 프로시저를 수행하게 되면 해당 프로시저에 각종 통계표나 그림을 그릴 때 사용된 자료를 데이터 세트 형태로 저장된다. PROC SGPLOT의 경우에는 그래프를 그릴 때 사용된 자료가 모두 SGPLOT이라는 이름으로 시스템에 저장되어 있다. 이 데이터 세트를 RESULT라는 데이터 세트로 저장하고 싶다면 다음과 같은 명령문 코드를 삽입하면 된다.

```
ODS OUTPUT SGPLOT=RESULT;
```

이렇게 출력문에 저장된 자료는 〈표 4〉와 같은 변수를 갖고 있는데 RESPONSE=에서 지정된 변수의 평균값과 신뢰구간의 상한과 하한 변수가 저장되어 있음을 알 수 있다.

위의 RESULT 데이터 세트는 그래프를 그리는 데 필요한 기본 정보를 포함하고 있으므로 이 데이터 세트를 이용하여 그림을 그릴 수 있다. PROC SGPLOT에서는 VBARPARM 명령문을 이용할 수 있다. 이를 이용하여 출력된 통계량의 FORMAT을 수정하여 새롭게 [그림 21]과 같이 시각화할 수 있다. 주의깊게 볼 것은 XAXISTABLE이라는 명령문이다. SAS에서는 단순히 자료의 시각화뿐만 아니라 X축 혹은 Y축에 시각화에 사용된 변수나 해당 변수의 요약 정보를 제공할 수 있는 표를 만들어 줄 수 있도록 한다. 여기서는 이를 응용해보았다.

막대그래프를 이용하여 자료를 요약 정리하더라도 각 범주별로 관찰점의 분포를 나타내기는 쉽지 않다. 따라서 막대그래프와 자료의 산점도를 함께 나타내주는 방법을 고려해 볼 수 있다. 하지만 막대그래프의 핵심축은 범주형 변수이고 산점도는 일반적으로 연속형 변수를 축으로 하므로 서로 다른 형태의 변수를 동일한 축에 사용하게 되어 충돌이 발생하게 된다. 이러한 문제를 해결하기 위해 막대그래프가 산점도(scatter plot), 추세그림 (series plot), 상자그림(box plot) 등과 호환 가능할 수 있도록 해주는 것이 VBARBASIC 명령문이다.

이 명령문을 이용하여 막대그래프와 산점도를 함께 나타내보면 [그림 22]와 같다. 여기서 산점도를 표현할 때 JITTER라는 옵션을 사용하였다. 이 옵션을 사용하지 않으면 하나의 범주 그룹에 대해 관찰점이 겹쳐 있게 되어 MPG 값이 어느 수준일 때 관찰점이 가장 많은지 알 수 없다. JITTER 옵션은 관찰점이 많은 경우에는 해당 값에 대해 옆으로 관찰점 마커를 표현하여 관찰점의 분포를 좀더 잘 이해하게 해줄 수 있는 장점이 있다. 한편 SEGLABEL 옵션을 사용하여 각 그룹별 평균값도 나타낼 수 있도록 하였다.

[그림 21] ODS OUTPUT과 VBARPARM 명령문을 이용한 정교한 시각화

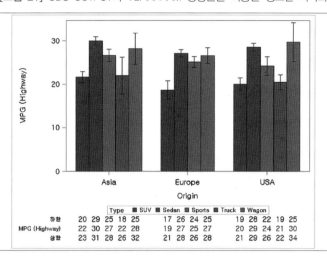

```
PROC SGPLOT DATA=SASHELP.CARS;
  WHERE TYPE ^='Hybrid';
  FORMAT MPG_HIGHWAY BEST3.0 ;
  VBAR ORIGIN/RESPONSE=MPG_HIGHWAY GROUP=TYPE STAT=MEAN LIMITS=BOTH
  LIMITSTAT= CLM GROUPDISPLAY=CLUSTER DATALABEL DATALABELATTRS=(SIZE=12)
  TRANSPARENCY=0.5;
  ODS OUTPUT SGPLOT=RESULT;
RUN;


PROC SGPLOT DATA=RESULT;
  FORMAT _ERRORLOWER1_ BEST3.1 _ERRORUPPER1_ BEST3.1;
  VBARPARM CATEGORY=ORIGIN RESPONSE=_Mean1_MPG_Highway_/GROUP=TYPE
  LIMITLOWER=_ERRORLOWER1_
  LIMITUPPER=_ERRORUPPER1_ GROUPDISPLAY=CLUSTER DATALABELATTRS=(SIZE=12);
  XAXISTABLE _ERRORLOWER1_ _Mean1_MPG_Highway_ _ERRORUPPER1_/CLASS=TYPE
  CLASSDISPLAY=CLUSTER STAT=SUM VALUEATTRS=(SIZE=12);
  XAXIS VALUEATTRS=(SIZE=12) LABELATTRS=(SIZE=12);
  YAXIS VALUEATTRS=(SIZE=12) LABELATTRS=(SIZE=12);
RUN;
```

[그림 22] VBARBASIC을 이용한 산점도와 막대그래프의 결합

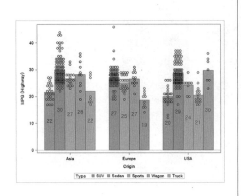

```
PROC SGPLOT DATA=SASHELP.CARS;
  WHERE TYPE ^='Hybrid';
  FORMAT MPG_HIGHWAY BEST3.0 ;
  VBARBASIC ORIGIN/
  RESPONSE=MPG_HIGHWAY GROUP=TYPE
  STAT=MEAN GROUPDISPLAY=CLUSTER
  SEGLABEL SEGLABELATTRS=(SIZE=12)
  TRANSPARENCY=0.5;
  SCATTER X=ORIGIN Y=MPG_HIGHWAY/
  GROUP=TYPE GROUPDISPLAY=CLUSTER
  JITTER;
RUN;
```

이처럼 막대그래프는 수평 혹은 수직 막대그래프인지 여부에 따라서 HBAR와 VBAR 명령문을 사용해 시각화할 수 있고, VBAR의 경우에는 시각화를 위한 통계치 정보를 포함하고 있는 데이터 세트를 이용하는 경우에는 VBARPARM을 이용하며, 연속형 변수를 주요 축으로 하는 그래프와 겹쳐서 나타내기 위해서는 VBARBASIC 명령문을 이용하여 시각화를 할 수 있다.

2) 다양한 막대그래프 응용 사례

① 기준점 대비 지역 간 차이를 보여주는 사례

다음은 우리나라 가임여성 1명당 출산을 나타내는 2016년 합계출산율의 광역시도별 차이를 수평 막대그래프를 이용하여 나타낸 것이다. 막대를 내림차순으로 배열함으로써 세종특별시의 합계출산율이 가장 높다는 사실과 합계출산율이 낮은 지역이 어디인지를 손쉽게 확인할 수 있을 뿐 아니라 전국 합계출산율과 비교하여 각 광역시도가 상대적으로 합계출산율이 높은지 혹은 낮은지 확인을 할 수 있다. 자료 해석을 할 때 기준점을 이용하여 해석하는 것이 유용하기 때문에 시각화를 할 때 이를 적극적으로 반영할 필요가 있다.

[그림 23] 기준점 대비 지역 간 가임여성 1명당 출산율 시각화

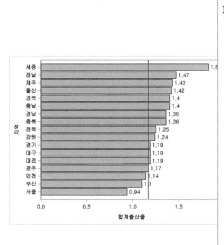

```
PROC SGPLOT DATA=BIRTH;
 HBAR REGION/RESPONSE=BRATE
 DATALABEL DATALABELATTRS=(SIZE=12)
 CATEGORYORDER=RESPDESC ;
 REFLINE 1.17/AXIS=X
    LINEATTRS=(THICKNESS=2 COLOR=RED);
 XAXIS VALUEATTRS=(SIZE=12)
 LABELATTRS=(SIZE=12)
 LABEL="합계출산율";
 YAXIS VALUEATTRS=(SIZE=12)
 LABELATTRS=(SIZE=12)  LABEL="지역";
RUN;
```

[그림 24] 기준값을 지정하여 상하로 막대그래프를 나타내는 예시

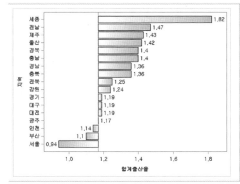

```
PROC SGPLOT DATA=BIRTH;
 HBAR REGION/RESPONSE=BRATE
 DATALABEL DATALABELATTRS=(SIZE=12)
 CATEGORYORDER=RESPDESC
 BASELINE=1.17 FILLTYPE=GRADIENT;
RUN;
```

한편 위의 자료를 BASELINE 옵션을 사용하면 이 기준점에 대비하여 막대그래프를 [그림 24]와 같이 상하로 배치할 수 있어 차이를 더 잘 나타낼 수 있다. 한편 FILLTYPE= GRADIENT 옵션을 사용하면 막대의 색깔에 그라데이션 효과를 주어 단색으로 막대를 채우는 것보다 시각적으로 보기 좋게 변화시킬 수 있다.

② 연속형 변수가 여러 개 있는 경우

동일한 범주에 대해서 여러 개의 연속형 변수를 시각화해야 하는 경우도 있다. 예를 들어 동일한 차 유형에 대해 고속도로 주행 연비(MPG_HIGHWAY), 도시도로 주행 연비(MPG_CITY)를 함께 나타내려 한다고 가정해보자. 이 경우에는 동일한 범주에 대해 두 개의 연속형 변수 값을 함께 나타내야 하는데 이를 위해서 [그림 25]처럼 막대그래프의 크기와 투명도(transparency)를 달리하여 연속형 변수를 구분할 수 있다.

[그림 25] 하나의 범주에 대해 두 개의 연속형 변숫값을 막대그래프로 표현하는 방법

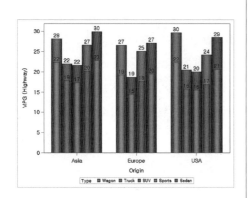

```
PROC SGPLOT DATA=SASHELP.CARS
  NOAUTOLEGEND;
  WHERE TYPE ^='Hybrid';
  FORMAT _NUMERIC_ BEST3.0;
  VBAR ORIGIN /RESPONSE=MPG_HIGHWAY
  GROUP=TYPE STAT=MEAN
  GROUPDISPLAY=CLUSTER
  GROUPORDER=DESCENDING
  DATASKIN=PRESSED DATALABEL
  NAME="A" LEGENDLABEL="고속도로";
  VBAR ORIGIN/RESPONSE=MPG_CITY
  GROUP=TYPE STAT=MEAN
  GROUPDISPLAY=CLUSTER
  GROUPORDER=DESCENDING DATALABEL
  BARWIDTH=0.6 DATASKIN=PRESSED
  TRANSPARENCY=0.3 NAME="B"
  LEGENDLABEL="도시도로";
  XAXIS VALUEATTRS=(SIZE=12)
  LABELATTRS=(SIZE=12);
  YAXIS VALUEATTRS=(SIZE=12)
  LABELATTRS=(SIZE=12) LABEL="연비";
  KEYLEGEND "A" "B";
RUN;
```

[그림 26] DISCRETEOFFSET= 옵션을 이용한 범주형 변수와 두 연속형 변수의 시각화

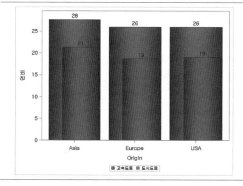 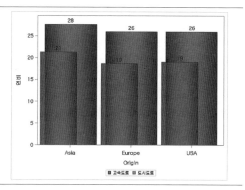

```
PROC SGPLOT DATA=SASHELP.CARS NOAUTOLEGEND;
  WHERE TYPE ^='Hybrid';
  FORMAT _NUMERIC_ BEST3.0;
  VBAR ORIGIN/RESPONSE=MPG_HIGHWAY STAT=MEAN GROUPDISPLAY=CLUSTER
    GROUPORDER=DESCENDING DATASKIN=PRESSED DATALABEL
    DATALABELATTRS=(SIZE=12) NAME="A" LEGENDLABEL="고속도로";
  VBAR ORIGIN/RESPONSE=MPG_CITY STAT=MEAN GROUPDISPLAY=CLUSTER
    GROUPORDER=DESCENDING DATALABEL DATALABELATTRS=(SIZE=12) BARWIDTH=0.6
    DATASKIN=PRESSED DISCRETEOFFSET=0.1 TRANSPARENCY=0.3 NAME="B"
    LEGENDLABEL="도시도로";
  XAXIS VALUEATTRS=(SIZE=12) LABELATTRS=(SIZE=12);
  YAXIS VALUEATTRS=(SIZE=12) LABELATTRS=(SIZE=12) LABEL="연비";
  KEYLEGEND "A" "B";
RUN;
```

한편 위와 같이 막대의 크기를 달리하여 표현하지 않고 겹치는 정도를 달리할 수도 있는데 이때 사용하는 것이 DISCRETEOFFSET= 옵션이다. 이 값을 0.1과 −0.2로 주었을 때 어떻게 달라지는지를 나타낸 것이 [그림 26]이다. DISCRETEOFFSET은 각 범주의 중심으로부터 막대를 왼쪽 혹은 오른쪽으로 이동을 시킬 수 있도록 해준다. 양의 값을 가지면 오른쪽, 음의 값을 가지면 왼쪽으로 이동을 하며 −0.5와 0.5 사이의 값을 갖는다.

막대그래프는 주된 축이 범주형인 자료의 시각화에 매우 유용할 뿐 아니라 각 범주별로 연속형 변수에 대한 통계량(평균, 분산, 비율 등)의 자료를 나타내는 데도 유용하다. 또한

VBARBASIC 혹은 HBARBASIC과 같은 명령문을 사용하면 연속형 변수의 분포에 대한 정보도 SCATTER 명령문을 이용하여 함께 나타낼 수 있어서 매우 풍부한 정보를 제공해 줄 수 있다. 이러한 이유로 막대그래프는 자료의 요약·정리에 널리 사용되고 있다. SAS는 정확한 시각화를 위해 축의 모양, 데이터 레이블의 형식, 막대의 크기나 색깔 등을 다양한 방식으로 컨트롤 할 수 있는 옵션을 제공해주고 있다. 이를 상황에 맞게 활용하는 연습을 꾸준히 하면 자료 시각화의 질이 훨씬 높아질 수 있다.

한편 예제로 제시한 시각화 결과는 다양한 색깔을 사용하고 있다. 하지만 아직도 적지 않은 학술논문이나 책들은 흑백 형태의 그래프만을 지원하는 경우가 많다. 이러한 경우에 는 ODS HTML STYLE=JOURNAL; 과 같은 명령문을 사용하면 흑백 그래프 형태로 표현 된 결과를 얻을 수 있다.[11]

3) 선 그래프

① 선 그래프 그리기

선 그래프(line graph)는 막대그래프와 함께 범주형 자료의 시각화에 널리 사용되는 그래 프로, 특히 범주형 변수의 변동이나 추세를 나타낼 때 많이 사용된다. 막대그래프처럼 수평 선 그래프와 수직선 그래프를 모두 그릴 수 있는데, 여기서는 수직선 그래프를 중심으로 설명하고자 한다. 선 그래프의 기본 문법 구조는 아래와 같다.

VLINE 범주형 변수/ 옵션들;

선 그래프도 막대그래프처럼 범주형 변수를 핵심축으로 하므로 시각화에 접근하는 방식 이 매우 유사하다. [그림 27]은 하나의 범주형 변수에 대해 빈도를 선 그래프로 나타내는 경우, 하나의 범주형 변수와 하나의 연속형 변수(반응 변수)의 평균을 선 그래프로 나타낸 경우이다.

---

11) 저널 스타일에서 원래 스타일로 되돌리기 위해서는 ODS PREFERENCES; 명령문을 실행시키면 디폴트로 지정되었던 출력 스타일로 되돌릴 수 있다.

[그림 27] 하나의 범주형 변수가 있고 하나의 연속형 변수가 있는 경우 선 그래프

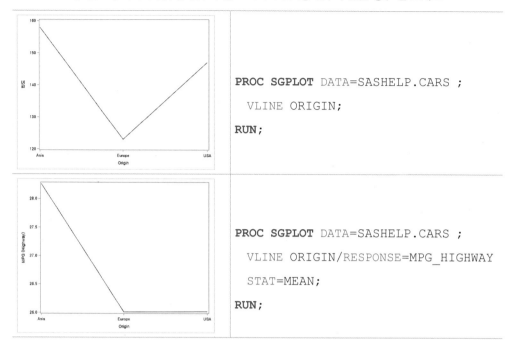

```
PROC SGPLOT DATA=SASHELP.CARS ;
  VLINE ORIGIN;
RUN;
```

```
PROC SGPLOT DATA=SASHELP.CARS ;
  VLINE ORIGIN/RESPONSE=MPG_HIGHWAY
    STAT=MEAN;
RUN;
```

[그림 28] 두 개의 범주형 변수와 한 개의 연속형 변수가 있는 경우 선 그래프

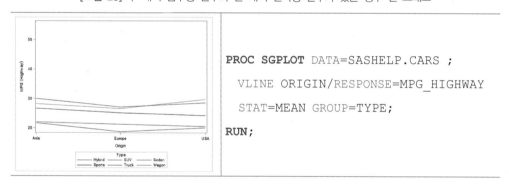

```
PROC SGPLOT DATA=SASHELP.CARS ;
  VLINE ORIGIN/RESPONSE=MPG_HIGHWAY
    STAT=MEAN GROUP=TYPE;
RUN;
```

하나의 범주형 변수가 있고 이 변수 아래에 다시 하위 범주형 변수가 있는 상황에서 연속형 변수의 평균을 선 그래프로 나타내기 위해서는 막대그래프에서처럼 가장 상위의 핵심 범주형 변수를 VLINE 명령문의 변수로 지정하고, 제2계층의 범주형 변수는 GROUP= 옵션의 변수로 지정하면 된다. [그림 28]은 지역별 차 유형별 평균연비를 선 그래프로 나타낸 것으로 구분된 선은 GROUP= 옵션에 지정된 범주형 변수의 범주이다.

[그림 29] 선 그래프에서 범주별 신뢰구간 시각화

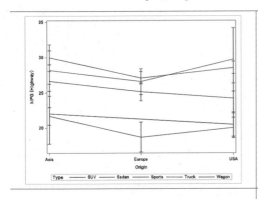

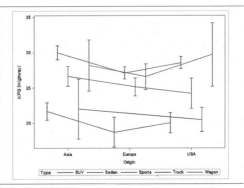

```
PROC SGPLOT DATA=SASHELP.CARS;
   WHERE TYPE ^='Hybrid';
   VLINE ORIGIN/RESPONSE=MPG_HIGHWAY
   STAT=MEAN GROUP=TYPE LIMITS=BOTH
   LIMITSTAT=CLM;
RUN;
```

```
PROC SGPLOT DATA=SASHELP.CARS;
   WHERE TYPE ^='Hybrid';
   VLINE ORIGIN/RESPONSE=MPG_HIGHWAY
   STAT=MEAN GROUP=TYPE LIMITS=BOTH
   LIMITSTAT=CLM
   GROUPDISPLAY=CLUSTER;
RUN;
```

한편 막대그래프와 유사하게 선 그래프에서도 각 범주별로 신뢰구간 등을 [그림 29]처럼 나타낼 수 있다. 왼쪽의 그림에서는 제1계층 변수에 해당하는 ORIGIN 변수의 범주에 대해 제2계층인 차의 종류별로 구분되지 않은 채 선이 그려졌기 때문에 범주 간의 차이를 구분하기 힘들다. [그림 29]의 오른쪽은 GROUPDISPLAY=CLUSTER 옵션을 사용하여 그룹 간 차이가 훨씬 명확하게 나타나고 있음을 알 수 있다.

위에서 제시된 선 그래프의 모습을 보면 시각화한 결과가 약간 부족하다는 느낌이 든다. 선의 모양이나 색깔이 범주를 정확히 나타내는 데 무엇인가 부족하고, 각 범주별 값들을 나타내는 것도 부족한 점이 있기 때문이다.

SGPLOT을 이용하여 자료 시각화를 수행할 때 선(line), 축(axis), 글자(text), 마커(marker) 등 그래프의 다양한 구성요소의 속성(attribute)을 지정하여 정보 전달을 정확히 해야 되는 경우가 대부분이다. 이러한 속성을 지정하는 방식은 어느 정도 규칙성이 있다. [그림 30]은 SGPLOT에서 지정되는 다양한 속성을 나타낸 것이다.

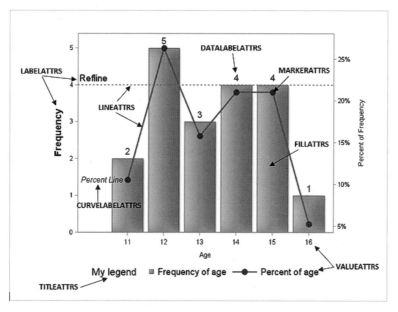

[그림 30] SGPLOT에 사용되는 다양한 속성들

출처: https://blogs.sas.com/content/sgf/2017/09/15/proc-sgplot-theres-an-attrs-for-that/

[그림 30]은 〈표 5〉의 코드를 이용하여 구현을 할 수 있다.[12] SAS를 이용한 자료 시각화가 때로는 매우 복잡하게 보이는 이유도 다양한 속성을 지정하여 그래프를 목적에 맞게 시각화를 하는 과정에서 코드의 길이가 길어지기 때문이다. 하지만 속성을 지정하는 방식은 규칙성을 가지고 있기 때문에 조금만 익숙해지면 자유롭게 사용을 할 수 있다.

〈표 5〉 속성 지정의 예시

```
PROC SGPLOT DATA=SASHELP.CLASS;
VBAR AGE/STAT=FREQ DATALABEL DATALABELATTRS=(SIZE=12PT COLOR=BLUE)
FILLATTRS=(COLOR=CX66A5A0) TRANSPARENCY=0.3
DATASKIN=MATTE NAME='Bar'
LEGENDLABEL='Frequency of Age';
VLINE AGE / STAT=PERCENT MARKERS
MARKERATTRS=(SYMBOL=CIRCLEFILLED COLOR= CX01665E SIZE=12PX)
LINEATTRS=(COLOR=CXD05B5B THICKNESS=3PX)
CURVELABEL='Percent Line'
```

---

12) https://blogs.sas.com/content/sgf/2017/09/15/proc-sgplot-theres-an-attrs-for-that/ 참고.

```
    CURVELABELATTRS=(SIZE=11PT STYLE=ITALIC)
    CURVELABELLOC=INSIDE CURVELABELPOS=MIN
    NAME='Vline' LEGENDLABEL='Percent of Age' Y2AXIS;
    REFLINE 4 / AXIS=Y LINEATTRS=(PATTERN=2 THICKNESS=2PX) LABEL='Refline'
    LABELATTRS=(SIZE=12PT) LABELPOS=MIN LABELLOC=INSIDE;
    XAXIS VALUEATTRS=(SIZE=10PT COLOR=NAVY);
    YAXIS LABELATTRS=(SIZE=12PT WEIGHT=BOLD) OFFSETMIN=0;
    KEYLEGEND 'Bar' 'Vline' / TITLE='My Legend'
    TITLEATTRS=(COLOR=BLUE SIZE=14PT)
    VALUEATTRS=(SIZE=12PT) NOBORDER;
    RUN;
```

속성에 대한 옵션을 지정하는 방식은 〈표 6〉을 참고하면 된다.[13]

〈표 6〉 SGPLOT에서 속성을 지정하는 방법

OPTION-NAME= style-element ¦ style-element (options) ¦ (options)
여기서 OPTION-NAME은 속성을 지정하고자 하는 대상으로 LINEATTRS, MARKERATTRS, DATALBALEATTRS, FILLATTRS 등으로 매우 다양하다.
STYLE-ELEMENT는 SAS에서 제공하는 다양한 STYLE을 나타낸 것으로 LINEATTRS= GRAPHDATA2와 같은 형식으로 제공한다.
OPTIONS에는 속성 요소들을 하나씩 지정을 하도록 한다.
예:
DATALABELATTRS=(Color=Green Family=Arial Size=8 Style=Italic Weight= Bold)
LINEATTRS=(PATTERN=DASH COLOR=LIGHTRED THICKNESS=2)[14]
MARKERATTRS=(COLOR=DARKRED SYMBOL=DIAMOND SIZE=2)
FILLATTRS=(COLOR=LIGHTGRAY TRANSPARENCY=0.6)

한편 STYLE-ELEMENT와 OPTION을 함께 지정할 수도 있다.
예: LINEATTRS=GRAPHFIT2(PATTERN=DASH)

---

13) SAS 고급 이용자들은 ANNOTATION을 데이터 형식으로 지정하여 이를 PROC SGPLOT 프로시저를 불러오는 방법을 이용할 수 있으니 이를 활용해도 된다.
14) 선의 두께는 픽셀의 크기로 지정할 수 있는데 센티미터, 포인트 크기 등으로 다양하게 지정할 수 있다.

SYMBOL 종류

↓ ArrowDown	I Ibeam	◁ TriangleLeft	▼ HomeDownFilled
✳ Asterisk	+ Plus	▷ TriangleRight	■ SquareFilled
○ Circle	□ Square	∪ Union	★ StarFilled
◇ Diamond	☆ Star	× X	▲ TriangleFilled
> GreaterThan	⊤ Tack	Y Y	▼ TriangleDownFilled
< LessThan	⋂ Tilde	Z Z	◀ TriangleLeftFilled
# Hash	△ Triangle	● CircleFilled	▶ TriangleRightFilled
▽ HomeDown	▽ TriangleDown	◆ DiamondFilled	

선의 종류

Solid	————————	1
ShortDash	- - - - - - - - -	2
MediumDash	— — — — — — —	4
LongDash	—— —— —— ——	5
MediumDashShortDash	— - — - — - —	8
DashDashDot	— — · — — · — —	14
DashDotDot	— · · — · · — · ·	15
Dash	— — — — — —	20
LongDashShortDash	—— - —— - —— - ——	26
Dot	··············	34
ThinDot	· · · · · · · · · ·	35
ShortDashDot	- · - · - · - · - ·	41
MediumDashDotDot	— · · — · · — · · —	42

한편 그림을 그릴 때 사용하는 심벌이나 선의 유형은 〈표 7〉과 같다.

위와 같이 다양한 속성을 사용하여 선 그래프를 다음과 같이 수정할 수 있다. 예제에서는 각 범주별 신뢰구간을 나타내고 평균값을 표의 형태로 제시할 수 있도록 하였으며 선의 굵기나 색깔들을 변형시켜 범주의 구분을 용이하게 하였다. 속성 지정은 대부분 비슷한 문법 구조를 따르기 때문에 그래프의 종류별로 어떤 속성 지정이 가능한지를 알면 목적에 맞게 그래프를 수정할 수 있다.

[그림 31] 다양한 속성 지정을 이용한 선 그래프의 예시

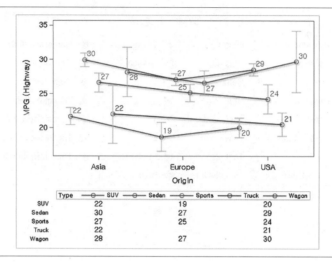

```
PROC SGPLOT DATA=SASHELP.CARS ;
  WHERE TYPE ^='Hybrid';
  FORMAT MPG_HIGHWAY BEST3.1;
  VLINE ORIGIN/RESPONSE=MPG_HIGHWAY STAT=MEAN GROUP=TYPE LIMITS=BOTH
  LIMITSTAT=CLM GROUPDISPLAY=CLUSTER LINEATTRS=GRAPHFIT6(THICKNESS=2)
  LIMITATTRS=(COLOR=LIGHTBLUE THICKNESS=2)
  MARKERS MARKERATTRS=(SYMBOL=RED SIZE=10 COLOR=RED)
  MARKERFILLATTRS=GRAPHDATA2 DATALABEL DATALABELATTRS=(SIZE=12)
  DATASKIN=SHEEN TRANSPARENCY=0.3;
  XAXIS VALUEATTRS=(SIZE=12) LABELATTRS=(SIZE=12);
  YAXIS VALUEATTRS=(SIZE=12) LABELATTRS=(SIZE=12);
  XAXISTABLE MPG_HIGHWAY/STAT=MEAN VALUEATTRS=(SIZE=11);
RUN;
```

② 선 그래프의 응용

범주형 변수를 시각화할 때 범주 간의 차이의 변화를 선의 형태로 나타내는 것이 선호될 수 있다. 특히 날짜나 연도를 범주형 변수로 간주한다면 시점에 따라 관심있는 변수가 어떻게 변화하는지를 선 그래프를 이용하여 시각화할 수 있다. 물론, 시간이나 날짜를 연속형 변수로 간주한다면 추세 그래프(series plot)를 이용해서도 시각화할 수 있다. 하지만 이산형 변수(discrete variable)는 범주형 변수를 가정한 선 그래프(line graph)를 활용하는 것이 유용한 경우가 많기 때문에 선 그래프를 응용한 시각화 방법을 살펴보자.

막대그래프와 선 그래프는 모두 핵심축이 범주형 변수이다. 따라서 이 두 그래프는 동시에 겹쳐서 사용할 수 있다. 예제 자료는 SASHELP 라이브러리에서 제공하는 주가 자료로 회사별/일별 주가 거래량, 시가, 종가 등의 변수들이 제공되고 있다.

날짜 변수는 숫자로도 나타낼 수도 있지만 명목형 변수로 간주할 수도 있다. SAS의 경우에는 날짜를 특수한 포맷의 형태로 표현을 한다. 예를 들어 06JAN2016으로 입력된 자료라면 SAS는 이 값을 2016년 1월 6일로 인식을 할 수 있어야 한다. 시간 변수로 나타낸 경우에 선 그래프는 추세선(series plot)과 유사하게 시간에 따라 변수의 변화를 시각화할 수 있다. [그림 32]는 거래량은 왼쪽 축에, 종가는 오른쪽 축에 나타내고 있다. VLINE 명령문의 Y2AXIS 옵션은 선 그래프의 축을 오른쪽에 있는 수직축에 나타내도록 한다.

첫 번째 그림에는 수평축의 값들이 겹쳐서 제대로 값을 확인할 수 없을 뿐 아니라 막대그래프의 막대의 색깔이 너무 진해서 선 그래프가 제대로 보이지 않는다. 따라서 두 번째 그래프처럼 TRANSPARENCY=0.7 옵션을 사용하여 막대의 투명도를 조정하였다. 만일 이 숫자가 1에 가까워지면 그림은 더 투명해진다.

한편 축의 레이블이 겹치는 문제를 해결하기 위해 XAXIS 명령문에 여러 가지 옵션을 지정할 수 있다. 먼저 축의 변수가 시간 변수임을 나타내기 위해 TYPE=TIME으로 지정을 하였고, 수평축의 값의 단위를 INTERVAL=MONTH을 이용하여 월로 지정하였다. 그리고 축의 값들이 서로 겹치지 않도록 FITPOLICY=THIN 옵션을 사용하였다.

마지막 세 번째 그림은 '월'이 아니라 INTERVAL=DAY를 이용하여 자료의 간격을 "일"로 지정을 한 결과이다. 또한 시간 범위를 VALUES를 이용하여 지정하였다.

[그림 32] 막대그래프와 선 그래프를 함께 사용한 경우의 예시

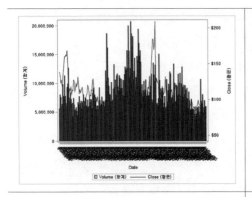

```
PROC SGPLOT DATA=SASHELP.STOCKS
   (WHERE=(STOCK = "IBM"));
   VBAR DATE/RESPONSE=VOLUME;
   VLINE DATE/RESPONSE=CLOSE
   STAT=MEAN Y2AXIS;
RUN;
```

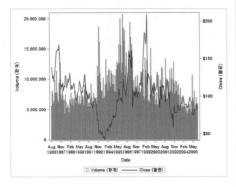

```
PROC SGPLOT DATA=SASHELP.STOCKS
   (WHERE=(STOCK = "IBM"));
   VBAR DATE/RESPONSE=VOLUME
   TRANSPARENCY=0.7;
   VLINE DATE/RESPONSE=CLOSE
   STAT=MEAN Y2AXIS;
   XAXIS TYPE=TIME INTERVAL=MONTH;
RUN;
```

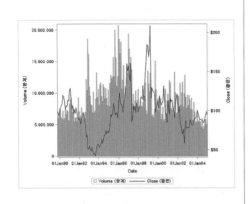

```
PROC SGPLOT DATA=SASHELP.STOCKS
   (WHERE=(STOCK = "IBM"));
   VBAR DATE/RESPONSE=VOLUME
   TRANSPARENCY=0.7;
   VLINE DATE/RESPONSE=CLOSE
   STAT=MEAN Y2AXIS;
   XAXIS TYPE=TIME
   VALUES=('1JAN1990'd to '1DEC2004'd
   BY QTR) INTERVAL=DAY FITPOLICY=
   THIN ;
RUN;
```

축의 설정

X축이나 Y축의 형태를 지정하는 다양한 방법이 있다. XAXIS와 YAXIS 명령문은 축의 모양을 결정하기 위한 다양한 옵션을 제공해준다. 축의 간격을 조정하기 위해 INTEGER 같은 옵션을 지정하여 눈금선이 정수 형태로 나타나게 해주기도 하고 INTERVAL= 옵션을 지정하여 시간 변수의 눈금을 초단위에서 연까지 다양한 형식으로 조정해주기도 한다. 또한, LOGBASE= 옵션을 지정해주면 축의 간격의 변화를 로그 스케일로 나타낼 수 있다. 예를 들어 LOGBASE=10으로 지정하게 되면 X축 눈금은 $Log_{10}X$에 따라 간격이 정해진다. 즉 $Log_{10}10$, $Log_{10}10^2$, $\cdots$, $Log_{10}10^k$이 각각의 눈금이 되는 것이다. 만일 로그함수의 밑을 2, E 값을 지정하면 아래 그림과 같이 축의 모양이 나타나게 된다. 또한, GRID나 COLORBAND 같은 옵션을 사용하면 축의 선을 나타내거나 색깔로 간격을 구분하도록 해준다. 축의 간격을 잘못 지정하면 변화의 크기를 제대로 나타내지 못하는 문제가 있으므로 시각화를 수행할 때 항상 축의 모양을 적절히 선택하여 조정해야 할 것이다.

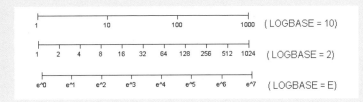

[그림 33] 막대그래프와 선 그래프의 결합

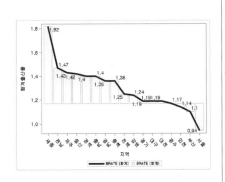

```
PROC SGPLOT DATA=BIRTH;
  VLINE REGION/RESPONSE=BRATE
  DATALABEL DATALABELATTRS=(SIZE=12)
  CATEGORYORDER=RESPDESC
  LINEATTRS=(THICKNESS=5);
  VBAR REGION/RESPONSE=BRATE
  CATEGORYORDER=RESPDESC
  BASELINE=1.17 FILLTYPE=GRADIENT
  TRANSPARENCY=0.8;
  XAXIS VALUEATTRS=(SIZE=12)
  LABELATTRS=(SIZE=12) LABEL="지역";
  YAXIS VALUEATTRS=(SIZE=12)
  LABELATTRS=(SIZE=12)
  LABEL="합계출산율";
RUN;
```

[그림 34] 모수를 지정하여 직선 그리기

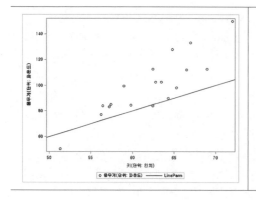

```
PROC SGPLOT DATA=SASHELP.CLASS;
  SCATTER X=HEIGHT Y=WEIGHT;
  LINEPARM X=60 Y=80 SLOPE=2;
RUN;
```

시계열 자료가 아니더라도 막대그래프와 선그래프를 결합하여 범주 간의 차이를 [그림 33]과 같이 나타낼 수 있다.

또한 모수값을 지정하여 직선을 그릴 수 있다. 예를 들어 기울기와 X 및 Y 좌표를 지정하면 LINEPARM 명령문을 이용하면 직선을 그래프에 그릴 수 있다. [그림 34]는 (60, 80)이라는 점을 통과하면서 기울기가 2인 직선을 그리는 방법을 예시하고 있다. LINEPARM 명령문은 선이 통과하는 점의 좌표를 X= Y= 로 지정하고 기울기의 크기를 SLOPE= 형태로 지정을 한다.

4) 상자그림

상자그림(box plot)은 연속형 변수를 중윗값, 25%, 75%, 최댓값, 최솟값 등 사분위수(quartile) 정보를 이용하여 시각화를 하는 방법이다. 막대그래프나 선 그래프처럼 수평이나 수직이냐에 따라 HBOX 혹은 VBOX 명령문을 사용해서 나타낸다는 점에서는 유사하다. 하지만 상자그림에서 핵심변수는 연속형 변수이다. 이 연속형 변수에 대해서 분위수 정보를 계산한 후 시각화를 하기 때문이다.

한편 여러 개의 상자그림을 나타낼 때는 주된 축에 범주형 변수를 CATEGORY= 옵션을 이용하여 지정하면 된다. 이 범주형 변수의 범주별로 또 하위 범주가 존재하면 이 보조변수를 GROUP= 옵션을 이용하면 상자그림을 구분해서 나타낼 수 있다.

HBOX 연속형변수 /CATEGORY= GROUP= 기타 옵션들;

[그림 35] 상자그림의 구조

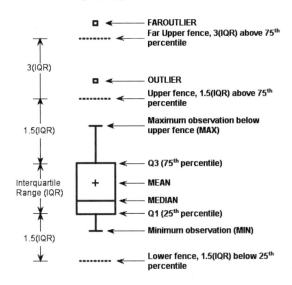

상자그림은 연속형 변수의 분포를 사분위수를 이용하여 요약 정리하는 데 널리 사용된다. 사분위수는 자료를 가장 작은 값부터 가장 큰 값으로 정렬한 후 순서별로 25%에 위치한 값(Q1), 50%에 위치한 값(Q2), 75%에 위치한 값(Q3), 100%에 위치한 값(Q4)을 나타낸다. 이때 Q2는 중윗값, Q4는 최댓값을 의미하기도 한다. 한편 사분위 구간(interquartile range, IQR)은 Q3와 Q1의 차이로 정의된다. 상자그림은 [그림 35]와 같이 상자에 사분위 정보를 제공하는데, 상자의 가운데에 있는 선은 중윗값을 나타내고 상자의 위쪽과 아래쪽은 각각 Q3, Q1 값을 나타낸다.

상자로부터 뻗어 나온 선을 수염(whisker)이라고 부르며 이 수염의 끝에 직선으로 표시된 지점은 울타리(fence)라고 부른다. 이 울타리를 넘어서는 점은 극단값(outlier)이라고 판정을 한다. 극단값은 Q3, Q1으로부터 $1.5 \times IQR$인 영역을 벗어난 지점에 위치하는 경우에 해당한다. 극단값 중에서 $3 \times IQR$을 넘어선 구간은 최극단값(faroutlier)이라고 부른다.[15]

[그림 36]은 하나의 변수(MPG_HIGHWAY)에 대해 상자그림을 이용하여 시각화한 결과이다. 시계 방향으로 가장 첫 번째 그림은 옵션으로 DATALABEL을 지정한 것으로 상자그림에서 DATALABEL은 극단값이나 초극단값에 대한 데이터 레이블을 나타낸다. [그림 36]에서는 극단값과 초극단값의 관찰점 번호가 표시되어 있다. 하지만 이 그림을 보면 어

---

15) VBOX 명령문에서 LABELFAR 옵션을 사용하게 되면 극단값을 나타낼 때 최극단값에 대해서만 DATALABEL을 나타내준다.

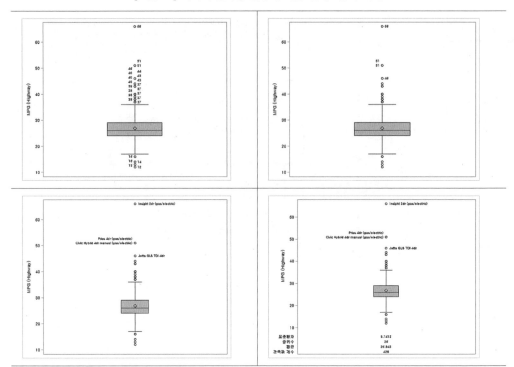

[그림 36] 하나의 연속형 변수에 대한 상자그림의 예시

```
PROC SGPLOT DATA=SASHELP.CARS;
  VBOX MPG_HIGHWAY/DATALABEL=MODEL LABELFAR DISPLAYSTATS=(N MEAN MEDIAN
  STD);
  ODS OUTPUT SGPLOT=RESULT;
RUN;
```

느 것이 극단값인지 초극단값인지 잘 나타나지 않는다. 따라서 두 번째 그림과 같이
LABELFAR 옵션을 사용하면 초극단값에 대한 DATALABEL 값이 표시됨을 알 수 있다.
세 번째 그림에서는 관찰값의 이름을 확인하기 위해서 데이터 세트에 관찰값에 대한 이름
정보를 갖고 있는 MODEL이라는 변수를 지정한 것이다. 즉, DATALABEL=MODEL 옵
션을 이용하여 관찰점의 레이블을 지정하여 관찰점 번호가 아니라 관찰값의 MODEL이라
는 변수 값을 레이블로 표시한 것이다.
　 상자그림을 그릴 때 표본 크기, 평균, 중윗값, 표준편차 등의 정보도 함께 나타내주는 것
이 유용한 경우가 많다. 이를 위해 예제에서는 DISPLAYSTATS= 라는 옵션을 지정하였
다. 이 옵션에 나타내고자 하는 통계량을 지정하면 그림의 아래에 이 정보를 함께 나타낼
수 있다.

[그림 37] DATASKIN

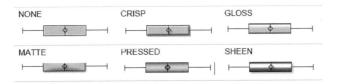

[그림 38] 범주별로 상자그림 그리기

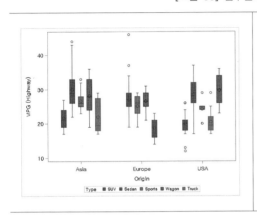

```
PROC SGPLOT DATA=SASHELP.CARS;
  WHERE TYPE ^='Hybrid';
  VBOX MPG_HIGHWAY/CATEGORY=ORIGIN
  GROUP=TYPE GROUPDISPLAY=CLUSTER;
  XAXIS VALUEATTRS=(SIZE=12)
  LABELATTRS=(SIZE=12);
  YAXIS VALUEATTRS=(SIZE=12)
  LABELATTRS=(SIZE=12);
RUN;
```

한편 ODS OUTPUT SGPLOT=RESULT; 명령문을 사용하면 SAS 데이터 세트에 RESULT라는 데이터 세트에 상자그림을 그리기 위해 사용된 사분위수 및 극단값 등이 저장되어 있음을 확인할 수 있다.

상자그림의 상자를 채울 때 [그림 37]과 같이 DATASKIN= 옵션을 사용하면 다양한 시각화를 시도해 볼 수 있다.[16]

제1계층과 제2계층의 범주가 있을 때 각 범주별로 분석변수인 연비(MPG_HIGHWAY)의 상자그림을 그릴 수도 있다. [그림 38]에서 CATEGORY= 에는 수평축에 해당하는 범주형 변수를 GROUP=에는 CATEGORY=에서 지정한 각 범주별 하위 범주에 대한 변수를 지정하였고, GROUP을 나타내는 방식을 GROUPDISPLAY=CLUSTER를 지정하여 서로 겹치지 않게 하였다. 따라서 [그림 38]에는 지역별로 다시 차종에 따른 연비의 상자그림이 시각화되었음을 알 수 있다.

---

16) DATASKIN 옵션은 상자뿐만 아니라 선, 마커, 영역 등을 나타낼 때도 사용할 수 있어서 VBOX, VLINE 등 다양한 그래프에서도 활용할 수 있다.

[그림 39] 산점도와 상자 그림을 함께 나타낸 예시

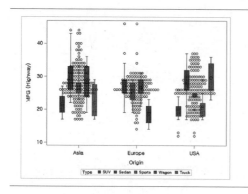 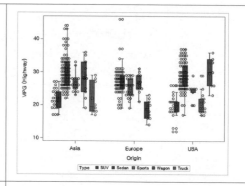

```
PROC SGPLOT DATA=SASHELP.CARS;
 WHERE TYPE ^='Hybrid';
 VBOX MPG_HIGHWAY/CATEGORY=ORIGIN
 GROUP=TYPE GROUPDISPLAY=CLUSTER;
 SCATTER X=ORIGIN Y=MPG_HIGHWAY
 /GROUP=TYPE  JITTER;
 XAXIS VALUEATTRS=(SIZE=12)
 LABELATTRS=(SIZE=12);
 YAXIS VALUEATTRS=(SIZE=12)
 LABELATTRS=(SIZE=12);
 RUN;
```

```
PROC SGPLOT DATA=SASHELP.CARS;
 WHERE TYPE ^='Hybrid';
  VBOXMPG_HIGHWAY/CATEGORY=ORIGIN
 GROUP=TYPE GROUPDISPLAY=CLUSTER;
 SCATTER X=ORIGIN Y=MPG_HIGHWAY
 /GROUP=TYPE GROUPDISPLAY=CLUSTER
 JITTER;
 XAXIS VALUEATTRS=(SIZE=12)
 LABELATTRS=(SIZE=12);
 YAXIS VALUEATTRS=(SIZE=12)
 LABELATTRS=(SIZE=12);
RUN;
```

상자그림과 산점도를 결합한 것은 [그림 39]에 나타나 있다. 첫 번째 그림은 GROUPDISPLAY=CLUSTER 옵션을 지정하지 않은 것이고, 두 번째 그림은 이 옵션을 지정한 것인데 그 차이를 확인할 필요가 있다.

<표 8> 그래프 전체의 스타일 지정

SGPLOT에서 그림의 전체적인 스타일을 지정할 때 사용할 때 STYLEATTRS 명령문을 사용한
다. 이 명령문을 이용하면 데이터를 나타내는 마커(MARKER)의 모양(DATASYMBOLS=)을 지정
하거나, 데이터들을 연결하는 선의 종류를 지정하거나(DATALINEPATTERNS=), 그룹별 데이터의
색깔을 구분(DATACONTRASTCOLORS=)할 수 있다. 이 밖에도 그림의 배경색(WALLCOLOR)
도 지정할 수 있다.[17]

또한 AXISBREAK= 옵션을 아래와 같이 다양하게 지정을 하면 축의 구간을 나누어 단절시킬
때의 모양도 다양하게 나타낼 수 있다.

[그림 40] AXISBREAK= 옵션

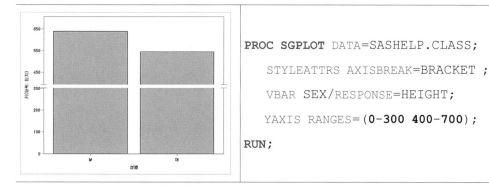

단절된 축을 시각화할 때는 XAXIS 혹은 YAXIS 명령문에서 RANGE 옵션을 함께 사용해야 한
다. [그림 41]은 이러한 시각화를 잘 보여준다.

[그림 41] 단절된 축의 시각화

```
PROC SGPLOT DATA=SASHELP.CLASS;
    STYLEATTRS AXISBREAK=BRACKET ;
    VBAR SEX/RESPONSE=HEIGHT;
    YAXIS RANGES=(0-300 400-700);
RUN;
```

5) 산점도

산점도(scatter plot)는 두 변수의 대응값을 2차원 평면에 나타내는 기법이다. 산점도는 두
변수가 어떤 관계를 갖는지를 이해하는 데 유용하기 때문에 자료분석의 기본이라고 할 수

---

17) 참고로 SAS에서 활용할 수 있는 색깔 이름들을 쉽게 확인하기 위해서는 PROC REGISTRY LIST
STARTAT="COLORNAMES"; RUN; 구문을 수행시키면 된다. 로그 윈도우에 SAS에서 제공하는
색깔 이름과 색깔 코드들이 출력된다.

[그림 42] 산점도의 예시

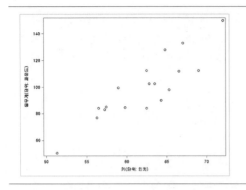 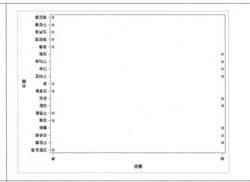

```
PROC SGPLOT DATA=SASHELP.CLASS;
  SCATTER X=HEIGHT Y=WEIGHT;
RUN;
```

```
PROC SGPLOT DATA=SASHELP.CLASS;
  SCATTER X=SEX Y=NAME;
RUN;
```

[그림 43] 보조변수를 이용한 세 개 변수의 산점도 그리기 예시

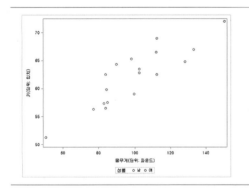

```
PROC SGPLOT DATA=SASHELP.CLASS;
  SCATTER X=WEIGHT Y=HEIGHT
  /GROUP=SEX;
RUN;
```

있다. [그림 42]의 코드처럼 산점도를 그리기 위해서는 X축에 해당하는 변수와 Y축에 해당하는 변수를 지정해야 한다. 한편 산점도는 원래 연속형 변수인 경우에 주로 사용되지만, [그림 42]의 오른쪽 그림처럼 범주형 변수인 경우에도 사용될 수도 있다.

산점도는 두 개의 변수뿐만 아니라 보조변수를 이용하여 세 개 변수를 시각화할 수 있다. 예를 들어 HEIGHT와 WEIGHT를 주된 변수로 사용하고 SEX를 보조변수로 사용하면 [그림 43]과 같은 결과를 얻을 수 있다.

[그림 44] 보조변수의 범주별 차이를 나타내는 시각화

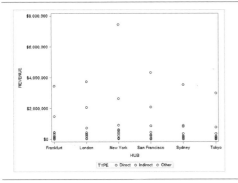
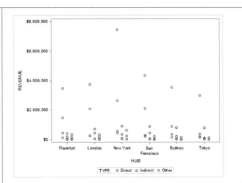

PROC SGPLOT DATA=SASHELP.REVHUB2;
  SCATTER X=HUB Y=REVENUE /
  GROUP=TYPE ;
  XAXIS TYPE=DISCRETE;
RUN;
	PROC SGPLOT DATA=SASHELP.REVHUB2;
	  SCATTER X=HUB Y=REVENUE /
	  GROUP=TYPE GROUPDISPLAY=CLUSTER
	  CLUSTERWIDTH=0.5;
	RUN;

산점도를 그릴 때 X축에 범주형 변수를 사용하면서 보조변수를 사용하게 되면 범주형 변수를 이용하여 보조변수의 범주별 차이를 구분하기 위해 GROUPDISPLAY= CLUSTER 옵션을 사용할 수 있는데 이를 이용하기 전/후의 그래프의 차이를 살펴보면 [그림 44]와 같다. [그림 44]의 오른쪽 그림에서 각 범주별 간격을 지정하기 위해 CLUSTERWIDTH= 옵션을 사용하고 있음도 주목할 필요가 있다.

산점도를 그릴 때 두 변수 간의 상관관계를 조금 더 잘 나타내기 위해 타원 그래프 (ellipse graph)를 함께 나타내는 경우도 있다. 타원 그래프는 두 변수의 상관관계를 나타내기 위해 두 변수의 분산을 가장 잘 나타내는 주축(major axis)과 종축(minor axis)으로 원래 자료를 선형 변환한 결과를 보여주는 것인데 주축이 길수록 두 변수의 상관관계가 큰 것을 확인할 수 있으므로 유용하게 사용할 수 있다. 또한 타원 그래프는 두 변수가 다변량 정규분포를 따른다고 가정할 때의 신뢰구간 영역을 제시해주기 때문에 극단값을 찾는 데도 도움이 된다. [그림 45]는 산점도와 타원 그래프를 함께 시각화한 결과를 보여주고 있다.

[그림 45] 산점도와 타원 그래프의 시각화

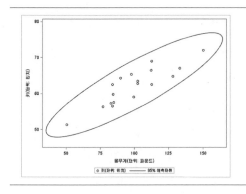

```
PROC SGPLOT DATA=SASHELP.CLASS;
  SCATTER X=WEIGHT Y=HEIGHT;
  ELLIPSE X=WEIGHT Y=HEIGHT;
RUN;
```

[그림 46] 산점도 행렬 그림

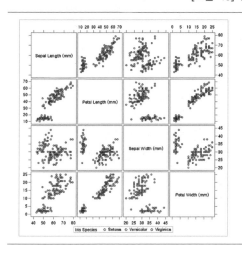

```
PROC SGSCATTER DATA=SASHELP.IRIS;
  MATRIX SEPALLENGTH PETALLENGTH
  SEPALWIDTH PETALWIDTH
  /GROUP=SPECIES;
RUN;
```

산점도를 그릴 때 3개 이상의 주된 변수들의 산점도를 조합하여 그림을 그리는 경우들도 있다. 이때 PROC SGSCATTER 프로시저를 이용하면 변수의 쌍별 조합별로 산점도를 손쉽게 그릴 수 있다.

[그림 46]은 산점도 행렬을 MATRIX 명령문을 이용하여 시각화한 것으로 SEPALLENGTH, PETALLENGTH, SEPALWIDTH, PETALWIDTH라는 4개 변수의 조합의 산점도를 하나의 그래프에 시각화한 것이다.

[그림 47] 변수 조합별 산점도 그리기

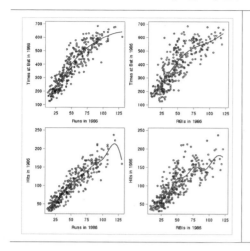

```
PROC SGSCATTER DATA=SASHELP.BASEBALL;
PLOT (NATBAT NHITS)*(NRUNS NRBI)/
PBSPLINE;
RUN;
```

선택된 변수 조합별로 산점도를 그리면서 이 산점도에 회귀직선이나 타원 그래프, 국소회귀 그래프(LOESS graph), 스플라인 곡선(spline curve) 등을 함께 포함하여 시각화를 할 수도 있다. [그림 47]은 PLOT 명령문을 이용하여 변수의 조합의 산점도를 시각화하는 예제를 보여주고 있다. 옵션으로 PBSPLINE을 사용하여 스플라인 그래프도 함께 그렸다.

산점도를 그릴 때 사용하는 마커의 색깔을 다른 변수의 값을 이용하여 나타낼 수 있도록 할 수도 있다. 이를 간단하게 나타내는 방법은 SCATTER 명령문에서 제공되는 COLORRESPONSE= 옵션에 색깔을 나타내는 변수를 지정하는 것이다. 예를 들면 통산 홈런과 통산 안타의 관계를 산점도로 나타낼 때 연봉의 크기에 따라 마커의 색깔을 달리하는 시각화를 하고자 한다면 [그림 48]과 같은 코드를 사용할 수 있다. 이렇게 시각화해 보면 통산 홈런이나 통산 안타 수가 많다고 하더라도 반드시 연봉이 높은 것은 아님을 알 수 있다.

[그림 48] 산점도 마커 색깔을 제3의 변수의 값의 크기를 반영하여 시각화하는 경우

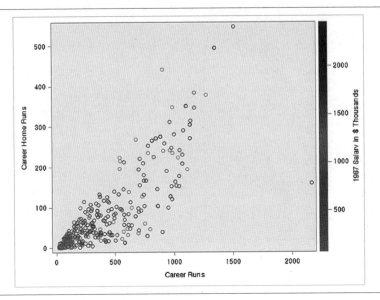

```
PROC SGPLOT DATA=SASHELP.BASEBALL;
  SCATTER X=CRRUNS Y=CRHOME/COLORRESPONSE=SALARY
  COLORMODEL=(GRAY RED BLUE);
RUN;
```

이 밖에도 축의 모양이나 점의 모양, 크기, 색깔 등을 속성(attribute)을 지정하는 다양한 옵션을 사용하면 다양한 산점도의 시각화도 가능하므로 다양한 시각화 접근을 고민해볼 수 있다.

6) 누적 막대그래프와 밴드 그래프

밴드 그래프는 X축이나 Y축의 변수를 먼저 지정한 다음 다른 축의 변수의 값의 상한과 하한의 사이에 있는 값의 공간을 다양한 색으로 채우는 그래프이다. 예를 들어 확률밀도함수(probability density function, PDF)를 시각화한 후 확률변수가 일정 구간의 값을 갖는 면적을 구하는 문제를 시각화한다고 가정해보자. 이를 위해서는 확률밀도함수의 값을 상한으로 0의 값을 하한으로 한 후에 아래와 같이 시각화를 할 수 있다.

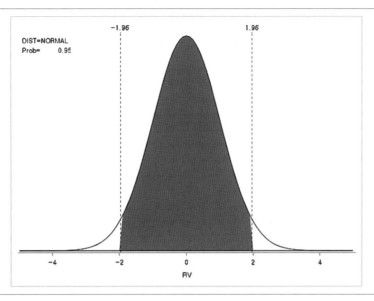

```
%MACRO DISTPROB(DIST=, START=,END=,LOWERCUT=, UPPERCUT=, PARM1=,
PARM2=);
DATA PDF;
    DO X=&START TO &END BY 0.1;
      LOWER = 0;
      %LET PDF=PDF("&DIST", X,&PARM1 &PARM2);
      PDF=&PDF;
      IF &LOWERCUT ^=. AND &UPPERCUT ^=. THEN DO;
        IF X>=&LOWERCUT AND X<=&UPPERCUT THEN UPPER=PDF;
        ELSE UPPER=0;
        PROB=CDF("&DIST", &UPPERCUT, &PARM1 &PARM2)
        -CDF("&DIST", &LOWERCUT, &PARM1 &PARM2);
        PROB=ROUND(PROB,0.001);
        CALL SYMPUT("PROB", PROB);
        END;
        ELSE IF &LOWERCUT ^=. AND &UPPERCUT =. THEN DO;
        IF X<=&LOWERCUT THEN UPPER=PDF;
        ELSE UPPER=0;
        PROB=CDF("&DIST", &LOWERCUT, &PARM1 &PARM2);
        PROB=ROUND(PROB,0.001);
        CALL SYMPUT("PROB", PROB);
        END;
```

```
        IF &LOWERCUT =. AND &UPPERCUT ^=. THEN DO;
          IF X>=&UPPERCUT THEN UPPER=PDF;
          ELSE UPPER=0;
          PROB=CDF("&DIST", &UPPERCUT, &PARM1 &PARM2);
          PROB=ROUND(PROB,0.001);
          CALL SYMPUT("PROB", PROB);
          END;
        OUTPUT;
        END;
    RUN;
    PROC SGPLOT DATA=pdf noautolegend noborder;
      yaxis display=none;
      xaxis LABEL='RV';
      BAND x = x lower = lower upper = upper / fillattrs=(color=gray8a);
      series x = x y = pdf / lineattrs = (color = black);
      series x = x y = lower / lineattrs = (color = black);
      %IF %SYSEVALF(&LOWERCUT,BOOLEAN)=1 %THEN %DO;
      REFLINE  &LOWERCUT  /  LABEL="&LOWERCUT"  axis=x
       lineattrs=(pattern=2 color=blue) ;
      %END;
      %IF %SYSEVALF(&UPPERCUT,BOOLEAN)=1 %THEN %DO;
      REFLINE  &UPPERCUT  /  LABEL="&UPPERCUT"  axis=x
       lineattrs=(pattern=2 color=blue) ;
      %END;
      INSET "DIST=&DIST"  "Prob=&PROB";
     RUN;
    %MEND;

%DISTPROB(DIST=NORMAL,START=-5,END=5,LOWERCUT=-1.96,UPPERCUT=1.96,
PARM1=0,PARM2=%STR(,1));
```

밴드 그래프는 여러 범주의 추세를 나타내는 자료를 나타내는 데도 유용하게 사용할 수 있다. 예제의 자료에서 SOURCE라는 변수는 대기 오염원을 나타내고, VALUE 변수는 CO_2 배출량을, YEAR는 연도를 나타낸다. 원래 자료는 횡형(wide-form)으로 Transportation, Commercial, Residential, Industrial, Electric별로 CO_2 배출량이 제시되고 있다. 이 횡형자

[그림 49] 횡형자료를 직접 이용한 범주별 추세 변화의 누적 그래프

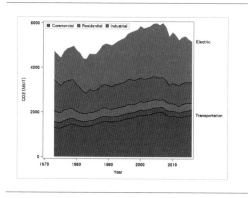

```
DATA NEW;
  SET CO2;
  C0=TRANSPORTATION;
  C1=C0+Commercial;
  C2=C1+Residential;
  C3=C2+Industrial;
  C4=C3+Electric;
  RUN;
```

```
PROC SGPLOT DATA=NEW NOAUTOLEGEND;
  BAND X=YEAR LOWER=0 UPPER=C0 /FILLATTRS=GRAPHDATA1 ;
   SERIES            X=YEAR              Y=C0/LINEATTRS=(THICKNESS=3)
CURVELABEL="Transportation" CURVELABELLOC=OUTSIDE;
   BAND      X=YEAR     LOWER=C0     UPPER=C1/FILLATTRS=GRAPHDATA2
LEGENDLABEL="Commercial" NAME='A';
  SERIES X=YEAR Y=C1/LINEATTRS=(THICKNESS=3);
   BAND      X=YEAR   . LOWER=C1     UPPER=C2/FILLATTRS=GRAPHDATA3
LEGENDLABEL="Residential" NAME='B';
  SERIES X=YEAR Y=C2/LINEATTRS=(THICKNESS=3);
   BAND      X=YEAR     LOWER=C2     UPPER=C3/FILLATTRS=GRAPHDATA4
LEGENDLABEL="Industrial" NAME='C';
  SERIES X=YEAR Y=C3/LINEATTRS=(THICKNESS=3);
   BAND      X=YEAR     LOWER=C3     UPPER=C4/FILLATTRS=GRAPHDATA5
CURVELABELUPPER="Electric" CURVELABELLOC=OUTSIDE;
  KEYLEGEND 'A' 'B' 'C'/LOCATION=INSIDE;
  YAXIS LABEL="CO2 (MMT)";
  RUN;
```

료를 바로 이용하여 각 오염원별 추세를 밴드 그래프를 이용해서 나타낼 수 없기 때문에 먼저 각 범주를 차례로 더해서 새로운 변수를 만든 새로운 데이터 세트를 만들어야 한다.

이 새로운 데이터 세트를 이용하여 밴드 그래프와 함께 추세선 그래프를 이용하여 경계를 나타낼 수 있다. [그림 49]에서는 밴드별로 LEGENDLABEL=을 이용하여 범주 레이블을 나타내거나, SERIES 그래프에 CURVELABEL= 옵션을 이용하여 범주 레이블을 나타내는 것을 시각화하였다.

한편 범주별 추세를 나타낼 때 누적 막대그래프(stacked bar graph)도 사용할 수 있다. 누적 막대그래프는 각 오염원별 배출량의 추세를 나타낼 뿐 아니라 각 연도에 오염원별 배출양의 값을 막대그래프로 누적하여 나타낼 수 있다.

누적 막대그래프는 종형자료에 적합하기 때문에 예제자료를 횡형에서 종형으로 변형시켜야 한다.

〈표 9〉 횡형자료를 종형자료로 변형시키기

```
PROC SORT DATA=CO2 OUT=WIDE;
BY YEAR;                         /* sort X categories */
RUN;
PROC TRANSPOSE DATA=WIDE
   OUT=Long(rename=(Col1=Value))
   NAME=Source;
   BY Year;                                    /* original X var */
   VAR Transportation Commercial Residential Industrial Electric;
   /* original Y vars */
RUN;
```

종형자료로 변형된 LONG이라는 이름의 데이터 세트에서 SOURCE라는 변수는 오염원을 나타내고, VALUE 변수는 배출량을, YEAR는 연도를 나타낸다. [그림 50]은 누적 막대그래프의 예제이다. 교통, 상업, 주거, 산업, 전기 등의 오염원 별로 오염배출량

[그림 50] 누적 막대그래프(원척도)

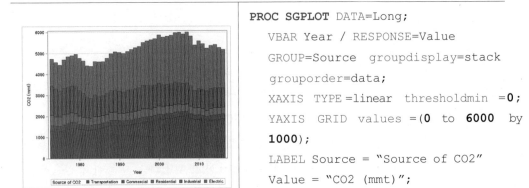

```
PROC SGPLOT DATA=Long;
   VBAR Year / RESPONSE=Value
   GROUP=Source  groupdisplay=stack
   grouporder=data;
   XAXIS  TYPE =linear  thresholdmin =0;
   YAXIS  GRID values =(0 to 6000 by
   1000);
   LABEL Source = "Source of CO2"
   Value = "CO2 (mmt)";
RUN;
```

[그림 51] 누적 막대그래프(비율)

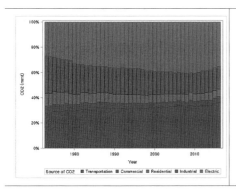

```
PROC SGPLOT DATA=LONG PCTLEVEL=GROUP ;
  VBAR Year / RESPONSE=Value
  GROUP=SOURCE STAT=PERCENT
  GROUPDISPLAY=STACK GROUPORDER=DATA ;
  XAXIS TYPE=LINEAR THRESHOLDMIN=0;
  LABEL Source = "Source of CO2"
Value = "CO2 (mmt)";
RUN;
```

의 값을 막대로 나타낸 후 이를 누적하여 각 연도의 총 오염배출량을 시각화한 것이다.[18]

위의 시각화는 오염원 전체의 배출량의 추세에 관심을 기울일 때 적절하지만 오염원 간의 상대적 배출량에 대한 분석을 하고자 할 때는 전체 배출량을 100%로 한 후 오염원 간의 상대적 배출비율의 추세를 시각화할 수 있다. [그림 51]은 비율을 이용한 누적 막대그래프를 시각화한 결과이다. 이때 PROC SGPLOT 명령문에 PCTLEVEL=GROUP 옵션을 사용하여 비율을 계산할 때 각 연도별로 그룹 내에서의 비율을 구하도록 해야 한다.

누적 막대그래프를 이용하지 않고 각 범주의 상한과 하한을 하나의 밴드로 하는 밴드 그래프를 이용하여 시각화할 수 있다. 이 경우는 종형(long-form) 자료를 변형하여 첫 번째 범주의 하한은 0, 상한은 첫 번째 범주의 값, 두 번째 범주의 하한은 첫 번째 범주의 값이고 상한은 두 번째 범주의 값과 같은 방식으로 상항과 하한을 지정한 후 밴드 그림을 그리는 것이다. [그림 52]의 예제에서는 각각의 밴드에 각 범주의 이름을 포함시키기 위해서 TEXT 명령문을 사용하여 텍스트가 위치할 좌표와 텍스트 값을 지정하도록 하였다. TEXT 그래프는 나타낼 텍스트 변수와 위치 정보를 데이터 세트의 형태로 지정을 하는데, SAS에서는 ANNOTATION 데이터 세트를 만들어 텍스트를 그래프에 포함시킬 수도 있다.

[그림 52]와 같이 밴드 그래프를 이용한 시각화는 누적 막대그래프보다 추세의 흐름을 효율적으로 시각화할 수 있도록 하고 있다. 범주를 구분하기 위한 다양한 색깔의 조합을 선택할 수 있는데 인터넷에서 'color palette' 관련한 사이트를 찾아보면 어느 색의 조합이

---

18) 이 분석에 사용한 예제와 자료는 다음을 참고하였다.
https://blogs.sas.com/content/iml/2018/01/31/create-stacked-band-plot-sas.html

[그림 52] 밴드 그림을 이용한 오염원별 추세 분석

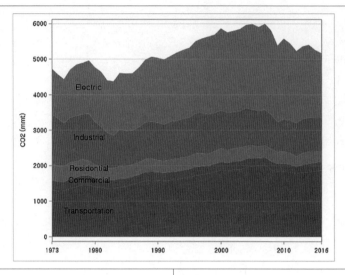

```
DATA Labels;
   SET ENERGY;
   WHERE YEAR = 1979;
   LABEL = SOURCE;
   XPOS = YEAR;
   YPOS = (CUMVALUE + PREVIOUS) / 2;
   KEEP LABEL XPOS YPOS;
RUN;
DATA ENERGYLABELS;
   SET ENERGY LABELS;
RUN;
```

```
proc sgplot DATA=ENERGYLABELS
NOAUTOLEGEND;
   BAND  X=YEAR  UPPER=CUMVALUE
   LOWER=PREVIOUS / GROUP=SOURCE;
   REFLINE 1000 TO 6000 BY 1000 /
   AXIS=Y LINEATTRS=GRAPHGRIDLINES
   TRANSPARENCY=0.75;
   TEXT X=XPOS Y=YPOS TEXT=LABEL/
   TEXTATTRS=(SIZE=11);
   XAXIS DISPLAY=(NOLABEL) VALUES=
   (1973, 1980 to 2010 by 10, 2016)
   OFFSETMIN=0 OFFSETMAS=0;
   YAXIS GRID VALUES=(0 TO 6000
   BY 1000) LABEL="CO2 (mmt)";
RUN;
```

적절한지는 쉽게 찾을 수 있다.

PROC SGPANEL을 이용한 시각화

시각화를 수행할 때 동일한 그림을 범주별로 시각화를 해야 하는 경우가 있다. 이 경우에는 하나의 공간을 여러 개의 패널로 분할하여 시각화를 하게 되는데 각 범주별로 그림을 하나씩 그리지 않고 PROC SGPANEL 프로시저를 사용할 수 있다.

PROC SGPANEL은 동일한 그림을 범주별로 시각화하기 위해 사용되는 것으로 PROC SGPLOT과 유사하지만 PANELBY라는 명령문을 이용하여 범주를 지정해주는 점이 다르다. [그림 53]은 지정된 범주형 변수를 범주별로 시각화하는 예시를 보여주고 있다.

[그림 53] SGPANEL을 이용한 시각화 예시

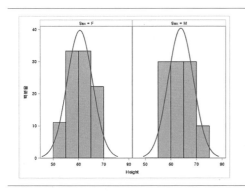

```
PROC SGPANEL DATA=SASHELP.CLASS;
  PANELBY SEX;
  HISTOGRAM HEIGHT;
  DENSITY HEIGHT;
RUN;
```

SGPANEL 프로시저에서는 SGPLOT 프로시저에서 XAXIS, YAXIS라는 용어를 사용하는 것과 달리 COLAXIS, ROWAXIS라는 용어를 사용한다. 이것은 하나의 패널에 여러 개의 그림을 시각화하기 때문에 축이라는 용어 대신 행과 열이라는 용어가 적절하기 때문이다. 이때 동일한 행에 있는 그림들은 동일한 축을 사용하기 때문에 축의 크기를 개별적으로 조정하기가 쉽지 않다. [그림 54]의 경우 첫 번째 행에 있는 구인배수와 참가율이라는 두 변수의 스케일이 너무 다르기 때문에 이를 동일한 축을 이용해서 시각화할 경우 변화를 제대로 나타내지 못하게 된다. 반면 [그림 55]에서는 동일한 측정 스케일을 가진 변수들 순서대로 시각화하도록 한 것이다. 이렇게 시각화하는 경우 변수의 변화를 명확히 나타낼 수 있는 장점이 있다. 이처럼 변수의 측정 스케일에 따라 그래프의 순서를 조정하기 위해서는 PANELBY 명령문의 옵션에 SORT=DECMEAN 옵션을 사용하면 내림차순으로 그래프를 배열하면 된다.

[그림 54] 측정단위가 상이한 것을 함께 시각화한 경우

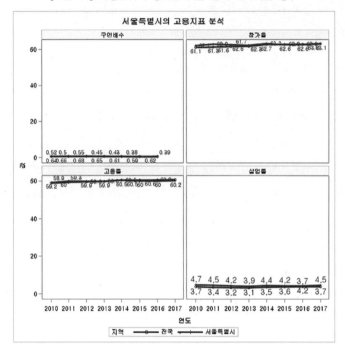

[그림 55] 측정 단위가 유사한 패널들을 SORT=DECMEAN 옵션을 이용해 시각화한 경우

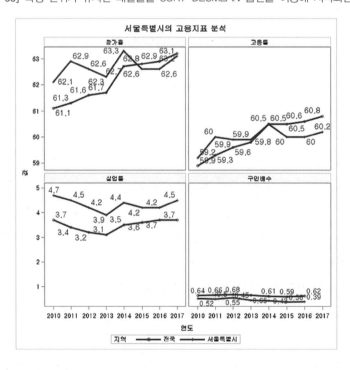

4. PROC SGSCATTER를 이용한 시각화

앞에서 잠깐 다루었지만 세 개 이상의 변수에 대해 쌍을 이룬 두 변수 간의 산점도를 나타내기 위해서는 SGSCATTER 프로시저를 이용할 수 있다. SGSCATTER 프로시저는 행렬 형태로 산점도를 나타내는 방법(MATRIX), 지정된 변수의 조합에 대한 산점도를 나타내는 방법(COMPARE, PLOT)이 있다.

먼저 변수 간의 산점도 행렬을 시각화해보면 [그림 56]과 같다. DIAGONAL=( ) 옵션은 산점도 행렬의 대각선에 HISTOGRAM, KERNEL, NORMAL 분포를 나타낼 수 있도록 하며, ELLIPSE=( ) 옵션은 관찰점의 타원 신뢰구간(PREDICTED) 혹은 모평균의 타원 신뢰구간(MEAN)을 나타낼 수 있도록 한다. [그림 56]의 결과를 보면 4개의 변수의 쌍의 조합

[그림 56] 산점도 행렬

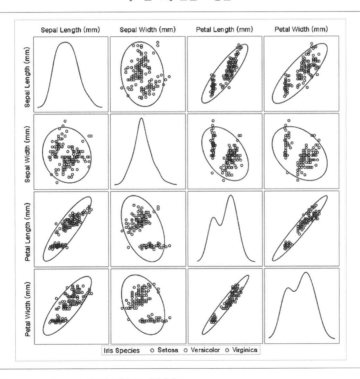

```
PROC SGSCATTER DATA=SASHELP.IRIS;
   MATRIX SEPALLENGTH SEPALWIDTH PETALLENGTH PETALWIDTH/GROUP=SPECIES
   DIAGONAL=(KERNEL) ELLIPSE=(ALPHA=0.05 TYPE=PREDICTED);
RUN;
```

[그림 57] 변수의 조합으로 나타낸 산점도

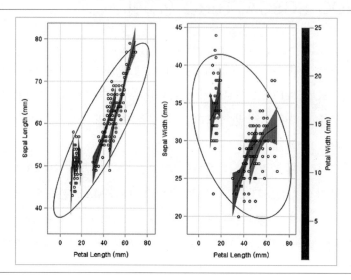

```
PROC SGSCATTER DATA=SASHELP.IRIS;
  PLOT  (SEPALLENGTH SEPALWIDTH)*PETALLENGTH/GROUP=SPECIES
  ELLIPSE=(ALPHA=0.05 TYPE=PREDICTED) COLORRESPOSE=PETALWIDTH ·
  GRID LOESS=(CLM DEGREE=1);
RUN;
```

즉 16개의 산점도가 나타남을 알 수 있다.

　PLOT 명령문을 사용하면 그림과 같이 Y축의 변수와 X축의 변수를 조합하여 그림을
나타낼 수 있다. PLOT 명령문을 사용하면 LOESS나 PBSPLINE 옵션을 사용하여 추세선
을 구할 수도 있고, COLORRESPONSE= 옵션을 이용하여 마커의 색깔을 결정하는 변수
를 지정할 수도 있다.

　PLOT과 유사하지만 축을 공유하는 산점도를 구하기 위해서는 COMPARE 명령문을
사용할 수 있다. COMPARE 명령문에서는 회귀직선도 시각화할 수 있는 장점이 있다.
[그림 58]의 그래프와 앞의 PLOT 명령문을 이용한 [그림 57]의 그래프를 비교해보면 전자
는 Y축의 변수가 PETAL LENGTH이지만, 후자는 X축의 면수가 PETAL LENGTH임을
알 수 있다.

[그림 58] 축을 공유하는 산점도

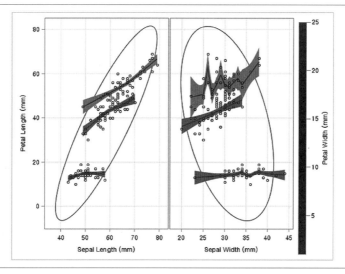

```
PROC SGSCATTER DATA=SASHELP.IRIS;
  COMPARE X=(SEPALLENGTH SEPALWIDTH) Y=PETALLENGTH/GROUP=SPECIES
  ELLIPSE=(ALPHA=0.05 TYPE=PREDICTED) COLORRESPOSE=PETALWIDTH
  GRID LOESS=(CLM DEGREE=1);
RUN;
```

5. GTL을 이용한 시각화

GTL은 Graph Template Language의 약자로 SAS에서 데이터 시각화를 반복적으로 수행하는 작업을 위해 사용하는 언어라고 할 수 있다. SAS의 각종 통계분석 프로시저에서 제공되는 그림이나 SGPLOT에서 제공되는 그림도 실제로는 GTL을 이용하여 작성되었기 때문에 GTL을 활용하면 자료 시각화를 매우 유연하고도 광범위하게 수행할 수 있다. GTL 은 PROC TEMPLATE 프로시저를 통해 구현되는데, 프로그래밍에 익숙하지 않은 사용자 에게는 낯선 사용 환경이기 때문에 초급 사용자들이 활용하기에는 부담이 있는 것은 사실 이다. 하지만 PROC TEMPLATE을 이용하여 자료 시각화 템플릿을 만들어 놓고 이를 반 복해서 사용하면 매우 편리하다. 특히 평면을 분할하여 크기가 다른 여러 개의 그림을 함 께 나타내는 작업을 해야 하는 경우 GTL은 매우 유용하다. 뿐만 아니라 PROC TEMPLATE

<표 10> GTL에서 제공하는 레이아웃 구조

Layout	Description
OVERLAY	General purpose layout for displaying 2-D plots in a single-cell.
OVERLAY3D	Layout for displaying 3-D plots in a single-cell.
OVERLAYEQUATED	Specialized OVERLAY with equated axes.
REGION	General purpose layout for displaying single-cell graphs that does not use axes.
GRIDDED	Basic grid of plots. All cells are independent.
LATTICE	Advanced multi-cell layout. Axes can be shared across columns or rows and be external to grid. Many grid labeling and alignment features.
DATALATTICE	Generates a classification panel from the values of 1 or 2 classifiers.
DATAPANEL	Generates a classification panel from the values of n classifiers.
GLOBALLEGEND	Specialized layout for creating a compound legend that contains multiple discrete legends.

출처: SAS GTL 매뉴얼.

은 SAS에서 제공하는 각종 테이블이나 출력물의 모양을 바꾸는 데에도 사용할 수 있기 때문에 자신이 원하는 형태의 출력물을 만드는 데에도 사용할 수도 있다.[19] 여기서는 PROC TEMPLATE의 모든 기능을 소개하기보다는 기본적인 구조와 활용방법을 중심으로 자료 시각화를 논의하고자 한다.

1) GTL의 기본 구조

GTL은 기본적으로 PROC TEMPLATE에서 템플릿을 지정한 후에 PROC SGRENDER 프로시저에서 지정한 데이터 세트와 그 변수에 이 템플릿을 적용하여 시각화하는 방식을 따른다. 이때 PROC TEMPLATE은 여러 개의 레이아웃으로 구성이 되는데 이 레이아웃들을 합쳐 하나의 그래프를 그린다. 따라서 레이아웃을 이용하여 그래프 블록(graph block)을 지정할 때 다양한 유형을 사용할 수 있는데 <표 10>은 그 유형들을 나타내고 있다.

GTL에서 제공되는 그래프의 유형은 매우 다양하다. 일반적으로 GTL의 그래프 유형은 연산 그림(computed plot), 모수화 그림(parametized plot), 독립 그림(stand-alone plot), 종속 그림(dependent plot), 그리고 2차원 3차원 그림 등으로 분류한다.

---

19) PROC TEMPLATE을 이용한 표나 기타 SAS 출력물을 변환시키는 방법에 관해서는 Smith, Kevin D.(2013) *PROC TEMPLATE Made Easy: A Guide for SAS Users*, SAS Press를 참고하라.

<표 11> 2차원 연산 그림의 유형

Statement	Required Arguments
BARCHART	One column
BOXPLOT	One numeric-column
CONTOURPLOTPARM	Three numeric-columns
DENSITYPLOT	One numeric-column
ELLIPSE	Two numeric-columns
HEATMAP	Two columns
HISTOGRAM	One numeric-column
LINECHART	One column
LOESSPLOT	Two numeric-columns
PBSPLINEPLOT	Two numeric-columns
PIECHART	One column
REGRESSIONPLOT	Two numeric-columns
SCATTERPLOTMATRIX	Two or more numeric-columns
WATERFALLCHART	Two columns. Y must be numeric

연산 그림은 자료를 바로 시각화하는 것이 아니라 자료 분석 절차를 거쳐서 시각화하는 것으로 회귀직선을 계산한 후 이를 시각화하는 경우와 같은 것을 말한다. GTL에서는 다양한 기초 통계량을 시각화 과정에서 계산하여 이를 반영할 수 있도록 하고 있는데 이것도 연산 그림의 유형이라고 할 수 있다. <표 11>은 GTL에서 제공하는 연산 그림의 유형을 제시하고 있다.

모수화 그림은 추가적 연산 없이 주어진 자료를 바로 시각화하는 것으로, 예를 들어 집단별 평균 값을 구한 자료를 가지고 시각화하는 경우가 그것이다. <표 12>는 2차원 모수화 그림의 유형을 제시하고 있다.

Statement	Required Arguments
BANDPLOT	Three columns, at least two numeric limits
BARCHARTPARM	Two columns, Y must be numeric
BLOCKPLOT	Two columns
BOXPLOTPARM	One numeric-column and one string-column
BUBBLEPLOT	Three numeric-columns
DENDROGRAM	Three numeric-columns
ELLIPSEPARM	Five numbers or numeric-columns
FRINGEPLOT	One numeric-column
HEATMAPPARM	Two columns | expressions and one numeric-column | expression
HIGHLOWPLOT	Three columns. HIGH, and LOW must be numeric
HISTOGRAMPARM	Two numeric-columns
MOSAICPLOTPARM	List of categorical columns enclosed in parenthesis and a numeric-column.
NEEDLEPLOT	Two columns, Y must be numeric
POLYGONPLOT	Three columns
SCATTERPLOT	Two columns
SERIESPLOT	Two columns
STEPPLOT	Two columns, Y must be numeric
TEXTPLOT	Three columns
VECTORPLOT	Four numeric-columns, X and Y origins can be numeric constants.

〈표 13〉 종속 그림의 유형

Statement	Required Arguments
DROPLINE	(X,Y) point location, two columns, or one value and one column
LINEPARM	(X,Y) point location and slope. The three values can be provided in any combination of number and numeric-column
MODELBAND	CLM or CLI name of associated fit plot
REFERENCELINE	X or Y location, column

종속 그림은 독립 그림과 달리 해당 그림을 그릴 때 축에 대한 정보를 제공하지 않고 그림을 그리기 때문에 이미 그려져 있는 독립 그림 위에 부과하여 그림을 그리는 경우가 많다. 대표적인 것이 참조선 그림(reference plot)으로 기존에 있는 독립 그림 위에 참조선을 부과하기 때문에 이는 종속 그림이라고 할 수 있다.

한편 GTL에서 3차원 그림은 모두 모수화 그림으로 BIHISTOGRAM3DPARM 그림과

[그림 59] 그래프의 구성요소

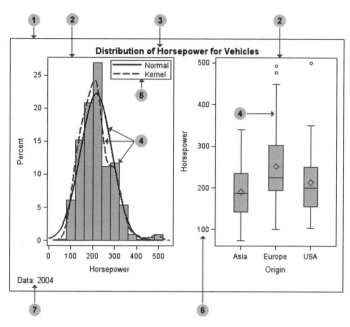

SURFACEPLOTPARM 그림을 사용할 수 있다.

SAS 9.4 Graph Template Language: Reference 매뉴얼은 SAS 도움말 메뉴에서 제공되고 온라인으로도 제공된다. 이 매뉴얼을 찾아보면 위에서 설명한 다양한 그래프들이 어떻게 구현되는지 예제를 제공하고 있으므로 이를 확인하여 사용하면 된다. 이 매뉴얼에서 제공하는 각종 옵션을 사용하다 보면 용어들을 제대로 이해하기 쉽지 않은 경우가 있다. 따라서 그래프나 축을 나타낼 때 사용되는 용어를 살펴보면 다음과 같다.

[그림 59]와 같이 그래프는 셀(cell, ②), 타이틀(title, ③), 그림(plot, ④), 범례(legend, ⑤), 축(axis, ⑥), 각주(footnote, ⑦) 등으로 구성된다.

시각화를 수행하다 보면 그래프의 공간을 조정할 필요가 있는데 [그림 60]은 그래프의 공간을 지정할 때 사용하는 용어들을 보여준다.

[그림 60] 그래프 공간의 유형

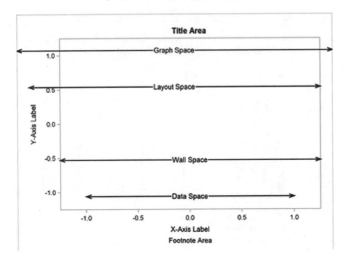

출처: SAS GTL 매뉴얼

[그림 61] GTL 그래프의 세부 용어

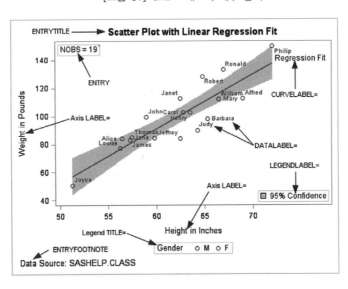

출처: SAS GTL 매뉴얼

이러한 공간 안에 그래프가 그려지게 되면 [그림 61]과 같이 다양한 정보들이 그래프를 통해 나타나게 된다.

한편 그래프의 축을 나타낼 때 사용되는 용어를 살펴보면 [그림 62]와 같다.

[그림 62] 축 용어

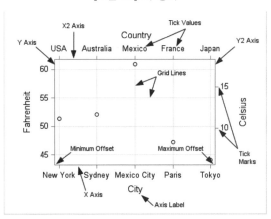

2) GTL을 이용한 통계 그래프 그리기

PROC TEMPLATE을 이용한 통계 그래프 그리기는 문법구조는 아래와 같이 간단하다.

[그림 63] PROC TEMPLATE를 이용해 통계 그래프 그리는 예제

```
PROC TEMPLATE;
 DEFINE STATEGRAPH <이름지정>;
 <동적 변수 선언 및 기타 명령문>;
 BEGINGRAPH </option(s)>;
 <GTL-global-statements>
 GTL-layout-block
 <GTL-global-statements>
 ENDGRAPH;
 END;
RUN;
```

이 구조를 이해하기 위해서 [그림 64]에 제시된 히스토그램 시각화 코드를 살펴보자. 먼저 PROC TEMPLATE 프로시저는 어떤 작업을 할 것인지를 선언하는 것부터 시작한다. /*①*/의 DEFINE 명령문의 DEFINE STATGRAPH는 통계 그래프의 템플릿 작업을 한다는 것을 선언한 것이다. 만일에 표의 템플릿 작업을 한다면 DEFINE TABLE과 같이 선언할 수 있다. 자료 시각화에서는 통계 그래프의 템플릿 작업을 수행하기 때문에 DEFINE STATGRAPH로 시작하는 것이 일반적이다. 그리고 이 명령문에 BASE1으로 템플릿의 이

름을 지정했음을 알 수 있다.

/*②*/의 BEGINGRAPH 명령문은 그래프 템플릿 작업이 시작되었음을 선언한 것이다. 이 선언을 한 후 /*③-1*/은 레이아웃 명령문으로 그래프 안에 그림을 겹쳐 그릴 수 있도록 OVERLAY 명령을 사용하였다.[20] 이 명령을 사용하면 레이아웃 명령문 안에 여러 개의 그림을 겹쳐 그릴 수 있도록 해준다. /*③-2*/는 히스토그램을 그리도록 하였으며 변수는 SALARY를 사용하도록 하였다. /*③-3*/은 하나의 레이아웃 그래프를 그리는 것을 종료하도록 선언한 것으로 /*③-1*/과 매칭이 되어 사용하는 명령문이다.

/*④*/는 그래프를 그리는 작업을 종료하는 것을 선언한 것으로 /*②*/의 BEGINGRAPH 와 매칭이 되어 사용되어야 한다. 마지막으로 /*⑤*/는 템플릿을 종료하는 것을 선언한 것이다.

이렇게 BASE1이라는 템플릿이 만들어지고 나면 /*⑥*/의 PROC SGRENDER 프로시저에서 시각화를 위해 사용하고자 하는 데이터와 사용하고자 하는 템플릿 이름을 지정하면 시각화 결과를 얻을 수 있다. 이때 데이터에는 /*③-2*/의 HISTOGRAM 명령문에 사용한 변수가 존재해야 시각화가 된다는 점을 유의해야 한다. 시각화된 결과는 [그림 64]의 하단에 히스토그램으로 나타나고 있다.

[그림 64] 단순 히스토그램을 그리는 예제

```
PROC TEMPLATE;
  DEFINE STATGRAPH BASE1; /*①*/
    BEGINGRAPH; /*②*/
      LAYOUT OVERLAY;/*③-1*/
        HISTOGRAM SALARY;/*③-2*/
      ENDLAYOUT;/*③-3*/
    ENDGRAPH;/*④*/
  END;/*⑤*/
RUN;
PROC SGRENDER DATA=SASHELP.BASEBALL TEMPLATE=BASE1; /*⑥*/
RUN;
```

---

20) 이외에도 LAYOUT 명령문에는 GLOBALLEGEND, GRIDDED, LATTICE, OVERLAY3D, OVERLAYEQUATED, REGION 등의 명령어를 사용할 수 있다.

[그림 64] 계속

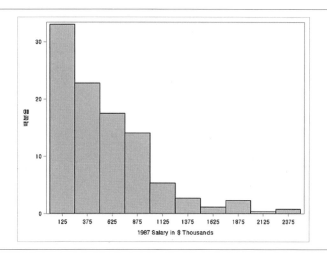

만일 히스토그램과 커널 밀도함수를 겹쳐서 시각화하고자 한다면 [그림 65]의 /*①*/과 같이 DENSITYPLOT 명령문을 사용할 수 있다. 이 명령문의 옵션으로 KERNEL()을 사용하게 되면 커널 밀도함수를 시각화할 수 있다. 참고로 LAYOUT OVERLAY; 명령문 대신 LAYOUT LATTICE; 명령문을 사용하면 히스토그램과 밀도함수 그림이 분리되어 시각화되는 것을 확인할 수 있을 것이다.

[그림 65] LAYOUT OVERLAY를 이용한 히스토그램과 커널 밀도 함수 시각화

```
PROC TEMPLATE;
  DEFINE STATGRAPH BASE1;
    BEGINGRAPH;
      LAYOUT OVERLAY;
        HISTOGRAM SALARY;
          DENSITYPLOT SALARY/KERNEL(); /*①*/
      ENDLAYOUT;
    ENDGRAPH;
  END;
RUN;
PROC SGRENDER DATA=SASHELP.BASEBALL TEMPLATE=BASE1;
RUN;
```

[그림 65] 계속

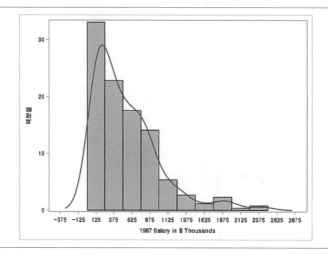

LAYOUT GRIDDED 명령문은 그래프 안에 작은 텍스트 상자를 넣거나 그래프의 여유 있는 공간에 그래프를 삽입하는 데 사용이 된다. LAYOUT LATTICE 역시 그래프의 영역을 여러 개의 구역으로 나누어 시각화한다는 점에서는 유사하지만 LAYOUT GRIDDED 는 그래프의 여유 있는 공간을 셀로 분할하여 나타낸다는 점에서 차이가 있다. [그림 66]은 SALARY라는 변수의 히스토그램과 커널 밀도함수를 시각화한 후에 여유 있는 공간에 SALARY를 종속변수로, CRRUNS와 CRHOME을 독립변수로 한 회귀직선을 LAYOUT GRIDDED 명령문을 사용하여 시각화한 결과를 보여준다. 이 [그림 66]의 프로그램은 앞의 PROC TEMPLATE보다 훨씬 복잡한 것처럼 보이지만 단순히 여러 옵션을 많이 부과했기 때문인 것이고 프로그램의 기본 구조는 비슷하다. LAYOUT GRIDDED 명령문에서 그림의 크기를 WIDTH=300PX HEIGHT=200PX로 조정하여 나타낸 결과, 시각화된 결과처럼 히스토그램과 밀도함수 그림의 오른쪽 위에 작은 그림 형태로 시각화된 것을 알 수 있다.

[그림 66] LAYOUT GRIDDED를 이용한 두 개의 그림 나타내기

```
PROC TEMPLATE;
  DEFINE STATGRAPH BASE2;
  DYNAMIC YVAR X1VAR X2VAR "REQUIRED";
  BEGINGRAPH;
    LAYOUT OVERLAY;
      HISTOGRAM YVAR/BINAXIS=FALSE DATATRANSPARENCY=0.5
      DISPLAY=(FILLPATTERN OUTLINE FILL) FILLATTRS=(COLOR=LIGHTRED)
          FILLPATTERNATTRS=(PATTERN=L3 COLOR=RED);
      DENSITYPLOT YVAR/KERNEL() DATATRANSPARENCY=0.5
      LINEATTRS=(COLOR=DARKRED);
      LAYOUT GRIDDED/WIDTH=300PX HEIGHT=200PX HALIGN=RIGHT VALIGN=TOP;
        LAYOUT OVERLAY/YAXISOPTS=(LABEL=EVAL(COLNAME(YVAR))
          LINEAROPTS=(THRESHOLDMAX=1))
          XAXISOPTS=(LINEAROPTS=(THRESHOLDMAX=1));
        REGRESSIONPLOT X=X1VAR Y=YVAR/LINEATTRS=(COLOR=BLUE PATTERN=2)
          NAME='CRHOME';
        REGRESSIONPLOT X=X2VAR Y=YVAR/LINEATTRS=(COLOR=GREEN)
          NAME='CRRUNS';
          DISCRETELEGEND 'CRHOME' 'CRRUNS';
          ENDLAYOUT;
        ENDLAYOUT;
      ENDLAYOUT;
    ENDGRAPH;
  END;
RUN;
PROC SGRENDER DATA=SASHELP.BASEBALL TEMPLATE=BASE2;
  DYNAMIC YVAR="SALARY" X1VAR="CRHOME" X2VAR="CRRUNS" ;
RUN;
```

[그림 66] 계속

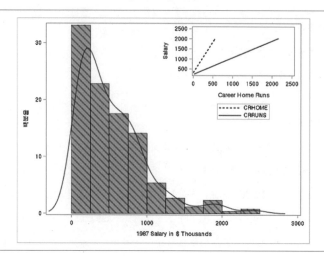

LAYOUT GRIDDED 명령문을 이용하여 레이아웃 그림 안에 글 상자를 넣을 수 있다. [그림 67]의 /*③*/에 제시된 LAYOUT GRIDDED 명령문 옵션을 살펴보면 COLUMNS=2 로 지정되어 있는데 이것은 2열로 텍스트가 들어간다는 것을 의미한다. ORDER= ROWMAJOR 옵션이 지정되었기 때문에 뒤에 나오는 ENTRY 명령문에 의해 지정된 값은 1행 1열, 1행 2열, 2행 1열 식으로 입력된다.

　[그림 67]의 템플릿에서는 /*①*/에 DYNAMIC이라는 명령문이 DEFINE과 BEGINGRAPH 명령문 사이에 사용되었다. 이것은 그래프를 그릴 때 사용하는 변수 이름을 데이터 세트에 있는 변수 이름과 동일하게 사용하는 것이 아니라 PROC SGRENDER 프로시저에서 이름을 지정하면 마치 매크로 변수처럼 사용할 수 있게 해주는 동적변수(dynamic variable) 지정 방식이다. /*④*/을 살펴보면 DYNAMIC NUMVAR="SALARY"라는 명령문이 있는데 이것은 데이터 세트에 있는 SALARY라는 변수를 NUMVAR이라는 동적변수의 값으로 사용하라는 것을 의미한다. 따라서 PROC TEMPLATE에서 동적변수로 지정된 NUMVAR은 시각화를 할 때 SALARY는 변수를 의미하게 된다. 이렇게 동적변수를 사용하게 되면 템플릿을 저장해 놓고 다른 데이터 세트의 변수에 대한 시각화를 손쉽게 할 수 있는 큰 장점이 있다.

　/*②*/를 보면 참조선을 REFERENCELINE 명령문을 이용하여 그리도록 하고 있는데 주목할 것은 EVAL 함수를 이용하여 NUMVAR 변수의 평균과 표준편차를 계산하고 있다는 점이다. 이 함수는 EVAL(<함수이름>(<변수이름>))의 형식을 이용하여 변수에 대한 기초 통계분석을 수행할 수 있다. 〈표 14〉는 EVAL에서 사용가능한 기초 통계분석 함수들이다. 이들을 다른 절차 없이 손쉽게 시각화 단계에서 이용할 수 있다는 것은 PROC

TEMPLATE이 가지고 있는 또 다른 장점이라고 할 수 있다.

[그림 67] LAYOUT GRIDDED 명령문을 이용한 글 상자를 삽입하는 예제

```
PROC TEMPLATE;
  DEFINE STATGRAPH BASE3;
    DYNAMIC NUMVAR; /*①*/
    BEGINGRAPH;
      ENTRYTITLE "DISTRIBUTION OF " EVAL(COLNAME(NUMVAR));
        LAYOUT OVERLAY/XAXISOPTS=(DISPLAY=(TICKS TICKVALUES LINE));
          HISTOGRAM NUMVAR;
          DENSITYPLOT NUMVAR/KERNEL();
          /* CREATE REFERENCE LINES AT COMPUTED POSITIONS */
          REFERENCELINE X=EVAL(MEAN(NUMVAR)+2*STD(NUMVAR))/
            LINEATTRS=(PATTERN=DASH) CURVELABEL="+2 STD"; /*②*/
              REFERENCELINE X=EVAL(MEAN(NUMVAR))/
            LINEATTRS=(THICKNESS=2PX) CURVELABEL="MEAN";
          REFERENCELINE X=EVAL(MEAN(NUMVAR)-2*STD(NUMVAR))/
            LINEATTRS=(PATTERN=DASH) CURVELABEL="-2 STD";
          LAYOUT GRIDDED / COLUMNS=2 ORDER=ROWMAJOR
          AUTOALIGN=(TOPLEFT TOPRIGHT) BORDER=TRUE; /*③*/
          ENTRY HALIGN=LEFT "N";
          ENTRY HALIGN=LEFT EVAL(STRIP(PUT(N(NUMVAR),12.0)));
          ENTRY HALIGN=LEFT "MEAN";
          ENTRY HALIGN=LEFT EVAL(STRIP(PUT(MEAN(NUMVAR),12.2)));
          ENTRY HALIGN=LEFT "STD DEV";
          ENTRY HALIGN=LEFT EVAL(STRIP(PUT(STDDEV(NUMVAR),12.2)));
          ENDLAYOUT;
        ENDLAYOUT;
      ENDGRAPH;
  END;
RUN;
PROC SGRENDER DATA=SASHELP.BASEBALL TEMPLATE=BASE3;
  DYNAMIC NUMVAR="SALARY"; /*④*/
RUN;
```

[그림 67] 계속

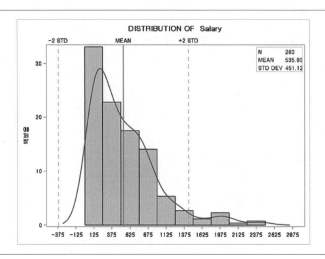

〈표 14〉 GTL EVAL 함수에서 계산 가능한 기초 통계량

Function Name	Description
CSS	Corrected sum of squares
CV	Coefficient of variation
KURTOSIS	Kurtosis
LCLM	One-sided confidence limit below the mean
MAX	Largest (maximum) value
MEAN	Mean
MEDIAN	Median (50th percentile)
MIN	Smallest (minimum) value
N	Number of nonmissing values
NMISS	Number of missing values
P1	1st percentile
P5	5th percentile
P25	25th percentile
P50	50th percentile
P75	75th percentile
P90	90th percentile
P95	95th percentile
P99	99th percentile
PROBT	p-value for Student's t statistic

Q1	First quartile
Q3	Third quartile
QRANGE	Interquartile range
RANGE	Range
SKEWNESS	Skewness
STDDEV	Standard deviation
STDERR	Standard error of the mean
SUM	Sum
SUMWGT	Sum of weights
T	Student's t statistic
UCLM	One-sided confidence limit above the mean
USS	Uncorrected sum of squares
VAR	Variance

LAYOUT LATTICE는 LAYOUT GRIDDED보다 레이아웃의 분할을 훨씬 유연하게 할 수 있는 장점이 있으며 여러 개의 그래프를 함께 여러 셀에 시각화할 수 있다는 장점이 있다. [그림 68]의 /*①*/을 보면 LAYOUT을 2개의 행을 갖는 셀로 분할하여 그림을 그리도록 하고 있다. 그 이후에 나오는 /*②*/와 /*③*/의 레이아웃 그래프가 각각 첫 번째 행의 셀과 두 번째 행의 셀의 그래프가 된다. /*②*/의 레이아웃의 경우에는 그 안에 LAYOUT GRIDDED 명령문이 포함되는데 이 그림은 첫 번째 셀의 그림에 겹쳐서 나타나게 된다.

[그림 68] LAYOUT LATTICE를 이용한 복수 그래프의 시각화

```
PROC TEMPLATE;
  DEFINE STATGRAPH BASE4;
    DYNAMIC NUMVAR ;
    BEGINGRAPH;
      ENTRYTITLE "DISTRIBUTION OF  " EVAL(COLNAME(NUMVAR));
        LAYOUT LATTICE/ROWS=2; /*①*/
          LAYOUT OVERLAY/XAXISOPTS=(DISPLAY=(TICKS TICKVALUES LINE));/*②*/
            HISTOGRAM NUMVAR;
            DENSITYPLOT NUMVAR/KERNEL();
              FRINGEPLOT NUMVAR/FRINGEHEIGHT=6PX;
            REFERENCELINE X=EVAL(MEAN(NUMVAR)+2*STD(NUMVAR) /
              LINEATTRS=(PATTERN=DASH) CURVELABEL="+2 STD";
            REFERENCELINE X=EVAL(MEAN(NUMVAR)) /
              LINEATTRS=(THICKNESS=2PX) CURVELABEL="MEAN";
            REFERENCELINE X=EVAL(MEAN(NUMVAR)-2*STD(NUMVAR)) /
              LINEATTRS=(PATTERN=DASH) CURVELABEL="-2 STD";
            LAYOUT GRIDDED/COLUMNS=2 ORDER=ROWMAJOR
            AUTOALIGN=(TOPLEFT TOPRIGHT) BORDER=TRUE;
            ENTRY HALIGN=LEFT "N";
            ENTRY HALIGN=LEFT EVAL(STRIP(PUT(N(NUMVAR),12.0)));
            ENTRY HALIGN=LEFT "MEAN";
            ENTRY HALIGN=LEFT EVAL(STRIP(PUT(MEAN(NUMVAR),12.2)));
            ENTRY HALIGN=LEFT "STD DEV";
            ENTRY HALIGN=LEFT EVAL(STRIP(PUT(STDDEV(NUMVAR),12.2)));
            ENDLAYOUT;
          ENDLAYOUT;
          LAYOUT OVERLAY; /*③*/
            BOXPLOT Y=NUMVAR /ORIENT=HORIZONTAL PRIMARY=TRUE BOXWIDTH=0.9;
          ENDLAYOUT;
        ENDLAYOUT;
      ENDGRAPH;
    END;
RUN;
PROC SGRENDER DATA=SASHELP.BASEBALL TEMPLATE=BASE4;
  DYNAMIC NUMVAR="SALARY";
RUN;
```

[그림 68] 계속

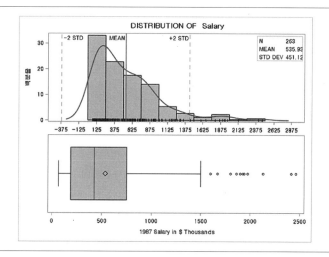

여러 개의 그림을 시각화할 때 자료가 갖고 있는 여러 범주별로 그림을 그릴 때 사용할 수 있는 것이 LAYOUT DATAPANEL 명령문이다. 이 명령문은 범주형 변수를 지정하고 그래프의 모양과 관련된 옵션을 지정한다. 이 명령문에 따라 각 범주별로 어떤 그림을 그릴지는 LAYOUT PROTOTYPE 명령문에서 나타낸다.[21] 경우에 따라서는 SIDEBAR 문을 이용하여 축의 바깥 영역에 범례를 나타내거나 제목을 나타낼 때 사용한다. [그림 69]는 LAYOUT DATAPANEL 명령문을 이용한 시각화 결과를 보여주고 있다.

[그림 69] LAYOUT DATAPANEL을 이용한 시각화 예시

```
PROC TEMPLATE;
  DEFINE STATGRAPH DATAPANEL_INTRO;
    BEGINGRAPH;
      ENTRYTITLE "OFFICE FURNITURE SALES";
      LAYOUT DATAPANEL CLASSVARS=(PRODUCT DIVISION)/COLUMNS=2;
        LAYOUT PROTOTYPE;
          SERIESPLOT X=MONTH Y=ACTUAL/GROUP=REGION CURVELABEL=REGION ;
        ENDLAYOUT;
      ENDLAYOUT;
```

21) LAYOUT PROTOTYPE 블록에서는 비연산 그림(non-computed plot)만 사용할 수 있다. 따라서 BOXPLOT, HISTOGRAM, DENSITYPLOT, ELLIPSE, LOESSPLOT, MODELBAND, REGRESSIONPLOT 등은 사용할 수 없다.

[그림 69] 계속

```
    ENDGRAPH;
  END;
 RUN;


 PROC SGRENDER DATA=SASHELP.PRDSALE TEMPLATE=DATAPANEL_INTRO;
  WHERE COUNTRY="U.S.A." AND PRODUCT IN ("CHAIR" "DESK" "TABLE");
  FORMAT ACTUAL DOLLAR.;
 RUN;
```

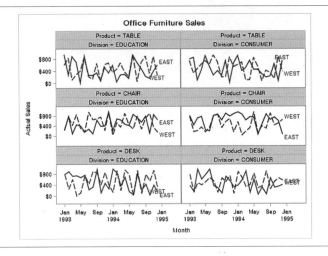

이 밖에 PROC TEMPLATE 프로시저를 이용한 시각화는 매우 다양하게 응용할 수 있다. 처음 PROC TEMPLATE 프로시저를 사용할 때는 옵션을 지정하는 방식이 익숙하지 않아 어려움을 겪을 수 있지만 PROC SGPLOT 프로시저와 명령문 구조가 유사하기 때문에 SAS 도움말 메뉴를 참조하면서 활용하면 자료 시각화에 큰 도움이 될 수 있다.

한편 PROC TEMPLATE은 SAS에서 제공하는 다양한 시각화 결과물의 템플릿을 참고하여 이를 다시 출력물에 지정된 다양한 스타일을 수정하거나 새롭게 만드는 데 사용된다. 예를 들어 PROC REG 프로시저를 수행하면 회귀적합선을 시각화한 결과를 얻을 수 있는데, ODS TRACE ON; 명령문을 시행해보면 Stat.REG.Graphics.Fit이라는 템플릿이 회귀적합선 시각화에 사용되었음을 알 수 있다. 이 템플릿이 어떻게 구성되었는지를 확인하고자 한다면 아래와 같이 SOURCE 명령문을 이용하면 로그 창에 템플릿 내용을 확인할 수 있으며 이를 수정하여 사용할 수 있다.

```
PROC TEMPLATE;
SOURCE Stat.REG.Graphics.Fit;
RUN;
```

이 밖에도 SAS에서는 출력물의 STYLE을 지정하는 데 이 스타일을 자신이 변경하여 사용할 수도 있다. SAS GTL 매뉴얼도 두꺼운 책 한 권이 될 정도로 분량이 많기 때문에 이 책에서 이를 모두 다룰 수는 없다. 다만 PROC TEMPLATE의 활용 가능성이 매우 높다는 점을 인지하고 새로운 시각화 문제에 직면할 때 하나씩 해결해 나아가면 된다.

6. 다양한 자료 시각화 예시들

자료를 시각화하다 보면 다양한 시각화 예제들을 응용하여 사용하는 것이 편리할 때가 많이 있다.[22] 이 절에서는 SAS Blog를 비롯하여 다양한 곳에서 제시된 시각화의 몇 가지 예시들을 제시하고자 한다. 코드는 해당 사이트를 참고하면 된다.

사회과학 연구에서 흔히 많이 사용하는 것이 설문조사이고 이 설문조사 결과를 시각화하는 다양한 방법들이 제시되어 왔다. 이 중 리커트 5점 척도는 설문조사에 널리 사용되는데

[그림 70] 설문조사 응답 결과의 시각화(1)

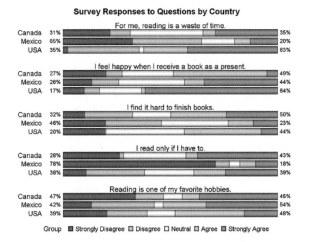

---

22) http://saslist.com/blog/category/statistical-graphics/page/1 은 다양한 시각화 방법들에 대한 많은 예시를 제공하고 있다.

[그림 71] 설문조사 응답 결과의 시각화(2)

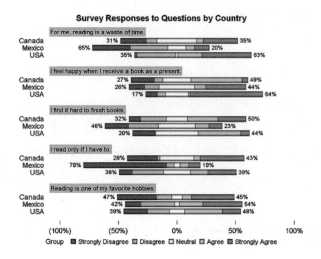

[그림 70]은 이를 시각화하는 방법의 예시를 보여주고 있다.[23] 이 시각화 방법을 보면 3점을 중심으로 1, 2점 응답 비율과 4, 5점 응답 비율을 각각 왼쪽과 오른쪽에 배치하고 있다. 또한 설문 내용을 적시하여 이해를 조금 더 쉽게 했다는 점도 주목할 만하다.

　[그림 71]은 부정적 응답을 한 사람과 긍정적 응답을 한 사람의 비율을 3점을 중심으로 다르게 시각화한 것이다.[24] 이러한 유형의 시각화는 여전히 자료의 평균이나 분산 등에 대한 충분한 정보를 제공하지 못하지만, 설문에 대한 기술통계량을 제공할 때 시각적으로 이해하기 쉽게 정보를 제공할 수 있다는 장점이 있다.

　[그림 72]는 2차원에 그려진 두 개의 막대그래프를 보여주고 있다. 이 두 그림이 모두 동일한 X축의 값을 갖기 때문에 이를 [그림 73]과 같이 3차원 그림으로 시각화를 할 수 있다.[25]

23) 코드는 https://blogs.sas.com/content/graphicallyspeaking/2014/10/30/likert-graphs/ 을 참고하라.
24) 코드는 https://blogs.sas.com/content/graphicallyspeaking/2014/10/30/likert-graphs/ 을 참고하라.
25) https://blogs.sas.com/content/graphicallyspeaking/2018/04/24/3d-waterfall-chart-redux/ 를 참고하면 SAS 코드를 얻을 수 있다.

[그림 72] 2차원의 막대그래프

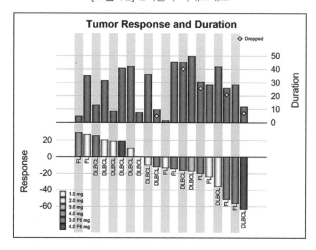

[그림 73] 3차원 폭포 그림 시각화 예제

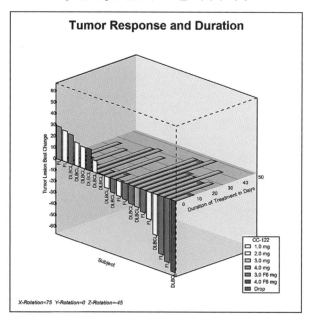

3차원 그래프의 시각화 사례 중에는 세 변수의 관계를 나타내기 위해 3차원 표면 그래프(surface plot)를 그리고 다시 2차원 평면에 두 변수의 관계를 나타낸 후 세 번째 변수의 크기는 색깔로 시각화를 하는 등고 그래프(contour plot)를 사용하는 경우가 증가하고 있다. [그림 74]는 온도와 촉매가 산출에 미치는 영향을 시각화한 결과로 두 독립변수와의 관계

[그림 74] 표면 그림에 등고 그림을 포함시키는 시각화의 예

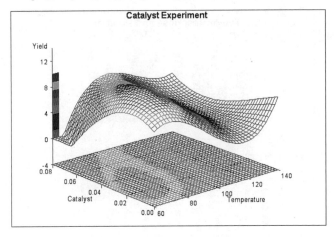

[그림 75] 레이더 그림

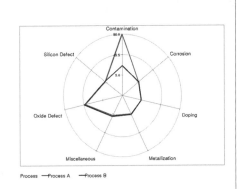	```PROC GRADAR DATA=SASHELP.FAILURE;```
	 ``` CHART CAUSE/FREQ=COUNT```
	 ``` OVERLAYVAR=PROCESS```
	 ``` CSTARS=(RED, BLUE)```
	 ``` WSTARS=2 2```
	 ``` LSTARS=1 1```
	 ``` INHEIGHT=3```
	 ``` HEIGHT=3```
	 ``` STARCIRCLES=(0.5 1.0)```
	 ``` CSTARCIRCLES=LTGRAY;```
	 ```RUN;```
	 ```QUIT;```

뿐만 아니라 종속변수의 크기도 이해하기 쉽게 시각화되었다는 점에서 유용하다.[26]

리더십 평가나 조직진단 등에서 널리 사용되는 시각화 방법 중의 하나는 레이더 그림 (radar plot)이다. [그림 75]는 두 개의 작업과정을 적용했을 때 작업의 문제 발생의 원인을 비교하기 위한 시각화 결과를 나타낸다.

---

26) 코드는 https://support.sas.com/kb/24861를 참고하라.

레이더 그림이 응용되는 사례는 다양하다. 최근에는 널리 사용되지는 않지만 자료 시각화의 고전적인 예 중의 하나가 나이팅게일 윈드 로즈이다. 나이팅게일은 크림 전쟁(Crimean war)에서 많은 병사를 구한 백의의 천사로 잘 알려졌지만 그녀가 미국 통계협회 명예 회원이었고, 영국 왕립 통계협회(Royal Statistical Society) 회원이었다는 사실은 잘 모르는 사람들이 많다. 그녀는 크림 전쟁 때 사망 원인 통계를 쉽게 이해할 수 있도록 시각화하는 데 크게 이바지하였다. 자료를 보면 A라는 질병은 6월부터 12월 사이에 크게 증가하는 것을 알 수 있으며 1, 4, 7, 10월에 모든 유형의 질병이 크게 증가하고 있음을 알 수 있다. 12월과 1월을 비교해보면 1월의 전체 질병 건수는 12월보다 적지만 다양한 유형의 질병이 고르게 발생하고 있음을 알 수 있다.

[그림 76] 윈드 로즈 그림

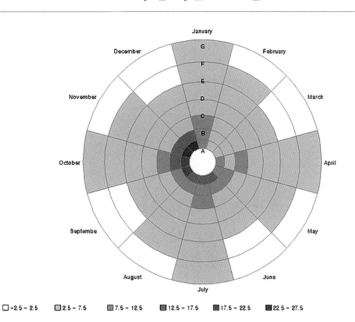

```
DATA NIGHT;
  INPUT MONTH$ A B C D E F G;
  COUNT+30;
  THETA=390-COUNT;
  IF THETA=360 THEN THETA=0;
  DROP COUNT;
  CARDS;
```

[그림 76] 계속

JANUARY	10	9	8	7	6	5	4
FEBRUARY	5	4.5	4	3.5	3	2.5	2
MARCH	7	6	5	4	3	2	2
APRIL	9	7	8	7	6	5	4
MAY	11	8	4	3.5	3	2.5	2
JUNE	13	9	5	4	3	2	2
JULY	15	10	8	7	6	5	4
AUGUST	17	11	4	3.5	3	2.5	2
SEPTEMBER	19	12	5	4	3	2	2
OCTOBER	21	13	8	7	6	5	4
NOVEMBER	23	14	4	3.5	3	2.5	2
DECEMBER	25	15	5	4	3	2	2

```
;
RUN;
PROC SORT DATA=NIGHT;BY MONTH;RUN;
PROC TRANSPOSE DATA=NIGHT OUT=N2(RENAME=(COL1=CASE));
  BY MONTH;
  VAR A--G;
RUN;
PROC GRADAR DATA=N2;
  CHART MONTH / SUMVAR=CASE
    CALENDAR
    SPEED=_NAME_
    NOFRAME;
RUN;
QUIT;
```

2016년과 2017년 실업률의 월별 변화를 레이더 그림을 이용해보면 다음과 같이 시각화를 할 수 있다. 이 시각화 결과를 보면 11월에 실업률이 가장 낮고 2월에 실업률이 가장 큰 것으로 나타나고 있다.

[그림 77] 월별/연도별 실업률 변화의 시각화 예시

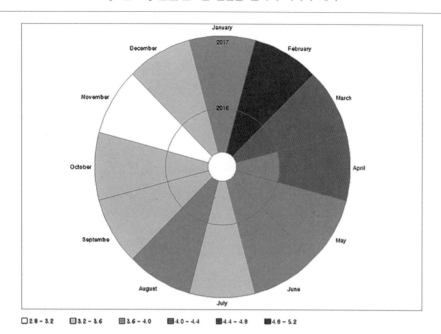

```
DATA UNEMP;
  INPUT YEAR MONTH$ UNEMP @@;
  CARDS;
  2016 JANUARY 3.7 2016 FEBRUARY 4.9 2016 MARCH 4.2 2016 APRIL 3.9
  2016 MAY 3.6 2016 JUNE 3.6 2016 JULY 3.5 2016 AUGUST 3.6
  2016  SEPTEMBER  3.5  2016  OCTOBER  3.3  2016  NOVEMBER  3.1  2016
  DECEMBER 3.2
  2017 JANUARY 3.7 2017 FEBRUARY 4.9 2017 MARCH 4.1 2017 APRIL 4.2
  2017 MAY 3.6 2017 JUNE 3.8 2017 JULY 3.4 2017 AUGUST 3.6
  2017  SEPTEMBER  3.3  2017  OCTOBER  3.2  2017  NOVEMBER  3.1  2017
  DECEMBER 3.3
  ;
RUN;
PROC GRADAR DATA=UNEMP;
  CHART MONTH / SUMVAR=UNEMP
  CALENDAR
  OVERLAYVAR=YEAR;
RUN;
QUIT;
```

[그림 78] 트럼프의 트위터 사용시간 시각화 사례

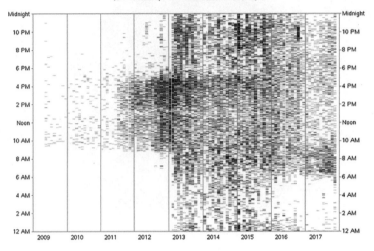

흥미로운 시각화 사례 중의 하나는 트럼프 대통령의 트위터 사용 시간을 시각화한 것이다.[27] 이 시각화 사례를 보면 트럼프가 2011년부터 트위터를 본격적으로 하기 시작하였고, 2013년부터 2015년까지는 새벽에도 트윗을 한 것으로 나타나고 있다.

통계분석 결과도 다양한 시각화를 방법을 사용할 수 있다. 회귀분석과 같은 통계분석을 수행하기 위해서는 모형의 적합도 판단, 회귀계수의 유의성 판단, 한계효과과 크기의 판단, 회귀분석의 가정 검토 등을 종합적으로 시각화할 경우가 있다. 이를 위해서는 통계분석 결과를 종합하여 새로운 자료를 만들고 이를 이용하여 여러 개의 시각화 결과를 얻는 과정을 거쳐야 한다. SAS의 경우에는 PROC TEMPLATE에서 구현되는 GTL을 활용하면 매우 강력한 시각화를 수행할 수 있다. [그림 79]는 회귀선과 산점도, 모형적합도 정보를 함께 나타낸 시각화의 예시와 프로그램을 보여주고 있다.[28]

27) https://blogs.sas.com/content/sastraining/2017/11/30/lets-analyze-trumps-tweets/
28) 코드는 SAS® 9.4 Graph Template Language: User's Guide, Fifth Edition의 Examples: Data Lattice Layout and Data Panel Layout 편 코드를 이용하였다.

[그림 79] 여러 개의 회귀분석 결과의 시각화

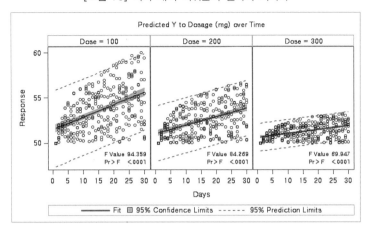

```
PROC TEMPLATE;
  DEFINE STATGRAPH PANELINSET;
    BEGINGRAPH / DESIGNWIDTH=600PX DESIGNHEIGHT=350PX;
      LAYOUT DATAPANEL CLASSVARS=(DOSE) / ROWS=1
        INSET=(F PROB)
        INSETOPTS=(TEXTATTRS=(SIZE=7PT) HALIGN=RIGHT VALIGN=BOTTOM);
      LAYOUT PROTOTYPE;
        BANDPLOT X=DAYS LIMITUPPER=UCLM LIMITLOWER=LCLM / NAME="CLM"
          DISPLAY=(FILL) FILLATTRS=GRAPHCONFIDENCE
            LEGENDLABEL="95% CONFIDENCE LIMITS";
        BANDPLOT X=DAYS LIMITUPPER=UCL LIMITLOWER=LCL / NAME="CLI"
          DISPLAY=(OUTLINE) OUTLINEATTRS=GRAPHPREDICTIONLIMITS
            LEGENDLABEL="95% PREDICTION LIMITS";
        SERIESPLOT X=DAYS Y=PREDICTED / NAME="REG"
          LINEATTRS=GRAPHFIT LEGENDLABEL="FIT";
        SCATTERPLOT X=DAYS Y=RESPONSE /  PRIMARY=TRUE
          MARKERATTRS=(SIZE=5PX) DATATRANSPARENCY=.5;
      ENDLAYOUT;
      SIDEBAR / ALIGN=TOP;
        ENTRY "PREDICTED Y TO DOSAGE (MG) OVER TIME" /
```

[그림 79] 계속

```
            TEXTATTRS=GRAPHTITLETEXT2 PAD=(BOTTOM=10PX);
        ENDSIDEBAR;
        SIDEBAR / ALIGN=BOTTOM;
          DISCRETELEGEND "REG" "CLM" "CLI" / ACROSS=3;
        ENDSIDEBAR;
      ENDLAYOUT;
    ENDGRAPH;
  END;
RUN;


DATA TRIAL;
  DO DOSE = 100 TO 300 BY 100;
    DO DAYS=1 TO 30;
      DO SUBJECT=1 TO 10;
        RESPONSE=LOG(DAYS)*(400-DOSE)* .01*RANUNI(1) + 50;
          OUTPUT;
      END;
    END;
  END;
RUN;
PROC GLM DATA=TRIAL ALPHA=.05 NOPRINT OUTSTAT=OUTSTAT;
  BY DOSE;
  MODEL RESPONSE=DAYS / P CLI CLM;
  OUTPUT OUT=STATS
    LCLM=LCLM UCLM=UCLM LCL=LCL UCL=UCL PREDICTED=PREDICTED;
RUN;
QUIT;
DATA INSET;
  SET OUTSTAT (KEEP=F PROB _TYPE_ WHERE=(_TYPE_="SS1"));
  LABEL F="F VALUE " PROB="PR > F ";
```

[그림 79] 계속

```
FORMAT F BEST6. PROB PVALUE6.4;
RUN;
DATA STATS2;
  MERGE STATS INSET;
RUN;
PROC SGRENDER DATA=STATS2 TEMPLATE=PANELINSET;
RUN;
```

[그림 80] 2018년 현재 미국 공화당과 민주당의 상원 및 하원 의석수

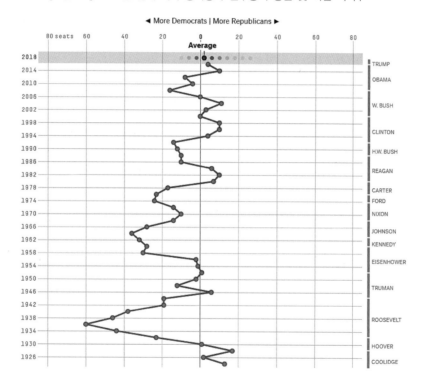

출처: https://projects.fivethirtyeight.com/2018-midterm-election-forecast/senate/

자료 시각화가 활발히 활용되는 분야 중의 하나는 선거 관련 분야이다. 2008년 네이트 실버(Nate Silver)에 의해 만들어진 FiveThirtyEight는 각종 통계기법을 활용하여 선거 예측을 수행하는 대표적인 웹사이트이다. 미국 대통령선거 전체 선거인단 수가 538명에서 이름

을 딴 실버의 웹사이트는 2012년 미국 대통령선거에서 예상 득표율을 거의 정확히 맞힌 후 유명해지기 시작하였다. 원래 네이트 실버는 미국 메이저리그 선수들의 야구성적 예측 시스템을 개발하면서 유명해졌는데, 단순히 통계분석의 정확성뿐만 아니라 분석결과의 시각화에서도 다양한 방법을 적용해왔다. [그림 80]은 1924년부터 미국의 각 정권별 공화당과 민주당의 상원 의석수 변화를 시각화한 것이다. 이러한 시각화는 정당별로 과반의석보다 얼마나 많은 의석을 어느 정당이 더 차지하고 있는지를 간결하게 보여주고 있으며, 대통령이 어느 정당 소속인지에 대한 정보까지도 제공하고 있는 장점이 있다.

제3부

통계분석의 시각화

기술통계분석을 위한 시각화

전통적인 통계분석은 주로 평균과 분산과 같은 통계량을 이용하여 변수에 대한 기술통계분석을 시도해왔다. 하지만 자료가 가진 정보를 한두 개의 통계량으로 요약한다는 것은 한계가 있을 수밖에 없다. 이 한계를 극복하기 위해 전통적 기술통계분석과 시각화 기법을 함께 사용하여 자료의 중심, 퍼짐, 분포에 대한 풍부한 정보를 제공해줄 수 있다. 이 장에서는 자료에 대한 기술통계분석을 할 때 사용할 수 있는 다양한 시각화 방법을 소개하고자 한다.

좋은 통계분석은 분석에 사용하는 변수의 유형과 분포를 정확히 이해하는 것에서 출발한다. 변수 유형은 범주형 변수(categorical variable)와 숫자형 변수(numerical variable)로 구분할 수 있다. 범주형 변수는 성별이나 지역과 같이 변수의 값이 범주를 나타내는 변수를 가리킨다. 숫자형 변수는 연속형 변수라고도 부르는데[1] 입력된 자료가 숫자의 형태로 되었다는 의미가 아니라 숫자 형태로 입력된 값이 크기를 나타내는 경우를 나타낸다. 설문조사에서 널리 사용되는 리커트 척도(Likert scale)로 측정된 변수는 서열형 변수(ordinal variable)라고도 부르는데 이 서열형 변수의 값은 선호의 강도를 나타내기 때문에 숫자형 변수로 간주할 수도 있지만, 연속형 변수(continuous variable)와 달리 불연속적인 값을 가지고 있을 뿐만 아니라 1과 2의 차이, 그리고 2와 3의 차이가 동일한 크기라고 간주하기 어려울 수가 있다. 따라서 연구자에 따라서는 서열형 변수를 범주형 변수처럼 다루는 때도 있으므로 변수 유형의 구분은 변수의 특징에 따라 연구자가 판단할 필요가 있다.

변수의 특징을 이해하는 방법은 여러 가지가 있지만, 변수의 분포(distribution)를 시각화하는 것이 기본이다. 분포의 시각화는 전통적으로 히스토그램이나 막대그래프 혹은 상자그림 등을 이용했지만, 그래프와 표를 결합하여 시각화하기도 하고, 하나의 그래프가 아니라 여러 개의 그래프를 결합하여 시각화하는 방법도 사용할 수 있다. 또한 그래프에 적절한 통계정보를 함께 제공해줌으로써 효과적으로 변수의 특징을 이해할 수 있다.

---

1) 변수는 명목형 변수, 서열형 변수, 등간 변수(interval variable), 비율 변수(ratio variable)로 구분하기도 한다. 이때 명목형 변수와 서열형 변수는 이산형 변수(discrete variable)라고 부르고 등간 변수와 비율 변수는 연속형 변수(continuous variable)라고 한다. 하지만 이 책에서는 이산형 변수라는 용어 대신에 범주형 변수라는 용어를 사용하였다. 이것은 서열형 변수의 경우에는 값 자체가 크기의 의미가 있기도 하지만 명목형 변수처럼 범주의 의미가 있는 경우도 많기 때문이다. 또한 연속형 변수라는 용어 대신에 숫자형 변수라는 용어를 사용한 것은 사칙연산이 가능한 변수라는 의미를 강조하기 위해서였다. 중요한 것은 동일한 변수도 연구자의 관점에 따라 다르게 이해할 수 있으므로 자신이 사용하고자 하는 변수의 특성을 정확히 이해하는 것이다.

1. 범주형 변수 분포의 시각화

1) 단일 범주형 변수의 분포

범주형 변수의 분포는 범주별 빈도나 비율을 시각화하는 방법이 대표적이다. 이를 위해 막대그래프(bar graph), 점 그래프(dot graph), 버블 그래프(bubble graph) 등을 활용해볼 수 있다. 예제로 사용한 자료는 SAS의 SASHELP 라이브러리에서 제공되는 ENERGY라는 데이터 세트이다.[2]

PROC FORMAT 문을 사용하여 범주형 변수 값의 레이블 지정하기

범주형 변수를 시각화할 때는 범주형 변숫값이 갖는 의미를 명확히 하기 위해 레이블을 붙여주는 것이 유용한 경우가 많다. 〈표 1〉의 자료에서 변수는 지역(REGION), 해당 지역의 하위 지역(DIVISION), 주(STATE), 에너지 소비 종류(TYPE), 에너지 지출액(EXPENDITURE)으로 구성된다. 이 중 STATE 변수는 문자형 자료로 입력되어 있어 변수 이름 뒤에 $기호를 사용했고, REGION, DIVISION, TYPE은 범주형 변수이지만 숫자로 입력되어 있음을 알 수 있다.

〈표 1〉 에너지 자료

```
DATA ENERGY;
   LENGTH STATE $2;
   INPUT REGION DIVISION STATE $ TYPE EXPENDITURES @@;
   DATALINES;
1 1 ME 1 708 1 1 ME 2 379 1 1 NH 1 597 1 1 NH 2 301 1 1 VT 1 353 1 1 VT 2 188
1 1 MA 1 3264 1 1 MA 2 2498 1 1 RI 1 531 1 1 RI 2 358 1 1 CT 1 2024 1 1 CT 2 1405
1 2 NY 1 8786 1 2 NY 2 7825 1 2 NJ 1 4115 1 2 NJ 2 3558 1 2 PA 1 6478 1 2 PA 2 3695
4 3 MT 1 322 4 3 MT 2 232 4 3 ID 1 392 4 3 ID 2 298 4 3 WY 1 194 4 3 WY 2 184
4 3 CO 1 1215 4 3 CO 2 1173 4 3 NM 1 545 4 3 NM 2 578 4 3 AZ 1 1694 4 3 AZ 2 1448
4 3 UT 1 621 4 3 UT 2 438 4 3 NV 1 493 4 3 NV 2 378 4 4 WA 1 1680 4 4 WA 2 1122
4 4 OR 1 1014 4 4 OR 2 756 4 4 CA 1 10643 4 4 CA 2 10114 4 4 AK 1 349
```

---

2) 이 자료는 SASHELP 라이브러리에 있는 ENERGY라는 데이터 세트로 [SAS 도움말 및 문서] 창을 열어 "Creating the Energy Data Set"을 입력하거나 SASHELP 라이브러리 데이터 세트를 설명한 https://support.sas.com/documentation/tools/sashelpug.pdf 문서를 참고.

```
  4 4 AK 2 329 4 4 HI 1 273 4 4 HI 2 298
  ;
  PROC PRINT DATA=ENERGY(OBS=10); RUN;
```

〈표 2〉 출력된 자료 처음 10개 관찰점

OBS	STATE	REGION	DIVISION	TYPE	EXPENDITURES
1	ME	1	1	1	708
2	ME	1	1	2	379
3	NH	1	1	1	597
4	NH	1	1	2	301
5	VT	1	1	1	353
6	VT	1	1	2	188
7	MA	1	1	1	3264
8	MA	1	1	2	2498
9	RI	1	1	1	531
10	RI	1	1	2	358

출력된 〈표 2〉만으로는 REGION의 값이 1로 나타났을 때 이 값이 어느 지역을 의미하는지 전혀 알 수 없다. 따라서 이 값이 무엇을 의미하는지에 대한 정보를 추가로 입력을 해주는 것이 매우 편리하다. 이를 흔히 레이블(또는 값레이블)을 지정한다고 이야기하는데 SAS에서는 변숫값에 레이블을 지정하는 것을 포맷을 지정한다고 부르기도 한다. 이를 위해 PROC FORMAT 프로시저를 사용하여 변숫값에 대한 정보를 제공하였다. 이처럼 변수의 시각화를 위해서는 있는 자료를 그대로 시각화하기보다는 자료를 변형한 후 시각화해야하는 경우가 일반적이다.

〈표 3〉의 코드는 REGION, DIVISION, TYPE의 값의 포맷을 지정해주기 위한 프로그램이다. 먼저 /*①*/의 코드를 살펴보면 VALUE 명령문이 사용되고 있다. 이 명령문은 변수의 포맷을 지정하는 데 사용하는 명령문으로 이 명령문 다음에 변수 포맷의 이름을 지정해준다. REGFMT는 우리가 지정한 포맷의 이름이다. 이 포맷 내에서 적용되는 변숫값에 대한 레이블은 1='NORTHEAST'과 같이 지정하는데, 이는 REGFMT 포맷 내에서 변수가 1의 값을 가질 때 NORTHEAST를 의미하며 분석 때 REGFMT 포맷을 적용시킬 경우 1을 NORTHEAST라는 값으로 출력하라는 것이다. 이렇게 변숫값별로 레이블을 다 선언한

```
PROC FORMAT; /*①*/
   VALUE REGFMT 1='NORTHEAST'
                2='SOUTH'
                3='MIDWEST'
                4='WEST';
   VALUE DIVFMT 1='NEW ENGLAND'
                2='MIDDLE ATLANTIC'
                3='MOUNTAIN'
                4='PACIFIC';
   VALUE USETYPE 1='RESIDENTIAL CUSTOMERS'
                 2='BUSINESS CUSTOMERS';
RUN;
PROC PRINT DATA=ENERGY (OBS=10);/*②*/
   FORMAT REGION REGFMT. DIVISION DIVFMT. TYPE USETYPE.;/*③*/
RUN;
```

후 마지막에는 4='WEST'; 와 같이 ';' 기호를 사용하여 지정을 마친다. DIVISION과 TYPE의 포맷도 각각 DIVFMT 및 USETYPE으로 지정하였다. USETYPE을 살펴보면 1의 값을 갖는 경우는 주거용 소비자, 2의 값을 갖는 경우는 업무용 소비자임을 알 수 있다.

/*②*/의 코드는 ENERGY라는 자료를 출력하도록 하고 있다. 이 자료 중 처음 10개의 관찰값만 출력하도록 하기 위해서 OBS=10이라는 옵션을 사용했다.

/*③*/은 FORMAT이라는 명령문을 이용하여 변수의 포맷을 사용하겠다는 것을 선언한 것이고 REGION REGFMT. 는 REGION이라는 변수는 REGFMT라는 포맷을 사용하여 변숫값의 의미를 지정하도록 하였다. 포맷 변수의 이름 마지막에 마침표를 삽입하여 포맷 변수임을 구분해주어야 하는 점에 주의한다. 이렇게 변수에 포맷을 지정한 후에 자료를 출력하면 〈표 4〉와 같다.

〈표 4〉의 출력 결과를 보면 이제 숫자로 입력되었던 범주형 변수의 범주가 포맷에 지정되었던 문자 값으로 변환되어 출력됨을 알 수 있다.

OBS	STATE	REGION	DIVISION	TYPE	EXPENDITURES
1	ME	NORTHEAST	NEW ENGLAND	RESIDENTIAL CUSTOMERS	708
2	ME	NORTHEAST	NEW ENGLAND	BUSINESS CUSTOMERS	379
3	NH	NORTHEAST	NEW ENGLAND	RESIDENTIAL CUSTOMERS	597
4	NH	NORTHEAST	NEW ENGLAND	BUSINESS CUSTOMERS	301
5	VT	NORTHEAST	NEW ENGLAND	RESIDENTIAL CUSTOMERS	353
6	VT	NORTHEAST	NEW ENGLAND	BUSINESS CUSTOMERS	188
7	MA	NORTHEAST	NEW ENGLAND	RESIDENTIAL CUSTOMERS	3264
8	MA	NORTHEAST	NEW ENGLAND	BUSINESS CUSTOMERS	2498
9	RI	NORTHEAST	NEW ENGLAND	RESIDENTIAL CUSTOMERS	531
10	RI	NORTHEAST	NEW ENGLAND	BUSINESS CUSTOMERS	358

① 막대그래프를 이용한 범주형 변수의 빈도 나타내기

범주형 변수인 REGION의 지역별 빈도분포를 막대그래프로 나타내면 SGPLOT 프로시저의 VBAR 명령문을 이용하여 다음과 같이 나타낼 수 있다. 막대그래프에서 X축에 사용

[그림 1] 단순 막대그래프

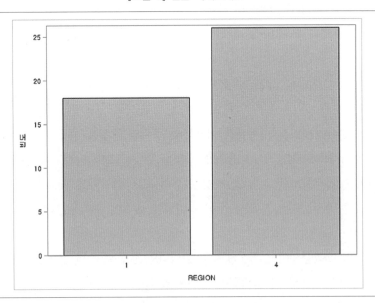

```
PROC SGPLOT DATA=ENERGY;
    VBAR REGION;
RUN;
```

[그림 2] 기준선을 이용한 막대그래프

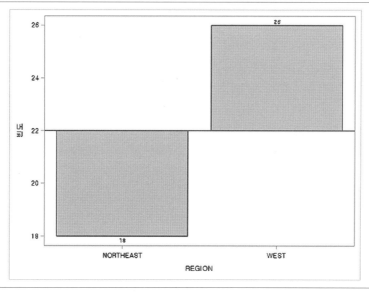

```
PROC SGPLOT DATA=ENERGY;
    FORMAT REGION REGFMT. ;
    VBAR  REGION/DATALABEL  BASELINE=22  BASELINEATTRS=(COLOR=RED
THICKNESS=2);
    RUN;
```

된 변수는 범주형 변수이기 때문에 막대그래프에서 막대 간에 간격이 존재한다. 하지만 히스토그램의 경우에는 막대 사이의 간격이 없이 그려진다.

위와 같이 시각화하는 경우 각 범주별 빈도의 수가 명확하지 않고, REGION 변수의 범주 값이 무엇을 의미하는지 알 수 없다. 또 총 44개의 관찰점에서 상대적으로 REGION=1인 범주의 빈도와 REGION=4인 범주의 빈도의 차이가 두드러지지 않는다. 두 범주의 빈도가 동일하다면 빈도가 22이므로 차이를 나타내기 위해 [그림 2]와 같이 시각화를 해볼 수 있다. FORMAT 명령문과 DATALABEL 및 BASELINE 옵션을 사용하면 다음과 같은 기준선(baseline)을 이용한 시각화가 가능하다. 아울러 BASELINEATTRS 옵션을 추가하면 기준선의 색상과 두께 등의 특성을 조정할 수 있다.

[그림 3] 빈도테이블을 포함한 시각화

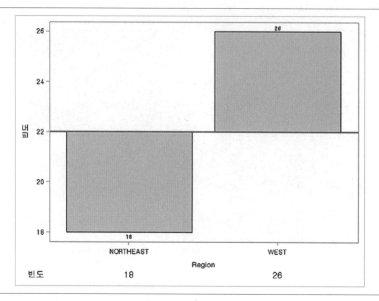

```
PROC SGPLOT DATA=ENERGY;
   FORMAT REGION REGFMT. ;
   VBAR  REGION/DATALABEL  BASELINE=22  BASELINEATTRS=(COLOR=RED
THICKNESS=2);
        XAXISTABLE REGION/LABELATTRS=(SIZE=11) VALUEATTRS=(SIZE=11);
RUN;
```

　단순히 막대그래프만을 이용하여 빈도수를 나타내기보다는 빈도수를 나타내는 테이블 정보를 제공하는 것이 바람직할 수 있다. 이 경우에는 막대그래프 위에 데이터 레이블을 붙이기보다는 XAXISTABLE 명령문을 이용하여 테이블을 포함시키는 것도 고려해볼 수 있다. 이때 테이블에 있는 레이블 형식을 조정하기 위해서는 LABELATTRS= 옵션을, 빈도와 같은 통계치를 조정하기 위해서는 VALUEATTRS= 옵션을 사용할 수 있다. 이는 [그림 3]과 같이 시각화할 수 있다.

　한편 REGION 변수는 DIVISION을 하위 범주 변수로 갖고 있다. 이 하위 범주와 상위 범주 변수를 GROUP이라는 옵션을 이용하면 함께 시각화할 수 있다. [그림 4]의 첫 번째 그림은 GROUPDISPLAY=CLUSTER 옵션을 사용하여 그룹별 막대그래프를 옆으로 구분하여 나타냈고 두 번째 그림은 아랫부분은 GROUPDISPLAY=STACK 옵션을 사용하여 누적 막대그래프로 나타냈음을 알 수 있다. 나아가 SEGMENT 옵션을 통해 하위 범주별 빈도의 값도 나타낼 수 있다.

[그림 4] 상위 범주와 하위 범주 변수의 빈도를 함께 나타내기

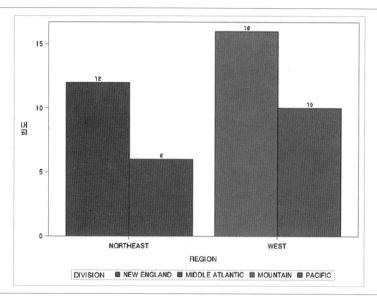

```
PROC SGPLOT DATA=ENERGY;
    FORMAT REGION REGFMT. DIVISION DIVFMT. ;
    VBAR REGION/GROUP=DIVISION DATALABEL GROUPDISPLAY=CLUSTER;
RUN;
```

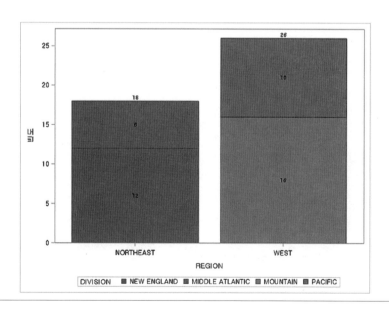

[그림 4] 계속

```
PROC SGPLOT DATA=ENERGY;
    FORMAT REGION REGFMT. DIVISION DIVFMT. ;
    VBAR REGION/GROUP=DIVISION DATALABEL SEGLABEL GROUPDISPLAY=STACK;
RUN;
```

한편 막대그래프 위에 데이터 레이블을 포함시키지 않고 빈도표를 X축 아래에 포함시키기 위해서는 XAXISTABLE 명령문을 사용할 수 있다. 이때 주된 축의 변수를 지정한 후 옵션에 CLASS= 에 종된 변수를 지정하면 된다. 예제의 경우에는 주된 변수는 REGION, 종된 변수는 DIVISION이므로 이를 지정하면 되고 CLASSDISPLAY= 옵션에서는 테이블에서 빈도를 나타낼 때 STACK 방식과 CLUSTER 방식을 지정할 수 있다. 이를 구현한 결과는 [그림 5]와 같다.

[그림 5] 막대그래프와 빈도표 함께 나타내기

```
PROC SGPLOT DATA=ENERGY;
    FORMAT REGION REGFMT. DIVISION DIVFMT. ;
    VBAR REGION/GROUP=DIVISION GROUPDISPLAY=CLUSTER;
        XAXISTABLE REGION/CLASS=DIVISION CLASSDISPLAY=STACK LABELATTRS=
        (SIZE=11) VALUEATTRS=(SIZE=11);
RUN;
```

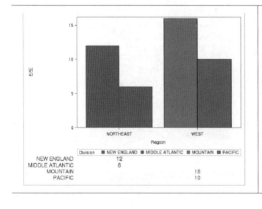 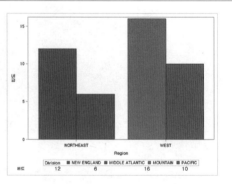

[그림 5] 계속

```
PROC SGPLOT DATA=ENERGY;
    FORMAT REGION REGFMT.
    DIVISION DIVFMT. ;
    VBAR REGION/GROUP=DIVISION
    GROUPDISPLAY=CLUSTER;
        XAXISTABLE
        REGION/CLASS=DIVISION
        CLASSDISPLAY=STACK
        LABELATTRS=(SIZE=11)
        VALUEATTRS=(SIZE=11);
    RUN;
```

```
PROC SGPLOT DATA=ENERGY;
    FORMAT REGION REGFMT.
    DIVISION DIVFMT. ;
    VBAR REGION/GROUP=DIVISION
    GROUPDISPLAY=CLUSTER;
        XAXISTABLE
        REGION/CLASS=DIVISION
        CLASSDISPLAY=CLUSTER
        VALUEATTRS=(SIZE=11);
RUN;
```

막대그래프를 이용하여 그룹별 신뢰구간을 시각화할 수도 있다. 이때 95% 신뢰구간의
상한과 하한에 대한 정보를 제공하기 위해서 VBAR 명령문에 ALPHA=0.05 옵션과
LIMITSTAT=CLM 옵션을 사용할 수 있다.

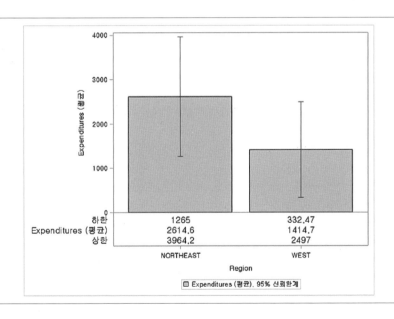

```
PROC SGPLOT DATA=ENERGY ;
  FORMAT REGION REGFMT.;
  VBAR REGION/ RESPONSE=EXPENDITURES ALPHA=0.05 STAT=MEAN
          LIMITSTAT=CLM  DATALABEL DATALABELATTRS=(SIZE=11);
RUN;
```

② 점 그래프를 이용한 시각화

점 그래프(dot graph)를 이용해서도 범주형 변수의 빈도를 나타낼 수 있다. [그림 6]은 a) 단순한 점 그래프를 그린 경우, b) 범주 간의 차이를 색깔이 아닌 마커의 심벌(symbol)을 기준으로 구분하기 위해 ODS GRAPHICS 옵션을 바꾸는 경우, c) 사용자가 지정한 심벌을 이용하는 경우를 보여준 것이다. 흑백으로 인쇄해야 할 때는 색깔 구분이 잘 되지 않기 때문에 색깔을 이용하여 범주를 구분하는 것보다는 마커의 심벌을 이용하여 구분하는 것이 선호될 수 있다.[3] [그림 6]에서 점 그래프에 나타난 데이터 레이블은 해당 범주의 빈도를 나타낸 것이다. 범주형 변수에 대해 STAT=PERCENT 옵션을 사용하면 빈도 대신 퍼센트 값을 나타낼 수 있다.

[그림 6] 점 그래프에서 범주 구분을 색깔과 모양을 이용하여 표현하는 다양한 방법

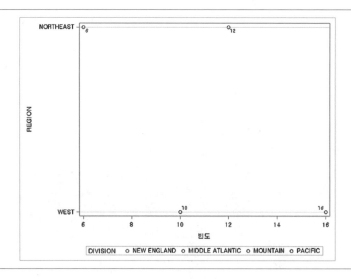

---

3) SGPLOT 프로시저의 STYLEATTRS 명령문을 사용하기 위해서는 ODS GRAPHICS에서 ATTRPRIORITY= 옵션을 바꾸어주어야 한다. 범주 구분을 위해서 SAS는 COLOR을 기본값으로 사용하고 있으나 ATTRPRIORITY=NONE으로 해주면 범주 구분을 위한 우선순위를 사용하지 않고 SGPLOT에서 지정한 STYLEATTRS을 이용하여 그림의 다양한 속성을 지정하게 된다.

[그림 6] 계속

```
PROC SGPLOT DATA=ENERGY;
    FORMAT REGION REGFMT. DIVISION DIVFMT. ;
    DOT REGION/GROUP=DIVISION DATALABEL;
RUN;
```

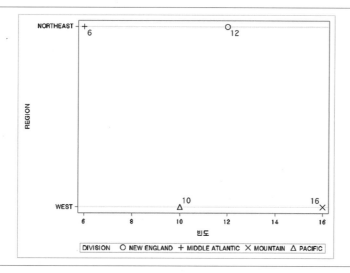

```
ODS GRAPHICS/ATTRPRIORITY=SYMBOL;
PROC SGPLOT DATA=ENERGY;
    FORMAT REGION REGFMT. DIVISION DIVFMT. ;
    DOT REGION/GROUP=DIVISION DATALABEL DATALABELATTRS=(SIZE=12)
MARKERATTRS=(SIZE=12) ;
RUN;
```

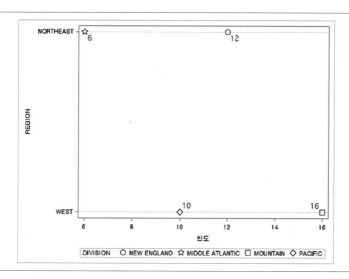

[그림 6] 계속

```
ODS GRAPHICS/ATTRPRIORITY=NONE;
PROC SGPLOT DATA=ENERGY;
    FORMAT REGION REGFMT. DIVISION DIVFMT. ;
    STYLEATTRS DATASYMBOLS=(CIRCLE STAR SQUARE DIAMOND);
    DOT REGION/GROUP=DIVISION DATALABEL DATALABELATTRS=(SIZE=12)
    MARKERATTRS=(SIZE=12) ;
RUN;
```

한편 여러 개의 범주가 있었을 때 범주가 발생할 신뢰구간을 비교해야 하는 경우가 있다. 이 경우에는 [그림 7]처럼 각 범주가 발생할 확률과 신뢰구간을 나타내는 시각화를 시도해볼 수 있다. 예를 들어 전체 사업장 중에서 일부만 무작위로 뽑아서 얻은 자료로부터 임의로 뽑은 관찰점이 어느 DIVISION에 속할지의 확률에 대한 신뢰구간을 나타내려고 한다고 해보자. 그러면 다음과 같이 각 범주가 나타날 확률과 신뢰구간을 점 그래프를 이용해서 나타낼 수 있다.4) 이러한 시각화는 선거에서 3명 이상의 후보가 있을 때 각 후보자의 지지율과 그 지지율이 신뢰구간을 나타낼 때에 유용하게 사용할 수 있다.

[그림 7] 점 그래프를 이용한 범주별 확률과 신뢰구간

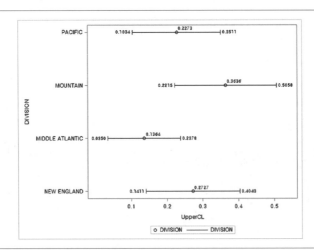

─────

4) SAS의 DOT 그래프에서는 신뢰구간의 상한과 하한은 변숫값으로 직접 지정하지 못하기 때문에 여기서는 SCATTER와 HIGHLOW 명령문을 이용하여 그래프를 구현하였다. CATMOD를 이용한 세 개 이상의 범주에 대한 확률을 구하는 방법이나 ODS OUTPUT 명령문을 활용하는 방법은 독자들이 고민해보도록 한다.

[그림 7] 계속

```
ODS OUTPUT ESTIMATES=TEMP1;
PROC CATMOD DATA=ENERGY;
    RESPONSE 1 0 0 0, 0 1 0 0 , 0 0 1 0;
    MODEL DIVISION=/CLPARM PROB;
RUN;
QUIT;
    ODS OUTPUT ESTIMATES=TEMP2;
PROC CATMOD DATA=ENERGY;
    RESPONSE 0 0 0 1;
    MODEL DIVISION=/CLPARM PROB;
RUN;
QUIT;
DATA ALL;
    SET TEMP1 TEMP2;
    IF FUNCTIONNUMBER=. THEN FUNCTIONNUMBER=4;
    DIVISION=INPUT(FUNCTIONNUMBER,8.);
RUN;
PROC SGPLOT DATA=ALL;
    FORMAT DIVISION DIVFMT. ;
    SCATTER Y=DIVISION X=ESTIMATE /DATALABEL=ESTIMATE;
    HIGHLOW Y=DIVISIONHIGH=UPPERCL        LOW=LOWERCL/HIGHCAP=SERIF
    LOWCAP= SERIF HIGHLABEL=UPPERCL LOWLABEL=LOWERCL;
    YAXIS INTEGER;
RUN;
```

③ 버블 그래프를 이용한 시각화

버블 그래프를 이용하여 범주형 변수의 빈도도 시각화할 수 있다. 수평축에는 DIVISION을, 수직축에는 각 범주의 백분율을, 그리고 거품에는 빈도수를 나타내는 시각화는 [그림 8]과 같다. 이를 시각화하기 위해서는 PROC FREQ 프로시저를 이용하여 먼저 범주별 빈도 정보를 포함한 FREQ라는 자료를 /*①*/ 스텝을 이용하여 구한 후, 이 자료를 /*②*/의 PROC SGPLOT 프로시저의 BUBBLE 명령문을 이용하여 버블 그래프를 활용할 수 있다.

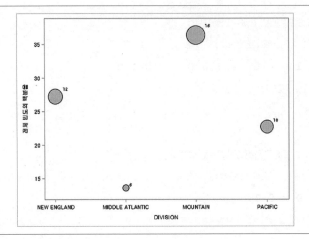

[그림 8] 버블 그래프를 이용한 시각화

```
PROC FREQ DATA=ENERGY;  /*①*/
    TABLE DIVISION/OUT=FREQ;
RUN;
PROC SGPLOT DATA=FREQ;/*②*/
    FORMAT REGION REGFMT. DIVISION DIVFMT. ;
    BUBBLE X=DIVISION Y=PERCENT SIZE=COUNT/DATALABEL=COUNT;
    XAXIS INTEGER;
RUN;
```

이처럼 범주형 변수의 빈도는 다양한 방법으로 시각화할 수 있으며 원래 자료를 가공하여 빈도 정보나 신뢰구간 정보를 포함한 새로운 데이터 세트를 생성하여 다양한 형태의 시각화를 수행할 수 있다. 범주형 변수의 빈도 분석에서 빈도나 퍼센트와 같은 정보를 막대 그래프 위에 제시할 수도 있고, 빈도표나 퍼센트 정보를 테이블 형식으로 제공할 수도 있다. 자료 시각화가 시각화를 통해 정보 전달력을 높이면서도 테이블 정보를 함께 제공함으로써 정확성도 확보하는 방향으로 발전하기 때문에 그래프와 테이블을 결합하는 방법을 잘 익혀두면 유용할 수 있다.

2) 두 개의 서열형 변수의 시각화

두 개의 서열형 변수의 시각화는 설문자료를 분석할 때 흔히 직면하게 되는 문제이다. 두 개의 연속형 변수 간의 관계는 산점도를 이용할 수 있지만, 서열형 변수의 경우에는 변수가 가질 수 있는 값이 몇 개 되지 않기 때문에 시각화하면 제공해주는 정보가 많지 않다.

설문조사에서 리커트 5점 척도를 이용한 서열형 변수가 널리 사용되기 때문에 시뮬레이션 자료를 이용하여 서열형 변수 간의 시각화 방법을 살펴보도록 한다.

[그림 9]는 리커트 5점 척도를 갖는 두 개의 변수 X_1, X_2를 시뮬레이션한 코드와 이를 산점도를 이용하여 시각화한 결과를 나타내주고 있다. 산점도를 살펴보면 두 변수 조합의 경우의 수에 대해 대부분 관찰점이 하나 이상은 존재하기 때문에 산점도가 격자형에 가깝게 나타나고 있음을 알 수 있다. 문제는 이러한 격자형 산점도로는 두 변수의 관계를 파악하기 어렵다는 것이다.

[그림 9] 서열형 변수 시뮬레이션 자료와 단순 산점도

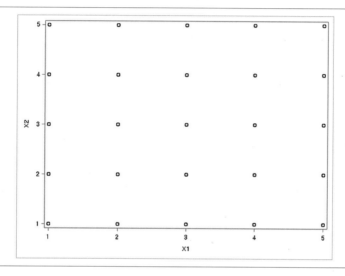

```
DATA SIM;
  CALL STREAMINIT(3580);
  DO I=1 TO 1000;
    IF RAND("UNIFORM")>0.1 THEN DO;
       X1=RAND("INTEGER",1,5);
       X2=RAND("INTEGER",1,5);
    END;
    ELSE DO;
       X1=RAND("INTEGER",1,5);
       X2=RAND("INTEGER",1,3);
    END;
```

[그림 9] 계속

```
     OUTPUT;
  END;
 RUN;


 PROC SGPLOT DATA=SIM;
    SCATTER X=X1 Y=X2;
 RUN;
```

[그림 10] 히트맵 그래프를 이용한 서열형 변수 간 관계의 시각화

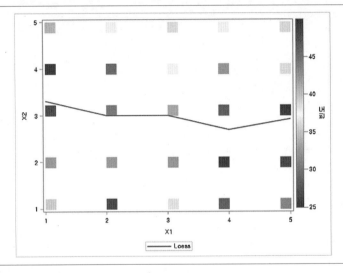

```
ODS GRAPHICS /LOESSMAXOBS=10000;
PROC SGPLOT DATA=SIM;
    HEATMAP X=X1 Y=X2;
    LOESS X=X1 Y=X2/NOMARKERS;
RUN;
```

이 문제를 해결하기 위해 관찰점을 표시한 마커(marker)를 관찰된 빈도수, 가중치 등을 이용하여 차이를 나타내는 방법을 사용할 수 있다. SGPLOT의 히트맵(heatmap) 그래프를 이용하여 [그림 10]과 같이 그림을 그리면 빈도가 많은 관찰점의 색깔이 다르게 표시가 된다. 또한, 그림의 오른쪽 축에 색깔이 나타내는 빈도의 범주를 확인해볼 수 있다.

한편 단순히 빈도의 정보를 나타낸 히트맵 그래프만으로는 두 변수 간의 관계를 살펴보기 어렵기 때문에 국소 회귀(local polynomial regression, LOESS) 추정선을 함께 포함시키는 것이 유용하므로 이를 히트맵과 함께 나타냈다.[5]

한편 히트맵과 TEXT 그림을 이용하면 [그림 11]과 같은 시각화도 가능하다. 이 시각화는 빈도표를 색의 명암을 조정하여 나타내고 행 및 열 합의 빈도를 막대그래프 형태로 시각화한 것이다.[6]

위의 히트맵을 이용한 시각화는 색깔로만 빈도의 차이를 나타내기 때문에 여전히 관찰점 차이를 명확히 나타내는 데는 한계가 있다. 이때 [그림 12]와 같이 버블 그래프를 이용하면서 COLORRESPONSE 옵션과 GRADLEGEND 명령문을 사용한다면 버블의 크기와 색깔을 이용하여 빈도 정보를 조금 더 정확히 나타낼 수 있다. COLORMODEL=(WHITE RED)와 같은 옵션을 사용하면 단일 색의 그라데이션을 이용하여 상대적 중요성을 나타낼 수 있다. 만일 다른 색깔을 이용하면 이 색깔의 순서대로 낮은 빈도부터 높은 빈도를 나타내는 색깔 레전드가 나타나게 된다. 다만, 원자료에 범주의 조합별 빈도 정보가 없으므로 바로 원자료를 사용할 수는 없고, PROC FREQ 프로시저를 이용하여 RESULT라는 새로운 데이터 세트에 범주 조합별 빈도와 퍼센트 변수를 만든 후 이를 시각화하는 방법을 사용하였다.

---

5) Heatmap 명령문에서 MARKRERATTRS 옵션을 이용하여 마커의 크기를 조정하면 공간이 없이 모자이크 그림처럼 나타낼 수 있다.
6) 이 시각화 코드는 아래 웹사이트를 참고 하였으며, 분석에 사용된 자료도 해당 웹사이트를 참고하면 된다.
   https://blogs.sas.com/content/graphicallyspeaking/2017/06/26/advanced-ods-graphics-range-attribute-maps/

[그림 11] 히트맵과 텍스트 명령문을 이용한 빈도의 시각화

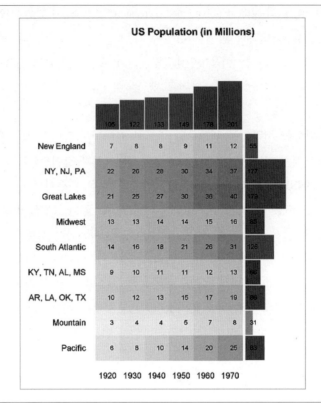

```
ODS GRAPHICS ON / WIDTH=4.9IN HEIGHT=6.2IN;
PROC SGPLOT DATA=ALL1 NOAUTOLEGEND NOBORDER;
   TITLE 'US POPULATION (IN MILLIONS)';
   %LET C = COLORMODEL=(WHITE CX6767BB CXBB67BB CXDD2255);
   HEATMAPPARM Y=ROW X=COL COLORRESPONSE=COUNT / &C;
   TEXT        Y=ROW X=COL TEXT=COUNT;
   %LET O = TYPE=BAR BARWIDTH=0.95 NOOUTLINE &C COLORRESPONSE;
   HIGHLOW Y=MROW LOW=LOW   HIGH=ROWF / X2AXIS &O=ROWF;
   TEXT    Y=MROW X=X0      TEXT=ROWF / X2AXIS;
   HIGHLOW X=MCOL LOW=LOW   HIGH=COLF / Y2AXIS &O=COLF;
   TEXT    X=MCOL Y=X0      TEXT=COLF / Y2AXIS;
   XAXIS DISPLAY=(NOLABEL NOTICKS NOLINE) OFFSETMAX=.32;
   YAXIS DISPLAY=(NOLABEL NOTICKS NOLINE) OFFSETMIN=.32 REVERSE;
   X2AXIS  DISPLAY=NONE     OFFSETMIN=.75 OFFSETMAX=.03;
   Y2AXIS  DISPLAY=NONE     OFFSETMIN=.73 OFFSETMAX=.12;
RUN;
```

[그림 12] 버블 그래프를 이용한 서열형 변수 간 관계의 시각화

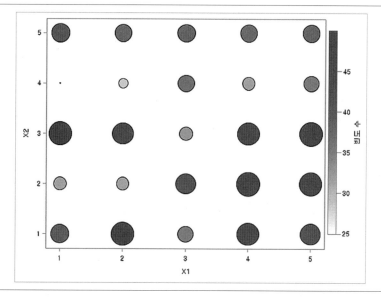

```
PROC SGPLOT DATA=RESULT;
    WHERE PERCENT ^=.;
    BUBBLE X=X1 Y=X2 SIZE=COUNT/ COLORMODEL=(WHITE RED) COLORRESPONSE=
    COUNT NAME="빈도" BRADIUSMIN=1;
    GRADLEGEND "빈도" / OUTERPAD=(TOP=20PX BOTTOM=20PX);
RUN;
```

3) 범주형 변수와 연속형 변수의 시각화

통계분석을 할 때 주된 변수가 범주형 변수이고 다른 변수가 연속형 변수인 경우가 많다. 이 경우 범주형 변수의 범주별로 연속형 변수에 대한 기술통계량 정보를 적절히 제공할 필요가 있다. 앞에서 사용한 ENERGY 자료에서 DIVISION이라는 범주형 변수와 EXPENDITURES라는 연속형 변수의 관계를 다음과 같이 다양한 방법으로 시각화할 수 있다.

[그림 13] 단순 산점도를 이용한 범주형 변수와 연속형 변수의 시각화

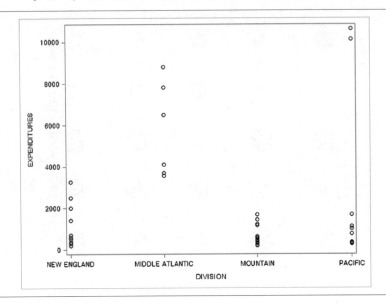

```
PROC SGPLOT DATA=ENERGY;
    FORMAT DIVISION DIVFMT. ;
    SCATTER X=DIVISION Y=EXPENDITURES;
    XAXIS INTEGER;
RUN;
```

① 산점도를 이용한 시각화

범주형 변수와 연속형 변수의 관계를 간단하게 시각화할 수 있는 방법은 산점도를 그려 보는 것이다. 수평축에는 범주형 변수를 수직축에는 연속형 변수를 [그림 13]과 같이 시각화하는 것이다.

위와 같은 시각화는 동일한 범주에 대해 연속형 변수 값이 여러 개 있는 경우 동일한 마커로 나타나기 때문에 자료의 분포가 제대로 나타나지 않는 한계가 있다. 따라서, 흩어짐 (JITTER) 그림을 [그림 14]와 같이 구현하면 여러 개의 관찰점이 어디에 집중되어 있는지를 확인할 수 있으므로 분포를 조금 더 잘 나타낼 수 있다. JITTERWIDTH= 옵션에서 값을 크게 줄수록 흩어진 정도를 더 크게 할 수 있다. 그리고 GROUP= 옵션을 사용하면 그룹변수에 지정된 범주형 변수의 범주별로 색깔이나 모양을 다르게 할 수 있다.

[그림 14] 흩어짐(JITTER) 옵션을 이용한 산점도

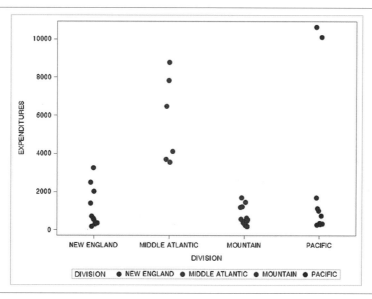

```
PROC SGPLOT DATA=ENERGY;
    FORMAT DIVISION DIVFMT. ;
    SCATTER X=DIVISION Y=EXPENDITURES/GROUP=DIVISION JITTER=UNIFORM
    JITTERWIDTH=0.1 MARKERATTRS=(SIZE=10 SYMBOL=CIRCLEFILLED);
    XAXIS INTEGER;
RUN;
```

만일 범주형 변수가 두 개이고 연속형 변수가 하나인 경우에 산점도와 흩어짐 옵션을 이용하여 시각화를 해보면 [그림 15]와 같다. 상위 범주는 REGION이고 하위 범주는 DIVISION이므로 상위 범주는 X축의 범주로 나타냈고, 상위 범주별로 하위 범주는 GROUP= 옵션을 이용하여 구분하였다. 흑백 그림으로 나타내면 색깔을 이용해서는 하위 범주 구분이 잘 나타나지 않으므로 ODS GRAPHICS/ATTRPRIORITY=NONE; 명령문을 이용하여 범주 구분의 기준의 기본값을 사용하지 않도록 한 후 STYLEATTRS 명령문을 이용하여 마커의 모양을 지정하였다. 또한 JITTERWIDTH= 옵션을 조정하여 흩어짐의 정도를 크게 하였다. 그림을 보면 MIDDLE ATLANTIC 지역은 EXPENDITURES 값이 큼을 알 수 있고 WEST에 있는 MOUNTAIN과 PACIFIC 지역은 값에서 큰 차이가 나지 않아 WEST는 지출 규모와 관련하여 유사한 지역으로 구성되어 있음을 알 수 있다.

[그림 15] 두 개의 범주형 변수와 한 개의 연속형 변수의 시각화

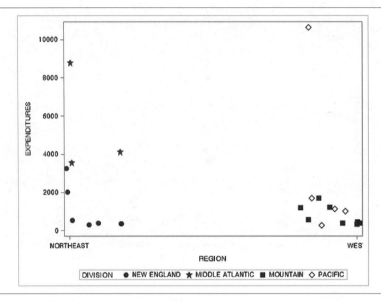

```
ODS GRAPHICS/ATTRPRIORITY=NONE;
PROC SGPLOT DATA=ENERGY;
    FORMAT DIVISION DIVFMT. REGION REGFMT.;
    STYLEATTRS DATASYMBOLS=(CIRCLEFILLED STARFILLED SQUAREFILLED
    DIAMOND);
    SCATTER X=REGION Y=EXPENDITURES/GROUP=DIVISION JITTER=UNIFORM
    JITTERWIDTH=0.4 MARKERATTRS=(SIZE=10 ) ;
    XAXIS INTEGER VALUES=(1 4);
RUN;
```

한편 위와 같은 산점도의 시각화 위에 테이블을 이용하여 각 범주별 평균값을 나타낼 수도 있다. [그림 16]에서 XAXISTABLE 명령문을 이용하는 경우 연속형 변수를 지정한 후 옵션에 X= 에는 X축에 나타난 주된 변수를, CLASS= 옵션에는 종된 변수를 나타낸 후 STAT=MEAN을 지정하면 평균 값의 테이블을 얻을 수 있다.

[그림 16] 테이블과 산점도 시각화

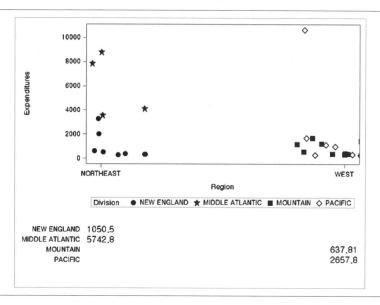

```
PROC SGPLOT DATA=ENERGY;
    FORMAT DIVISION DIVFMT. REGION REGFMT.;
    STYLEATTRS DATASYMBOLS=(CIRCLEFILLED STARFILLED SQUAREFILLED
    DIAMOND);
    SCATTER X=REGION Y=EXPENDITURES/GROUP=DIVISION JITTER=UNIFORM
    JITTERWIDTH=0.4 MARKERATTRS=(SIZE=10) ;
    XAXISTABLE EXPENDITURES/X=REGION CLASS=DIVISION STAT=MEAN
    LABEL="평균" CLASSDISPLAY=CLUSTER VALUEATTRS=(SIZE=11) PAD=30;
    XAXIS INTEGER VALUES=(1 4);
RUN;
```

② 상자그림을 이용한 시각화

산점도를 이용해서 자료의 분포를 시각화할 때는 평균이나 분산 혹은 중윗값과 같은 자료의 요약 정보를 얻지 못하는 한계가 있다. 따라서 상자그림을 이용하여 [그림 17]과 같이 시각화하는 방법을 고려해볼 수 있다.

[그림 17] 상자그림을 이용한 시각화

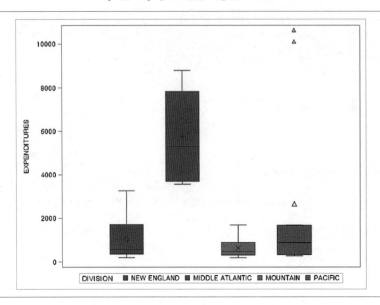

```
PROC SGPLOT DATA=ENERGY;
    FORMAT DIVISION DIVFMT. ;
    VBOX EXPENDITURES/GROUP=DIVISION;
    XAXIS INTEGER;
RUN;
```

산점도와 상자그림을 함께 이용한 시각화를 [그림 18]과 같이 수행할 수 있다. 주의해야 할 것은 VBOX 명령문의 옵션에서 CATEGORY= 옵션을 사용한다는 점이다. GROUP 옵션을 사용하면 SCATTER 명령문의 X축과 일치하지 않기 때문이다.

[그림 18] 산점도와 상자그림의 결합

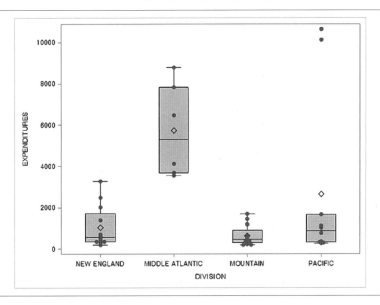

```
PROC SGPLOT DATA=ENERGY NOAUTOLEGEND;

    FORMAT DIVISION DIVFMT.;

    VBOX EXPENDITURES/CATEGORY=DIVISION ;

    SCATTER X=DIVISION Y=EXPENDITURES/JITTER JITTERWIDTH=0.4

    MARKERATTRS=(COLOR=RED SYMBOL=CIRCLEFILLED);

RUN;
```

두 개의 범주형 변수와 하나의 연속형 변수가 있는 경우도 [그림 19]와 같이 산점도와 상자그림을 결합하여 시각화할 수 있다.

[그림 19] 산점도와 상자그림의 결합2

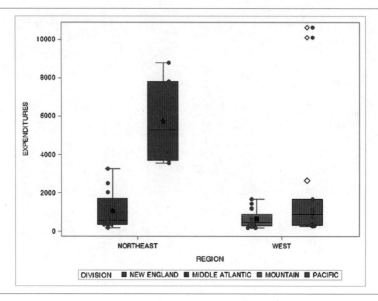

```
ODS GRAPHICS/ATTRPRIORITY=NONE;
PROC SGPLOT DATA=ENERGY;
    FORMAT DIVISION DIVFMT. REGION REGFMT.;
    STYLEATTRS  DATASYMBOLS=(CIRCLEFILLED  STARFILLED  SQUAREFILLED
    DIAMOND);
    VBOX EXPENDITURES/CATEGORY=REGION GROUP=DIVISION;
    SCATTER X=REGION Y=EXPENDITURES/GROUP=DIVISION GROUPDISPLAY=CLUSTER
    JITTER JITTERWIDTH=0.8 MARKERATTRS=(COLOR=RED SYMBOL=CIRCLEFILLED);
    XAXIS INTEGER;
RUN;
```

③ 커널함수와 상자그림을 이용한 시각화

관찰점이 많은 경우에는 산점도를 이용한 시각화에 한계가 있다. 또한 상자그림을 가지고는 분포의 모양을 쉽게 이해하기 어려우므로 커널 함수를 이용한 분포의 시각화와 상자그림을 이용한 분포의 시각화를 함께 시도할 수 있다. 이를 바이올린 그림(violin plot)이라고 한다. SAS를 이용해서도 이 그림을 그릴 수 있지만[7] [그림 20]과 같이 R의 ggplot2 패키지를 이용하여 손쉽게 시각화를 할 수 있다.

---

7) https://blogs.sas.com/content/graphicallyspeaking/2012/10/30/violin-plots/

[그림 20] 바이올린 그림

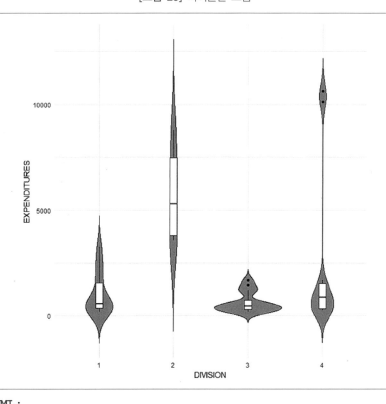

```
PROC IML;
run ExportDataSetToR("WORK.ENERGY", "rdata");
submit/r;
library(ggplot2)
# convert the variable division to a character variable
rdata$DIVISION <- as.factor(rdata$DIVISION)
head(ToothGrowth)
ggplot(rdata, aes(x=DIVISION, y=EXPENDITURES)) +
geom_violin(trim=FALSE, fill='#A4A4A4', color="darkred")
+ geom_boxplot(width=0.1) + theme_minimal()
endsubmit;
quit;
```

2. 연속형 변수 분포의 시각화

1) 단일 변수 분포의 시각화

연속형 변수의 경우에는 극단값이 존재하거나, 분포가 왼쪽으로 혹은 오른쪽으로 지나치게 치우치거나, 자료가 지나치게 넓게 퍼져 있게 되면 통계분석에서 주로 사용하는 평균을 중심으로 한 자료 해석이 타당하지 않은 경우가 발생한다. 따라서 연속형 변수의 분포 모양이나 극단값을 주의 깊게 살펴볼 필요가 있다.

자료분포 특성을 나타낼 때 전통적으로 사용된 방법은 히스토그램(histogram)이었으나 최근에는 밀도 그림(density plot)의 사용이 증가하고 있다. 또한 4분위수를 이용한 상자그림도 널리 사용되고 있다. 각각의 방법을 이용하여 시각화한 결과는 [그림 21]과 같다.

[그림 21] 단일 연속형 변수 분포의 시각화

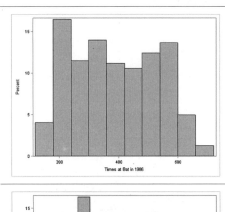
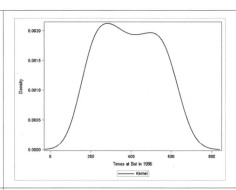
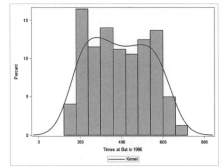
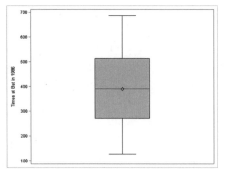

[그림 21] 계속

PROC SGPLOT DATA=SASHELP.BASEBALL;
   HISTOGRAM NATBAT;
RUN;
PROC SGPLOT DATA=SASHELP.BASEBALL;
   HISTOGRAM NATBAT;
   DENSITY NATBAT/TYPE=KERNEL;
RUN;
	PROC SGPLOT DATA=SASHELP.BASEBALL;
	   DENSITY NATBAT/TYPE=KERNEL;
	RUN;
	PROC SGPLOT DATA=SASHELP.BASEBALL;
	   VBOX NATBAT;
	RUN;

그림과 함께 기술통계량을 함께 나타낼 수 있는 다양한 방법이 가능하다. 상자그림의 경우 9.4 M5 버전부터 DISPLAYSTATS= 옵션이 제공됨에 따라 [그림 22]와 같이 상자그림 이외에도 간단한 기술 통계량을 함께 제시하여 시각화할 수 있다.[8) [그림 22]는 야구 리그 별로 타석 수의 분포를 상자 그림으로 나타내고, 표본 크기, 평균, 중간값, 최소, 최댓값을 함께 나타내주고 있다. 한편 자료의 분포를 살펴보기 위해서 산점도 그림에 JITTER 옵션을 사용하여 시각화를 해보았다.

[그림 22] 상자 그림과 기술통계 정보를 함께 제공하는 방식

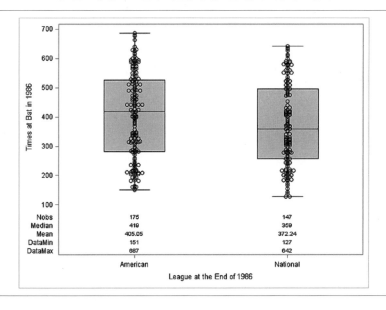

---

8) 주의해야 할 것은 그룹별 상자그림을 나타낼 때 CATEGORY= 옵션을 이용하는 경우에는 DISPLAYSTATS= 옵션이 실행되지만, GROUP= 옵션을 이용하면 이 옵션이 실행되지 않는다는 점이다. CATEGORY= 옵션은 X 축의 값으로 이해하지만, GROUP은 단순히 그룹을 구분하는 값 으로 이해한다.

[그림 22] 계속

```
PROC SGPLOT DATA=SASHELP.BASEBALL NOAUTOLEGEND;
   VBOX NATBAT/CATEGORY=LEAGUE DISPLAYSTATS=(DATAMAX DATAMIN MEAN
   MEDIAN N);
   SCATTER X=LEAGUE Y=NATBAT/JITTER JITTERWIDTH=20;
RUN;
```

[그림 23] 히트맵과 상자 그림을 함께 제공하는 방식

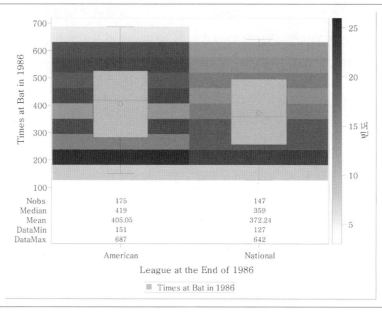

```
PROC SGPLOT DATA=SASHELP.BASEBALL ;
   HEATMAP X=LEAGUE Y=NATBAT/COLORMODEL=(WHITE RED);
   VBOX NATBAT/CATEGORY=LEAGUE DISPLAYSTATS=(DATAMAX DATAMIN MEAN
   MEDIAN N);
RUN;
```

데이터의 관찰점 수가 많아지면 산점도를 이용한 분포를 나타내기 쉽지 않다. 이 경우 히트맵을 사용하여 관찰점의 분포를 나타낼 수 있다. [그림 23]은 히트맵을 이용한 시각화의 예시이다.

극단값을 검출하기 위해서 널리 사용하는 시각화의 방법 중의 하나는 상자 그림을 이용

[그림 24] 상자그림을 이용한 극단값의 검출

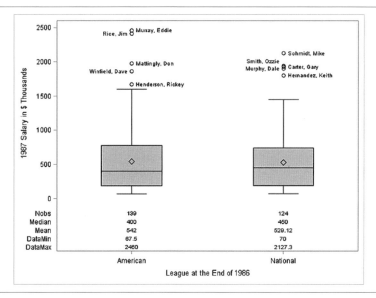

```
PROC SGPLOT DATA=SASHELP.BASEBALL ;
   VBOX SALARY/CATEGORY=LEAGUE DISPLAYSTATS=(DATAMAX DATAMIN MEAN
   MEDIAN N) DATALABEL=NAME;
RUN;
```

하는 방법이다. 상자 그림을 이용하는 경우 극단값은 $[Q_1 - 1.5IQR, Q_3 + 1.5IQR]$의 범위를 벗어나는 관찰값으로 정의되는 것이 일반적이다.[9] [그림 24]는 연봉의 분포를 분석한 결과로 DATALABEL= 옵션을 사용하여 변수명을 지정해주면 어떤 관찰값이 극단값인지를 확인할 수 있다.

연속형 변수를 시각화할 때 각 범주별 평균과 신뢰구간을 분석하는 것이 유용한 경우가 있다. 예를 들어 차량의 무게에 관심이 있을 때 지역별로 생산된 차량 무게의 평균과 신뢰구간을 시각화한다고 가정해보자.[10] 이 경우 먼저 변수의 신뢰구간을 구한 후에 이 자료를 이용하여 평균과 신뢰구간을 시각화하면 된다. 여기서는 SCATTER 명령문의 YERRORLOWER,

---

9) Q_1, Q_3는 자료를 순서대로 나열했을 때 각각 25%, 75%번째 위치에 있는 자료의 값이며 IQR은 사분위수 범위라고 하며, $Q_3 - Q_1$의 값을 나타낸다. 이에 대해서는 고길곤(2017:38)을 참고하기 바란다.

10) 엄밀히 말하면 이 경우는 지역이라는 범주형 변수와 차량 무게라는 연속형 변수를 함께 시각화한 것이다.

[그림 25] 연속형 변수의 평균 및 신뢰구간을 시각화하기

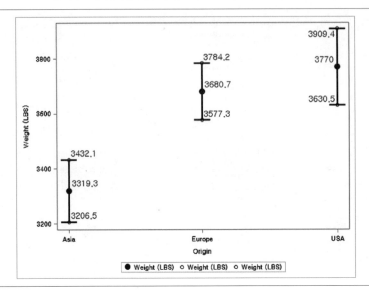

```
PROC MEANS DATA=SASHELP.CARS;
  CLASS ORIGIN;
  VAR WEIGHT;
  OUTPUT OUT=RESULT MEAN=MEAN LCLM=LCL UCLM=UCL;
RUN;
PROC SGPLOT DATA=RESULT;
  SCATTER X=ORIGIN Y=MEAN/DATALABEL YERRORLOWER=LCL YERRORUPPER=UCL
  DATALABELATTRS=(SIZE=12)
  MARKERATTRS=(SIZE=11 SYMBOL=CIRCLEFILLED) ERRORBARATTRS=(THICKNESS=3);
  SCATTER X=ORIGIN Y=LCL/DATALABEL  DATALABELATTRS=(SIZE=12);
  SCATTER X=ORIGIN Y=UCL/DATALABEL  DATALABELATTRS=(SIZE=12);
RUN;
```

YERRORUPPER 옵션을 이용하여 신뢰구간의 상한과 하한을 나타냈다. 이렇게 신뢰구간 까지 시각화하면 표본오차를 고려하여 그룹별 평균차이가 통계적으로 유의미한지 아닌지 를 간단히 파악할 수 있다.

한편 일정 구간 안에 자료가 얼마나 분포되어 있는지에 대한 정보도 시각화할 수 있다. 이 정보를 시각화하기 위해서는 PROC SGPLOT이나 PROC TEMPLATE을 사용할 수 있 지만 PROC CAPABILITY 프로시저를 이용하는 것이 간단하다. 이 프로시저에서 SPEC

[그림 26] PROC CAPABILITY 프로시저를 이용한 연속형 변수의 기술통계량 시각화

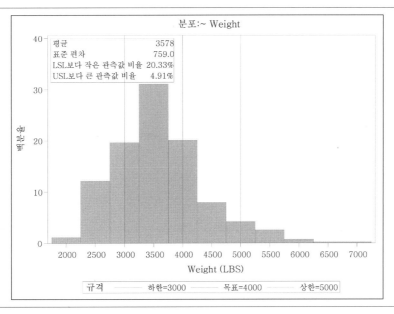

```
PROC CAPABILITY DATA=SASHELP.CARS;
        SPEC LSL=3000 TARGET=4000 USL=5000 LLSL=1 LTARGET=2 LUSL=3
        CLSL=bibg CTARGET=bib CUSL=bibg CLEFT CRIGHT;
        HISTOGRAM WEIGHT;
        VAR WEIGHT;
        INSET MEAN STD LSLPCT USLPCT / FORMAT=5.2;
RUN;
```

명령문은 구하려는 구간의 하한값(LSL)과 상한값(USL)을 지정하면 된다. LLSL 키워드는
경계를 나타내는 선의 형태를 나타내는 것이고, CLSL은 선의 색깔을 지정하는 것이다. 한
편 INSET 명령문에는 그림 내부에 각종 기술 통계값을 포함시키도록 하는 것으로
LSLPCT, USLPCT는 하한보다 작을 확률과 상한보다 클 확률을 계산하도록 해준다. 만일
PCTBET 키워드를 사용하면 하한과 상한 사이에 관찰점이 존재할 확률을 계산해준다.[11]
[그림 26]은 차의 무게의 분포를 시각화한 결과로 평균, 상한, 하한, 목표치 등에 대한 구분
선과 확률 등의 정보를 잘 시각화하고 있다.

---

11) INSET 명령문에서 사용되는 키워드는 다음 SAS 매뉴얼에서 확인할 수 있다.
    https://documentation.sas.com/?docsetId=qcug&docsetTarget=qcug_capability_sect185.htm&docset
    Version=14.3&locale=en

〈표 5〉 PROC CAPABILITY 프로시저의 INSET 명령문에서 지원되는 기술통계량

Keyword	Description
CSS	Corrected sum of squares
CV	Coefficient of variation
GEOMEAN	Geometric mean
KURTOSIS | KURT	Kurtosis
MAX	Largest value
MEAN	Sample mean
MIN	Smallest value
MODE	Most frequent value
N	Sample size
NEXCL	Number of observations excluded by MAXNBIN= or MAXSIGMAS= option
NMISS	Number of missing values
NOBS	Number of observations
RANGE	Range
SKEWNESS | SKEW	Skewness
STD | STDDEV	Standard deviation
STDMEAN | STDERR	Standard error of the mean
SUM	Sum of the observations
SUMWGT	Sum of the weights
USS	Uncorrected sum of squares
VAR	Variance

〈표 6〉 PROC CAPABILITY 프로시저에서 지원되는 분위수 통계량

Keyword	Description
P1	1st percentile
P5	5th percentile
P10	10th percentile
Q1 | P25	Lower quartile (25th percentile)
MEDIAN | Q2 | P50	Median (50th percentile)
Q3 | P75	Upper quartile (75th percentile)
P90	90th percentile
P95	95th percentile
P99	99th percentile
QRANGE	Interquartile range (Q3 - Q1)

<표 7> PROC CAPABILITY 프로시저에서 지원되는 분위수에 대한 신뢰구간

Keyword	Description
P1_LCL_DF	1st percentile lower confidence limit
P1_UCL_DF	1st percentile upper confidence limit
P5_LCL_DF	5th percentile lower confidence limit
P5_UCL_DF	5th percentile upper confidence limit
P10_LCL_DF	10th percentile lower confidence limit
P10_UCL_DF	10th percentile upper confidence limit
Q1_LCL_DF | P25_LCL_DF	Lower quartile (25th percentile) lower confidence limit
Q1_UCL_DF | P25_UCL_DF	Lower quartile (25th percentile) upper confidence limit
MEDIAN_LCL_DF | Q2_LCL_DF | P50_LCL_DF	Median (50th percentile) lower confidence limit
MEDIAN_UCL_DF | Q2_UCL_DF | P50_UCL_DF	Median (50th percentile) upper confidence limit
Q3_LCL_DF | P75_LCL_DF	Upper quartile (75th percentile) lower confidence limit
Q3_UCL_DF | P75_UCL_DF	Upper quartile (75th percentile) upper confidence limit
P90_LCL_DF	90th percentile lower confidence limit
P90_UCL_DF	90th percentile upper confidence limit
P95_LCL_DF	95th percentile lower confidence limit
P95_UCL_DF	95th percentile upper confidence limit
P99_LCL_DF	99th percentile lower confidence limit
P99_UCL_DF	99th percentile upper confidence limit

<표 8> PROC CAPABILITY 프로시저에서 지원되는 가설검정 관련 키워드

Keyword	Description
MSIGN	Sign statistic
NORMALTEST	Test statistic for normality
PNORMAL	Probability value for the test of normality
SIGNRANK	Signed rank statistic
PROBM	Probability of greater absolute value for the sign statistic
PROBN	Probability value for the test of normality
PROBS	Probability value for the signed rank test
PROBT	Probability value for the Student's t test
T	Statistics for Student's t test

2) 시계열 변수 추세의 시각화

인구 변화나 경제성장률 변화와 같이 하나의 변수가 시점에 따라 변화하는 경우 시간을 나타내는 변수와 인구나 경제성장률 같은 변수를 함께 시각화해서 나타내야 한다. 이때 시간은 연도별, 분기별, 월별, 일별, 혹은 시간, 분, 초와 같이 다양한 수준에서 나타낼 수 있다. 예를 들어 원자료가 일별 자료이지만 이를 변형하여 월별 자료의 형태로 나타낼 수도 있고, 분기 혹은 연도별 자료로 나타낼 수도 있다. 따라서 날짜변수는 일반적인 숫자형 변수와 달리 다양한 시간을 나타내기 위해 고유한 날짜변수 형식을 지정하여 분석하는 것이 바람직한 경우가 많다.

[그림 27]은 SAS 날짜변수의 값을 부여하는 방식을 보여준다. 1960년 1월 1일을 0의 값으로 하고 하루에 1씩 값을 증가시켜서 계산하는 것이다. 이 방식대로 계산하면 2002년 1월 11일을 SAS의 날짜변수로 변환시키면 88399라는 숫자값을 갖게 된다.

[그림 27] SAS의 날짜변수 값의 부여 방식

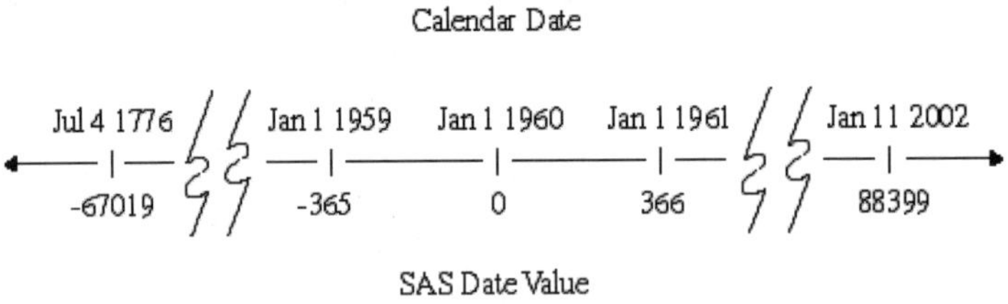

Calendar Date

Jul 4 1776	Jan 1 1959	Jan 1 1960	Jan 1 1961	Jan 11 2002
-67019	-365	0	366	88399

SAS Date Value

이 숫자값으로 표현된 SAS 날짜변수에 포맷을 부여하면 우리가 일반적으로 인식하는 날짜형식으로 출력할 수도 있고[12] 반대로 우리가 인식하는 일반적인 날짜형식을 SAS의 날짜변수 형식으로 전환시킬 수도 있다.[13] SAS의 포맷은 FORMAT과 INFORMAT으로 구분된다. FORMAT은 SAS 자료를 출력하는 형식을, INFORMAT은 SAS 자료를 읽어 들이는 형식을 지정하는 것이다. 자주 사용하는 포맷과 인포맷 방식을 나타내보면 다음과 같다.

---

12) 이를 FORMAT이라고 한다.
13) 이를 INFORMAT이라고 한다.

FORMAT	INPUT	OUTPUT	INFORMAT	INPUT	OUTPUT
DATEw.	14686	17MAR00	YYMMDDw.	000317	14686
YYMMN.	14686	200003	YYMMDD10.	20000317	14686
YYQxw.	14686	2000Q1	YYMMN6.	201801	21185
YYMMS.	14686	2000/03	MMDDYY10.	01/08/2018	21192
YYQSw.	14686	2000/1	DDMMYY10.	08/01/2018	21192

〈표 10〉 INFORMAT 문을 이용한 SAS 날짜로 변환

```
DATA EX;
   D1 = INPUT('20180108',YYMMDD10.);
   D2 = INPUT('201801',YYMMN6.);
   D3= INPUT('2018Q1',YYQ6.);
   D4= INPUT('01/08/2018',MMDDYY10.);
   D5= INPUT ('08/01/2018 ',DDMMYY 10.);
RUN;
PROC PRINT;RUN; /*①*/
PROC PRINT DATA=EX;/*②*/
   FORMAT D1-D5 YYMMDD10.;
RUN;
```

OBS	D1	D2	D3	D4	D5
1	21192	21185	21185	21192	21192

D1	D2	D3	D4	D5
2018-01-08	2018-01-01	2018-01-01	2018-01-08	2018-01-08

〈표 10〉의 INPUT 함수는 INPUT(<변수>, <INFORMAT>) 형식을 갖고 있는 것으로 변수를 지정한 포맷의 형태로 변환시킨 후 저장을 하도록 한다. 〈표 10〉의 예제는 20180108이라는 값을 YYMMDD10.이라는 INFORMAT으로 자료를 읽도록 한 것이다. 이 형식으로 자료를 읽으면 21192라는 값이 D1이라는 변수에 저장된다. /*①*/의 PROC PRINT 명령문을 출력하면 이 값을 확인할 수 있다. 이 값은 SAS 날짜변수 값이다. 즉, 1960년 1월 1일부터 21,192일 지난날이라고 할 수 있다. 한편 이 숫자를 다시 일반적으로 우리가 사용하는 날짜형식으로 나타낼 수 있는데 /*②*/의 PROC PRINT 프로시저에서 FORMAT 문

```
DATA TEMP;
    CDATE="20111201";
    SASDATE=INPUT(TRIM(CDATE), YYMMDD10.);
    DATE=VVALUE(SASDATE);
    YEAR=YEAR(SASDATE);
    QTR=QTR(SASDATE);
    MONTH=MONTH(SASDATE);
    DAY=DAY(SASDATE);
    WEEKDAY=WEEKDAY(SASDATE);
    DATE2=MDY(12, 1, 2011);
    YRDIF=YRDIF(19000, 19365, 'ACT');
    DATEDIF=DATDIF(19000, 19365, 'ACT');
RUN;
PROC PRINT;RUN;
```

CDATE	SASDATE	DATE	YEAR	QTR	MONTH
20111201	18962	18962	2011	4	12

DAY	WEEKDAY	DATE2	YRDIF	DATEDIF
1	5	18962	0.99722	359

을 이용하면 2018-01-08이 출력됨을 알 수 있다.

SAS 날짜변수를 이용하면 연도, 분기, 월, 일, 요일 등을 YEAR, QTR, MONTH, DAY, WEEKDAY 함수를 이용하여 계산할 수 있다.[14] 또한 DATDIF 함수를 이용하여 날짜 간의 차이도 계산할 수 있다. 〈표 11〉은 날짜를 SAS 날짜로 변환시키고 이를 이용하여 다양한 함수를 이용하여 정보를 추출하는 예제를 보여주고 있다. VVALUE 함수는 포맷이 지정된 변수에 대해 포맷 값을 출력해준다. 날짜나 시간을 나타내는 변수를 SAS 날짜나 SAS 시간 변수로 변환하여 사용하면 매우 유용하므로 FORMAT과 INFORMAT문을 잘 활용할 필요가 있다.

시간을 나타내는 변수를 SAS 날짜변수로 변환한 후에 PROC SGPLOT의 SERIES 명령문을 사용하면 시계열 자료를 손쉽게 시각화할 수 있다. SGPLOT의 SERIES 명령문을 사용할 때는 몇 가지 주의해야 한다. 첫째, 자료를 시각화하기 전에 시간을 나타내는 변수가

---

14) 요일은 일요일이 1이고 토요일이 7의 값을 갖는다.

[그림 28] 정렬되지 않은 자료의 SERIES 그림

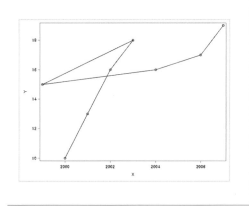

```
DATA SERIES;
  INPUT X Y @@;
  CARDS;
  2000 10   2001 13  2002 16
  2003 18   1999 15  2004 16
  2005 .    2006 17  2007 19
  ;
PROC SGPLOT DATA=SERIES;
  SERIES X=X Y=Y/ markers;
RUN;
```

[그림 29] 특정 시점 자료가 없는 경우 BREAK 옵션을 이용해 나타내기

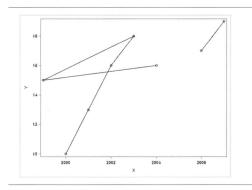

```
PROC SGPLOT DATA=SERIES;
  SERIES X=X Y=Y/ BREAK markers;
RUN;
```

사전에 정렬되어 있어야 한다. 만일 자료가 시간 변수에 대해 정렬되지 않았다면 [그림 28]과 같이 추세 그래프는 잘못된 형태로 나타나게 된다. SERIES 그래프는 점들을 시점 순서에 따라 연결하기 때문에 정렬되지 않은 자료의 경우 입력된 순서에 따라 선으로 연결되어 의도하지 않은 그래프가 그려지기 때문이다.

둘째, 특정 시점의 값이 존재하지 않는 경우는 해당 시점 전후와 연결되지 않도록 하는 것이 바람직하다. 이를 위해 [그림 29]와 같이 BREAK 옵션을 사용할 수 있다.

이 점을 모두 고려하여 자료를 시점에 따라 정렬을 한 후 BREAK 옵션을 사용하여 시각화를 수행해보면 [그림 30]과 같이 추세가 올바르게 나타남을 알 수 있다.

[그림 30] 정렬 후 시각화한 경우

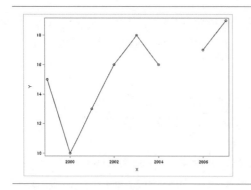

```
PROC SORT DATA=SERIES;BY X;RUN;
PROC SGPLOT DATA=SERIES;
   SERIES X=X Y=Y/break markers;
RUN;
```

[그림 31] 스플라인 그래프와 벌점-B-스플라인 그래프 비교

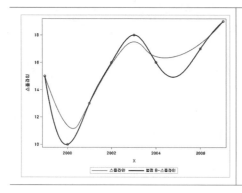

```
PROC SGPLOT DATA=SERIES;
   LABLE Y="스플라인";
   SPLINE X=X Y=Y/LINEATTRS=(COLOR=RED);
   PBSPLINE        X=X          Y=Y/
   LINEATTRS=(COLOR =BLACK);
RUN;
```

　　추세 그림은 관찰점들이 직선으로 연결되기 때문에 부드럽게 추세를 보여주지 못하는 문제가 있다. 따라서 추세를 부드럽게 나타내기 위해 스플라인 그래프(spline graph)를 사용하기도 한다. 스플라인 그래프는 인접한 관찰점을 연결할 때 직선을 사용하지 않고 곡선을 사용하여 부드럽게 나타내는 데 사용하는 시각화 방법이다.[15]

　　스플라인보다 추세를 잘 나타내기 위해 벌점-B-스플라인 그래프(penalized B-spline graph)를 사용할 수 있는데 평활계수(smooth parameter)를 이용하여 자료를 적합하는 방법이다 (Eilers and Marx; 1996). SAS의 SGPLOT에서는 PBSPLINE 명령문을 이용하여 벌점-B-스플라인 그래프를 그릴 수 있는데 SERIES 명령문과 달리 BREAK 옵션을 사용할 수 없지만, 스플라인 그래프보다는 자료를 더 부드럽게 적합시킬 뿐만 아니라 관찰점을 통과할 수

---

15) 부드러운 곡선이 되기 위해서는 곡선의 변화가 연속이어야 한다. 따라서 수학적으로 곡선의 1차 미분이 연속이어야 한다. 또한 곡선의 굽은 정도, 즉 곡률도 연속이어야 하며, 이를 위해서는 2차 미분 값도 연속이어야 한다.

```
DATA SIM;
    Y1 = 0.2; a1 = 0;
    DO T = -50 to 200;
    CALL STREAMINIT(1234);
    a = RAND('NORMAL');
    Y = Y1 + a - .8 * a1;
    IF T > 0 THEN OUTPUT;
    a1 = a;
    Y1 = Y;
    SASDATE=INTNX('MONTH','01JAN1998'D,T+2);
        IF SASDATE<INPUT('19930223', YYMMDD10.) THEN ADMIN="노태우";
    ELSE IF SASDATE<INPUT('19980225', YYMMDD10.) THEN ADMIN="김영삼";
    ELSE IF SASDATE<INPUT('20030225', YYMMDD10.) THEN ADMIN="김대중";
    ELSE IF SASDATE<INPUT('20080225', YYMMDD10.) THEN ADMIN="노무현";
    ELSE IF SASDATE<INPUT('20130225', YYMMDD10.) THEN ADMIN="이명박";
    ELSE IF SASDATE<INPUT('20170510', YYMMDD10.) THEN ADMIN="박근혜";
        END;
RUN;
PROC SGPLOT DATA=SIM;
  FORMAT SASDATE YYMMDD.;
  BLOCK X=SASDATE BLOCK=ADMIN/ TRANSPARENCY=0.8  VALUEATTRS=(SIZE=15);
  SERIES X=SASDATE Y=Y/MARKERS SMOOTHCONNECT;
  XAXIS INTERVAL=YEAR LABEL="DATE";
RUN;
```

있도록 해준다.

좀더 다양한 시계열 자료의 시각적 분석을 위해 가상 자료를 만들어 살펴보자. [그림 31]의 프로그램 코드에서 INTNX 함수는 매우 유용하게 사용되는 함수이므로 기억해둘 필요가 있다. 이 함수는 INTNX(<구간>, <시작날짜>, <간격>) 형식을 갖고 있는데 INTNX ('MONTH', '01JAN2003'D, 1)과 같이 나타내면 2003년 1월 1일보다 1달 후의 SASDATE를 출력해준다. <간격>에 해당하는 인수에 변수를 지정할 수도 있으므로, 일정한 날짜 간격으

[그림 32] 정권시기별 시계열 자료 시각화 예시

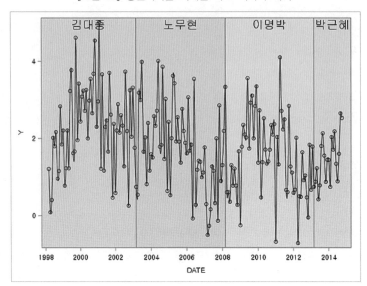

로 자료를 입력해야 할 때에는 INTNX 함수를 사용할 수 있다.

〈표 12〉는 시뮬레이션을 한 시계열 자료를 시각화한 프로그램 코드를 보여준다. DATA SIM 스텝에서 INTNX 함수를 이용하여 1998년 1월 1일부터 2개월씩 날짜가 증가하도록 한 후 이를 SAS 날짜 형식으로 SASDATE라는 변수에 저장하였다. 한편 행정부별로 구분을 하기 위해서 INPUT 함수를 이용하여 대통령 취임일을 기준으로 행정부를 구분하였다. 이렇게 행정부를 구분한 변수를 만들어 두면 SGPLOT에서 BLOCK 그래프를 그릴 수 있다.

PROC SGPLOT 프로시저에서는 SERIES와 BLOCK 그래프를 이용하여 추세를 나타냈다. SGPLOT XAXIS에서 INTERVAL= 옵션이 사용되고 있는데 이 옵션을 조정하면 X축 눈금의 간격을 YEAR, QTR, MONTH, DAY 등으로 다양하게 나타낼 수 있다.

〈표 12〉의 프로그램을 시행한 결과는 [그림 32]와 같다.

동일한 자료를 벌점-B-스플라인 그래프를 이용하여 추세를 나타내보면 [그림 33]과 같다. 단순 추세 그림을 그리는 것보다는 훨씬 변화의 전체적인 추세를 쉽게 이해할 수 있는 장점이 있음을 알 수 있다.

[그림 33] 벌점-B-스플라인 그래프를 이용한 추세 시각화

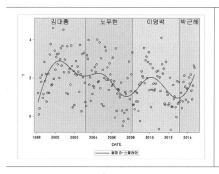

```
PROC SGPLOT DATA=SIM;
  FORMAT SASDATE YYMMDD.;
  BLOCK X=SASDATE BLOCK=ADMIN/
  TRANSPARENCY=0.8 VALUEATTRS=(SIZE=15);
  PBSPLINE X=SASDATE Y=Y;
  XAXIS INTERVAL=YEAR LABEL="DATE";
RUN;
```

한편 지수평활법(exponential smoothing model, ESM)과 같은 방법을 이용하여 시계열 자료의 예측을 수행하고 이를 시각화할 수 있다. 지수평활법은 simple, double, linear, damped trend, seasonal, Winters 방법 등 다양한 방법을 사용할 수 있다. SAS에서는 PROC FORECAST, AUTOREG, ARIMA, UCM, ESM 등의 프로시저를 이용하여 시계열 변수에 대한 예측을 수행할 수 있다. PROC ESM은 특별히 모수를 지정하지 않더라도 손쉽게 시계열 변수의 예측모형을 실행할 수 있으므로 널리 사용된다.

[그림 34]는 PROC ESM 프로시저를 이용하여 시계열 변수의 예측을 시각화하는 예시를 보여주고 있다. 이 프로시저에서 OUTFOR= 옵션은 원자료뿐만 아니라 예측된 값, 신뢰구간의 상한과 하한 값을 데이터 세트에 저장할 수 있도록 한다. 또한 BACK=4와 LEAD=7은 자료보다 4시점 이전까지와 7시점 앞까지의 값을 예측하도록 지정한 것이다. 한편 ACCUMULATE= 옵션은 자료를 달, 분기, 연도 등 다양한 형태로 통합할 수 있도록 해준다. 통합되는 기간을 정하는 것은 INTERVAL= 옵션을 사용하면 된다. INTERVAL= MONTH ACCUMULATE=MEAN으로 옵션을 지정하면 동일한 달의 관찰점들의 평균값을 구하고 이를 이용하여 시계열 자료를 요약하고 예측하게 된다.

[그림 34] 시계열 자료 예측 결과의 시각화

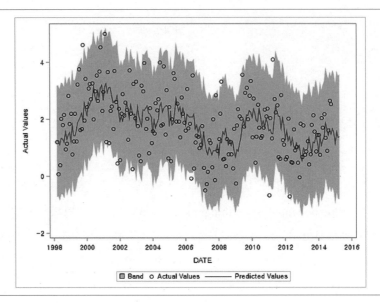

```
PROC ESM DATA=SIM OUT=FCAST PRINT=(FORECASTS STATISTICS PERFORMANCE)
BACK=4 LEAD=10
   OUTEST=EST OUTFOR=FOR PLOT=FORECASTS;
   ID SASDATE INTERVAL=MONTH ACCUMULATE=AVERAGE;
   FORECAST Y/MODEL=SEASONAL;
RUN;
PROC SGPLOT DATA=FOR;
   FORMAT SASDATE YYMMDD10.;
   BAND X=SASDATE LOWER=LOWER UPPER=UPPER;
   SCATTER X=SASDATE Y=ACTUAL/ MARKERATTRS=(SYMBOL=EMPTYCIRCLE);
   SERIES X=SASDATE Y=PREDICT/LINEATTRS=(COLOR=RED);
RUN;
```

예측된 부분만을 대상으로 신뢰구간을 나타내는 내기 위해서는 예측된 부분의 신뢰구간을 LOWER1, LOWER2의 새로운 변수로 만든 후 이를 BAND 그래프를 이용하여 [그림 35]와 같이 나타내주면 된다.

[그림 35] 예측된 부문만의 신뢰구간 시각화

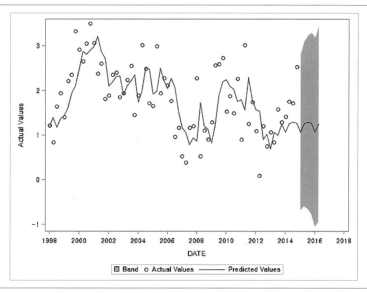

```
DATA FOR2;
    SET FOR;
    IF ACTUAL=. THEN DO;
     LOWER1=LOWER; UPPER1=UPPER;
         END;
RUN;
PROC SGPLOT DATA=FOR2;
   FORMAT SASDATE YYMMDD10.;
   BAND X=SASDATE LOWER=LOWER1 UPPER=UPPER1;
   SCATTER X=SASDATE Y=ACTUAL/ MARKERATTRS=(SYMBOL=EMPTYCIRCLE);
   SERIES X=SASDATE Y=PREDICT/LINEATTRS=(COLOR=RED);
   XAXIS LABEL="DATE";
RUN;
```

3) 두 연속형 변수 관계의 시각화

두 연속형 변수 간의 관계를 살펴보기 위해서는 주로 산점도, 회귀직선, 국소가중산점평활(locally weighted scatter plot smoothing, LOESS) 그림, 벌칙 B-스플라인(penalized B-spline, PBSPLINE) 그림 등을 사용한다.

[그림 36]은 다변량 정규분포 자료를 시뮬레이션하기 위해 IML 프로시저를 이용하여 변수를 생성한 후에 변수 간의 관계를 살펴보기 위한 분석 프로그램 코드를 제시하고 있다.

여기서 G라는 변수는 0과 1의 값을 갖는 범주형 변수를 만들었다. 먼저 X1 변수와 Y의 관계를 살펴보기 위해서는 산점도와 회귀식을 그려볼 수 있으며 이때 G 변수의 그룹별로 회귀식과 산점도를 다르게 나타내도록 시각화를 해보았다. 이때 REG 명령문에 CLM과 CLI 옵션을 사용하였는데 CLI 옵션은 개별 관찰점의 95% 신뢰구간의 상한과 하한 값을 나타내도록 한 것이고 CLM은 예측된 종속변수 값의 95% 신뢰구간의 상한과 하한 값을 나타내도록 한 것이다.

[그림 36] 산점도와 회귀직선을 이용한 두 변수 간의 관계 시각화

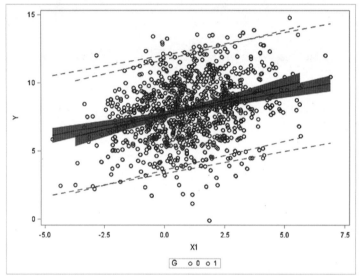

```
PROC IML;
  MEAN={1,4,8}; /* population means */
  COV={3 2 1 , 2 4 0 , 1 0 5};/*공분산 행렬*/
  N = 1000; /* sample size */
  CALL  RANDSEED(1234);
  X = RandNormal(N, Mean, Cov); /* x is a 1000 x 4 matrix */
  PRINT X;
  G=RANDFUN(N, 'UNIFORM');
  DO I=1 TO NROW(G);
  IF G[I]<0.7 THEN G[I]=1; ELSE G[I]=0;
  END;
  DATA=X||G;
  SAMPLEMean = mean(DATA);
```

[그림 36] 계속

```
    SampleCov = cov(DATA);
    VARNames ={X1 X2  Y G};
    PRINT SampleMean[colname=varNames];
    PRINT SampleCov[colname=VARNames  rowname=VarNames];
    CREATE MVN from DATA[colname=varNames];
    APPEND FROM DATA;
    CLOSE MVN;
RUN;
QUIT;
PROC SGPLOT DATA=MVN;
    SCATTER X=X1 Y=Y/GROUP=G;
    REG X=X1 Y=Y/GROUP=G CLM CLI CLIATTRS=(CLILINEATTRS=(PATTERN=DASH));
RUN;
```

변수 간의 선형의 관계를 나타내지 않고 LOESS 그래프를 이용하여 [그림 37]과 같이 나타낼 수 있다. 이러한 LOWESS 그래프는 계절 변동이나 비선형의 관계가 있는 변수의 경우 유용하게 사용할 수 있다.

[그림 37] LOESS 그래프를 이용하여 관계를 시각화한 경우

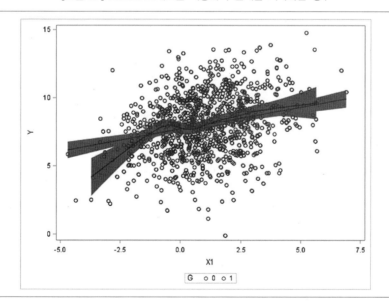

[그림 37] 계속

```
PROC SGPLOT DATA=MVN;
  SCATTER X=X1 Y=Y/GROUP=G;
  REG X=X1 Y=Y/GROUP=G CLM CLI CLIATTRS=(CLILINEATTRS=(PATTERN=DASH));
RUN;
```

[그림 38] PBSPLINE 그래프를 이용한 시각화

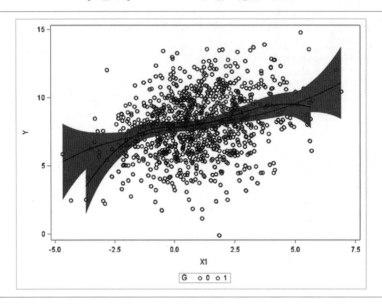

```
PROC SGPLOT DATA=MVN;
  SCATTER X=X1 Y=Y/GROUP=G;
  PBSPLINE X=X1 Y=Y/GROUP=G CLM;
RUN;
```

또한 [그림 38]과 같이 PBSPLINE 그래프를 이용하여 변수 간의 관계를 나타낼 수도 있다.

그러나 분석해야 하는 독립변수가 여러 개면 종속변수와 독립변수의 조합을 하나씩 그리기 어려우므로 이를 손쉽게 그리기 위해 SGSCATTER 프로시저를 사용할 수 있다. 이를 사용하여 산점도와 회귀선을 그린 결과는 [그림 39]와 같다. 산점도 매트릭스를 그리게 되면 변수 간의 상관관계를 한눈에 살펴볼 수 있는 장점이 있다. 특히 DIAGONAL=( ) 옵션을 사용하면 산점도 매트릭스의 대각원소 부분에 KERNEL, HISTOGRAM, 혹은 NORMAL

[그림 39] 여러 변수의 산점도 매트릭스

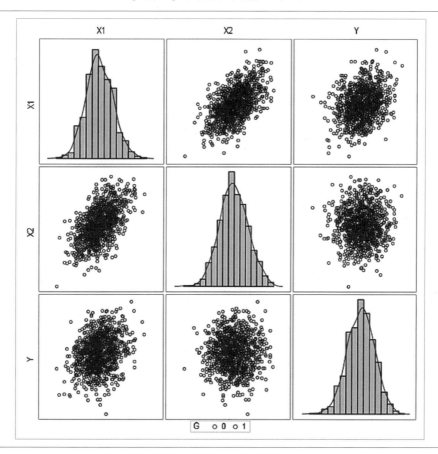

```
PROC SGSCATTER DATA=MVN;
MATRIX X1-X2 Y/GROUP=G DIAGONAL=(HISTOGRAM KERNEL);
RUN;
```

분포의 그림을 나타낼 수 있다. 예제에서는 히스토그램과 커널 함수를 대각행렬에 나타냄
으로써 각 변수의 분포를 이해하기 쉽게 하였다.

한편 종속변수와 독립변수의 관계를 중심으로 살펴보기 위해서는 COMPARE 명령문을
사용하여 Y축과 X축의 변수를 지정할 수 있다. 이때 REG=, LOESS=, PBSPLINE= 옵션
을 사용하면 변수 간의 관계를 선형 혹은 평활적합선으로 나타낼 수 있다. 또한 ELLIPSE
옵션을 사용하면 타원 그래프를 그릴 수 있다.

[그림 40] 수평축과 수직축 변수를 지정하여 여러 변수 조합의 산점도를 그리는 방법

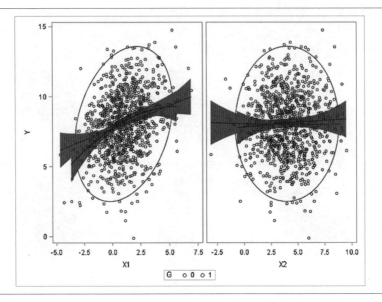

```
PROC SGSCATTER DATA=MVN;
   COMPARE Y=Y X=(X1-X2)/GROUP=G REG=(CLM DEGREE=2) SPACING=4 ELLIPSE;
RUN;
```

한편 두 개 이상 변수의 관계에 대한 기술통계 분석은 주로 상관분석을 통해 수행된다.
상관분석의 시각화는 여기서 다루기보다는 회귀분석의 시각화에서 다루는 것이 적절하기
때문에 회귀분석 부분에서 다룰 예정이다.

그룹 간 차이분석과
분산분석 결과의 시각화[1]

---

1) 이 장에 있는 그룹 간 차이 비교의 이론은 고길곤(2017), 『통계학의 이해와 활용』(2판), 문우사, 두 집단의 평균 검정과 분산분석을 참고하기 바란다.

ata visualization

<표 1> 그룹 간 자료 시각화에서 사용된 시뮬레이션 자료

```
DATA SIMANOVA;
  CALL STREAMINIT(12348);
  GRANDMEAN=60;
  ARRAY EFFECT{6} _TEMPORARY_ (10 -7 8 -5 -3 -3) ;
  ARRAY STD{6} _TEMPORARY_ (10 5 4 5 9 7);
  DO I=1 TO DIM(EFFECT);
    TREATMENT=COMPRESS("TRT"||I);
        DO N=1 TO 50; *범주별 관찰점의 수;
    Y=GRANDMEAN+EFFECT{I}+RAND('NORMAL', 0, STD{I});
        OUTPUT;
        END;
      END;
  RUN;
```

그룹 간 평균 차이 분석은 통계적 가설검정의 기초라고 할 수 있다. 두 그룹의 평균이 같은지 여부에 대한 t-검정, 여러 집단의 평균이 다른지 여부를 다루는 분산분석(analysis of variance), 집단 간의 차이가 존재한다면 어느 집단 간의 차이가 통계적으로 유의미한지를 살펴보는 다중비교(multiple comparison), 그리고 전체 집단의 평균에서 어느 집단의 평균이 통계적으로 유의미한 차이를 보이는지를 분석하는 평균 차이분석(analysis of means) 등은 집단 간 차이를 분석하는 대표적인 예라고 할 수 있다. 이러한 집단 간 차이분석은 기본적으로 종속변수는 연속형 변수이고, 독립변수는 범주형 변수인 선형모형(linear model)의 일종이라고 할 것이다. 예를 들어 복지 서비스를 받은 집단과 그렇지 못한 집단 간에 삶의 만족도 평균이 차이가 나는지 여부를 검정한다고 하면 종속변수는 삶의 만족도가, 독립변수는 관찰점이 속한 집단이 되는 것이다. 기초 통계학에서는 차이와 가설검정의 원리를 이해하기 위해서 두 집단에 대한 t-검정, 분산분석을 중요하게 다루고 있다. 이 장에서는 집단 간 차이분석을 통계표가 아닌 시각화 접근을 통해 살펴보도록 한다.

이 장에서는 분석을 위해 시뮬레이션 자료를 만들어 사용해보고자 한다. 시뮬레이션 자료는 7개의 그룹으로 구성되어 있으며 전체 평균(grand mean)은 60이며 각 그룹별로 전체 평균에서 각각 10, -7, 8, -5, -3, -3 만큼 떨어져 있으며 각 그룹별 표준편차는 10, 5, 4, 5, 9, 7의 값을 갖고 그룹별 관찰점 수는 50으로 하였다. 이 자료의 시뮬레이션 코드는 <표 1>과 같다.

1. 두 집단 간의 차이 검정의 시각화

두 집단 간의 차이 검정에 대한 큰 오해 중의 하나는 평균이 같으면 두 집단이 동일하다고 판단하는 것이다. 사실 평균이 같더라도 두 집단의 분산이 매우 다르면 동일한 집단이라고 보기 어렵다. 따라서 두 집단을 비교하기 위해서는 두 집단의 평균과 분산이 같은지를 동시에 살펴보는 것이 필요하며 이를 위해서 t-검정을 이용한 두 집단의 평균 비교는 등분산 가정 여부를 함께 확인하는 작업이 필요하다. 여기 1절에서는 시뮬레이션 예제 자료 SIMANOVA 데이터 세트 중 TRT1과 TRT2 그룹 간의 모평균 차이 검정을 시각화하는 것을 예제로 살펴보고자 한다.

SAS에서 PROC TTEST 프로시저를 사용하면 통계표와 다양한 시각화 자료를 제공한다. 시각화 자료를 보면 분포의 차이를 나타내주는 그림과 종속변수가 정규분포를 따르는지를 나타내주는 그림으로 구성이 되어 있다. [그림 1]은 두 집단의 분포를 히스토그램, 확률밀도함수, 상자그림 등으로 나타낸 것이다. 이 그림의 시각화를 통해 두 집단의 평균차이가 있다는 것과, TRT2 그룹의 분산이 TRT1 그룹의 분산보다 작다는 것, 그리고 상자그림에서 평균값이 아주 작은 극단값이 TRT2에 존재하고 있음도 확인할 수 있다. 하지만 시각

[그림 1] 두 집단의 분포 차이의 시각화

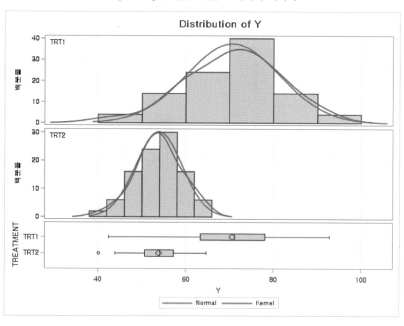

적으로 판단한 두 집단의 평균차이가 통계적으로 유의미한지 여부는 시각화 결과에 나타나 있지 못하다.

이러한 문제를 해결하기 위해 [그림 2]의 코드를 이용하여 집단 간의 분포 차이뿐만 아니라 분산이 같은지 여부에 대한 종합적인 정보를 시각화할 필요가 있다. [그림 2]는 PROC TTEST 프로시저를 통해서 얻은 등분산 검정의 유의확률과 두 집단의 평균 차이의 95% 신뢰구간을 두 집단의 상자그림과 함께 시각화한 결과를 보여주고 있다.

시각화 결과를 살펴보면 TRT1 그룹의 경우 평균 값이 70.67이고 TRT2 그룹은 53.836으로 나타나고 있다. 두 그룹 간의 평균차이가 16.834 만큼 나고 있다. 표준편차도 각각 10.65와 5.27로 차이가 나고 있고 IQR 값도 14.7과 6.62로 차이가 나고 있으며 상자그림에 포함된 산점도를 보더라도 TRT1 그룹의 산점도가 넓게 있음을 알 수 있다. 그러나 이 평균차이가 통계적으로 유의미한지 여부를 판단하기는 쉽지 않다. 이를 위해 등분산 검정의 결과와 두 집단의 모평균 차이의 95% 신뢰구간을 포함시켰다. 그림의 오른쪽 상단에 두 집단의 분산이 동일한지를 검정한 F-통계량의 유의확률 값이 제시되고 있는데 0에 가까운 매우 작은 값임을 알 수 있다. 따라서, 이분산을 가정한 독립인 두 표본의 모평균 차이 검정을 수행해야 한다. 이 경우 SAS에서는 이분산 가정하에서 두 모평균의 비교는 Satterthwaite 검정을 수행하는데 95% 신뢰구간이 (13.48~20.18) 임을 알 수 있다. 이 신뢰구간이 0을 포함하지 않고 있어서 두 집단의 평균 차이가 통계적으로 유의미하다고 판단할 수 있다.

[그림 2] 두 집단 평균 차이의 시각화

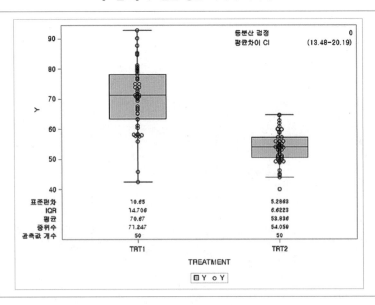

[그림 2] 계속

```
PROC TTEST DATA=SIMANOVA;
    WHERE TREATMENT IN("TRT1" "TRT2");
    CLASS TREATMENT;
    VAR Y;
    ODS OUTPUT CONFLIMITS=CONF;
    ODS OUTPUT EQUALITY=EQUALITY;
RUN;
DATA _NULL_;
    SET EQUALITY;
    CALL SYMPUT('EQUAL', ROUND(PROBF,0.01));
RUN;
DATA CONF2;
    SET CONF;
    CL=COMPRESS("("||ROUND(LOWERCLMEAN,0.01)||" - "||ROUND
        (UPPERCLMEAN,0.01)||")");
    IF &EQUAL<=0.05 AND METHOD="Satterthwaite" THEN DO;
    CALL SYMPUT('CL', CL);
    END;
      IF &EQUAL>0.05 AND METHOD="Pooled" THEN DO;
      CALL SYMPUT('CL', CL);
      END;
RUN;
PROC SGPLOT DATA=SIMANOVA;
    WHERE TREATMENT IN("TRT1" "TRT2");
    VBOX Y/CATEGORY=TREATMENT DISPLAYSTATS=(N MEDIAN MEAN IQR STD)
    MEANATTRS=(SIZE=11);
    SCATTER X=TREATMENT Y=Y/JITTER;
    INSET ("등분산 검정" = "&EQUAL" "평균차이 CI" = "&CL");
RUN;
```

2. 분산분석을 이용한 집단 간의 평균 차이 분석

분산분석(analysis of variance)은 두 집단 간의 평균 비교를 확장한 것이다. 여러 집단이 있는 경우에는 두 집단에 대한 모평균 차이분석을 단순히 확장하게 되면 1종 오류가 커지기 때문에 분산분석을 사용하는 것이 바람직하다.

분산분석을 위해 집단 간 평균 차이를 일차적으로 확인할 방법은 [그림 3]과 같이 각 그룹의 신뢰구간 차이를 시각화하는 방법이다. [그림 3]의 그림을 보면 각 그룹별 신뢰구간이 겹치지 않고 있음을 알 수 있고 오른쪽 수직축에 나타낸 평균 값도 53.84점부터 70.67점까지 상당히 차이가 남을 알 수 있다. 하지만 이러한 집단 간의 차이가 통계적으로 유의미한지 여부를 판단하기 위해서 단순히 집단 간의 신뢰구간이 겹치지 않는다는 것을 가지고 판단해서는 안 된다. 각 그룹의 신뢰구간을 계산할 때는 그룹 간 공통분산이 존재하는지 여부, 독립성 가정 등을 반영하지 않고 있기 때문이다.

[그림 3] 집단의 95% 신뢰구간의 시각화

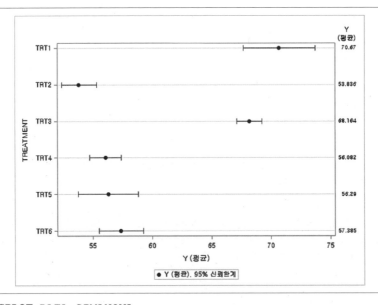

```
PROC SGPLOT DATA=SIMANOVA;
    DOT TREATMENT/RESPONSE=Y LIMITS=BOTH STAT=MEAN LIMITSTAT=CLM;
    YAXISTABLE Y/CLASS=TREATMENT STAT=MEAN;
RUN;
```

<표 2> 분산분석 결과의 예시

Parameter	Estimate	Standard Error	t Value	Pr > |t|
Intercept	57.38519469	1.00080487	57.34	<.0001
TREATMENT TRT1	13.28503727	1.41535182	9.39	<.0001
TREATMENT TRT2	-3.54910707	1.41535182	-2.51	0.0127
TREATMENT TRT3	10.77837592	1.41535182	7.62	<.0001
TREATMENT TRT4	-1.30303529	1.41535182	-0.92	0.3580
TREATMENT TRT5	-1.09509427	1.41535182	-0.77	0.4397
TREATMENT TRT6	0.00000000	.	.	.

분산분석을 수행할 때 중요한 가정은 각 그룹의 분산이 동일하다는 등분산 가정이다. 이 가정을 위배하게 되면 일반적으로 사용되는 분산분석의 결과가 달라진다. 분산분석에 널리 사용하는 GLM 프로시저의 경우에는 등분산 가정을 기본으로 한다. <표 2>에 예시된 분산분석 결과를 보면 집단들이 기준이 되는 집단과 평균 차이가 얼마나 나는지를 추정한 추정량의 표준오차 값이 모두 1.415로 동일한 것도 이 때문이다. 만일 이분산 가정을 한다면 추정량의 표준오차 값도 다르게 나타날 수 있다.

분산분석에서 또 하나 중요한 것은 단순히 집단 간의 평균 차이가 있다는 것 자체뿐만 아니라 어느 집단 간에 차이가 있는지를 판단하는 것이다. 이를 위해 다중비교(multiple comparison)를 수행해야 하는데 다양한 다중비교 방법이 사용된다. 이 방법들은 기본적으로 1종 오류 크기를 적절히 조정하는 방법에서 차이가 나는데 가장 보수적인 접근 방법으로는 투키(Tukey) 방법이 있고 SAS의 GLM 프로시저는 이것을 기본값으로 사용한다. 투키 방법은 모든 쌍을 서로 비교하는 방법이고, 던넷(Dunnett) 방법은 기준점이 되는 집단과 차이를 비교하는 방법이며, 넬슨(Nelson) 방법은 전체 평균과 각 집단 간의 평균을 비교하는 방법이다.[2]

다중비교 결과의 시각화는 분석 목적에 따라 다양하게 접근할 수 있다. 첫 번째 방법은 쌍을 이룬 투키 검정의 시각화이다. 이 시각화는 모든 쌍을 비교해야 하기 때문에 시각화가 복잡할 수 있으나 쌍을 이룬 비교에서 통계적으로 유의미한 차이가 있는 쌍과 그렇지 않은 쌍을 손쉽게 확인할 수 있다. [그림 4]는 투키 쌍대 다중비교의 결과를 나타낸 것으로

---

2) PROC GLM 프로시저에서는 ADJUST= 옵션을 이용하여 1종 오류를 조정하는 방식을 지정하도록 하고 있고 PDIFF= 옵션에 ALL, CONTROL, CONTROLL, CONTROLU, ANOM 등의 방식을 지정하여 차이의 비교기준이 무엇인지를 지정하도록 하고 있다.

[그림 4] 투키 쌍대 다중비교

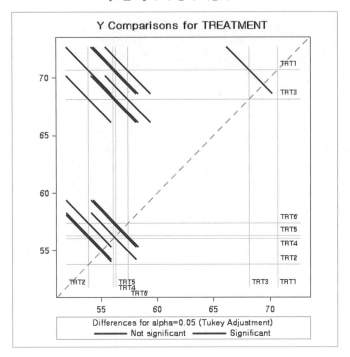

수평축에 그룹의 이름이 수직축에는 이에 대응하는 그룹 이름이 나타난다. 대각선은 45도 선을 나타내는 것으로 동일한 그룹의 수평축과 수직축이 교차하는 곳은 해당 그룹의 추정된 모평균 값이 된다. 또한, 이 45도 선에 신뢰구간이 겹쳐 있으면 두 그룹의 평균 차이가 통계적으로 유의미하지 않다는 것을 의미한다. [그림 4]에서 TRT1 그룹과 TRT3 그룹의 평균 추정값은 각각 70.67과 68.16이고 이 차이의 95% 신뢰구간을 보면 45도 선에 교차하고 있음을 알 수 있다.

한편 기준이 되는 집단(통제집단)과 비교해서 각 그룹과의 차이가 통계적으로 유의미한지를 살펴보는 방법의 하나는 던넷 조정방법을 사용하는 것이다. 이를 이용한 방법의 시각화 결과는 [그림 5]와 같다. 그림에서 기준 그룹은 TRT1이고 이 그룹과 다른 그룹의 차이의 95% 신뢰구간은 밴드 그림의 형태로 나타나 있으며 이를 벗어나는 그룹은 기준 그룹과 통계적으로 유의미한 차이가 있다고 할 수 있다. 예제의 경우에는 TRT1은 평균이 70.670이며 나머지 그룹은 이 통제집단보다 모두 평균이 작은 것으로 나타나지만 TRT3만이 통계적으로 유의미하지 않은 차이를 보이고 있다.

[그림 5] 기준 집단과의 통계적 유의미한 차이 검정

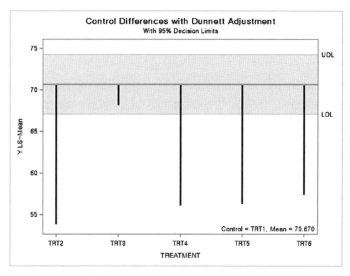

[그림 6] 전체 평균과 개별 그룹 간의 차이의 통계적 유의미성 시각화

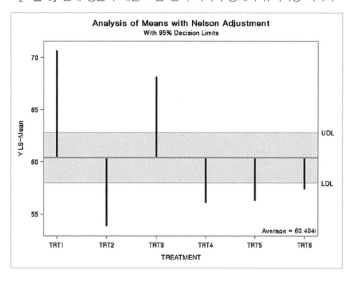

한편, 전체 집단의 모평균보다 통계적으로 유의미한 차이를 나타내는 집단이 무엇인지를 확인할 필요가 있는데 이때 넬슨 조정방식이 사용된다. 이 조정방식은 평균차이 분석 (analysis of means)이라는 기법으로 일반화되는데 PROC GLM에서는 넬슨 조정방식에 의한 평균차이 분석 결과를 시각화해주고 있다. [그림 6]의 시각화 결과를 살펴보면 모든 그룹들이 전체 평균과 통계적으로 유의미한 차이를 보임을 확인할 수 있다.

```
PROC GLM DATA=SIMANOVA ;
    CLASS TREATMENT;
    MODEL Y=TREATMENT/solution clparm;
    LSMEANS TREATMENT/ADJUST=TUKEY CL DIFF PLOT=MEANPLOT(CL)  ;
    LSMEANS  TREATMENT/ADJUST=DUNNETT  CL  DIFF  PLOT=MEANPLOT(CL)
PLOT=ANOM ;
    LSMEANS TREATMENT/CL PDIFF=ANOM ;
RUN;
```

앞에서 제시한 시각화는 모두 PROC GLM 프로시저의 LSMEANS 명령문을 이용하여 간단하게 구현할 수 있다. 프로그램의 예시는 〈표 3〉과 같다.

3. 그룹 간 평균 차이의 시각화

앞에서 그룹 간 평균 차이를 시각화하는 방법이 다양함을 알 수 있었다. 특히 전체 집단과 그룹 간의 차이를 분석하는 넬슨 다중비교 방법을 제시하였다. 이 분석 방법은 평균 차이 분석(analysis of means, ANOM)이라고 소개되는 기법으로 일반적인 통계 교과서에서 널리 다루어지지 않기 때문에 좀더 자세히 소개할 필요가 있다. 지방자치단체나 기업의 지점들을 비교할 때 평균적인 상태와 통계적으로 유의미하게 다른 관찰점을 찾아야 하는 경우에 유용하게 사용할 수 있다.

ANOM은 품질관리(quality control) 분야에서 널리 사용하는 방법으로 단순히 그룹 간의 평균 차이를 분석하는 것이 아니라 그룹 간의 가중치를 고려한 후 전체 집단에서 그룹 간의 차이를 비교하는 다양한 방법을 모두 지칭하는 방법이다. 일반적으로 사용하는 ANOVA는 그룹 간 차이에 관심을 두지만 ANOM은 전체 평균과 그룹 평균 간의 차이를 비교하는 방식이다. ANOM 방법은 ANOVA와 유사하지만 주로 시각적인 방법으로 전체 평균과 그룹 간의 차이를 나타낸다는 점에서 차이가 난다. 이하에서는 Nelson et al.(2005)와[3] SAS의 PROC ANOM 프로시저 매뉴얼에서 제시된 내용을 중심으로 전체 집단과 그

---

3) Nelson, P. A., et al. (2005). "The Analysis of Means: A Graphical Method for Comparing Means, Rates, and Proportions," *Society for Industrial and Applied Mathematics*.

룹 간의 차이를 어떻게 시각화하는지를 살펴보도록 한다.

1) 전체 평균과 개별 그룹 평균의 차이 분석

먼저 n개 그룹이 전체 평균과 차이가 있는지를 판단해야 할 상황이 존재한다. 예를 들어 전체 국민의 정부 정책에 대한 만족도와 각 시도의 만족도에 차이가 있는지를 분석하는 경우에는 전국의 만족도에 비교해서 특별히 차이가 나는 시도가 무엇인지를 구한다고 가정해보자. 이 경우 전국의 신뢰구간을 구한 후 개별 시도의 평균이 이 신뢰구간을 벗어나는지 여부를 살펴보아야 한다.

전체 평균과 그룹의 차이 분석을 구하는 방법은 다음과 같다. 〈표 4〉는 그룹 전체의 신뢰구간을 구하기 위해 사용되는 기호를 나타낸 것이다.

〈표 4〉

X_{ij}	i번째 그룹에 있는 j번째 관찰값의 종속변수(반응변수)값
k	그룹의 총 개수
n_i	i번째 그룹의 표본크기
N	총 표본의 크기 ($= n_i + n_2 + \cdots + n_k$)
μ_i	i번째 그룹의 종속변수의 기댓값(모평균)
σ	종속변수의 모표준편차 (그룹 간 등분산을 암묵적으로 가정)
$\overline{X_i}$	i번째 그룹의 표본평균
$\overline{\overline{X}}$	k개 그룹 전체의 평균
s_i^2	i번째 그룹의 표본분산
$\widehat{\sigma^2}$	모분산의 추정량으로 평균제곱오차(mean sqaure error, MSE)
ν	MSE 추정과 관련된 자유도
α	신뢰수준
$h(\alpha;k,n,\nu)$	그룹 표본 크기가 n으로 동일한 경우의 임계치(critical value)
$h(\alpha;k,n_1 \cdots n_{n,}\nu)$	그룹 표본의 크기가 n_i으로 서로 다른 경우 임계치

전체 그룹의 평균은 각 그룹의 표본 크기를 가중평균하여 다음과 같이 구할 수 있다.

$$\overline{\overline{X}} = \frac{n_1\overline{X_i} + \cdots + n_k\overline{X_k}}{n_1 + \cdots + n_k}$$

i번째 그룹의 관찰값 X_{ij}가 등분산을 갖는 정규분포를 따르는 확률변수라고 가정을 해보자.

$$X_{ij} \sim N(\mu_i, \sigma^2), \quad j = 1, \cdots, n_i$$

그룹들이 모두 동일한 표본크기를 갖는 경우를 가정하면 전체 그룹의 신뢰구간은 다음과 같으며 임계치 h는 Nelson(198)[4]에 제시되어 있고 이의 확장된 논의는 Nelson(1993)을 참고하면 된다.[5]

$$\text{신뢰구간 하한: } \overline{\overline{X}} - h(\alpha; k, n, v) \sqrt{MSE} \sqrt{\frac{k-1}{N}}$$

$$\text{신뢰구간 상한: } \overline{\overline{X}} + h(\alpha; k, n, v) \sqrt{MSE} \sqrt{\frac{k-1}{N}}$$

$$\left(\text{단, } MSE = \widehat{\sigma^2} = \frac{1}{k} \sum_{j=1}^{k} s_j^2 \ , \ \nu = N - k = k(n-1) \right)$$

만일 그룹별로 표본의 크기가 다른 경우의 전체 그룹의 신뢰구간은 다음과 같이 구할 수 있다.

$$\text{신뢰구간 하한: } \overline{\overline{X}} - h(\alpha; k, n_1, \cdots, n_k, v) \sqrt{MSE} \sqrt{\frac{N - n_i}{N n_i}}$$

$$\text{신뢰구간 상한: } \overline{\overline{X}} + h(\alpha; k, n_1, \cdots, n_k, v) \sqrt{MSE} \sqrt{\frac{N - n_i}{N n_i}}$$

$$\left(\text{단, } MSE = \widehat{\sigma^2} = \frac{(n_1 - 1)s_1^2 + \cdots + (n_k - 1)s_k^2}{n_1 + \cdots + n_k - k} \ , \ \nu = N - k \right)$$

4) Nelson, P. R. (1982). "Exact critical points for the analysis of means." *Communications in Statistics-Theory and Methods* 11(6): 699-709.
5) Nelson, P. R. (1993). "Additional Uses for the Analysis of Means and Extended Tables of Critical Values." *Technometrics* 35(1): 61-71.

```
DATA CLASS;
   SET SASHELP.CLASS;
RUN;
PROC SORT DATA=CLASS;BY SEX;RUN;

*막대그림: 평균차이 분석;
PROC ANOM DATA=CLASS;
   XCHART HEIGHT*SEX/ALPHA = 0.05 XSYMBOL="MEAN";
RUN;
```

[그림 7] ANOM 분석 결과

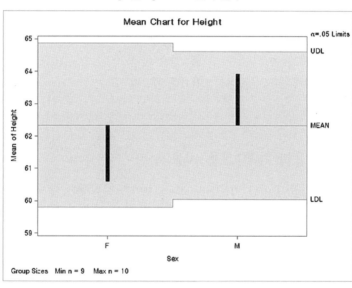

ANOM 분석을 수행한 결과는 [그림 7]과 같다. 그림에서 확인할 수 있듯이 남자와 여자의 키의 평균은 전체 모평균과 비교해서 통계적으로 유의미한 차이가 나지 않는다는 것을 확인할 수 있다. 참고로 이 시각화 결과는 PROC GLM의 LSMEANS 명령문의 PDIFF=ANON 옵션을 사용한 경우와 동일함을 확인할 수 있다.

한편 PROC ANOM 프로시저에서는 상자그림을 이용한 시각화를 [그림 8]과 같이 제공하기도 하고 이 밖에 다양한 시각화 방법을 제시해주고 있기 때문에 이를 활용하면 된다.

[그림 8] 상자그림을 이용한 ANOM 시각화

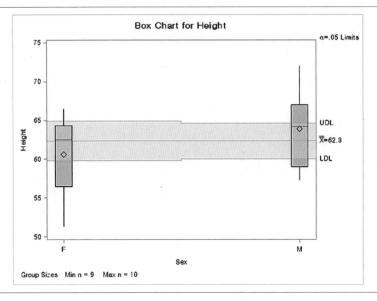

```
PROC ANOM DATA=CLASS;
  BOXCHART HEIGHT*SEX/ALPHA = 0.05 TABLEALL;
RUN;
```

2) 전체 그룹 비율과 개별 그룹 비율의 차이 분석

비교를 수행할 때 평균이 아닌 비율(proportion) 차이를 분석해야 할 경우가 있다. 이 경우는 평균 차이 분석과 유사하게 전체 그룹의 비율과 개별 그룹의 비율에 차이가 있는지 여부를 분석하는 것이 주목적이다.

X_i	i번째 그룹에 관심있는 사건의 발생 횟수
k	그룹의 총 개수
n_i	i번째 그룹의 표본크기
N	총 표본의 크기 ($=n_i+n_2+\cdots+n_k$)
p_i	i번째 그룹의 표본비율 $\left(p_i=\dfrac{X_i}{n_i}\right)$
$\bar{p}$	전체 그룹의 가중 평균 비율 ($\bar{p}=(n_1p_1+\cdots+n_kp_k)/N=(X_1+\cdots+X_k)/N$
$h(\alpha;k,n,\infty)$	그룹 표본 크기가 n으로 동일한 경우의 임계치(critical value)
$h(\alpha;k,n_1\cdots n_{n,}\infty)$	그룹 표본의 크기가 n_i으로 서로 다른 경우 임계치

표본의 크기가 그룹별도 모두 동일한 경우의 신뢰구간은 다음과 같이 구할 수 있다.

$$\text{신뢰구간 하한: } \max\left(\overline{p} - h(\alpha;k,n,\infty)\sqrt{\overline{p}(1-\overline{p})}\sqrt{\frac{k-1}{N}}, 0\right)$$

$$\text{신뢰구간 상한: } \min\left(\overline{p} + h(\alpha;k,n,\infty)\sqrt{\overline{p}(1-\overline{p})}\sqrt{\frac{k-1}{N}}, 1\right)$$

만일 그룹별로 표본의 크기가 다른 경우의 전체 그룹의 신뢰구간은 다음과 같이 구할 수 있다.

$$\text{신뢰구간 하한: } \max\left(\overline{p} - h(\alpha;k,n_1,\cdots,n_k,\infty)\sqrt{\overline{p}(1-\overline{p})}\sqrt{\frac{N-n_i}{Nn_i}}, 0\right)$$

$$\text{신뢰구간 하한: } \min\left(\overline{p} + h(\alpha;k,n_1,\cdots,n_k,\infty)\sqrt{\overline{p}(1-\overline{p})}\sqrt{\frac{N-n_i}{Nn_i}}, 1\right)$$

비율 자료는 그룹별 ID 변수와 관심있는 사건이 일어난 횟수, 총 횟수 변수를 갖는다. 〈표 6〉은 병원별로 총 출산과 제왕절개 횟수의 자료를 이용하여 병원 간에 차이가 있는지 여부를 ANOM 분석을 이용하여 수행한 예제이다.

〈표 6〉 비율자료 ANOM

```
data Csection;
   length ID $ 2;
   input ID Csections Total @@;
   label ID = 'Medical Group Identification Number';
   datalines;
1A  150  923 1K   45  298 1B   34  170 1D   18  132
3I   20  106 3M   12  105 1E   10   77 1N   19   74
1Q    7   69 3H   11   65 1R   11   49 1H    9   48
3J    7   20 1C    8   43 3B    6   43 1M    4   29
3C    5   28 1O    4   27 1J    6   22 1T    3   22
3E    4   18 1G    4   15 3D    4   13 3G    1   11
1L    2   10 1I    1    8 1P    0    3 1F    0    3
1S    1    3
```

<표 6> 계속

```
;
run;
PROC ANOM DATA=CSECTION;
  PCHART  CSECTIONS*ID/GROUPN=TOTAL  ALPHA  =  0.05  alln  TABLEALL
TURNHLABEL OUTLIMITS=OUT;
RUN;
```

[그림 9] 비율자료에 대한 ANOM

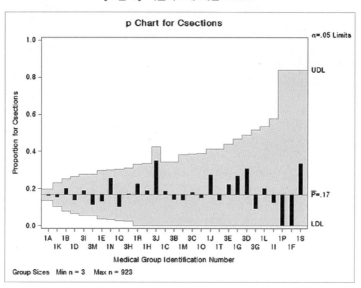

<표 6>의 프로그램을 실행한 결과를 살펴보면 [그림 9]와 같이 시각화된 결과를 얻을 수 있으며 전체 그룹의 평균에 비해 특정 병원의 제왕절개 비율이 통계적으로 유의미한 차이를 보인다고 보기는 어려움을 알 수 있다.

3) 단위시간당 사건 발생 횟수의 전체 그룹과 개별 그룹의 차이 분석

앞의 비율(proportion) 차이 분석은 사건이 일어날 확률의 관점에서 접근하였다면, 단위시간당 사건 발생 비율의 차이에 대한 분석은 푸아송 분포를 이용해서 접근해야 한다. 즉 단위시간당 발생한 사건발생 횟수는 평균이 $\bar{u}$인 푸아송 분포를 따른다고 가정을 하는 것이다. 푸아송 분포를 따르게 되면 단위시간 당 사건 발생 횟수의 분산은 $\bar{u}$와 동일해진다. PROC ANOM 프로시저에서는 UCHART 명령문을 이용하면 이 차이 분석을 수행할 수 있다.

c_i	i번째 그룹에 단위시간당 관심있는 사건의 발생 횟수
k	그룹의 총 개수
n_i	i번째 그룹의 표본크기
N	총 표본의 크기 $(=n_i+n_2+\cdots+n_k)$
u_i	i번째 그룹의 표본비율 $(u_i=c_i/n_i)$
$\bar{u}$	전체 그룹의 가중 사건 발생 비 평균
	$(\ \bar{u}=(n_1u_1+\cdots+n_ku_k)/N=(c_1+\cdots+c_k)/N$
$h(\alpha;k,n,\infty)$	그룹 표본 크기가 n으로 동일한 경우의 임계치(critical value)
$h(\alpha;k,n_1\cdots n_n,\infty)$	그룹 표본의 크기가 n_i으로 서로 다른 경우 임계치

단위 시간당 사건발생 횟수의 차이는 분석은 푸아송 분포를 직접 이용할 수도 있지만 푸아송 분포가 정규분포에 근사한다는 성질을 이용한다. 이 성질을 이용하기 위해서는 일반적으로 $c_i>5$가 모든 그룹에 대해서 만족해야 한다.[6] 이러한 가정이 충족될 때 표본의 크기가 그룹별로 모두 동일한 경우의 신뢰구간은 다음과 같이 구할 수 있다.

$$\text{신뢰구간 하한: } \max\left(\bar{u}-h(\alpha;\,k,\,n,\,\infty)\,\sqrt{\bar{u}}\,\sqrt{\frac{k-1}{N}},\,0\right)$$

$$\text{신뢰구간 상한: } \min\left(\bar{u}+h(\alpha;\,k,\,n,\,\infty)\,\sqrt{\bar{u}}\,\sqrt{\frac{k-1}{N}},\,1\right)$$

만일 그룹별로 표본의 크기가 다른 경우의 전체 그룹의 신뢰구간은 다음과 같이 구할 수 있다.

$$\text{신뢰구간 하한: } \max\left(\bar{u}-h(\alpha;\,k,\,n_{1,}\cdots,\,n_k,\,\infty)\,\sqrt{\bar{u}}\,\sqrt{\frac{N-n_i}{Nn_i}},\,0\right)$$

$$\text{신뢰구간 하한: } \bar{u}+h(\alpha;\,k,\,n_{1,}\cdots,\,n_k,\,\infty)\,\sqrt{\bar{u}}\,\sqrt{\frac{N-n_i}{Nn_i}}$$

이러한 단위시간당 발생횟수에 대한 **ANOM** 분석 결과의 프로그램과 시각화 결과는 각각 〈표 7〉과 [그림 10]과 같다

---

6) Ramig, P. F. (1983). "Application of the Analysis of Means." *Journal of Quality Technology* 15:19–25.

<표 7> 단위시간당 발생횟수에 대한 ANOM 분석

```
DATA MSADMITS;
   LENGTH ID $ 2;
   INPUT ID COUNT MEMBERMONTHS @@;
   KMEMBERYRS = MEMBERMONTHS/12000;
   LABEL ID = 'MEDICAL GROUP ID NUMBER';
   DATALINES;
1A    1882   697204   1K     600   224715   1B    438   154720
1D     318    82254   3M     183    76450   3I    220    73529
1N     121    60169   3H     105    52886   1Q    124    52595
1E     171    51229   3B      88    34775   1C    100    31959
1H     112    28782   3C      84    27478   1R     69    26494
1T      21    25096   1M     130    24723   1O     61    24526
3D      66    22359   1J      54    19101   3J     30    16089
3G      36    13851   3E      26    10587   1G     28    10351
1I      25     6041   1L      20     5138   1S      7     2723
1F       7     2424   1P   22030
;
PROC SORT DATA=MSADMITS;
   BY ID;
RUN;
PROC ANOM DATA=MSADMITS;
   UCHART COUNT*ID / GROUPN   = KMEMBERYRS
   NOLEGEND
   HAXIS    = AXISL;
   AXISL VALUE = (a=-45 h=2.0pct);
   LABEL COUNT = 'ADMITS PER 1000 MEMBER YEARS';
RUN;
```

[그림 10] 단위 기간 동안 횟수의 차이에 대한 ANOM 시각화

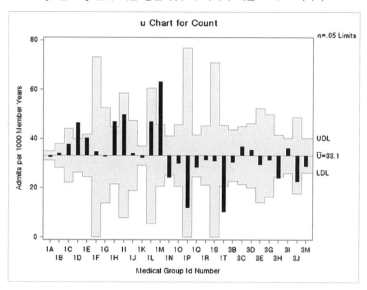

회귀분석 결과의 시각화

ata visualization

독립변수와 종속변수에 대한 시각화를 마치고 난 후 종속변수와 독립변수 간의 관계를 체계적으로 분석하기 위해서 회귀분석을 수행할 수 있다. 흔히 회귀분석을 수행할 때 통계 프로그램에서 제공되는 각종 추정치의 표를 이용하여 모형이 유의미한지 여부를 판단하거나 회귀계수가 유의미한지를 판단하는데 머무르는 경우가 많다. 하지만 자료 시각화를 이용한 접근을 이용하면 회귀분석을 훨씬 정확하게 수행할 수 있으며 분석결과의 해석도 풍부하게 할 수 있는 장점이 있다. 이를 위해 시각화의 관점에서 회귀분석을 절차에 따라 수행해보도록 한다. 여기서는 SASHELP 라이브러리에 있는 BASEBALL 데이터 세트에서 제공하는 메이저리그 선수 자료 예제를 이용하여 이를 살펴본다. 사용된 주요변수는 다음과 같다.

〈표 1〉 분석에 사용된 주요변수

변수명	변수설명
NAME	선수 이름
TEAM	1986년 소속 팀 이름
NATBAT	1986년 타석 수
NBB	1986년 볼넷
NHITS	1986년 안타수
NHOME	1986년 홈런
NRUNS	1986년 득점
NRBI	1986년 타점
YRMAJOR	메이저리그 경력(연수)
CRBAT	통산 타석
CRHITS	통산 안타
CRHOME	통산 홈런
CRRUNS	통산 득점
CRRBI	통산 타점
CRBB	통산 볼넷
LEAGUE	리그 유형(AMERICAN/NATIONAL)
DIVISION	디비전 유형(EAST/WEST)
DIV	리그/디비전
SALARY	1987년 연봉(천달러)
LOG SALARY	로그 연봉

1. 산점도 분석을 통한 독립변수와 종속변수의 특성 파악하기

자료에 대한 이해는 모든 통계분석의 출발점이다. 회귀분석은 여러 개 변수를 함께 다루기 때문에 변수 간의 관계를 이해하지 않고는 제대로 된 통계분석을 수행하기 어렵다. 변수 간의 관계를 이해하기 위해 사용할 수 있는 시각화의 대표적인 방법은 산점도 매트릭스라고 할 수 있는데 예제의 종속변수와 독립변수의 산점도를 〈표 2〉의 코드를 이용하여 시각화해 보면 [그림 1]과 같은 결과를 얻을 수 있다. 〈표 2〉의 코드에서 PROC SGSCATTER 프로시저는 변수의 조합에 대한 산점도를 그리는 데 사용되는 프로시저로 MATRIX 명령문의 DIAGONAL 옵션은 산점도 행렬의 대각원소에 히스토그램과 커널함수를 이용한 확률밀도 함수를 그리도록 하고 있다. 또한, ELLIPSE 옵션을 이용하면 다변량 정규분포를 가정했을 때 95% 신뢰구간을 벗어나는 관찰점이 있는지를 판단할 수 있을 뿐 아니라 타원이 원보다 타원에 가까운 값을 가질수록 두 변수 간의 선형의 관계가 크다고 판단할 수 있기 때문에 유용한 시각화 방법이라고 할 수 있다. 참고로 OPTION NOLABEL; 이라는 글로벌 시스템 옵션을 사용하였는데 그 이유는 변수의 레이블 명이 길어서 산점도 행렬에서 변수 이름이 제대로 표시되지 않아 레이블 대신에 변수 이름을 나타내는 것이 바람직했기 때문이다. 이 옵션을 해제하기 위해서는 OPTION LABEL;을 사용하면 변수의 레이블을 분석 결과에 나타낼 수 있다.

〈표 2〉 산점도 행렬의 시각화

```
DATA BASEBALL;
   SET SASHELP.BASEBALL;
   IF LEAGUE="American" THEN leg=1;
   ELSE LEG=0;
RUN;
OPTION NOLABEL;
PROC SGSCATTER DATA=BASEBALL;
  MATRIX Salary nhits nruns nrbi nbb yrmajor crhits CRRUNS CRRBI CRBB
/DIAGONAL=(HISTOGRAM KERNEL) ELLIPSE;
RUN;
OPTION LABEL;
```

[그림 1] 회귀분석에 사용된 변수의 산점도 행렬

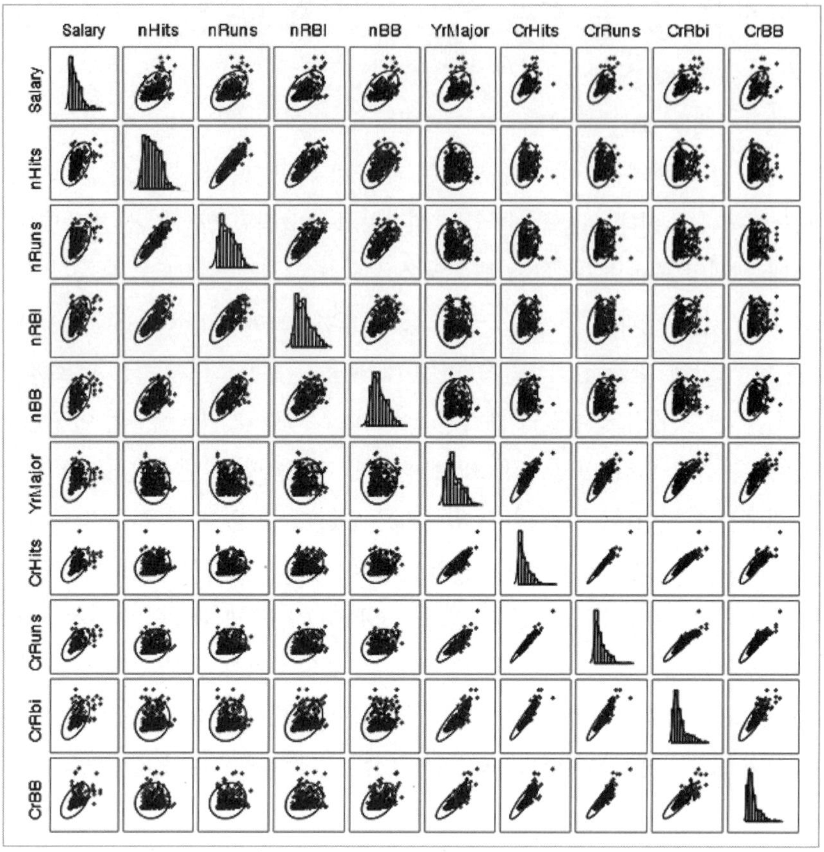

　　[그림 1]의 산점도 행렬에서 주목해서 볼 것은 SALARY 변수의 히스토그램이다. 이 히스토그램을 보면 양의 왜도 분포를 갖는 것을 알 수 있는데 평균보다 낮은 연봉을 받는 사람들이 많이 있고 상대적으로 고연봉자의 비중은 작음을 알 수 있다. 이렇게 연봉이 대칭인 분포를 갖지 않으면 SALARY를 직접 사용하기보다는 로그 변환을 하여 분석을 하는 것이 바람직할 수 있으므로 실제 분석에서는 이를 고려해볼 필요가 있다. 또 다른 특징은 독립변수 간의 상관관계가 상당히 크다는 것을 시각적으로 확인할 수 있다. 메이저리그 경력(YRMAJOR)과 통산 안타(CRHITS)는 타원 그래프가 거의 직선에 가까울 정도로 상관관계가 높고 그밖에 CRRUN, CRHOME 등의 변수도 서로 상관관계가 높은 것을 확인할 수 있다. 이것은 독립변수 간에 다중공선성(multicollinearity)의 가능성이 상당히 큼을 시사한다고 할 수 있다.

　　또한, 일부 관찰점은 타원 그래프의 밖에 위치하는데 이것은 극단점일 수 있다는 가능성

```
ODS EXCLUDE ALL;
PROC CORR DATA=BASEBALL;        /* PAIRWISE CORRELATION */
   VAR SALARY NHITS NRUNS NRBI NBB YRMAJOR CRHITS CRRUNS CRRBI CRBB;
   ODS OUTPUT PEARSONCORR = CORR;  /* WRITE CORRELATIONS, P-VALUES,
AND SAMPLE SIZES TO DATA SET */
RUN;
ODS EXCLUDE NONE;
PROC IML;
USE CORR;
   READ ALL VAR "VARIABLE" INTO COLNAMES;  /* GET NAMES OF VARIABLES */
   READ ALL VAR (COLNAMES) INTO MCORR;     /* MATRIX OF CORRELATIONS */
   PROBNAMES = "P"+COLNAMES; /* VARIABLES FOR P-VALUES ARE NAMED PX, PY,
   PZ, ETC */
   READ ALL VAR (PROBNAMES) INTO MPROB; /* MATRIX OF P-VALUES */
CLOSE CORR;
 CALL HEATMAPCONT(MCORR) XVALUES=COLNAMES YVALUES=COLNAMES
   COLORRAMP="ThreeColor" RANGE={-1 1} TITLE="Pairwise Correlation
   Matrix";
```

도 보여준다. 1986년 안타 수와 연봉의 산점도를 보더라도 타원 밖에 있는 관찰점이 존재함을 쉽게 확인할 수 있다.

한편 상관계수의 크기를 시각화하여 변수 간의 관계를 나타낼 수도 있다. 〈표 3〉은 CORR 프로시저와 IML 프로시저를 이용하여 이를 시각화하는 코드를 제시하고 있다.[1]

[그림 2]는 시각화 결과를 보여주고 있는데 1986년도의 선수 성적과 관련된 변수 간에는 상관관계가 상당히 높고, 통산 성적과 관련된 변수 간의 상관관계도 상대적으로 높은 것으로 나타나고 있다. 상대적으로 비교해보면 통산 성적과 관련된 변수의 상관관계가 1986년 성적에 비해 더 강한 것으로 판단된다. 또한 메이저리그 경력 연수(YRMAJOR)가 1986년의 성적 변수들과는 약한 상관관계를 갖고 있음도 시각화를 통해 손쉽게 확인할 수 있다.

---

1) https://blogs.sas.com/content/iml/2017/08/16/pairwise-correlations-bar-chart.html을 참고.

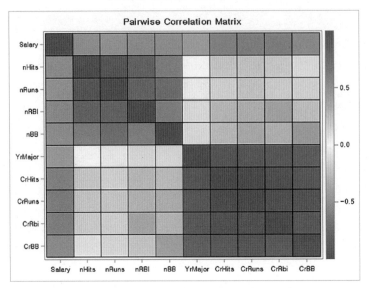

[그림 2] 상관계수 행렬의 시각화

 참고로 상관계수의 크기별로 정렬을 하고 상관계수가 통계적으로 유의미한지 여부를 시각화할 수도 있는데 그 결과만을 보여주면 [그림 3]과 같다. [그림 3]에서 메이저리그 경력과 1986년도 득점, 안타, 볼넷 간의 상관관계는 통계적으로 유의미하지 않음을 알 수 있고, 통산 성적 간의 상관관계는 매우 큼을 알 수 있다.

[그림 3] 변수 쌍별 상관계수를 정렬하여 시각화한 결과

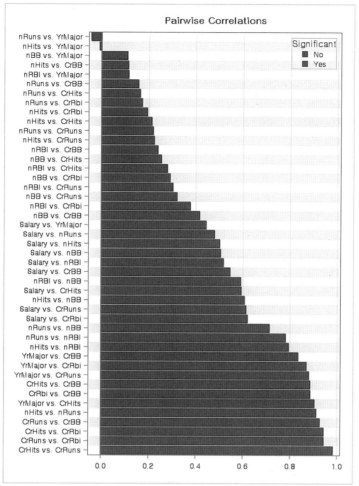

```
PROC IML;
USE CORR;
  READ ALL VAR "VARIABLE" INTO COLNAMES; /* GET NAMES OF VARIABLES */
  READ ALL VAR (COLNAMES) INTO MCORR; /* MATRIX OF CORRELATIONS */
  PROBNAMES = "P"+COLNAMES; /* VARIABLES FOR P-VALUES ARE NAMED
  PX, PY, PZ, ETC */
  READ ALL VAR (PROBNAMES) INTO MPROB; /* MATRIX OF P-VALUES */
      NUMCOLS = NCOL(MCORR); /* NUMBER OF VARIABLES */
NUMPAIRS = NUMCOLS*(NUMCOLS-1) / 2;
```

```
LENGTH = 2*NLENG(COLNAMES) + 5; /* MAX LENGTH OF NEW ID VARIABLE */
PAIRNAMES = J(NUMPAIRS, 1, BLANKSTR(LENGTH));
I = 1;
DO ROW= 2 TO NUMCOLS; /* CONSTRUCT THE PAIRWISE NAMES */
   DO COL = 1 TO ROW-1;
      PAIRNAMES[I] = STRIP(COLNAMES[COL]) + " VS. " + STRIP(COLNAMES[ROW]);
      I = I + 1;
   END;
END;
LOWERIDX = LOC(ROW(MCORR) > COL(MCORR));   /* INDICES OF
LOWER-TRIANGULAR ELEMENTS */
  CORR = MCORR[ LOWERIDX ];
  PROB = MPROB[ LOWERIDX ];
  SIGNIFICANT = CHOOSE(PROB > 0.05, "NO ", "YES");  /* USE ALPHA=0.05
SIGNIF LEVEL */
CREATE CORRPAIRS VAR {"PAIRNAMES" "CORR" "PROB" "SIGNIFICANT"};
APPEND;
CLOSE;
QUIT;
PROC SORT DATA=CORRPAIRS;  BY CORR;  RUN;
ODS GRAPHICS / WIDTH=600PX HEIGHT=800PX;
TITLE "PAIRWISE CORRELATIONS";
PROC SGPLOT DATA=CORRPAIRS;
HBAR PAIRNAMES / RESPONSE=CORR GROUP=SIGNIFICANT;
REFLINE 0 / AXIS=X;
YAXIS DISCRETEORDER=DATA DISPLAY=(NOLABEL)
     LABELATTRS=(SIZE=6PT) FITPOLICY=NONE
     OFFSETMIN=0.012 OFFSETMAX=0.012   /* HALF OF 1/K, WHERE
K=NUMBER OF CATGORIES */
     COLORBANDS=EVEN COLORBANDSATTRS=(COLOR=GRAY TRANSPARENCY=0.9);
XAXIS GRID DISPLAY=(NOLABEL);
KEYLEGEND / POSITION=TOPRIGHT LOCATION=INSIDE ACROSS=1;
RUN;
```

2. 모형적합도의 판단을 위한 시각화

변수 간의 상관관계를 파악한 후에 회귀모형을 추정하게 되면 모형적합도를 판단해야 한다. 회귀분석을 수행할 때 모형적합도는 주로 분산분석표(analysis of variance table)의 F-통계량이나 결정계수(R-Square)를 이용하여 판단한다. 분산분석표의 내용과 모형적합도 판단을 위한 F-통계량, 그리고 유의확률(Pr>F) 값을 〈표 4〉의 코드를 이용하여 시각화하면 다음과 같다. [그림 4]에서 모형에 의해 설명된 변동의 크기(MODEL)가 59.5%로 나타나고 있는데 이 값은 결정계수 값과 동일하다. 그리고 막대그래프의 아래에 있는 F-value와 Pr>F는 ANOVA 표의 값으로 유의수준 5%보다 Pr>F 값이 작으므로 모형의 회귀계수가 모두 0이라는 귀무가설을 기각할 수 있다.

[그림 4] 회귀모형 적합도의 시각화

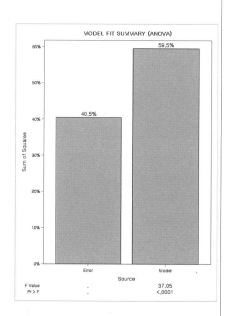

```
PROC REG DATA=baseball;
    ID name team league;
    MODEL logSalary = LEG nhits nruns nrbi nbb
    yrmajor crhits CRRUNS CRRBI CRBB;
    ODS OUTPUT ANOVA=ANOVA;
RUN;
QUIT;
PROC SGPLOT DATA=ANOVA;
  WHERE SOURCE ^="Corrected Total";
  TITLE "MODEL FIT SUMMARY (ANOVA)";
  VBAR SOURCE/RESPONSE=SS STAT=PERCENT
  DATALABEL DATALABELATTRS=(SIZE=11);
  XAXISTABLE FVALUE PROBF /VALUEATTRS=
  (SIZE=10);
RUN;
```

3. 회귀계수의 시각화

추정된 회귀계수를 해석하기 위해서는 추정된 회귀계수의 크기뿐만 아니라 기본적으로 회귀계수가 통계적으로 유의미한지, 회귀계수의 표준오차(standard error)의 크기에 따라 신뢰구간이 얼마나 넓은지 등에 대한 정보가 필요하다. 이러한 정보를 시각적으로 제시하기 위해서는 〈표 5〉의 코드를 이용하여 [그림 5]와 같이 시각화 결과를 나타낼 수 있다. 이 시각화를 할 때 유의확률(p-value)의 크기에 따라 그림을 정렬하게 되면 통계적으로 유의미한 변수부터 그렇지 않은 변수를 순서대로 정렬할 수 있는 장점이 있다.

〈표 5〉 회귀계수의 시각화 예시

```
PROC GLM DATA=BASEBALL;
   MODEL Salary = LEG nhits nruns nrbi nbb yrmajor crhits CRRUNS
   CRRBI CRBB/SOLUTION CLPARM;
   ODS OUTPUT PARAMETERESTIMATES=PARM;
RUN;
PROC SORT DATA=PARM; BY DESCENDING PROBT;RUN;
PROC SGPLOT DATA=PARM NOAUTOLEGEND;
   WHERE PARAMETER ^='Intercept' AND PARAMETER ^="leg";
   FORMAT ESTIMATE BEST4.2;
   TITLE "추정된 회귀계수와 그 신뢰구간";
   HIGHLOW Y=PARAMETER HIGH=UPPERCL LOW=LOWERCL/ TYPE=LINE HIGHCAP
   = SERIF LOWCAP=SERIF CLIPCAP CLIPCAPSHAPE=SERIF;
   SCATTER  Y=PARAMETER X=ESTIMATE/ MARKERATTRS=(SIZE=7  COLOR=RED
   SYMBOL=FILLEDCIRCLE) DATALABEL=ESTIMATE DATALABEATTRS=(SIZE=11);
   REFLINE 0 /AXIS=X ;
   YAXISTABLE PROBT /VALUEATTRS=(SIZE=11);
   XAXIS LABEL="회귀계수의 95% 신뢰구간";
RUN;
```

[그림 5]는 시각화된 회귀계수 추정 결과를 보여주고 있다. 오른쪽 수직축에는 각 독립 변수의 추정된 회귀계수가 통계적으로 유의미한지를 판단할 수 있도록 유의확률 값을 시각화하였다. 또한, 신뢰구간이 0을 포함하는지 여부를 확인할 수 있도록 0을 기준으로 기준

[그림 5] 시각화된 회귀계수 결과

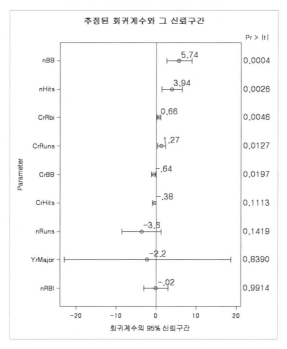

선도 나타내는 것이 바람직하다. 또한 추정된 회귀계수 값은 데이터 레이블을 통해 제시함으로써 회귀계수의 크기도 판단할 수 있도록 하였다. 주어진 결과를 해석해보면 메이저리그 경력(YRMAJOR)의 경우에는 회귀계수의 표준오차가 매우 큼을 알 수 있고, 통계적으로 유의미하지 않음을 알 수 있다.

　회귀분석을 수행하다 보면 두 집단 간에 회귀계수에 차이가 있는지를 판단해야 하는 경우가 발생한다. 예제 자료의 경우에는 아메리칸 리그에 있는 선수에 대한 회귀분석 결과와 내셔널 리그에 있는 선수에 대한 회귀분석 결과가 동일한지를 살펴보는 경우가 이에 해당한다고 할 수 있다. 이 경우 각 리그에 있는 선수를 대상으로 회귀분석을 수행한 후에 회귀계수들을 비교해야 하는데 〈표 6〉은 이를 위한 시각화 코드를 제시하고 있다. 이 코드를 살펴보면 회귀분석을 LEAGUE 유형별로 수행해야 하므로 LEAGUE에 따라 자료를 정렬하고 GLM 프로시저도 BY LEAGUE 명령문을 이용하여 수행하도록 하였다.

〈표 6〉 두 개의 회귀분석 결과의 비교

```
ODS GRAPHICS /ATTRPRIORITY=NONE;
PROC SORT DATA=SASHELP.BASEBALL OUT=BASEBALL; BY LEAGUE;RUN;
PROC GLM DATA=BASEBALL;
  BY LEAGUE;
  MODEL SALARY=nhits nruns nrbi nbb yrmajor crhits CRRUNS CRRBI
 CRBB/SOLUTION CLPARM;
  ODS OUTPUT PARAMETERESTIMATES=PARM;
RUN;
ODS GRAPHICS ON/WIDTH=7IN HEIGHT=6IN;
PROC SGPLOT DATA=PARM ;
  WHERE PARAMETER ^='Intercept';
  FORMAT ESTIMATE BEST4.2;
  STYLEATTRS datacontrastcolors=(red green blue) datalinepatterns=
  (dot solid);
  HIGHLOW  Y=PARAMETER  HIGH=UPPERCL  LOW=LOWERCL/  GROUP=LEAGUE
  GROUPDISPLAY=CLUSTER  TYPE=LINE  HIGHCAP=SERIF  LOWCAP=SERIF
  CLIPCAP CLIPCAPSHAPE=SERIF;
  SCATTER Y=PARAMETER X=ESTIMATE/ GROUP=LEAGUE GROUPDISPLAY=CLUSTER
  MARKERATTRS=(SIZE=7)
  DATALABEL=ESTIMATE DATALABELATTRS=(SIZE=11);
  REFLINE 0 /AXIS=X ;
  YAXISTABLE  PROBT  /VALUEATTRS=(SIZE=11) CLASS=LEAGUE LABEL=
  "P-VALUE";
  XAXIS LABEL="회귀계수의 95% 신뢰구간";
RUN;
```

[그림 6]은 위 코드를 수행한 결과로 아메리칸 리그나 내셔널 리그 선수의 연봉을 결정
하는 회귀계수가 신뢰구간이 서로 겹치고 있어 큰 차이는 없는 것으로 나타나고 있다.

[그림 6] 두 집단의 회귀계수 비교 시각화

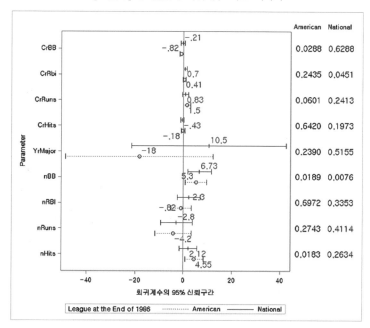

　그러나 이 방법을 이용하는 경우 회귀계수의 신뢰구간은 각 그룹별로 독립적으로 구해졌기 때문에 통계적으로 정확한 비교를 하기 어렵다. 좀더 정확한 비교를 위해서는 그룹변수와 비교하고자 하는 독립변수 간의 상호작용항을 모형에 포함시켜 하나의 회귀식을 추정한 후 상호작용항의 회귀계수가 통계적으로 유의미한지를 살펴보면 된다.2)

　회귀계수를 추정하고 난 이후에 독립변수와 종속변수의 관계를 시각화해보면 변수 간의 관계를 정확히 이해하는 데 도움이 된다. 일반적인 다중회귀모형에서는 독립변수와 종속변수의 관계를 선형으로 가정하기 때문에 다른 변수의 값이 일정하게 주어져 있다는 가정하에서 회귀계수는 독립변수가 한 단위 변할 때 종속변수가 변하는 직선의 기울기를 나타낸다. 이때 다른 변숫값이 어떤 값으로 고정되어 있더라도 관심있는 독립변수와 종속변수의 관계는 일정하게 유지된다. 하지만 상호작용항이 포함된 회귀분석의 경우에는 상호작용이 있는 다른 변숫값이 얼마의 값을 갖는지에 따라 관심있는 독립변수가 종속변수에 미치는 영향이 달라진다. 또한 로지스틱 회귀분석의 경우에는 독립변수와 종속변수의 관계가 비선형의 형태를 갖기 때문에 독립변수 값의 변화에 따른 종속변수의 변화를 시각화하는 것은 결과의 정확한 해석을 위해 필수적이다.

---

2) http://support.sas.com/kb/24/177.html

〈표 7〉 효과크기를 나타내는 각종 그림과 옵션들

효과크기 표현방법	옵 션 들
BOX	연속형 종속변수 Y의 예측값이 범주형 변수인 X의 범주에 따라 갖는 분포를 상자그림으로 나타낸 것으로 PLOTBY= 옵션과 X=범주형 변수 지정을 하여 계산을 한다.
CONTOUR	등고선도를 그리는 것으로 X=연속형 변수, Y=연속형 변수를 지정한다. PLOTBY= 옵션 지정을 하면 지정된 값에 따라 그림을 따로 그려준다.
FIT	종속변수의 예측값을 연속형 변수 X값에 따라 그림을 그려준다. X=연속형 변수를 지정과 PLOTBY= 옵션을 지정할 수 있다.
INTERACTION	Y의 예측된 값과 (오차 선을 포함도 가능) 범주형 변수인 X의 관계를 나타내주는 것으로 예측된 값들은 선으로 연결한다. X=범주형 변수를 지정해주며, SLICEBY= 옵션을 이용하여 각 범주 혹은 지정한 연속형 변수의 값의 수준에 따라 그림을 지정해준다. 또한, PLOYBY= 옵션을 사용하여 그림을 각 지정된 값에 따라 따로 그려준다.
MOSAIC	종속변수의 예측값을 이용하여 모자이크 그림을 그려주며 X=범주형 변수, PLOTBY= 옵션을 사용할 수 있다.
SLICEFIT	종속변수의 예측값의 그림을 연속형 독립변수 X에 대비하여 그림을 그린다. SLICEBY= 및 PLOTBY= 옵션을 사용할 수 있다. 이때 SLICEBY=에서 지정된 값에 따라 하나의 그림 위에 X,Y의 그림이 그려진다.

　　SAS에서 독립변수와 추정된 종속변수의 관계 시각화는 효과그림(effect plot) 명령문을 통해 구현된다. 현재 효과그림을 직접 지원하는 프로시저는 GENMOD, LOGISTIC, ORTHOREG 등이 있다. 또 다른 방법은 PLM 프로시저를 이용하는 방법이다. PLM 프로시저는 사후적합 통계분석(postfitting statistical analysis)을 수행하기 위한 프로시저이다. PLM은 SAS 프로시저에서 STORE 명령문을 이용하여 저장된 정보를 이용하여 가설검정, 신뢰구간 계산, 예측 및 적합 그림 그리기, 새로운 데이터 세트의 값들을 계산하는 분석을 수행한다. PLM 프로시저에 필요한 정보를 저장할 수 있는 STORE 명령문을 제공하는 프로시저는 GENMOD, GLIMMIX, GLM, GLMSELECT, LIFEREG, LOGISTIC, MIXED, ORTHOREG, PHREG, PROBIT, SURVEYLOGISTIC, SURVEYPHREG, SURVEYREG 등이 있다.[3] PLM 프로시저는 효과그림을 구현할 수 있는 EFFECTPLOT이라는 명령문을 제공하기 때문에 이를 이용하면 효과그림을 그릴 수 있다. 조절효과의 시각화는 효과그림

---

3) PROC REG 프로시저에서도 STORE 명령문이 제공되지만 이 경우에는 회귀계수만 저장되고 회귀계수의 표준오차가 저장되지 않아 새로운 데이터 세트를 이용하여 종속변수를 예측하는 경우 신뢰구간 등을 구할 수 없는 한계가 있다. 따라서, 이 경우에는 GLM 프로시저를 사용하는 것을 추천한다.

효과크기 표현방법	옵 션 들
BOX	CLUSTER , CONNECT , NOCLUSTER , NOCONNECT , YRANGE=
CONTOUR	EXTEND= , GRIDSIZE=
FIT	ALPHA= , EXTEND= , GRIDSIZE= , NOCLI , NOCLM , NOLIMITS , SMOOTH , YRANGE=
INTERACTION	ALPHA= , CLI , CLM , CLUSTER , CONNECT , LIMITS , NOCLUSTER , NOCONNECT , POLYBAR , YRANGE=
MOSAIC	ADDCELL , BIN , EQUAL , NOBORDER , TYPE=
SLICEFIT	ALPHA= , CLI , CLM , EXTEND= , GRIDSIZE= , LIMITS , YRANGE=

을 적절히 이용하면 어렵지 않게 구현할 수 있다.

효과크기를 나타내는 각종 그림은 〈표 7〉과 같다. 각 그림 중 독립변수가 연속형 변수일 때 사용하는 것은 CONTOUR, FIT, SLICEFIT 그림이며, BOX, INTERACTION, MOSAIC 등은 범주형 변수인 경우에 사용한다.

조절효과의 경우에는 SLICEBY= 혹은 PANELBY= 옵션에 조절효과 변수를 지정하고, X 및 Y 변수에 독립변수와 종속변수를 지정해주면 조절효과 변수 값에 따라 X, Y 변수의 관계가 어떻게 변화하는지를 시각적으로 표현해 줄 수 있다.

또한, 위 그림 유형별도 추가적인 옵션을 "/" 기호 이후에 부과할 수 있다. 신뢰수준을 지정하거나 신뢰구간을 나타내고, 그림들을 범주별로 구분하는 등 다양한 형태의 옵션이 제공된다. 각 그림별로 사용되는 옵션은 〈표 8〉과 같다.

예를 들어 통산 득점(CRRUNS)의 변화에 따라 예측된 연봉의 변화를 리그별로 시각화하기 위해서는 〈표 9〉와 같은 코드를 사용할 수 있다. 코드의 PROC GLM 프로시저에서 STORE 옵션을 사용한 것을 확인할 수 있는데 이 옵션은 종속변수를 추정하는 데 필요한 추정된 회귀계수 값과 그 표준오차 값에 대한 정보, 공분산 행렬에 대한 정보 등을 저장하도록 해준다. 이 저장된 정보는 PROC PLM 프로시저의 SHOW 명령문에 SHOW ALL 로 지정을 해주면 확인할 수 있다.

적합그림(fit plot)은 PROC PLM 프로시저의 EFFECTPLOT 명령문에서 FIT 옵션을 사용하면 된다. X 변수에는 효과크기를 살펴보고자 하는 독립변수를 지정하면 되고 PLOTBY= 옵션에는 효과크기를 따라 살펴보고자 하는 범주형 변수를 지정해주면 된다.

<표 9> PLM 프로시저를 이용한 효과그림 시각화

```
PROC GLM DATA=BASEBALL;
   CLASS LEAGUE;
   MODEL SALARY=LEAGUE LEAGUE*NBB nhits nruns nrbi nbb yrmajor
crhits CRRUNS CRRBI CRBB/SOLUTION CLPARM E;
   STORE SIMPARM;
RUN;
PROC PLM source=SIMPARM PLOTS=ALL;
   SHOW ALL;
   SCORE DATA=BASEBALL OUT=SIMOUT PREDICTED;
   EFFECTPLOT FIT(X=CRRUNS PLOTBY=LEAGUE);
RUN;
```

[그림 7] FIT 옵션을 이용한 효과크기 시각화

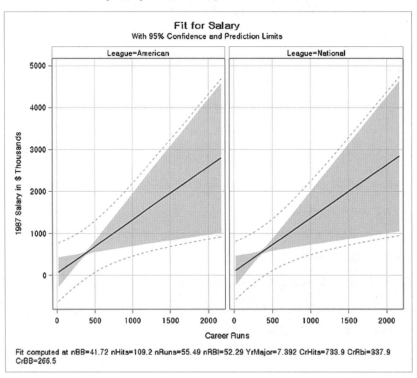

프로그램을 실행한 결과는 [그림 7]과 같다. 관심있는 독립변수는 통산 득점(CRRUNS)인데 효과그림을 그리기 위해 다른 독립변수 값이 일정하다고 가정을 해야 한다. 이때 다른 독립

[그림 8] SLICEBY 옵션을 이용한 효과크기 시각화

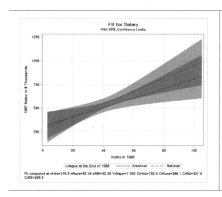

```
PROC PLM source=SIMPARM PLOTS=ALL;
   SHOW ALL;
   SCORE DATA=BASEBALL OUT=SIMOUT
   PREDICTED;
   EFFECTPLOT SLICEFIT(SLICEBY=
   LEAGUE)/CLM;
RUN;
```

변수는 일반적으로 평균값을 갖는다고 가정을 하는 것이 일반적이다. [그림 7]의 하단에는 효과그림을 그리기 위해 고정된 독립변수의 값이 표시되어 있다. 또한 PLOTBY=LEAGUE 옵션을 사용했기 때문에 리그별로 통산 득점이 연봉에 미치는 영향이 시각화되어 있음을 알 수 있다. 뿐만 아니라 예측 값에 대한 신뢰구간도 표시되어 있는데 통산 득점이 커질수록 예측값의 신뢰구간의 폭이 매우 넓어짐을 알 수 있다. 이것은 회귀모형을 이용하여 통산 득점이 큰 선수의 연봉을 예측하는 것이 쉽지 않음을 시사한다.

한편 위와 같이 리그의 범주에 따라 시각화를 따로 하지 않고 하나의 그림에 시각화하기 위해서는 [그림 8]과 같이 SLICEBY 옵션을 사용하여 시각화할 수 있다.

만일 연속형인 두 변수 간에 상호작용 효과가 있는지를 시각화를 통해 나타내보고 싶으면 등고 그래프(contour plot)를 사용하여 시각화할 수 있다. 두 변수 간에 상호작용이 없으면 등고선이 평행인 직선의 형태를 나타내지만 상호작용이 존재하면 비선형의 형태를 나타내게 된다. 예제에서 1986년 볼넷(NBB)와 타점(NRBI)이 연봉에 미치는 영향이 독립적이지 않고 상호작용이 존재한다고 가정을 하면 회귀모형에 이 두 변수의 상호작용항을 포함시켜 회귀계수를 추정할 수 있다. [그림 9]의 결과를 보면 등고선이 비선형의 형태를 띠는 것으로 나타나고 있어 볼넷과 타점은 상호작용 효과가 존재함을 알 수 있다.

[그림 9] CONTOUR 옵션을 이용한 상호작용의 시각화

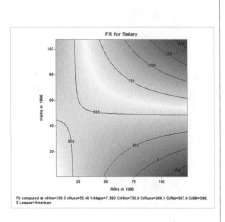

```
PROC GLM DATA=BASEBALL;
  CLASS LEAGUE;
  MODEL SALARY=LEAGUE NBB*NRBI nhits
nruns nrbi nbb yrmajor crhits CRRUNS
CRRBI CRBB/SOLUTION CLPARM E;
  STORE SIMPARM;
RUN;
PROC PLM source=SIMPARM PLOTS=ALL;
  SHOW ALL;
  SCORE DATA=BASEBALL OUT=SIMOUT
PREDICTED;
  EFFECTPLOT CONTOUR (X=NRBI Y=NBB);
RUN;
```

4. 회귀가정 검토를 위한 시각화

회귀분석은 다양한 가정에 바탕을 두기 때문에 분석의 타당성을 확보하기 위해서는 분석에 사용된 가정이 적절한지 검토할 필요가 있다. 자료 시각화는 회귀가정 검토 단계에서도 널리 활용할 수 있다.

1) 잔차를 이용한 극단값의 확인

먼저 회귀모형이 종속변수를 잘 예측하는지를 살펴보기 위해 잔차 분포를 시각화하고 이를 이용하여 극단값 분석을 수행해볼 수 있다. [그림 10]은 회귀분석을 수행한 후 잔차의 값을 OUTPUT 명령문을 이용하여 저장한 후 이 잔차의 분포를 히스토그램, 커널분포 등을 이용하여 시각화하는 절차를 보여준다. 잔차는 종속변수의 관찰값과 회귀모형의 예측값의 차이를 나타내는데 이 차이값이 상당히 큰 경우가 존재하고 있음을 확인할 수 있다.

[그림 10] 잔차 분포의 시각화

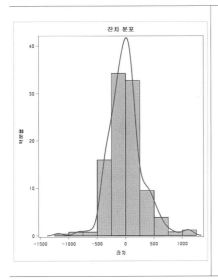

```
PROC GLM DATA=BASEBALL;
    MODEL Salary = LEG nhits nruns nrbi
    nbb  yrmajor  crhits  CRRUNS  CRRBI
    CRBB/ SOLUTION CLPARM;
    OUTPUT OUT=RESULT PREDICTED=PRED RESIDUAL
=RES LCL=LCL UCL=UCL;
RUN;
PROC SGPLOT DATA=RESULT NOAUTOLEGEND;
    LABEL RES="잔차";
    TITLE "잔차 분포";
    HISTOGRAM RES;
    DENSITY RES/TYPE=KERNEL;
RUN;
```

[그림 11] 잔차의 분포와 극단값의 시각화

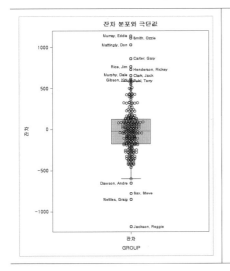

```
DATA RESULT2;
    SET RESULT;
    GROUP="잔차";
RUN;
PROC SGPLOT DATA=RESULT2;
    TITLE "잔차 분포와 극단값";
    VBOX RES/DATALABEL=NAME CATEGORY=
    GROUP;
    SCATTER X=GROUP Y=RES/JITTER;
RUN;
```

　잔차 분포를 통해 예측값과 실제값의 차이가 상당한 관찰점이 존재할 수 있음을 확인할 수 있었기 때문에 이를 시각화하기 위해 잔차의 상자그림과 산점도를 [그림 11]과 같이 시각화해보면 어느 선수가 회귀모형이 예측한 값보다 훨씬 더 많은 연봉을 받는지 혹은 훨씬 적은 연봉을 받는지를 확인해 볼 수 있다. [그림 11] 코드에서 RESULT2 데이터 세트에 GROUP이라는 새로운 명목형 변수를 임의로 만들었는데 그 이유는 SGPLOT 프로시저에서 원래 호환되지 않는 VBOX와 SCATTER 그래프를 호환시키기 위해서이다.

2) 잔차분석을 이용한 이분산성 및 선형성 확인

[그림 12]에 있는 왼쪽 그림은 수평축에는 종속변수의 예측값을 수직축에는 관찰값으로 한 산점도를 보여주고 있다. 모형이 완벽하게 정확하다면 예측값과 관찰값은 45도 선 위에 위치해야 한다. 하지만 [그림 12]의 결과를 보면 양자가 차이가 남을 알 수 있으며 이 차이 값은 잔차로 계산된다. 한편 오른쪽 그림은 수직축에 잔차를 나타내고 있으며 왼쪽 그림에서 명확히 나타나지 않았던 잔차의 분포가 나타나고 있는데 종속변수인 예측된 연봉 금액이 커짐에 따라 잔차의 분산이 더 커짐을 확인할 수 있다. 즉 회귀모형은 고연봉인 선수의 연봉을 예측할 때는 적합하지 않을 수 있음을 시사한다. 또한 잔차의 분산이 일정하지 않기 때문에 이분산성(heteroskedasticity) 문제가 발생한다고 판단할 수 있다. 이 경우에는 회귀계수의 표준오차를 계산한 때 강건한 표준오차(heteroskedasticity robust standard error)를 계산해야 한다.

[그림 12] 예측값과 잔차의 산점도

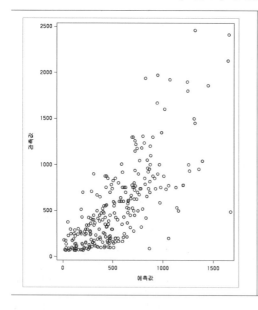
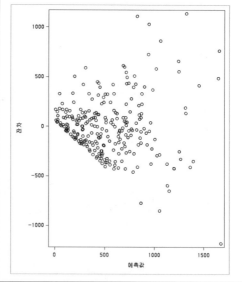

[그림 13] 잔차와 모형에 포함되지 않은 독립변수와의 산점도

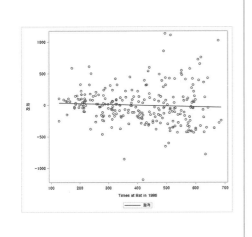

```
PROC SGPLOT DATA=RESULT;
   LABEL RES="잔차" ;
   REG Y=RES X=NATBAT;
RUN;
PROC GLM DATA=BASEBALL;
   CLASS LEAGUE;
   MODEL Salary=LEAGUE nhits nruns
   nrbi nbb yrmajor crhits CRRUNS
   CRRBI CRBB/SOLUTION CLPARM;
   OUTPUT OUT=RESULT PREDICTED=PRED
RESIDUAL=RES LCL=LCL UCL =UCL;
   RUN;
```

잔차와 모형에 포함되지 않은 독립변수 간의 산점도도 유용하게 사용할 수 있다. 만일 모형에 포함되지 않은 독립변수와 잔차가 선형의 상관관계를 나타낸다면 해당 독립변수를 모형에 포함시키는 것이 바람직하다고 할 수 있다. 예를 들어 NATBAT이라는 변수는 원래 회귀모형에 포함되지 않았는데 이 변수와 잔차의 산점도를 그리면 [그림 13]의 왼쪽 그림과 같다. 이 그림을 살펴보면 약한 선형의 관계가 존재하는 것을 확인할 수 있는데 이 변수를 회귀모형에 추가하면 통계적으로 유의미한 것을 확인할 수 있다.

한편 회귀분석 결과를 보면 메이저리그 경력(YRMAJOR)이 연봉에 통계적으로 유의미한 영향을 주지 않는 것으로 나타나고 있다. 이는 직관과 어긋나는 결과라고 할 수 있는데 잔차분석을 수행해보면 [그림 14]와 같이 메이저리그 경력이 비선형의 관계임을 알 수 있다.[4] 이러한 잔차분석 결과를 반영하여 모형에 비선형적 관계를 반영할 필요가 있다. 이를 위해 수정된 모형에는 YRMAJOR 변수의 2차항 즉 YRMAJOR*YRMAJOR를 모형에 반영하는 것이 바람직할 수 있다.

---

4) SGPLOT의 REG 명령문 옵션의 DEGREE= 에 차수를 정의해주면 다항 회귀분석(polynomial regression analysis)을 수행할 수 있다.

[그림 14] 잔차와 독립변수의 비선형 관계

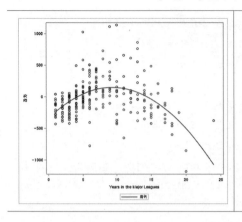

```
PROC SGPLOT DATA=RESULT;
    LABEL RES="잔차";
    REG X=YRMAJOR Y=RES/DEGREE=2;
RUN;
```

위의 분석결과를 고려하여 회귀모형에 메이저리그 경력의 2차항을 포함시킨 후 결정계수를 확인해보면 결정계수 값이 0.56에서 0.70으로 크게 증가함을 알 수 있다.

[그림 15] 2차항의 포함 여부에 따른 실제값과 예측값의 차이

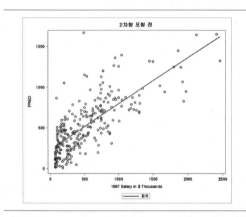 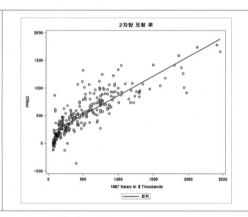

잔차의 분포가 정규분포를 따르지 않은 이유 중의 하나는 예제자료의 종속변수가 양의 왜도를 갖는 분포를 갖기 때문일 수 있다. 만일 종속변수에 로그를 취해 회귀분석을 수행하면 잔차가 정규분포에 가까워짐을 확인할 수 있다.

3) 영향점과 이상점의 검출[5]

회귀분석에서 극단값은 종속변수의 값이 다른 관찰값보다 상당히 큰 점을 이상점(outlier), 독립변수 값이 다른 관찰값보다 상당히 큰 점을 지렛점(leverage), 그리고 해당 관찰점이 추정된 회귀계수의 크기에 상당히 영향을 주는 점을 영향점(influence) 등으로 구분하여 살펴볼 수 있다. GLM 프로시저의 경우에는 PROC GLM 프로시저의 PLOTS=ALL 옵션을 이용하면 적합도 진단을 위한 시각화 결과를 [그림 16]과 같이 얻을 수 있다. 이 적합도 진단 결과에서 스튜던트 잔차(studentized residual, RSTUDENT)를 널리 사용하는데 이 값의 절대값이 2보다 큰 경우 이상점이거나 혹은 영향점일 가능성이 크다. 이외에도 DFFITS이나 Cook's D 통계량을 사용하는데 이들도 영향점 판단에 널리 사용할 수 있다. [그림 16]의 가장 첫 번째 줄 두 번째 그림은 스튜턴트 잔차를 보여준 것으로 2를 넘는 관찰점이 상당히 존재함을 알 수 있다. 또한 세 번째 그림은 지렛점과 극단값을 검출하기 위한 것인데 범위를 넘어서는 값들이 존재함을 알 수 있다. 하지만 이 시각화를 통해서는 어떤 관찰점이 극단값인지를 확인하기 쉽지 않은 한계가 있다.

[그림 16] 적합도 진단을 위한 시각화

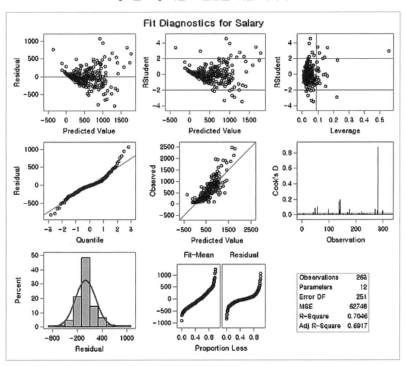

---

5) 이 부분에 대한 이론적인 내용은 고길곤(2017), 『통계학의 이해와 활용』, 문우사(2판) 14장을 참고.

GLM 프로시저의 경우 PLOTS(UNPACK)=DIAGNOSIS(LABEL) 옵션을 사용하고 ID문에 극단값 관찰값의 이름을 나타내도록 할 수 있다. 이때 Cook's D 값이 4/n 보다 크거나, Leverage 값이 $2p/n$보다 크거나, 스튜던트 잔차의 절댓값이 2보다 큰 경우에 ID에서 지정한 변수를 나타내준다. 〈표 10〉은 이를 나타내주기 위한 코드이고 [그림 17]은 그 분석 결과이다. 극단값으로 판단된 경우에는 해당 관찰점을 분석에서 제거하는 방법들을 고려해 볼 수 있다. 예를 들어 Rose, Pete라는 선수는 Cook's D의 값이 매우 클 뿐 아니라 이상점이고 지렛점이기 때문에 제거를 해볼 수 있을 것이다.

〈표 10〉 극단값 진단을 위한 시각화

```
PROC GLM DATA=BASEBALL PLOTS (UNPACK)=DIAGNOSTICS(LABEL);
    CLASS LEAGUE;
    ID NAME;
    MODEL Salary = LEAGUE nhits nruns nrbi nbb yrmajor YRMAJOR*YRMAJOR
    crhits CRRUNS CRRBI CRBB/SOLUTION CLPARM;
    OUTPUT OUT=RESULT PREDICTED=PRED RESIDUAL=RES LCL=LCL UCL=UCL;
RUN;
```

[그림 17] 극단값이 표시된 시각화 결과

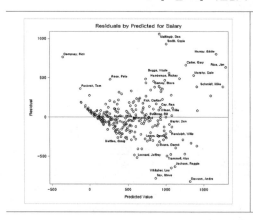
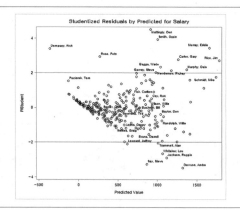

[그림 17] 계속

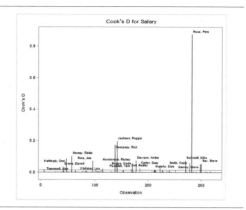

앞에서 살펴본 회귀분석의 시각화 방법은 회귀분석 결과를 제시할 때 굳이 이해하기 어려운 통계표들을 제시하기보다는 시각화된 결과를 제시하는 것이 효과적일 수 있음을 시사하고 있다. 다만, 회귀분석 결과를 다른 연구자가 재현하고자 할 때는 시각화된 결과만을 연구논문에 제시하는 것은 바람직하지 않을 수 있다. 이러한 이유로 분석에 사용된 코드와 자료를 제공하거나 상관계수 행렬을 제공하는 것이 바람직하다. 특히 상관계수 행렬이 제공되면 회귀분석 결과를 재현할 수 있기 때문이다.

로지스틱 회귀분석 결과의 시각화

Data visualization

로지스틱 회귀분석은 종속변수가 이항변수(binary variable) 혹은 다항변수(multinomial variable)일 때 사용하는 통계분석 방법으로 사회과학 연구에서 널리 사용되어 왔다. 행정학 연구에서 찬성과 반대와 같은 선택의 문제나, 특정 위험이나 행위의 존재 여부 혹은 여러 대안 중 어느 것을 선택할지 등의 문제는 흔히 다루어지기 때문에 로지스틱 회귀분석의 활용범위는 매우 넓다고 할 수 있다. 또한 대부분의 통계 프로그램이 로지스틱 회귀분석을 손쉽게 수행할 수 있게 도와주고 있으므로 그 활용은 점점 더 증가하고 있다.

로지스틱 회귀분석의 유용성에도 불구하고 이 기법은 일반 선형 회귀모형과 비교해서 회귀계수의 의미를 해석하기 어렵다는 단점이 있다. 기본적으로 로지스틱 회귀모형은 비선형 회귀모형이기 때문에 독립변수가 한 단위 변할 때 종속변수가 관찰될 확률은 독립변수가 어떤 수준에서 변하는지에 따라 전혀 달라진다. 로지스틱 회귀분석의 이러한 특징을 제대로 이해하지 못한 채 단순히 추정된 회귀계수의 통계량을 제시하는 방법은 한계가 매우 크다. 따라서 로지스틱 회귀분석에서도 시각화를 통해 분석 결과를 적절히 제시하고 해석하는 접근이 매우 유용하다고 할 수 있다.[1]

1. 분석 예제 자료

로지스틱 회귀모형의 시각화를 위해 〈표 1〉과 같이 4개의 독립변수와 표본의 크기가 100개인 가상의 자료를 생성하였다.[2] 자료를 생성하는 방식을 간단히 설명하면 다음과 같다. /*①*/은 표본의 크기를 N이라는 매크로 변수로 지정 하였으며, /*②*/는 독립변수의 개수를 VARNUM이라는 매크로 변수로 지정을 하였다. /*③*/은 독립변수를 ARRAY 문을 이용하여 선언한 것으로 X라는 접두어를 이용하여 X1부터 독립변수의 개수인 X4까지 독립변수를 생성하도록 한다. /*④*/는 독립변수의 회귀계수를 선언하는 단계로 논의의 편의상 회귀계수의 순서를 회귀계수로 지정하였다. 예를 들어 $X3$의 회귀계수는 3이 된다.[3]

1) 이 장의 이론적 논의는 고길곤(2018), 『범주형 자료분석』, 문우사를 참고하기 바란다.
   https://blogs.sas.com/content/iml/2017/01/25/simulate-regression-model-sas.html
2) PROC IML을 이용한 로지스틱 회귀모형 데이터 시뮬레이션은 Wicklin, Rick, "Simulating Data with SAS"를 참고하라. 한편 이 시뮬레이션은 로지스틱 회귀모형이 아닌 다중회귀모형을 위한 시뮬레이션에도 변형하여 사용할 수 있다. 이를 위해서는 다음의 웹사이트를 참고하기 바란다.
   https://blogs.sas.com/content/iml/2017/01/25/simulate-regression-model-sas.html
3) 만일 직접 회귀계수를 지정하고자 한다면 ARRAY BETA[1:&VARNUM] _TEMPORARY_ (0.3 0.7 -0.9 3); 과 같은 방식으로 지정을 해주면 된다.

/*⑤*/은 표준화 정규분포를 따르는 독립변수를 생성하는 과정이다. 이때 마지막 독립변수는 3개의 범주를 갖는 범주형 변수를 만들도록 하였다.

/*⑥*/은 로지스틱 회귀모형의 절편 값을 1로 지정을 하였으며 /*⑦*/은 독립변수와 회귀계수의 선형결합 함수를 계산하도록 한 것이다. 이 절차를 통해 다음과 같은 로짓함수 값이 계산된다.

$$\log\left(\frac{\pi_i}{1-\pi_i}\right) = 1 + 1 \times X_1 + 2 \times X_2 + 3 \times X_3$$

/*⑧*/은 안티 로그를 취해서 오즈 값을 계산한 것이고 /*⑨*/ 사건이 발생할 확률 π_i를 계산한 것이며 이 값을 이용하여 베르누이 확률변수 Y를 생성하였다.[4]

〈표 1〉 로지스틱 회귀모형 시뮬레이션 데이터 세트 생성하기

```
%LET N = 1000; /*①*/
%LET VARNUM =4; /*②*/
DATA SIMLOGIT;
CALL STREAMINIT(34567);
ARRAY X[&VARNUM];   /*③*/
ARRAY BETA[&VARNUM] _TEMPORARY_; /*④*/
DO J =1 TO &VARNUM;
   BETA[J] = 1*J;
   END;
DO I = 1 TO &N;
   DO J = 1 TO DIM(X);/*⑤*/
        X[J] = RAND("NORMAL");
         IF J=DIM(X) THEN DO;
         IF X[J]>0.5 THEN X[J]=1;
         ELSE IF X[J]>-0.5 THEN X[J]=2;
         ELSE X[J]=3;
         END;
   END;
     XBETA=1; /*⑥*/
       DO J = 1 TO &VARNUM; /*⑦*/
```

---

[4] 이 시뮬레이션 코드에서 OUTPUT 문의 위치가 중요한데 이에 대한 고민을 통해 로지스틱 회귀모형 데이터 시뮬레이션을 좀더 잘 이해할 수 있을 것이다.

제8장 로지스틱 회귀분석 결과의 시각화   331

```
        XBETA=XBETA + BETA[J] * X[J];
     END;
        ODDS = EXP(XBETA); /*⑧*/
        PI=ODDS/(1+ODDS); /*⑨*/
     Y = RAND("BERNOULLI", PI);
  OUTPUT;
END;
RUN;
```

2. 모형적합도

로지스틱 회귀모형에서 모형 적합성(model fit)은 다양한 의미로 정의될 수 있음에도 불구하고 실제로는 선형 회귀모형의 결정계수처럼 단순하게 이해하는 때도 있다. 극단적인 예로 대부분은 99% 이상 정상적으로 운영이 되지만 사고가 날 확률이 1% 정도 되는 발전설비가 있다고 가정해보자. 또한 고장 여부를 예측하기 위해 여러 독립변수를 이용해 로지스틱 회귀모형을 구축했다고 가정해보자. 이 로지스틱 회귀모형은 독립변수의 포함 여부에 관계없이 사고가 나지 않을 것이라고 예측할 경우 99%의 정확성을 갖게 된다. 그러나 연구자가 관심을 두고 있는 것은 1%의 사고 확률을 어떻게 예측할 것인가이므로 단순히 정확성만을 가지고는 모형적합도를 판단할 수는 없다.

로지스틱 회귀분석의 적합성은 설명력의 관점에서 판단할 수 있다. 로지스틱 회귀분석에서 모형 설명력은 모형에 독립변수를 포함했을 때와 포함하지 않았을 때 우도비의 값을 이용하여 계산한 Cox-Snell 결정계수나 Nagelkerke(1991)에 의해 제안된 최댓값-조정 결정계수(Max-rescaled R-square)가 널리 이용된다. 후자는 결정계수의 값이 0과 1 사이의 값을 갖도록 Cox-Snell 결정계수를 조정한 것이다. 결정계수의 관점에서 모형 적합성을 이해할 때 주의해야 할 점은 관찰된 종속변수와 예측된 종속변수 간의 상관관계가 높다고 해서 예측된 종속변수가 관찰된 종속변수를 더 정확히 예측한다고 볼 수 없다는 것이다. 두 변수 간 상관관계는 선형 관계의 강도를 의미할 뿐이기 때문이다.

$$\text{Cox-Snell 결정계수} = 1 - \left(\frac{L(0)}{L(\hat{\beta})} \right)^{2/n}$$

$$\text{최댓값} - \text{조정 결정계수} = \frac{R^2_{Cox-Snell}}{1 - L(0)^{2/n}}$$

모형적합성은 예측력 관점에서 접근할 수 있다. 호스머-래머쇼(Hosmer-Lemeshow, HL) 통계량은 예측 빈도와 관찰 빈도의 차이를 이용하여 모형이 종속변수를 얼마나 잘 예측하는지를 평가하는 것으로 범주형 변수에 대한 카이제곱 검정의 원리를 사용한다. HL 통계량은 로지스틱 회귀분석을 이용하여 사건발생 확률을 예측하고 이를 순서대로 나열한 후 몇 개의 그룹으로 나눈 후 각 그룹별 예측 빈도와 실제 빈도의 차이를 카이제곱 검정 통계량을 이용하여 평가를 하는 것이다.

마지막으로 예측 오류에 따라 모형의 적합성을 구분할 수도 있다. 즉 정확도, 민감도, 특이도, 잘못된 긍정, 잘못된 부정, 그리고 ROC 커브 등을 이용하여 예측 오류의 유형을 구체적으로 구분함으로써 모형 적합도를 판단하는 것이다(Kleinbaum & Klein 2010). 다양한 유형의 예측 정확성과 예측 오류를 〈표 2〉를 이용하여 살펴보면 아래와 같다.

〈표 2〉 실제 관찰된 사건과 예측된 사건의 교차분포표

		실제 관찰된 사건(Y)	
		사건발생 ($Y=1$)	사건 미발생 ($Y=0$)
예측된 사건 ($\hat{Y}$)	사건발생	a	b
	사건미발생	c	d

먼저 정확도(correct)는 실제 관찰된 '모든 사건'에 대비하여 제대로 예측된 사건이 일치하는 퍼센트 비율로 다음과 같이 정의된다.

$$\text{정확도} = 100 * \frac{a+d}{a+b+c+d}$$

민감도(sensitivity)는 관찰된 '사건 발생 건수'에 대비하여 '사건발생'을 예측한 퍼센트 비율로 다음과 같이 정의된다.

$$\text{민감도} = \Pr(\hat{Y}=1 \mid Y=1) = 100 * \frac{a}{a+c}$$

특이도(specificity)는 관찰된 '사건 미발생 건수'에 대비하여 정확히 '사건 미발생'을 예측한 퍼센트 비율로 다음과 같이 정의된다.

$$특이도 = \Pr(\hat{Y} = 0 | Y = 0) = 100 * \frac{d}{b + d}$$

로지스틱 회귀분석에서는 특이도와 민감도를 시각화하기 위해 ROC 곡선을 사용한다. 이 곡선은 민감도를 수직축으로 (1−특이도)를 수평축으로 하여 그려진다. 즉 수직축에는 참 양성(true positive), 수평축은 위 양성(false positive)으로 두고 이 ROC 곡선 아래 면적이 1에 가까울수록 모형적합도가 높다고 판단하며 일반적으로 0.9 이상이면 모형적합도가 좋다고 해석한다.

한편 일치율(concordance)은 관찰점을 사건이 발생한 경우와 그렇지 않은 경우로 나누어 이들 간의 쌍(pair)을 만든 후 사건이 실제로 발생한 관찰점의 사건발생 예측 확률이 사건이 발생하지 않은 관찰점의 사건발생 예측확률보다 큰 경우에는 예측의 일치성이 있다고 간주하여 전체 쌍의 개수에서 이 관계를 만족하는 쌍의 수의 비율로 측정한 것이다. 이 일치율이 높을수록 모형의 예측력이 높다고 판단하는 것이다.

모형 적합도는 SAS의 PROC LOGISTIC 프로시저에서 제공되는 각종 그림을 이용할 수 있지만 좀 더 적절한 시각화를 위해서는 〈표 3〉과 같은 프로그램 코드를 이용하는 것을 고려할 수 있다.

〈표 3〉에서 /*①*/은 PLOTS 옵션을 이용하여 ROC 커브를 비롯하여 영향점 분석 그래프 등 다양한 그래프를 생성할 수 있다. /*②*/에서 EXPB는 오즈비(Odds ratio)를 회귀계수 추정표에 나타내도록 하며, RSQ 옵션은 다양한 결정계수 값, LACKFIT은 호스머-래머쇼 통계량을, CLPARM과 CLODDS는 각각 회귀계수와 오즈비의 신뢰구간의 표를 제공해주도록 한다. 또한 ORPVALUE는 오즈비의 유의확률 값을 회귀계수 추정표에 나타낼 수 있도록 한다.

/*③*/은 출력물에 있는 정보를 데이터 세트의 형태로 저장하는 것으로 모형적합도뿐만 아니라 회귀계수의 시각화에 필요한 자료를 얻을 수 있다.

〈표 3〉 모형적합도의 시각화를 위한 프로그램 코드

```
PROC LOGISTIC DATA=SIMLOGIT PLOTS(ONLY)=(PHAT LEVERAGE INFLUENCE
(UNPACK) ROC) PLOTS=ODDSRATIO; /*①*/
    CLASS X4;
```

```
    MODEL Y(REF="0")=X1-X4/EXPB RSQ LACKFIT CLPARM=WALD CLODDS=
WALD ORPVALUE; /*②*/
    ODS OUTPUT LACKFITCHISQ=HL CLODDSWALD=ODDSWALD ASSOCIATION=ASSO
GLOBALTESTS=GTEST ROCCURVE=ROC ; /*③*/
    STORE RESULT;
    RUN;
    DATA _NULL_; /*④-1*/
    SET HL;
    CALL SYMPUT("HL", ROUND(PROBCHISQ,0.01));
RUN;
PROC SGPLOT DATA=GTEST; /*④-2*/
    TITLE "모형적합도 검정 결과";
    VBAR TEST/RESPONSE=CHISQ DATALABEL=PROBCHISQ;
    INSET ("호스머-래머쇼 p-value" = "&HL");
RUN;
TITLE;
DATA _NULL_; /*⑤-1*/
    SET ASSO;
    IF LABEL1="Percent Concordant" THEN DO;
        CALL SYMPUT("CONC", cvalue1);
    END;
    IF LABEL2="c" THEN DO;
        CALL SYMPUT("ROC", cvalue2);
    END;
RUN;
PROC SGPLOT DATA=ROC; /*⑤-2*/
    STEP X=_1MSPEC_ Y=_SENSIT_;
    LINEPARM X=0.5 Y=0.5 SLOPE=1;
    XAXIS LABEL="1-Specificity" GRID;
    Yaxis Label="Sensitivity" GRID;
    INSET ("일치율" ="&CONC" "ROC 면적" = "&ROC");
RUN;
```

[그림 1] 로지스틱 회귀분석 모형적합도 시각화 결과

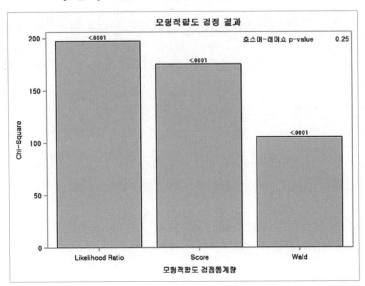

　　[그림 1]은 /*④-1*/ 과 /*④-2*/ 코드를 실행한 결과로 모형적합도 판단을 위해 우도비 검정, 스코어 검정, 왈드 검정과 호스머-래머쇼 통계량 결과를 시각화한 것이다. 수직축의 값은 각 검정 통계량의 값을 나타내며 각 막대그래프 위에 제시된 값은 유의확률 값을 나타낸다. 이 유의확률이 5% 유의수준보다 낮기 때문에 모형은 적합하다고 판단할 수 있다.

　　한편 호스머-래머쇼 통계량에 대한 유의확률 값도 제시되고 있는데 이 검정 통계량은 기대 관측빈도와 실제 관측빈도 간의 차이에 대한 카이제곱 통계량을 사용하는데 귀무가설이 "모형이 적합하다"이기 때문에 유의확률 값이 5%보다 크면 모형적합도가 낮다고 판단할 수 있다.

　　한편 모형적합도를 판단할 때 민감도, 특이도, 일치율을 이용하여 모형이 사건 발생 확률을 얼마나 잘 예측하는지를 /*⑤-1*/ 과 /*⑤-2*/ 코드를 이용하여 [그림 2]와 같이 시각화할 수 있다. [그림 2]에서 ROC 곡선 아래의 면적 크기가 0.905로 나타나고 있는데 모형적합도가 나쁘지 않다는 것으로 해석할 수 있으며 일치율이 90.5%로 나타나고 있는데 이것은 90.5%의 사건 발생 관찰점과 사건 미발생 관찰점의 쌍에서 전자의 예측 확률을 후자의 예측확률보다 크게 예측하고 있음을 의미하며 이에 따라 일치성도 높다고 판단할 수 있다.

[그림 2] ROC 곡선과 일치율

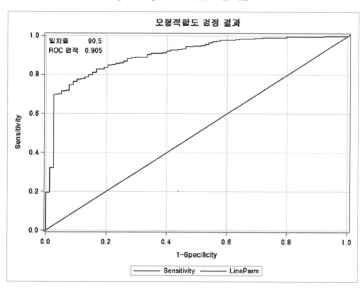

3. 추정된 회귀계수의 시각화

다중 회귀분석과 달리 로지스틱 회귀분석은 독립변수의 변화가 종속변수에 미치는 영향의 크기가 해당 독립변수가 갖고 있는 값의 크기와 다른 독립변수의 값의 크기에 영향을 받게 된다. 따라서, 로지스틱 회귀계수의 해석은 신중한 접근이 필요하다. 추정된 회귀계수의 시각화를 다루기 전에 로지스틱 회귀계수의 크기를 해석하는 방법을 먼저 살펴보도록 한다.

먼저 회귀계수 크기 해석 문제를 다루기 위해 다음과 같은 예를 생각해보자. 종속변수는 정부를 지지하는 경우($Y = 1$) 혹은 지지하지 않는 경우($Y = 0$)의 범주를 갖는 이항변수 (binary variable)이다. 독립변수는 성별(남자=1, 여자=0) 및 연속형 변수로 측정된 소득 수준이라고 가정을 해보자. 정부를 지지하지 않을 확률 대비 정부를 지지할 확률을 오즈라고 하면 로지스틱 회귀모형은 아래와 같이 나타낼 수 있다. 아래 식에서 π_i는 i번째 관찰점이 정부를 지지할 확률, $1 - \pi_i$는 지지하지 않을 확률이다.

$$\log\left(\frac{\pi_i}{1 - \pi_i}\right) = \widehat{\beta_0} + \widehat{\beta_1}성별_i + \widehat{\beta_2}소득_i$$

위 로지스틱 회귀모형에서 연속형 변수인 소득의 회귀계수 $\widehat{\beta}_2$는 "소득이 한 단위 증가할 때 로짓, 즉 $\log\left(\dfrac{\pi}{1-\pi}\right)$는 $\widehat{\beta}_2$ 만큼 증가한다"라는 의미로 해석할 수 있다. 그러나 $\log\left(\dfrac{\pi}{1-\pi}\right)$가 무엇을 의미하는지를 쉽게 해석하기는 어렵다. 따라서 회귀계수 자체를 지수 변환시킨 오즈비(odds ratio)를 사용하여 해석을 할 수 있다.

먼저 소득이 x_i에서 x_i+1로 한 단위 더 증가했다고 가정해보자. 그렇다면 추정된 로지스틱 함수는 다음과 같이 변화한다.

$$\log(\text{소득 증가 전의 오즈}) = \log\left(\frac{\pi_i}{1-\pi_i}\right) = \widehat{\beta}_0 + \widehat{\beta}_1 \text{성별}_i + \widehat{\beta}_2 x_i$$

$$\log(\text{소득이 한 단위 증가한 후의 오즈}) = \log\left(\frac{\pi_j}{1-\pi_j}\right) = \widehat{\beta}_0 + \widehat{\beta}_1 \text{성별}_i + \widehat{\beta}_2 (x_i+1)$$

따라서 소득이 변화할 때 로짓의 차이는 다음과 같음을 알 수 있다.

$$\log\left(\frac{\pi_j}{1-\pi_j}\right) - \log\left(\frac{\pi_i}{1-\pi_i}\right) = \widehat{\beta}_2$$

$$\log\left(\left(\frac{\pi_j}{1-\pi_j}\right) \Big/ \left(\frac{\pi_i}{1-\pi_i}\right)\right) = \widehat{\beta}_2$$

$$\left(\frac{\pi_j}{1-\pi_j}\right) \Big/ \left(\frac{\pi_i}{1-\pi_i}\right) = \exp(\widehat{\beta}_2)$$

$$\therefore \left(\frac{\pi_j}{1-\pi_j}\right) = \exp(\widehat{\beta}_2) * \left(\frac{\pi_i}{1-\pi_i}\right)$$

따라서 "소득이 x에서 $x+1$로 한 단위 증가하면 $x+1$일 때의 오즈는 x일 때의 오즈의 $\exp(\widehat{\beta}_2)$배로 변한다"라고 해석을 할 수 있다. 만약 $\exp(\widehat{\beta}_2)$가 1보다 크다면 처음보다 오즈가 커지는 것이므로, 소득이 증가함에 따라 정부를 지지하지 않을 확률 대비 지지할 확률이 커진다고 해석할 수 있다. 1보다 작은 경우도 마찬가지의 논리로 쉽게 해석할 수 있다.

한편 회귀계수를 오즈의 퍼센트 변화(percent change) 관점에서 해석할 수도 있다. 오즈비는 변화 전의 오즈 대비 변화 후의 오즈 비율로 아래와 같이 정의될 수 있다.

$$\text{오즈비} = \left(\frac{\pi_j}{1-\pi_j}\right) \Big/ \left(\frac{\pi_i}{1-\pi_i}\right)$$

이러한 오즈비를 이용하여 오즈의 퍼센트 변화의 개념으로 나타내면 아래와 같은 관계가 성립한다.

$$\left(\frac{\pi_j}{1-\pi_j}\right) \bigg/ \left(\frac{\pi_i}{1-\pi_i}\right) = \exp\left(\widehat{\beta_2}\right)$$

$$100* \left\{ \left(\frac{\pi_j}{1-\pi_j}\right) - \left(\frac{\pi_i}{1-\pi_i}\right) \right\} \bigg/ \left(\frac{\pi_i}{1-\pi_i}\right) = 100* \left\{ \exp\left(\widehat{\beta_2}\right) - 1 \right\}$$

위 식에서 좌변은 소득 변화에 따른 오즈의 변화율을 나타낸다. 따라서 "소득이 x에서 $x+1$로 한 단위 증가하면 $100*\left\{\exp\left(\widehat{\beta_2}\right)-1\right\}\%$ 만큼 오즈가 변한다"라고 해석할 수 있다.

범주형 변수의 회귀계수 해석은 연속형 변수의 회귀계수 해석과 유사하게 다양한 방법으로 해석할 수 있다. 성별을 남자가 1, 그리고 여자는 0의 값을 갖는 범주형 변수라고 할 때 남자인 경우와 여자인 경우의 로짓은 아래와 같이 나타낼 수 있다.

$$\log(\text{여자의 오즈}) = \log\left(\frac{\pi_i}{1-\pi_i}\right) = \widehat{\beta_0} + \widehat{\beta_2}\text{소득}$$

$$\log(\text{남자의 오즈}) = \log\left(\frac{\pi_j}{1-\pi_j}\right) = \widehat{\beta_0} + \widehat{\beta_1} + \widehat{\beta_2}\text{소득}$$

따라서 남자와 여자의 로짓 차이는 아래와 같으므로 "남자의 로짓은 여자의 로짓보다 $\widehat{\beta_1}$ 만큼 차이가 난다"라고 해석할 수 있다.

$$\log\left(\frac{\pi_j}{1-\pi_j}\right) - \log\left(\frac{\pi_i}{1-\pi_i}\right) = \widehat{\beta_1}$$

오즈비를 이용하여 회귀계수를 해석할 수도 있다. 범주형 변수의 기준점이 되는 범주가 여자이므로 "여자의 오즈에 대비해서 남자의 오즈는 $\exp\left(\widehat{\beta_1}\right)$배이다"라고 할 수 있다.

$$\text{남자의 오즈/여자의 오즈} = \left(\frac{\pi_j}{1-\pi_j}\right) \bigg/ \left(\frac{\pi_i}{1-\pi_i}\right) = \exp\left(\widehat{\beta_1}\right)$$

마지막으로 퍼센트 개념을 이용하여 해석을 해보면 "남자 그룹의 오즈가 여자 그룹의 오즈보다 $100*\left\{\exp\left(\widehat{\beta_1}\right)-1\right\}\%$만큼 차이가 난다"라고 해석할 수 있다.

시뮬레이션 예제의 로지스틱 회귀모형을 추정한 결과를 보면 〈표 4〉와 같다. 이 추정치를 이용하여 추정된 로지스틱 회귀식은 다음과 같다.

$$\ln\left(\frac{\widehat{\pi_i}}{1-\widehat{\pi_i}}\right) = 4.0492 + 0.5966X_{1i} + 0.7053X_{2i} + 1.5111X_{3i} - 1.8017X_{4(1)i} + 0.3312X_{4(2)i}$$

〈표 4〉 회귀계수 추정 결과

Analysis of Maximum Likelihood Estimates						
Parameter			Estimate	Standard Error	Wald Chi-Square	Pr > ChiSq	Exp(Est)
Intercept			4.0492	0.2935	190.3456	<.0001	57.351
X1			0.5966	0.1545	14.9168	0.0001	1.816
X2			0.7053	0.1538	21.0271	<.0001	2.025
X3			1.5111	0.1799	70.5446	<.0001	4.532
X4	1		-1.8017	0.2362	58.1867	<.0001	0.165
X4	2		0.3311	0.2609	1.6106	0.2044	1.393

연속형 변수인 X_1의 회귀계수는 0.5966이다. 오즈비 값은 Exp(Est)라는 칼럼에 제시되어 있으며 오즈비는 1.816이다.[5] 따라서 다음과 같이 다양하게 해석할 수 있다.

"다른 조건이 일정할 때 X_1가 한 단위 증가할 때 로짓은 0.5966만큼 증가한다."
"다른 조건이 일정할 때 X_1가 한 단위 증가할 때 오즈는 1.816배로 증가한다."
"다른 조건이 일정할 때 X_1가 한 단위 증가할 때 오즈는 81.6% 증가한다."

범주형 변수를 가변수 형태로 나타내면 범주형 변수의 해당 범주가 기준 범주와 차이가 나는지를 판단하게 된다. 모형에서 X_4는 1, 2, 3 범주가 있는데 〈표 4〉에서는 3 범주의 회귀계수 값은 나타나 있지 않다. 이것은 3 범주가 기준 범주로 사용되었음을 의미한다. 범주 1의 회귀계수는 -1.8017로 추정되어 있다. 이 회귀계수를 해석해보면 다음과 같다.

"다른 조건이 일정할 때 1 범주는 3 범주와 비교하면 로짓은 1.8017만큼 더 작다."
"다른 조건이 일정할 때 1 범주는 3 범주에 비해 오즈가 0.165배이다."
"다른 조건이 일정할 때 1 범주는 3 범주에 비해 오즈는 83.5%만큼 작다."

추정된 로지스틱 회귀계수를 해석이 용이하도록 시각화하기 위해서는 오즈비 추정량과 신뢰구간, 그리고 추정량의 유의확률을 함께 나타내는 것이 바람직하다. [그림 3]은 이를 시각화하기 위한 프로그램과 그 결과를 보여주고 있다. 그림을 살펴보면 신뢰구간이 1을

---

5) 오즈비가 1보다 작은 경우에는 독립변수의 값이 증가함에 따라 상대적 사건 발생확률이 감소한다는 의미임에 유의해야 할 것이다.

[그림 3] 추정된 오즈비와 신뢰구간의 시각화

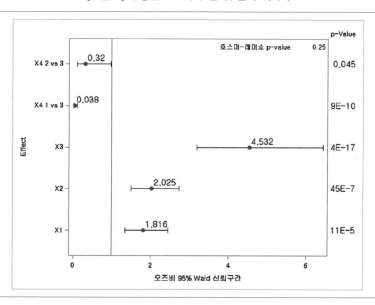

```
PROC SGPLOT DATA=ODDSWALD NOAUTOLEGEND;
  FORMAT _NUMERIC_ BEST5.2;
  HIGHLOW   Y=EFFECT   LOW=LOWERCL   HIGH=UPPERCL/   TYPE=LINE
  HIGHCAP=SERIF LOWCAP=SERIF CLIPCAP ;
   SCATTER Y=EFFECT X=ODDSRATIOEST/MARKERATTRS=(SIZE=7 COLOR=RED
  SYMBOL=CIRCLEFILLED)   DATALABEL=ODDSRATIOEST   DATALABELATTRS=
  (SIZE=11);
  REFLINE 1 /AXIS=X;
  INSET ("호스머-래머쇼 p-value" = "&HL");
  YAXISTABLE PVALUE/VALUEATTRS=(SIZE=11);
  XAXIS LABEL="오즈비 95% Wald 신뢰구간";
 RUN;
```

포함하면 독립변수 변화가 종속변수의 발생확률에 통계적으로 유의미하지 않은 영향을 미친다고 해석을 할 수 있다고 해석을 할 수 있다. 이는 그림의 오른쪽에 제시된 유의확률 값을 이용하여도 판단할 수 있다. 한편 시각화를 할 때 호스머-래머쇼 검정 통계량의 유의확률 값도 함께 나타낼 경우 모형 적합성 판단 정보도 함께 제공할 수 있으므로 이를 시각화된 결과에 포함시키는 것이 바람직하다.

4. 한계효과를 이용한 확률 변화의 크기 해석

앞에서 오즈와 오즈비를 이용한 회귀계수의 해석 방법을 살펴보았다. 하지만 오즈의 의미를 해석하는 것은 여전히 어렵다. 실제 연구에서는 소득이 증가할 때 정부지지 확률이 얼마나 증가할 것인가"가 "오즈가 얼마나 변할 것인가"보다 더 일반적인 질문이라고 할 수 있다. 따라서, 로지스틱 회귀분석에서는 한계효과(marginal effect) 개념을 이용하여 회귀계수를 해석하는 것이 훨씬 분석결과의 해석에 유용할 수 있다. 이때 한계효과는 독립변수가 변할 때 사건이 발생할 확률의 변화 크기를 의미한다.

PROC LOGISTIC 프로시저를 비롯하여 다양한 선형 모형 분석 프로시저에서는 EFFECTPLOT 명령문을 제공해주기 때문에 이를 활용하여 독립변수가 변할 때 종속변수의 변화를 쉽게 보여줄 수 있다. 하지만 좀더 일반화된 접근은 앞서 분산분석이나 다중 회귀분석에서 살펴본 것처럼 PROC PLM 프로시저를 이용하여 새로운 데이터 세트를 이용하여 종속변수를 예측하거나 효과그림을 쉽게 시각화하는 것이다.

[그림 4]는 PROC PLM 프로시저를 이용하여 독립변수가 변할 때 종속변수의 관심있는 사건이 발생할 확률의 변화를 시각화한 결과이다. PROC PLM 프로시저의 코드를 보면 RESTORE= 에 데이터 세트를 지정하도록 되어 있는데 이 데이터 세트는 PROC LOGISTIC 프로시저에서 STORE 명령문을 통해 모형 추정 정보를 저장한 데이터 세트 이름을 의미한다. 또한 독립변수에 범주형 변수가 있을 때는 PLOTBY= 옵션을 사용하면 독립변수의 범주별로 관심있는 독립변수의 변화에 따라 종속변수의 관심있는 사건이 발생하는 확률의 변화를 나타낼 수 있다.

[그림 4]의 결과를 살펴보면 독립변수 X_3 값의 변화에 따라 종속변수의 관심있는 사건이 일어날 확률의 변화를 보여주고 있다. 이때 비선형 모형의 특성상 다른 독립변수 값들이 일정하게 고정되어 있어야 의도한 특정 그래프를 그릴 수 있다. 일반적으로는 다른 독립변수들이 평균값을 갖는다는 가정 하에 한계효과를 계산하기 때문에 그림에도 다른 독립변수 값이 얼마로 고정되어 있는지에 대한 정보가 제시되고 있다. 그림을 살펴보면 X_3 값이 증가하면 관심있는 사건 발생 확률도 빠르게 증가하는 것을 보여주고 있지만 X_4가 3의 범주 값을 갖는 경우에는 X_3 값이 증가하더라도 사건 발생의 확률이 크게 변화하지 않음을 알 수 있다. 앞의 오즈비의 시각화에서 X_3의 회귀계수가 통계적으로 유의미한지 여부는 판단할 수 있었지만, X_3가 사건 발생확률에 미치는 영향이 다른 독립변수가 어떤 값을

[그림 4] 로지스틱 회귀분석에서 한계효과의 시각화

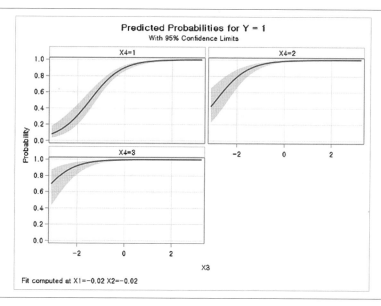

```
PROC PLM RESTORE=RESULT;
  SCORE DATA=SIMLOGIT;
  EFFECTPLOT FIT(X=X3 PLOTBY=X4)/CLM;
  EFFECTPLOT CONTOUR(X=X1 Y=X2 PLOTBY=X4);
RUN;
```

갖는지에 따라 차이가 난다는 사실을 알 수는 없었다. 한계효과의 시각화는 이러한 문제를 극복할 수 있도록 해준다는 점에서 매우 유용하다고 할 것이다.[6]

　경우에 따라서는 연속형인 두 독립변수의 변화가 종속변수의 관심 사건 발생 확률에 미치는 영향을 시각화해볼 수도 있다. [그림 5]는 X_1, X_4 변수는 일정한 값으로 고정한 채 X_2, X_3 변수가 변화할 때 사건 발생 확률을 시각화하기 위한 코드와 그 결과이다. PROC PLM 프로시저에서는 STORE 명령문을 이용하여 독립변수 값이 주어졌을 때 모형 추정 정보를 이용하여 종속변수 값을 계산할 수 있으며 로지스틱 회귀분석에서는 ILINK 옵션을

---

6) EFFECTPLOT 이외에도 LSMEANS 명령문을 이용하면 범주형 독립변수의 범주 간의 차이도 어렵지 않게 시각화할 수 있다. 다만 LSMEANS 명령문을 사용하기 위해서는 범주형 독립변수의 가변수 디자인 행렬을 GLM 형식으로 지정해야 한다. PROC LOGISTIC 프로시저의 경우 CLASS X4/PARAM=GLM; 과 같이 지정을 한 후 STORE 명령문을 통해 모형 추정 정보를 저장하면 PROC PLM 프로시저에서 LSMEANS 명령문을 사용할 수 있다.

[그림 5] 두 독립변수의 변화에 따른 사건 발생 확률의 시각화

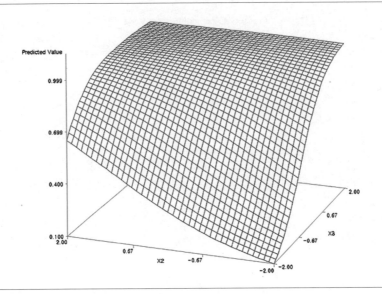

```
DATA TEMP;
   X1=-0.02; X4=1;
   DO X2=-2 TO 2 BY 0.1;
     DO X3=-2 TO 2 BY 0.1;
        OUTPUT;
     END;
   END;
RUN;
PROC PLM RESTORE=RESULT;
   SCORE DATA=TEMP OUT=NEW/ILINK;
RUN;
PROC G3D DATA=NEW;
   PLOT X2*X3=PREDICTED;
RUN;
```

사용하면 로짓이 아닌 사건 발생확률을 예측할 수 있으므로 이를 사용한 것이다. 그림을 살펴보면 독립변수의 변화에 따라 사건발생 확률의 변화는 다른 독립변수의 값에 따라 달라짐을 확인할 수 있고 비선형 관계도 확인할 수 있다.

로지스틱 회귀분석에서의 상호작용 효과

    로지스틱 회귀분석에서의 상호작용 효과를 이해하기 위해서는 로지스틱 회귀분석에서 사용되는 오즈, 로짓, 오즈비 등의 개념을 충분히 이해하고 있어야 한다.[7] 이하에서는 로지스틱 회귀분석의 기초를 이해하고 있다는 것을 전제로 로지스틱 회귀분석의 상호작용 효과를 설명하고자 한다.

    분석에 사용하고자 하는 예제 자료는 neuralgia 자료이다. 이 자료는 60개의 관찰점으로 구성되어 있으며, 로지스틱 회귀모형의 독립변수는 3개의 범주(A, B, P)를 갖는 치료방법(Treatment)이라는 변수와 2개의 범주를 갖는 성별(Sex)이라는 변수, 치료 전에 증상의 지속된 개월수(Duration)이라는 연속형 변수, 그리고 치료방법과 통증 지속기간 간의 상호작용항으로 구성되어 있다. 종속변수는 신경통이 없어질 확률을 π_i로 하는 로짓이다. 이 로짓함수는 기준코딩을 사용하는 경우 아래 식과 같이 나타낼 수 있다.

$$\ln\left(\frac{\pi_i}{1-\pi_i}\right) = \beta_0 + \beta_1 TRT_A + \beta_2 TRT_B + \beta_3 Sex_F + \beta_4 Age$$

$$+ \beta_5 Duration + \beta_6 Duration * Trt_A + \beta_7 Duration * Trt_B$$

    분석에 사용된 자료는 〈표 5〉와 같다.

〈표 5〉 통증 예제자료

```
DATA Neuralgia;
  INPUT Treatment $ Sex $ Age Duration Pain $ @@;
  CARDS;
      P  F  68   1  No   B  M  74  16  No   P  F  67  30  No
      P  M  66  26  Yes  B  F  67  28  No   B  F  77  16  No
      A  F  71  12  No   B  F  72  50  No   B  F  76   9  Yes
      A  M  71  17  Yes  A  F  63  27  No   A  F  69  18  Yes
      B  F  66  12  No   A  M  62  42  No   P  F  64   1  Yes
      A  F  64  17  No   P  M  74   4  No   A  F  72  25  No
      P  M  70   1  Yes  B  M  66  19  No   B  M  59  29  No
      A  F  64  30  No   A  M  70  28  No   A  M  69   1  No
```

---

7) 이에 대해서는 고길곤(2018), 『범주형 자료분석』, 문우사를 참고하기 바란다.

B	F	78	1	No	P	M	83	1	Yes	B	F	69	42	No
B	M	75	30	Yes	P	M	77	29	Yes	P	F	79	20	Yes
A	M	70	12	No	A	F	69	12	No	B	F	65	14	No
B	M	70	1	No	B	M	67	23	No	A	M	76	25	Yes
P	M	78	12	Yes	B	M	77	1	Yes	B	F	69	24	No
P	M	66	4	Yes	P	F	65	29	No	P	M	60	26	Yes
A	M	78	15	Yes	B	M	75	21	Yes	A	F	67	11	No
P	F	72	27	No	P	F	70	13	Yes	A	M	75	6	Yes
B	F	65	7	No	P	F	68	27	Yes	P	M	68	11	Yes
P	M	67	17	Yes	B	M	70	22	No	A	M	65	15	No
P	F	67	1	Yes	A	M	67	10	No	P	F	72	11	Yes
A	F	74	1	No	B	M	80	21	Yes	A	F	69	3	No

```
;
RUN;
```

먼저 범주형 독립변수의 값이 주어졌을 때 연속형 독립변수가 변할 때 종속변수가 얼마나 변하는지를 살펴보도록 하자. 예제 자료에서는 Treatment=A일 때 Duration의 변화에 통증의 로짓이 얼마나 변하는지를 살펴보는 문제라고 이해할 수 있다. 먼저 로지스틱 회귀모형을 추정을 위해 〈표 6〉과 같은 **PROC LOGISTIC** 프로시저를 사용할 수 있다.

〈표 6〉 PROC LOGISTIC 프로시저를 이용한 회귀계수의 추정

```
PROC LOGISTIC DATA=Neuralgia SIMPLE;
  CLASS TREATMENT SEX / PARAM=REF ;
  MODEL Pain= Treatment  SEX  AGE DURATION TREATMENT*DURATION/EXPB;
  ODDSRATIO DURATION / AT (TREATMENT=ALL);
  STORE RESULT;
RUN;
```

〈표 6〉의 프로그램을 실행하면 〈표 7〉과 같은 결과를 얻을 수 있다. 이 결과를 보면 상호작용항의 회귀계수가 통계적으로 유의미하지 않기 때문에 상호작용이 존재하지 않는다고 결론을 내릴 수 있다. 즉, TREATMENT 값이 달라지더라도 DURATION이 로짓의 크기에 미치는 영향의 크기가 달라지는 것은 통계적으로 유의미하지 않음을 알 수 있다.

Analysis of Maximum Likelihood Estimates							
Parameter		DF	Estimate	Standard Error	Wald Chi-Square	Pr > ChiSq	Exp(Est)
Intercept (β_0)		1	15.4871	6.5864	5.5289	0.0187	5320726
Treatment (β_1)	A	1	4.0758	1.6818	5.8730	0.0154	58.899
Treatment (β_2)	B	1	4.2510	1.7422	5.9533	0.0147	70.173
Sex (β_3)	F	1	1.8279	0.8040	5.1682	0.0230	6.221
Age (β_4)		1	-0.2669	0.0973	7.5247	0.0061	0.766
Duration (β_5)		1	0.0311	0.0522	0.3557	0.5509	1.032
Duration*Treatment (β_6)	A	1	-0.0567	0.0814	0.4849	0.4862	0.945
Duration*Treatment (β_7)	B	1	-0.0315	0.0750	0.1765	0.6744	0.969

Treatment 변수가 주어진 상황에서 Duration 변수의 회귀계수를 해석하기 위해서는 다음과 같이 로짓모형을 Duration에 대한 식으로 간단하게 나타내볼 수 있다.

$$\ln\left(\frac{\pi_i}{1-\pi_i}\right) = \beta_0 + \beta_1 TRT_A + \beta_2 TRT_B + \beta_3 Sex_F + \beta_4 Age$$
$$+ (\beta_5 + \beta_6 * Trt_A + \beta_7 Trt_B) Duration$$

이 식을 이용하여 Treatment=A로 주어졌을 때 Duration이 한 단위 변할 때 로짓의 변화 크기를 구해보면 $\beta_5 + \beta_6$, 즉 -0.0256(=0.0311-0.0567)임을 알 수 있다. 이 값을 오즈비로 변환해보면 0.975(=exp(-0.0256))으로 계산된다. 이것은 치료 이전에 통증 증상이 오래 될수록 Treatment=A 치료를 하면 통증이 없어질 확률이 더 낮아짐을 의미한다. 이와 유사한 방법으로 Treatment=B일 때 Duration의 오즈비는 1.00, Treatment=P일 때의 오즈비는 1.032임을 알 수 있다.

이렇게 상호작용항이 있는 로지스틱 회귀모형에서 범주형 변숫값이 주어졌을 때 다른 연속형 변수의 회귀계수를 구하기 위해 추정된 회귀계수를 하나씩 계산할 수도 있지만 〈표 6〉의 프로그램과 같이 ODDSRATIO DURATION / AT (TREATMENT=ALL); 라는 명령문을 사용할 수 있다. 이 명령문에서 AT이라는 옵션을 사용하면 상호작용항에서 통제하고자 하는 변수의 값을 지정할 수 있고 ( ) 안에 통제할 변수와 그 값을 지정하면 된다. Treatment =ALL을 지정하면 Treatment의 각 범주가 주어졌을 때의 Duration의 오즈비를 계산해준

〈표 8〉 ODDSRATIO 명령문을 이용한 계산

Odds Ratio Estimates and Wald Confidence Intervals			
Odds Ratio	Estimate	95% Confidence Limits	
Duration at Treatment=A	0.975	0.862	1.103
Duration at Treatment=B	1.000	0.899	1.112
Duration at Treatment=P	1.032	0.931	1.143

[그림 6] 오즈비의 시각화

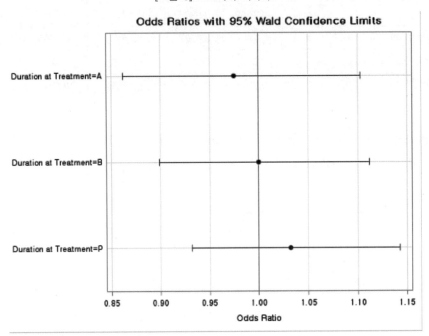

다. 〈표 8〉의 계산결과는 오즈비를 계산한 결과를 보여주고 있으며 이는 회귀계수를 이용하여 직접 계산한 결과와 동일함을 알 수 있다. 신뢰구간을 보면 모두 1의 값을 포함하고 있는데 이것은 Duration이 한 단위 변할 때 변화하는 오즈비의 크기가 통계적으로 유의미하지 않다는 것을 의미한다.[8]

위 분석결과는 시각화를 통해 훨씬 더 명확하게 나타낼 수 있는데 그 결과는 [그림 6]과 같다. 이 결과를 보면 Treatment의 범주값이 A, B, P인 경우 모두 Duration의 변화에 따라 오즈가 변하는 크기는 통계적으로 유의미하지 않음을 알 수 있다.

---

8) 관심있는 학생은 오즈비의 신뢰구간을 구할 때 사용된 오즈비의 표준오차 값이 어떻게 계산되는지를 한번 살펴보면 좋을 것이다.

```
PROC PLM RESTORE=RESULT;
   ESTIMATE     "DURATION     AT     TREATMENT=A"     DURATION     1
DURATION*TREATMENT 1 0 0,
             "DURATION     AT     TREATMENT=B"     DURATION     1
DURATION*TREATMENT 0 1 0,
             "DURATION     AT     TREATMENT=F"     DURATION     1
DURATION*TREATMENT 0 0 1/E EXP CL;
   EFFECTPLOT SLICEFIT (X=DURATION SLICEBY=TREATMENT) / CLM;
RUN;
```

한편 동일한 결과를 PROC PLM 프로시저를 이용해서도 구할 수 있다. 〈표 9〉는 PROC PLM 프로시저의 ESTIMATE 명령문을 이용하여 범주형 독립변수의 범주가 주어졌을 때 상호작용항의 다른 연속형 독립변수 값의 변화에 따라 변하는 오즈비를 나타내주고 있다.

ESTIMATE 명령문에서 첫 번째 독립변수 값 계수 벡터는 DURATION 1 DURATION* TREATMENT 1 0 0으로 지정되어 있으며 이는 〈표 10〉의 ROW1에 나타나 있다. 이와 유사하게 TREATMENT=B인 경우와 TREATMENT=P인 경우에 Duration의 회귀계수를 계산하기 위한 독립변수 값의 벡터는 ROW2 및 ROW3에 제시되었다. 주의해야 할 것은 PROC LOGISTIC 프로시저에서 가변수 코딩은 기준코딩으로 하였다는 점이다. 만일 기준코딩이 아닌 다른 코딩 방식을 사용하는 경우 독립변수 벡터의 코딩 방식도 바뀔 수 있다.

한편 위 프로그램 코드에서 EXP 옵션을 사용하고 있는데 이 옵션을 사용하면 오즈비를 출력해준다. 이 옵션을 사용하지 하지 않으면 로짓에 대한 회귀계수만을 출력해준다.

〈표 10〉 독립변수 값의 벡터

Estimate Coefficients					
Parameter	Treatment	Sex	Row1	Row2	Row3
Intercept: Pain=No					
Treatment A	A				
Treatment B	B				
Sex F		F			
Age					
Duration			1	1	1
Treatment A * Duration	A		1		
Treatment B * Duration	B			1	

〈표 11〉 PLM 프로시저의 ESTIMATE 명령문을 이용한 오즈비 계산

Label	Estimate	Standard Error	Exponentiated	Exponentiated Lower	Exponentiated Upper
DURATION AT TREATMENT=A	-0.02560	0.06297	0.9747	0.8616	1.1028
DURATION AT TREATMENT=B	-0.00040	0.05426	0.9996	0.8988	1.1118
DURATION AT TREATMENT=F	0.03110	0.05215	1.0316	0.9314	1.1426

〈표 11〉은 PLM 프로시저의 ESTIMATE 명령문을 이용한 결과의 일부를 제시하고 있다. 이 계산 결과를 보면 ESTIMATE 열에는 로짓의 회귀계수가, EXPONENTIATED 열에는 오즈비의 회귀계수가 제시되고 있음을 알 수 있고 이 결과는 앞에서 얻은 결과와 동일함을 알 수 있다.

한편, 주어진 TREATMENT 범주별로 DURATION 값의 변화에 따라 통증이 발생하지 않을 확률의 값의 변화는 EFFECTPLOT의 SLICEFIT 옵션을 이용하면 [그림 7]과 같은 결과를 얻을 수 있다. 이 결과는 개별 TREATMENT 범주별 신뢰구간을 구하기 때문에 범주 간 차이의 신뢰구간을 구하지 못하는 한계가 있지만 신뢰구간이 상당히 겹치고 있기 때문에 범주 간의 차이가 통계적으로 유의미하지 않음을 알 수 있다. 이것은 상호작용항이 통계적으로 유의미하지 않다는 앞의 분석 결과를 다시 한 번 확인한 것이다.

[그림 7] TREATMENT 범주별 DURATION 변화에 따른 확률의 변화

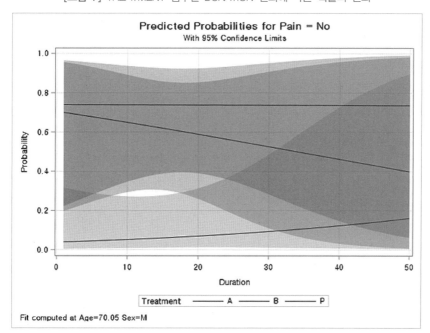

앞에서는 범주형 독립변수 범주값이 다르게 주어졌을 때 연속형 독립변수가 로짓에 통계적으로 유의미한지를 살펴보았다. 만일 연속형 독립변수의 값이 주어졌을 때 범주형 독립변수가 로짓에 통계적으로 유의미한지를 살펴볼 필요가 있다. 이때 연속형 독립변수의 값을 어떻게 고정해야 할지가 문제가 되는데 흔히 평균과 평균±표준편차를 사용한다. DURATION 변수의 경우에는 16.73이 평균이고 표준편차는 11.61이므로 이를 사용하면 5.12, 16.73, 28.34로 DURATION 값이 고정되었을 때 TREATMENT 범주별 회귀계수를 구해볼 수 있다. 이를 계산해보기 위해서 PROC LOGISTIC 프로시저를 이용하면 〈표 12〉와 같은 코드를 사용할 수 있다.

〈표 12〉 연속형 변수 값이 고정되었을 때 범주형 변수 변화에 따른 오즈비 계산

```
PROC LOGISTIC DATA=Neuralgia SIMPLE;
  CLASS TREATMENT SEX / PARAM=REF;
  MODEL Pain= Treatment  SEX  AGE DURATION TREATMENT*DURATION/EXPB;
  ODDSRATIO TREATMENT / AT (DURATION=(5.12 16.73 28.34));
  STORE RESULT;
RUN;
```

연속형 변수가 주어졌을 때 범주형 변수의 변화에 따른 오즈비를 구하기 위해서는 〈표 12〉의 결과와 같이 TREATMENT 변수의 범주가 P일 때의 오즈 대비 A일 때 오즈의 비율, P일 때 오즈 대비 B일 때 오즈의 비율, B일 때 오즈의 비율 대비 A의 오즈의 비율을 구하게 된다.

TREATMENT 변수의 범주가 P일 때 오즈 대비 A일 때 오즈의 비율은 다음과 같이 계산할 수 있다. 먼저 TREATMENT=A의 회귀계수는 P 범주에 대비한 A 범주의 로짓의 차이라는 점을 생각해보면 로짓 차이는 3.785(=4.076+5.12*(−0.057))가 되고 오즈비는 44.057이 된다. 이것은 〈표 13〉의 결과와 동일함을 알 수 있다. 한편 TREATMENT 변수의 범주 B 대비 A의 오즈비는 어떻게 계산할 수 있을까? 이 두 범주의 로짓의 차이는 TREATMENT=A와 TREATMENT=B의 회귀계수의 차이와 상호작용항에서 TREATMENT=A인 경우의 상호작용항의 회귀계수와 TREATMENT=B의 상호작용의 회귀계수의 크기의 합으로 계산할 수 있다. 따라서 다음과 같이 A 범주와 B 범주의 로짓의 차이는 계산된다.

A 범주 로짓: $\ln\left(\dfrac{\pi_A}{1-\pi_A}\right) = \beta_0 + \beta_1 TRT_A + \beta_3 Sex_F + \beta_4 Age$
$+ (\beta_5 + \beta_6) Duration$

B 범주의 로짓: $\ln\left(\dfrac{\pi_B}{1-\pi_B}\right) = \beta_0 + \beta_2 + \beta_3 Sex_F + \beta_4 Age$
$+ (\beta_5 + \beta_7) Duration$

A범주 로짓−B범주 로짓:

$$\ln\left(\frac{\pi_A}{1-\pi_A}\right) - \ln\left(\frac{\pi_B}{1-\pi_B}\right) = \beta_1 - \beta_2 - (\beta_6 - \beta_7)^* Duration$$

따라서 A 범주와 B 범주의 로짓의 차이는 다음과 같다.

$$(4.076+4.251)+5.12*(−0.057+0.032)=−0.304$$

B 범주 대비 A 범주의 오즈비:

$$\frac{\pi_A}{1-\pi_A} / \frac{\pi_B}{1-\pi_B} = \exp[\beta_1 - \beta_2 - (\beta_6 - \beta_7)^* Duration]$$

따라서 B 범주의 오즈 대비 A 범주의 오즈는 0.738(=exp(-0.304))가 된다. DURATION 값이 다른 값으로 주어졌을 때의 TREATMENT 범주의 변화에 따른 오즈비는 같은 방식으로 구할 수 있고 〈표 13〉과 같은 결과를 얻을 수 있다.

<표 13> 주어진 DURATION 값에 따라 TREATMENT 범주의 변화에 따른 오즈비

Odds Ratio Estimates and Wald Confidence Intervals			
Odds Ratio	Estimate	95% Confidence Limits	
Treatment A vs B at Duration=5.12	0.738	0.058	9.356
Treatment A vs P at Duration=5.12	44.057	2.983	650.692
Treatment B vs P at Duration=5.12	59.719	3.318	>999.999
Treatment A vs B at Duration=16.73	0.551	0.086	3.526
Treatment A vs P at Duration=16.73	22.809	3.088	168.445
Treatment B vs P at Duration=16.73	41.424	4.378	391.930
Treatment A vs B at Duration=28.34	0.411	0.027	6.245
Treatment A vs P at Duration=28.34	11.808	0.748	186.423
Treatment B vs P at Duration=28.34	28.733	1.834	450.269

[그림 8] 주어진 DURATION 값에 따라 TREATMENT 범주 변화에 따른 오즈비

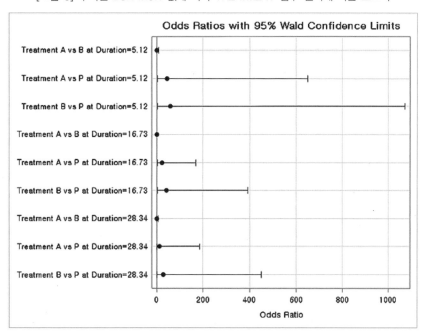

위와 같이 〈표 13〉을 이용해서 결과를 제시하는 경우 해석이 쉽지 않을 수 있으므로 [그림 8]과 같이 시각화한 결과를 제시하는 것이 바람직할 수 있다.

한편 PLM 프로시저를 이용해서도 동일한 값을 구할 수 있다. DURATION=5.12인 경우만을 구해보면 〈표 14〉와 같은 명령문을 사용할 수 있다.

〈표 14〉 주어진 연속형 변수 값에 대해 범주형 변수가 변함에 따른 오즈비 계산

```
PROC PLM RESTORE=RESULT;
   ESTIMATE  "TRT=A/TRT=B  AT  DURATION=5.12/"  TREATMENT  1 - 1
DURATION*TREATMENT 5.12 -5.12,
                "TRT=A/TRT=P  AT  DURATION=5.12"  TREATMENT  1
DURATION*TREATMENT 5.12 0 ,
                "TRT=A/TRT=P  AT  DURATION=5.12"  TREATMENT  0 1
DURATION*TREATMENT 0 5.12 /E EXP CL;
   EFFECTPLOT INTERACTION (X=TREATMENT) /AT (DURATION= 5.12 16.73
28.34)CLM;
RUN;
```

이 프로그램을 실행시키면 독립변수 값의 벡터는 〈표 15〉와 이 나타남을 알 수 있다.

〈표 15〉 지정된 독립변수 값의 벡터

Estimate Coefficients					
Parameter	Treatment	Sex	Row1	Row2	Row3
Intercept: Pain=No					
Treatment A	A		1	1	
Treatment B	B		-1		1
Sex F		F			
Age					
Duration					
Treatment A * Duration	A		5.12	5.12	
Treatment B * Duration	B		-5.12		5.12

또한 EXP 옵션을 사용하면 오즈비 값과 그 신뢰구간도 얻을 수 있으며 EFFECTPLOT 명령문의 INTERACTION 옵션을 사용하면 [그림 9]와 같은 결과를 얻을 수 있다. 이 INTERACTION 옵션은 X 축에 범주형 변수를 지정하는데 SLICEFIT 옵션에서 X 축에 연속형 변수를 지정하는 것과 차이가 남을 기억할 필요가 있다.[9] 이 효과차이를 계산할 때 상호작용항의 독립변수가 아닌 다른 독립변수는 AGE 변수의 경우에는 전체 평균값으로

---

9) [그림 9]를 보면 수직축이 확률임을 알 수 있는데 TREATMENT 범주별 확률을 모두 더하면 1보다 큰 것 같이 나타나는데, 왜 그런지 확인할 필요가 있다.

[그림 9] 주어진 DURATION 값 아래서 범주형 독립변수의 범주 변화에 따른 사건 발생 확률

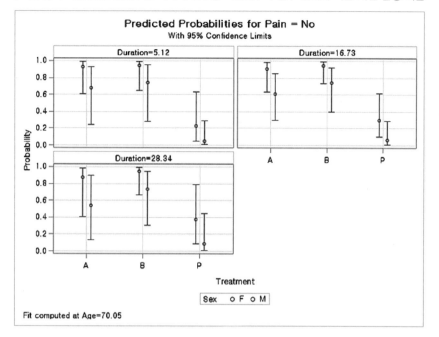

고정을 하고 있음을 알 수 있다. 또한 SEX 변수의 경우에는 범주를 구분하여 효과크기를 함께 나타내고 있음을 알 수 있다.

제 **4** 부

공간정보의 시각화

공간정보의 시각화 개요

ata visualization

[그림 1] 고령화 인구 비율의 추세 시각화 예시

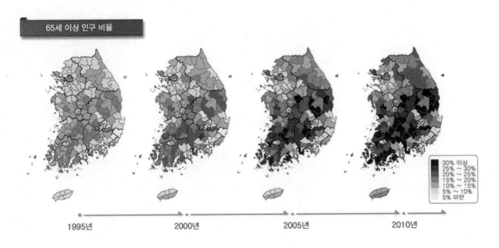

공공데이터를 분석할 때 공간정보가 포함된 자료를 다루어야 하는 경우가 많아지고 있다. 예를 들어 인구 감소에 따른 지역소멸 현상이 심화되고 있는 상황을 분석하기 위해 전체 인구 중에 65세 이상 노인의 비율, 즉 고령화 비율을 시군구별로 계산한다고 가정해보자. 우리나라의 226개 시군구의 고령화 비율을 하나의 표를 이용해 고령화 현상의 지역 간 차이를 분석한다고 지역 간의 차이를 제대로 이해하기 쉽지 않다. 하지만 [그림 1]과 같이 고령화 비율이 지역과 시점에 따라 어떻게 변화하고 있는지를 나타내면[1] 고령화가 얼마나 빠르게 특정 지역을 중심으로 심각하게 진행되고 있는지를 손쉽게 확인할 수 있다.

이때 우리가 나타낸 시각화는 단순히 지도라는 2차원 평면에 구현한 시각화라고 생각할 수 있지만, 실제로는 지도라는 2차원 평면과 고령화 인구라는 변수가 결합한 3차원의 정보를 구현한 것이다. 원래 공간이라는 것은 2차원 평면과 구분되는 3차원의 영역을 의미한다. 공간정보(spatial information)는 2차원의 지리정보 위에 다양한 사회·경제·행정 정보들이 함께 투영된 정보라고 이해할 수 있다. 과거에는 이러한 공간정보가 지도 위에 구현되었기 때문에 '지리정보'라는 용어를 사용했지만, 공간정보의 핵심은 지리정보 자체가 아니라 이 지리적 공간을 매개로 이루어지는 변수의 관계를 분석하는 것이기 때문에 지리정보라는 용어보다는 공간정보라는 용어가 더 적절하다고 판단된다.

본 장에서는 공간정보 시각화를 구현하기 위한 다양한 기법들을 소개하고자 한다. 이를 위해서는 GIS(geographical information system)에 대한 이해도 필요하다. GIS를 구현하기 위

---

1) https://namu.wiki/w/%ED%8C%8C%EC%9D%BC:NMvizwl.jpg

해서는 지리정보와, 지리정보와 연관된 속성정보(attribute information)를 연결해야 한다. 이를 위해서는 처리해야 할 자료의 크기가 커지게 된다. 시군구 수준의 경계와 도로와 같은 간단한 정보를 포함한 데이터가 몇 백 메가 크기가 되는 경우가 흔하기 때문이다. 일부에서는 GIS를 지도 그리는 도구로 오해하지만, 지리정보와 속성정보를 연결하는 자료관리(data management)가 공간정보 분석에서 점차 중요해지고 있다.

1. 왜 공간정보 시각화인가?

공간정보의 시각화는 지도 위에 해당 위치와 관련된 변수의 정보를 겹쳐서 시각화하는 활동이다. 휴대폰 사용자라면 구글 맵이나 네이버 지도를 이용하여 길찾기 서비스를 한 번쯤은 이용해 보았을 것이다. 또한, 자동차 운전을 해본 사람은 내비게이션 서비스도 이용해 보았을 것이다. 이러한 서비스는 공통적으로 지도(map)에 바탕을 둔 공간정보를 사용하고 있다. 우리가 흔히 접하는 지도를 그림으로 이해할 수 있지만 실제로는 위도와 경도 혹은 X축과 Y축에 대한 좌표정보를 가진 데이터 세트로도 이해할 수 있다. 지도 경계 위에 있는 점들은 결국 위도와 경도를 좌표 값으로 갖는 점들을 연결한 것에 불과하므로 좌표만 알 수 있다면 쉽게 지도를 그릴 수 있다. 결국, 지도는 점·선·면으로 구성된 존재이며 이 구성요소들에 대한 정보는 데이터 형태로 변환할 수 있다.

지도를 데이터로 이해한다면 다른 정보를 결합할 수 있다. 예를 들어 군산 지역에 있는 사업체의 인원, 매출액 등과 같은 정보를 얻었다면 이 정보를 군산이라는 지역변수와 결합하여 나타낼 수 있다. 지리정보와 다른 관심변수와의 결합은 특수한 것이 아니다. 우리의 활동이 지리 공간에서 이루어지고 있으므로 수많은 정보를 지리정보와 결합해서 나타낼 수 있다. 대중교통 이용, 신용카드 결제, 부동산 거래 정보, 관광객 방문 정보, 지역별 실업률 등 무수히 많은 정보를 지리정보와 연결할 수 있다.

공간정보 시각화의 활용이 늘어나고 있는 것은 컴퓨터 기술의 발전 때문이라고 해도 과언이 아니다. 위도와 경도를 나타내는 정보만으로도 데이터 세트가 상당히 크기 때문에 20년 전만 해도 지리정보를 시각화하기는 쉽지 않았다. 특히 지리정보와 대용량 데이터 세트를 결합하여 자료를 분석해야 할 때는 컴퓨터의 빠른 정보처리 용량이 뒷받침되어야 한다. 다행히 최근 컴퓨터 연산 능력의 발전으로 공간정보의 시각화와 분석은 빠른 속도로 발전하게 되었다.

GIS 구현을 위해서는 ESRI 사에서 제공하는 ArcGIS나, 오픈소스 프로그램인 QGIS 등의 프로그램을 사용할 수 있다. 하지만 이런 프로그램은 GIS에 특화되어 있어서 각종 자료처리나 통계분석을 구현하기가 쉽지 않다. 예를 들어 웹상의 자료를 다운받아 시계열 분석을 한 후 10년 후에 초고령화 문제가 가장 심각한 지역을 시각화하기 위해서는 자료 입출력, 통계분석, 공간정보의 시각화를 단일 프로그램에서 함께 처리할 수 있어야 한다. 공간정보의 시각화에 특화된 프로그램을 사용하는 경우 이러한 일련의 자료분석 과정을 하나의 프로그램에서 구현할 수 없다.

공간정보와 결합하여 시각화하기 위해서 SAS에서도 GIS 구현을 위한 패키지가 제공되었지만 그리 만족스럽지는 못했다. 하지만 최근 ESRI의 지도, OPENSTREETMAP, GOOGLE MAP 정보를 OPEN API 기술을 이용하여 SAS에서 손쉽게 접근하게 되었다. 또한 MAPIMPORT, GEOCODE, GPROJECT, GMAP 등의 프로시저들 이외에도 최근 공개된 SGMAP 프로시저가 GIS 구현을 용이하게 만들고 있다.[2] 특히 궁극적으로 공간정보 처리는 데이터처리라는 점을 고려한다면 자료처리에 훌륭한 플랫폼을 제공해주는 SAS의 유용성은 더욱 커지고 있다. 저자는 SAS와 ArcGIS를 모두 사용해보았지만, ArcGIS가 다양한 시각화 기능을 제공하고 있는 것이 사실이다. 하지만 GIS 분석만이 목적이 아니라 전체 자료를 처리하고 분석하는 과정에서 GIS를 이용해야 할 때에는 SAS 플랫폼에서 구동되는 GIS가 편리하다는 것을 깨닫게 된다. 더욱이 다양한 유형의 공간정보 처리를 해야 된다면 SAS 플랫폼을 이용한 공간정보 시각화는 많은 장점을 갖고 있다.

2. 공간좌표 구하기

지리정보의 기본은 위도와 경도, 즉 좌표이다. 위도는 지구의 남북 방향으로 측정한 것으로 적도를 기준으로 측정한 좌표이고, 경도는 기준 자오선(IERS reference meridian)을 기준으로 해서 동쪽으로 180도 서쪽으로 180도 측정한 것이다. 예를 들어 서울대학교 행정대학원의 위치를 경도(longitude)와 위도(latitude) 좌표를 이용해서 나타낼 수 있다. 구글 맵을 이용하여 서울대 행정대학원을 검색하면 위도와 경도 값이 각각 37.4655509, 126.9509528임을 알 수 있다. 이처럼 구의 형태에 있는 좌표를 나타낸 것을 지리 좌표계(geographic coordinate

---

2) SGPLOT을 이용해서도 지리정보를 나타낼 수 있는데 이에 대해서는 아래의 SAS 블로그를 참고하라. https://blogs.sas.com/content/tag/sgplot_maps/

[그림 2] 지리 좌표계의 위도와 경도

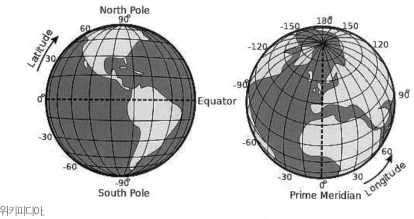

[그림 3] 횡축 메르카토르와 사영 메르카토르 기법

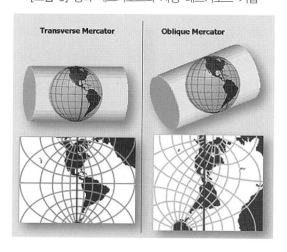

system)라고 부른다.3)

이렇게 구의 위치 정보를 나타낸 위도와 경도를 2차원 평면에 투영하는 방법에 따라 지도 모양이 달라진다. 구를 평면에 투영하는 방법은 다양한데 [그림 3]은 횡축 메르카토르 (transverse Mercator) 투영과 사영 메르카토르(oblique Mercator) 투영 방법을 나타낸 것이다.

세계지도를 나타내기 위한 사용하는 투영방법 중 대표적인 것은 UTM 좌표계(Universal Transverse Mercator Coordinate System)로 경도를 동쪽으로 6도 간격으로 60개 구역으로 나누

---

3) 그림 출처는 http://blog.daum.net/geoscience/497

[그림 4] UTM 좌표계

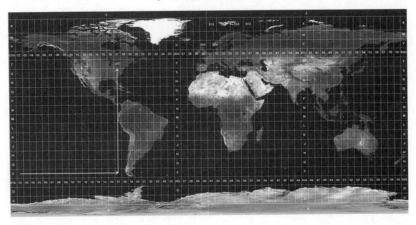

출처: 위키피디아.

어 숫자를 부여하고, 격자 모양으로 남위 80도에서 북위 80도를 8도 간격으로 20개를 알파벳으로 구분하였다. [그림 4]는 UTM 좌표계를 나타낸 것이다.

위도와 경도로 나타낸 좌표를 지리 좌표계 혹은 투영되지 않은 좌표(unprojected coordinate)라고 부르며, 2차원 평면 공간에 나타낸 좌표를 투영된 좌표(projected coordinate)라고 한다. 지리정보를 제공하는 파일은 경도와 위도 좌표뿐만 아니라 투영된 좌표인 X/Y 좌표 정보를 함께 제공하는 것이 일반적이다. 이때 X는 경도에 해당하며 Y는 위도에 대응한다. 일반적으로 지리정보를 제공하는 데이터는 위치를 나타내는 변수 이름을 X, Y로 지정하며, 이 변수가 투영되지 않은 경도와 위도를 나타내기도 하고 투영된 좌표를 나타내기도 한다. 따라서 사용하는 자료의 X, Y가 어떤 좌표를 의미하는지를 확인하는 것은 매우 중요하다.

투영되지 않은 지리 좌표계에 대한 다양한 투영방법이 존재하기 때문에 어떤 투영방법을 사용했는지에 따라 지도의 모양이 달라질 수 있다. SAS에는 다양한 투영방법을 지원하기 위해 GPROJECT 프로시저를 제공하고 있으므로 이를 활용하면 된다.

⟨표 1⟩ GPROJECT 프로시저를 활용한 투영방법

```
PROC GPROJECT DATA=<변환 전 자료> OUT=<변환 후 자료> ;
    ID <지역의 단위 변수>;
RUN;
```

```
DATA OLD; /*①*/
    SET MAPSGFK.SOUTH_KOREA;
    XO=X;YO=Y;
    X=LONG; Y=LAT;
RUN;
PROC GMAP  MAP=OLD DATA=OLD ALL DENSITY=5; /*②*/
    ID ID;
    CHORO ID1/NOLEGEND  ;
RUN;
QUIT;
PROC GPROJECT DATA=OLD OUT=NEW DEGREE EAST; /*③*/
    ID ID;
RUN;
PROC GMAP  MAP=NEW DATA=NEW ALL DENSITY=5; /*⑤*/
    ID ID;
    CHORO ID1/NOLEGEND;
RUN;
QUIT;
```

실제 지도를 그릴 때 위도와 경도에 바탕을 둔 지리 좌표계를 사용한 경우와 투영된 좌표계를 사용하는 경우 지도 모양이 달라진다. 〈표 2〉의 /*①*/은 SAS가 제공하는 한국 지도 파일에서 투영된 좌표(X, Y) 변수 대신 경도와 위도를 X, Y 변수로 바꾼 후 /*②*/는 위도와 경도를 가지고 지도를 그린 것이다.4)

/*③*/은 경도와 위도 정보를 가진 X, Y를 GPROJECT 프로시저를 이용하여 투영된 좌표계로 변화시킨 것이다. 투영된 좌표 정보를 포함한 NEW 데이터 세트를 살펴보면 투영된 X, Y 좌표와 원래 SAS가 제공하는 지도에 있었던 투영된 X, Y 좌표(XO, YO)가 동일함을 확인할 수 있을 것이다.

/*④*/는 /*③*/의 단계를 통해 위도와 경도를 투영된 좌표계로 변환시킨 자료를 이용하여 지도를 그리기 위한 프로시저이다.

[그림 5]의 왼쪽은 그림은 위도와 경도를 이용한 지리 좌표계를 이용해서 그림을 그린

---

4) GMAP 프로시저에서는 지도자료에서 X,Y 변수를 찾아 지도를 그린다. 이것은 SAS에서 X,Y 변수는 투영된 좌표계를 나타내는 것으로 인식하기 때문이다.

[그림 5] 지리 좌표계와 투영된 좌표계의 차이

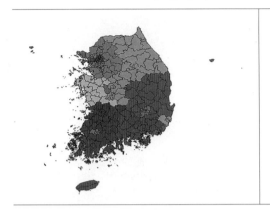

것이고 오른쪽 그림은 투영된 좌표계를 이용해서 그림을 그린 것이다. 오른쪽 그림이 우리나라 길이를 더 길게 나타내고 있음을 알 수 있다.

3. 지리정보 가져오기

정보기술의 발달로 인해 어렵지 않게 각종 공간정보를 손쉽게 내려받고 컴퓨터에 저장할 수 있다. 다만 제공되는 공간정보의 파일 형식이 다르므로 이를 SAS에서 처리할 수 있는 데이터 세트 형태로 바꾸어서 사용해야 한다. 2017년 출시된 SAS 9.4M5 버전에서는 PROC MAPIMPORT 프로시저와 PROC SGMAP 프로시저를 소개하면서 손쉽게 공간정보를 다운받을 수 있도록 하고 있다. 지도정보를 가져오는 방법을 몇 가지 소개하면 다음과 같다.

첫째, SAS에서 제공하는 지도정보를 사용하는 것이다. SAS의 경우에는 Maps, Mapssas라는 영구 라이브러리(permanent library)와 Mapsgfk 라는 영구 라이브러리에 지도정보를 제공하고 있다. MAPS와 MAPSSAS 라이브러리는 과거에 SAS가 지리정보를 표기하기 위해 사용됐으나 더 이상 업데이트가 되지 않고 9.3버전 이후에는 GfK GeoMarketing이라는 회사로부터 라이선스를 받아 제공하는 Mapsgfk 지도를 사용하고 있다. Mapsgfk 라이브러리에는 세계 각국의 지도가 제공되는데 한국의 경우 SOUTH_KOREA라는 위치 정보를 포함한 파일과 SOUTH_KOREA_ATTR 이라는 속성정보를 포함하는 파일을 제공한다.[5] 이

---

5) 속성정보를 제공하는 ATTR 파일은 ArcGIS shapefile의 dbf 파일처럼 객체와 관련된 다양한 정보를 제공한다.

[그림 6] 지리정보를 포함한 영구 라이브러리

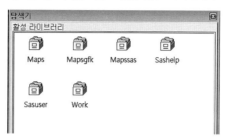

[그림 7] MAPSGFK에 제시된 한국의 속성자료(SOUTH_KOREA_ATTR) 예시

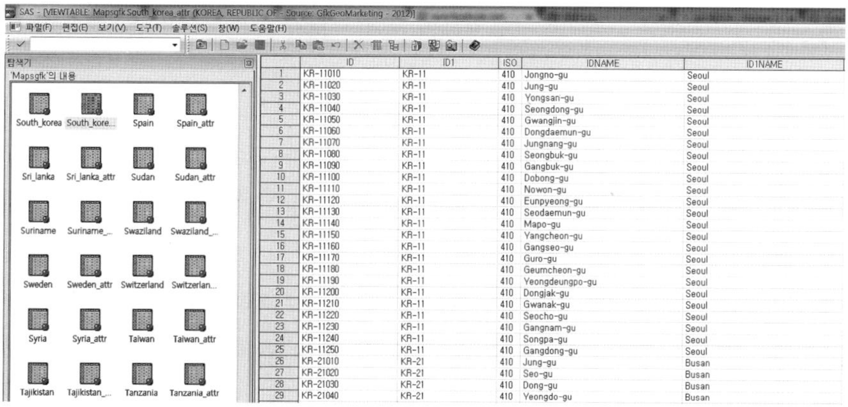

	ID	ID1	ISO	IDNAME	ID1NAME
1	KR-11010	KR-11	410	Jongno-gu	Seoul
2	KR-11020	KR-11	410	Jung-gu	Seoul
3	KR-11030	KR-11	410	Yongsan-gu	Seoul
4	KR-11040	KR-11	410	Seongdong-gu	Seoul
5	KR-11050	KR-11	410	Gwangjin-gu	Seoul
6	KR-11060	KR-11	410	Dongdaemun-gu	Seoul
7	KR-11070	KR-11	410	Jungnang-gu	Seoul
8	KR-11080	KR-11	410	Seongbuk-gu	Seoul
9	KR-11090	KR-11	410	Gangbuk-gu	Seoul
10	KR-11100	KR-11	410	Dobong-gu	Seoul
11	KR-11110	KR-11	410	Nowon-gu	Seoul
12	KR-11120	KR-11	410	Eunpyeong-gu	Seoul
13	KR-11130	KR-11	410	Seodaemun-gu	Seoul
14	KR-11140	KR-11	410	Mapo-gu	Seoul
15	KR-11150	KR-11	410	Yangcheon-gu	Seoul
16	KR-11160	KR-11	410	Gangseo-gu	Seoul
17	KR-11170	KR-11	410	Guro-gu	Seoul
18	KR-11180	KR-11	410	Geumcheon-gu	Seoul
19	KR-11190	KR-11	410	Yeongdeungpo-gu	Seoul
20	KR-11200	KR-11	410	Dongjak-gu	Seoul
21	KR-11210	KR-11	410	Gwanak-gu	Seoul
22	KR-11220	KR-11	410	Seocho-gu	Seoul
23	KR-11230	KR-11	410	Gangnam-gu	Seoul
24	KR-11240	KR-11	410	Songpa-gu	Seoul
25	KR-11250	KR-11	410	Gangdong-gu	Seoul
26	KR-21010	KR-21	410	Jung-gu	Busan
27	KR-21020	KR-21	410	Seo-gu	Busan
28	KR-21030	KR-21	410	Dong-gu	Busan
29	KR-21040	KR-21	410	Yeongdo-gu	Busan

속성정보 파일에는 SOUTH_KOREA 공간자료 파일에 있는 ID 코드들이 어느 행정구역을 나타내는지에 대한 정보가 있다. SAS 9.4M5 버전에서는 다섯 자리 우리나라 행정기관 코드를 이용하여 ID를 부여하고 있다.[6] 다만, 아직까지는 읍면동 수준의 지도는 제공하지 않고 있는 한계가 있다. SAS 탐색기의 라이브러리를 클릭하면 [그림 6]과 같은 영구 라이브러리를 확인할 수 있다.

Mapsgfk 라이브러리를 클릭하면 [그림 7]과 같이 왼쪽 탐색기에 각국의 지리정보 자료와 속성자료가 제공된다. SOUTH_KOREA_ATTR 파일을 클릭하면 오른쪽과 같이 자료를 확인할 수 있다. ID 변수에 있는 값은 한국의 행정기관을 나타내는 변수이며 ID1은 시도별 자료, 그리고 ISO는 국제표준에 의한 한국의 국가 코드값이 제시되고 있음을 알 수 있다.

---

6) 이전 버전에는 행정구역 코드에 기반한 지도를 제공하였는데, 예를 들어 제주도의 경우 KR-39였지만 새로 업데이트 된 맵에서는 KR-50으로 나타나고 있다.

[그림 8] SOUTH_KOREA 공간자료의 변수와 자료형태

	ID	ID1	SEGMENT	X	Y	LONG	LAT	RESOLUTION	DENSITY	LAKE
1	KR-11010	KR-11	1	-0.01744595	0.0308680792	126.979455	37.626742	5	5	0
2	KR-11010	KR-11	1	-0.01741361	0.0307766878	126.981879	37.621529	5	5	0
3	KR-11010	KR-11	1	-0.017358085	0.0304959288	126.986155	37.605482	1	4	0
4	KR-11010	KR-11	1	-0.01735861	0.0304650991	126.986142	37.603715	6	6	0
5	KR-11010	KR-11	1	-0.01748181	0.0304031782	126.977296	37.600076	5	5	0
6	KR-11010	KR-11	1	-0.017488835	0.0303497969	126.976838	37.597012	1	3	0
7	KR-11010	KR-11	1	-0.017325234	0.0302445521	126.988763	37.591102	3	5	0
8	KR-11010	KR-11	1	-0.017160206	0.0302651537	127.000674	37.592403	3	5	0
9	KR-11010	KR-11	1	-0.017027271	0.0300563043	127.010474	37.580532	3	5	0
10	KR-11010	KR-11	1	-0.016968585	0.0300859856	127.014689	37.582275	5	5	0
11	KR-11010	KR-11	1	-0.016923161	0.0300155397	127.018036	37.578271	5	5	0
12	KR-11010	KR-11	1	-0.016853172	0.0300140205	127.023096	37.578234	0	0	0
13	KR-11010	KR-11	1	-0.016851298	0.0298978022	127.02333609	37.571575966	0	0	0
14	KR-11010	KR-11	1	-0.016874795	0.0298999105	127.021636	37.57168	2	5	0
15	KR-11010	KR-11	1	-0.016886989	0.029896293	127.020758	37.571464	2	5	0
16	KR-11010	KR-11	1	-0.016933916	0.0298713473	127.017389	37.570001	2	5	0
17	KR-11010	KR-11	1	-0.01755518	0.0298764581	126.972461	37.56984	2	5	0
18	KR-11010	KR-11	1	-0.01762678	0.029796554	126.967538	37.56521	0	0	0
19	KR-11010	KR-11	1	-0.017821037	0.0300530685	126.95310392	37.579760928	1	4	0
20	KR-11010	KR-11	1	-0.01763244	0.0300795349	126.957256	37.581321	5	6	0
21	KR-11010	KR-11	1	-0.01773705	0.0301579867	126.959075	37.585836	4	5	0
22	KR-11010	KR-11	1	-0.017751344	0.0302589935	126.957946	37.591613	7	6	0
23	KR-11010	KR-11	1	-0.017733155	0.0303306216	126.959193	37.595731	1	4	0
24	KR-11010	KR-11	1	-0.01774561	0.0303750253	126.95825	37.598266	7	6	0
25	KR-11010	KR-11	1	-0.01720C002	0.0204012125	126.0C200C	37.600104	5	5	0

SOUTH_KOREA 자료는 위치 정보를 포함하고 있는데 [그림 8]과 같이 시군구 코드 정보를 포함한 ID 변수, 광역시도 코드 정보를 가진 ID1 변수이다. SAS 지도에서 시군구 코드나 광역시도 코드는 우리나라 정부에서 사용하는 행정기관 코드에 기반을 두고 있다. 행정기관코드는 일곱 자리로 구성되어 있는데 첫 두 자리는 광역시도를 나타내는 코드, 그 다음 세 자리는 시군구 코드, 그리고 마지막 두 자리는 읍면동을 나타내는 코드이다. 예를 들어 서울시 종로구 청운동은 1101072로 나타내는데 11은 서울시를 010은 서울시 중 종로구를 그리고 마지막 72는 종로구 중에 청운동을 나타낸다. SAS 지도에서는 동 단위까지의 지도는 제공하지 않기 때문에 동 단위 정보까지 포함한 지도는 다운받아 사용해야 한다.

한편 연결된 구역을 나타내는 SEGMENT, 투영된 벡터 좌표계를 나타내는 X, Y 변수, 경도와 위도를 나타내는 LONG, LAT 변수, 해상도의 수준을 나타내는 RESOLUTION, 밀도의 수준을 나타내는 DENSITY, 그리고 호수 여부를 나타내는 LAKE 변수 등도 SOUTH_KOREA 데이터 세트에 제공된다.

둘째, ESRI사의 ArcGIS의 표준인 shapefile 형식의 자료를 사용할 수 있다. shapefile 형식의 자료는 shp, dbf, shx 파일로 구성되어 있으며 위치 정보를 가진 shp 파일을 SAS 자료로 변환시키기 위해 PROC MAPIMPORT 프로시저를 사용할 수 있다. SAS의 MAPSGFK 라이브러리에서 제공되는 지도는 자주 업데이트되지 않기 때문에 최신 지도 정보가 포함된 자료를 이용해야 할 때가 있으며 읍면동 자료가 없어서 다른 곳에서 지도를 다운받아 사용해야 할 때 MAPIMPORT 프로시저를 이용하면 된다.

```
PROC MAPIMPORT OUT=koradm
    DATAFILE="C:\Temp\kor_adm2.shp";
    RENAME TYPE_1=SIDO;
    EXCLUDE VARNAME_1;
RUN;
PROC MAPIMPORT OUT=KRDBF
    DATAFILE="C:\Temp\kor_adm2.dbf";
RUN;
```

shapefile 형식의 자료를 SAS데이터 세트로 불러 읽기 위해서 〈표 3〉과 같이 PROC MAPIMPORT 프로시저를 사용할 수 있다. 〈표 3〉의 예제는 http://www.diva-gis.org/gdata 웹사이트에서 한국 행정구역(administrative area) shapefile을 다운받아 c:\temp\ 폴더에 저장한 후 이 파일을 MAPIMPORT 프로시저를 이용하여 KORADM이라는 SAS 데이터 세트로 확장자가 shp인 파일을 불러 읽어 저장하였다. 유사한 방법으로 dbf 파일도 SAS 데이터 세트로 불러 읽을 수 있다.

만일 가져온 지도정보가 지리 좌표계면 PROC GPROJECT 프로시저를 이용하여 투영 좌표계로 변환시켜주면 된다.

셋째, 인터넷의 OPEN API를 이용하여 직접 ESRI, OpenStreetMap(OSM), 구글 지도에 접속하여 공간정보를 얻고 이것을 사용하는 방식이다. ESRI(Environmental Systems Research Institute)는 1969년 창립된 지리정보시스템 소프트웨어를 개발해 온 회사로 전 세계 GIS 소프트웨어 사용자의 80% 이상의 점유율을 보유하고 있는 ArcGis 소프트웨어와 각종 지리 정보를 제공하고 있다. 이 회사는 상업용 지리정보를 제공할 뿐 아니라 공개용 지리정보를 함께 제공하고 있다. OSM은 2004년 공개 데이터베이스를 천명하면서 각종 지도정보를 비 상업용으로 제공하는 비영리단체의 활동을 지칭하며[7] 이 비영리단체가 제공하는 지리정보 는 개방형 라이선스에 따라 자유롭게 사용할 수 있다. 구글 역시 각종 지리정보를 구글 지 도를 통해 제공하고 있으며 이 구글 지도는 다양한 어플리케이션의 기본 정보로 활용되고 있다. SGMAP 프로시저를 이용해 위도와 경도 정보를 제공하면 ESRI, OSM 지도정보를 손쉽게 SAS에서 접속하여 다양한 분석을 수행할 수 있으며 앞으로 더 많은 개방형 라이선 스 지도 접근을 가능하게 할 것으로 기대된다.

---

7) https://www.openstreetmap.org/#map=7/35.948/127.736

[그림 9] 레이어의 종류

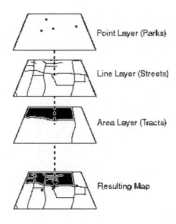

공간자료를 확보한 이후에는 해당 공간에 연구자가 관심있는 정보를 표시하게 된다. 이 정보를 속성자료(attribute data)라고 하는데 인구, 예산, 산업체 수와 같은 정보들이 그 예라고 할 수 있다. 주의할 것은 속성자료에는 공간자료와 연결할 수 있는 지리정보 변수가 포함되어야 한다. 어느 지역의 인구인지를 모르면 인구자료만으로는 공간자료와 결합하여 지도에 나타나기 어렵기 때문이다.

이렇게 다양한 정보를 결합하는 과정을 레이어(layer) 개념을 통해 이해할 수 있다. 즉 [그림 9]처럼 특정 장소(예: 공원)를 나타내는 점 레이어, 선(예: 거리나 도로)을 나타내는 선 레이어, 면 혹은 지역(예: 선거구)을 나타내는 지역 레이어 등이 있고 이것들을 결합하여 하나의 지도가 완성되는 것이다.

공간자료에는 많은 정보가 포함되어 있지만 이를 모두 사용하기도 하고 특정 지역을 자세하게 분석하기도 한다. 커버리지(coverage)는 지도에서 사용 가능한 공간자료의 부분집합으로 정의될 수 있는데 연구목적에 따라 적절할 커버리지를 정의하여 사용하면 된다.

4. GEOCODING의 개념

지오코딩(geocoding)이란 속성정보 자료에 주소나 우편번호 도시 이름 등이 있으면 이 정보를 이용하여 지리좌표로 변환해주는 절차이다. 예를 들어 주소(예: "1600 Amphitheatre

〈표 4〉 GEOCODE 프로시저를 이용하여 위도와 경도 정보를 속성파일에 포함시키는 방법

```
DATA LOCATIONS;
   INPUT ZIP SIZE;
   DATALINES;
   3901 4
   20601 5
   1001 7
   27513 8
   ;
RUN;
PROC GEOCODE DATA=LOCATIONS OUT=LOCATIONS
   (RENAME=(X=LONG Y=LAT))
   METHOD=ZIP LOOKUP=SASHELP.ZIPCODE;
RUN;
```

Parkway, Mountain View, CA") 정보가 속성정보 자료에 포함되어 있으면 이를 지리 좌표(예: 위도 37.423021 및 경도 -122.083739)로 변환시켜주어야 하는데 이때 사용하는 것이 지오코딩이다. 이 지오코딩을 손쉽게 할 수 있도록 해주는 것이 PROC GEOCODE 프로시저이다. 미국 지도의 경우에는 SASHELP 라이브러리의 ZIPCODE라는 데이터 세트에 미국 우편 주소와 도시 이름, 주, 카운티 등의 정보를 담은 파일이 있으므로 어렵지 않게 지오코딩을 할 수 있다. 전 세계 각국의 도시 이름의 경우도 Mapsgfk 라이브러리의 WORLD_CITIES 데이터 세트를 통해 제공되기 때문에 지오코딩이 가능하다. 하지만 한글 도시 이름은 제공하지 않고 영문으로 번역된 도시 이름만이 가능하다는 한계가 있다. 또한, 한국 주소의 경우에는 미국 주소처럼 지오코딩 변환을 할 수 있는 파일이 없어서 구글이 OPEN API 등으로 제공하는 지오코딩 정보를 이용해서 지오코딩을 수행하거나,[8] 주소 이름과 좌표정보가 있는 지오코딩 파일을 만들어 이를 속성자료와 매칭하여 사용해야 한다.

지오코딩을 이용하는 예제를 살펴보자. 자료가 만일 ZIP 코드와 속성변수인 SIZE 변수를 갖고 있다고 가정하자. ZIP 코드에 해당하는 지역의 위도와 경도 좌표를 GEOCODE 프로시저를 이용하여 확인하기 위해 〈표 4〉와 같은 프로그램을 사용할 수 있다. 이 프로그램 코드를 실행시키면 OUT= 에 지정된 LOCATIONS라는 데이터 세트에 위도 경도가 표시됨을 어렵지 않게 확인할 수 있다.

---

8) http://www.sascommunity.org/wiki/Geocoding_using_SAS_and_Google_Maps

향후 다양한 속성정보와 지리정보를 결합하기 위해서는 정확하고 간편한 지오코딩을 지원할 수 있는 프로시져가 개발될 필요가 있을 것이다.

공간정보를 이용한 시각화

지리정보와 속성자료가 준비되면 QGIS, ArcGIS, R의 ggmap, tmap, maptools 패키지와 Python의 GeoPandas 같은 다양한 프로그램을 이용하여 지도 위에 정보의 시각화를 구현할 수 있다. SAS의 경우에는 GMAP과 SGMAP 프로시저가 주로 사용되며 SAS/GIS 9.4 버전 소프트웨어를 구매하면 다양한 GIS 기능을 사용할 수 있다. 이하에서는 GMAP과 SGMAP 프로시저를 이용한 시각화 방법을 살펴보도록 한다.

1. GMAP을 이용한 시각화

공간자료를 이용하여 지도를 그리는 간단한 방법은 〈표 1〉과 같은 GMAP 프로시저를 이용하는 것이다. 〈표 1〉에서 /*①*/은 MAP= 옵션은 공간자료를, DATA= 옵션은 속성자료를 지정하는 것이다. /*②*/는 ID 변수는 지도에 구역을 나타내는 변수를 지정한 것이다. 행정구역 코드 번호를 가지고 있는 변수를 지정할 수 있다. /*③*/은 CHORO 명령문을 이용하여 속성변수의 크기에 따라 색깔을 달리하는 그래프를 그리는 것이다. CHORO 명령문 이외에도 BLOCK, AREA, PRISM, SURFACE 등의 명령문이 지원되며 그림을 그릴 수 있다.

〈표 1〉 GMAP 프로시저를 이용한 지도 그리기

```
PROC GMAP MAP=<공간자료> DATA=<속성자료>;          /*①*/
   ID <지도 구역을 나타내는 ID 변수>;                 /*②*/
   CHORO <반응변수 이름>;                            /*③*/
RUN;
```

〈표 2〉는 MAPSGFK.SOUTH_KOREA의 공간자료를 이용하여 한국 지도를 그린 것이다. /*①*/에서 DENSITY= 옵션은 지도의 정밀도를 나타내는 것으로 1에서 6까지의 값을 갖도록 한 것이다. 큰 값을 가질수록 정밀도는 높게 지도를 그릴 수 있다.

/*②*/의 ID 명령문에 지정된 변수 ID는 시군구를 나타내는 변수이다. 여기서 지정된 변수에 따라 지역의 경계를 나타내는 다각형(polygon)의 경계가 결정된다.

/*③*/에서 색의 명암을 이용하여 반응변수의 차이를 나타내도록 하였는데 ID1 변수는 MAPSGFK.SOUTH_KOREA 데이터 세트의 ID1 변수가 광역시도를 나타내기 때문에 광

<표 2> GMAP 프로시저를 이용한 지도 그리기

```
PROC GMAP   MAP=MAPSGFK.SOUTH_KOREA DATA=MAPSGFK.SOUTH_KOREA
   ALL DENSITY=5;                 /*①*/
   ID ID;                         /*②*/
   CHORO ID1/NOLEGEND  ;          /*③*/
RUN;
QUIT;
```

[그림 1] GMAP 프로시저를 이용한 한국 지도의 예시

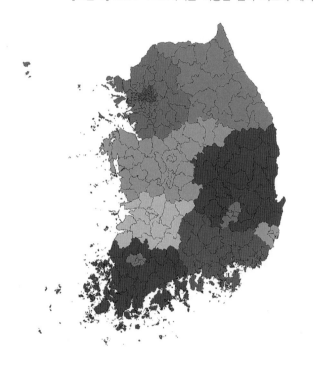

역시도의 차이를 구분하도록 나타낸다. 옵션으로 NOLEGEND를 사용하였는데 이 옵션을 사용하면 ID 변수의 레전드를 나타내지 않도록 한다.

위 지도에서는 시군구 경계까지 모두 나타나 있어서 지도가 지나치게 자세한 문제가 있다. 만일 광역시도 경계만을 나타내는 지도를 나타내고자 하면 어떻게 해야 할까? 간단하게 생각해보면 지도의 영역을 나타내는 변수를 시군구가 아니라 광역시도로 나타내면 될 것으로 판단할 수 있다. MAPSGFK.SOUTH_KOREA 데이터 세트를 보면 ID1은 광역시

<표 3> ID 변수를 광역시도로 바꾼 경우의 프로그램 코드

```
PROC GMAP  MAP=MAPSGFK.SOUTH_KOREA DATA=MAPSGFK.SOUTH_KOREA
    ALL  DENSITY=5;
    ID ID1; /*①*/
    CHORO ID1/NOLEGEND;
RUN;
QUIT;
```

[그림 2] 시군구 경계를 제거하지 않은 상황에서 광역시도별 그림을 그릴 때

도를 나타내는 변수이고 ID는 시군구를 나타내는 변수임을 알 수 있다. 따라서 〈표 3〉의 /*①*/처럼 ID ID1; 라고 지정을 하면 광역시도 구역의 그림을 그릴 수 있는 것처럼 오해 할 수 있다.

그러나 분석 결과를 보면 [그림 2]처럼 광역시도 경계가 왜곡되어 그림이 그려지게 됨을 확인할 수 있다.

이 문제를 해결할 때 사용되는 것이 GREMOVE 프로시저이다. 이 프로시저는 원래 공

```
PROC SORT DATA=MAPSGFK.SOUTH_KOREA  OUT=KOREA; /*①*/
   BY ID1 ID;
RUN;
PROC GREMOVE DATA=KOREA OUT=KOREA_OUTLINE; /*②*/
   BY ID1; /*③*/
   ID ID;  /*④*/
RUN;
PROC GMAP MAP=KOREA_OUTLINE DATA=KOREA_OUTLINE  DENSITY=5; /*⑤*/
   ID ID1;
   CHORO ID1/NOLEGEND;
RUN;
QUIT;
```

간자료에 있는 세부적인 경계와 지역을 높은 수준의 경계와 지역으로 통합할 수 있도록 한다. 즉 시군구 경계까지 나타난 자료를 광역시도 수준의 경계와 지역으로 통합한 지도를 그려주는 것이다. GREMOVE 프로시저는 사용하기 위해서는 먼저 통합하고자 하는 상위수준의 지역변수와 하위수준 지역변수로 정렬을 해준다. 예제 자료에서 ID1은 광역시도 자료이고 ID는 시군구 자료이므로 /*①*/과 같이 PROC SORT 프로시저를 이용하여 자료를 정렬한 후 KOREA라는 데이터 세트에 저장하도록 한다.

/*②*/에서는 정렬된 KOREA 자료에서 상위수준으로 경계와 영역을 통합하여 KOREA_OUTLINE이라는 새로운 공간자료로 저장을 하도록 한다.

/*③*/의 BY 명령문은 통합하여 얻고자 한 상위수준의 지역변수를 지정하는 것으로 광역시도를 나타내는 ID1 변수를 지정하였다.

/*④*/의 ID 명령문은 통합할 하위수준의 지역변수를 지정하는 것으로 여기서는 시군구를 나타내는 ID 변수가 사용되었다.

/*⑤*/의 GMAP 프로시저는 새롭게 만든 KOREA_OUTLINE 공간자료를 이용하여 광역시도별로 그림을 그리도록 한 것이다. 그 결과는 [그림 3]과 같이 우리가 원하는 결과를 얻을 수 있다.

[그림 3] GREMOVE 프로시저를 이용하여 광역시도로 경계가 통합하여 그린 지도

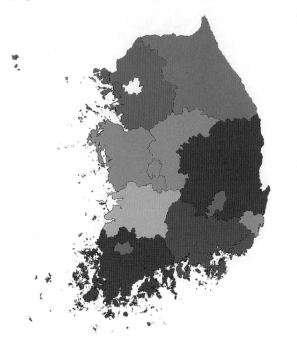

　이렇게 광역시도 단위의 공간자료를 만든 후에 광역시도의 속성자료를 포함할 수 있다. 간단하게 광역시의 속성을 나타내는 EFF라는 데이터 세트를 〈표 5〉와 같이 /*①*/의 데이터 스텝을 통해 입력하였다고 가정을 해보자. 속성자료에서 주의해야 할 것은 공간자료에서 지역을 나타내는 변수와 동일한 이름을 속성자료에서도 갖고 있어야 한다는 점이다. 〈표 5〉에서는 EFF 데이터 세트에 ID1이라는 지역 이름을 나타내는 변수가 있다. NAME 변수에는 각각의 지역 코드가 나타내는 지역을 보여준다. KR-11은 서울시, KR-31은 경기도, KR-21은 부산, KR-25는 대전임을 알 수 있다.[1]

　/*②*/은 이 속성자료를 GMAP 프로시저에 적용하여 지도를 그린 것이다. DATA= 옵션에 속성정보를 포함한 데이터 세트 EFF를 지정하였고, MAP= 에는 앞에서 광역시도 수준으로 경계를 통합한 지도를 사용하고 있다. 그 결과는 [그림 4]와 같다.

---

1) 참고로 /*①-1*/에서 ID1 변수의 FORMAT을 15자리 문자형으로 지정한 것은 SAS의 지도정보에서 ID1 변수가 15자리로 지정되어 있어서 통일하기 위해서이다.

〈표 5〉 속성자료를 반영하여 지도를 그리기 위한 프로그램

```
DATA EFF;/*①*/
    FORMAT ID1$15.;/*①-1*/
    INPUT ID1$ EFF NAME$;
    CARDS;
KR-11   1  서울
KR-26   2  부산
KR-27   3  대구
KR-28   4  인천
KR-29   5  광주
KR-30   6  대전
KR-31   7  울산
KR-36   8  세종
KR-41   9  경기
KR-42   10 강원
KR-43   11 충북
KR-44   12 충남
KR-45   13 전북
KR-46   14 전남
KR-47   15 경북
KR-48   16 경남
KR-50   17 제주
    ;
RUN;


PROC GMAP MAP=KOREA_OUTLINE DATA=EFF DENSITY=4  ALL; /*②*/
    ID ID1;;
    CHORO EFF /NOLEGEND ;
RUN;
QUIT;
```

[그림 4] 지리정보에 속성정보를 나타내기

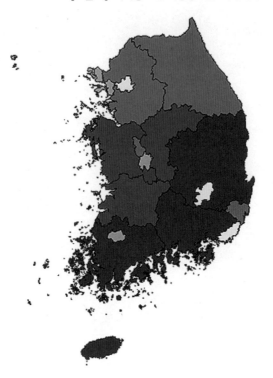

　지도를 그리다 보면 해당 지역에 레이블을 붙이는 것이 필요할 때도 있다. SAS에서는 ANNOTATE 데이터 세트를 만들어 레이블을 붙일 수 있지만 이를 간편하게 하도록 %ANNOMAC이라는 매크로와 %MAPLABEL이라는 매크로를 이용할 수 있다. %MAPLABEL 는 공간자료 데이터 세트 이름, 속성자료 데이터 세트 이름, 출력할 ANNOTATION 데이터 세트, 그리고 속성자료 데이터 세트에 있는 레이블 정보를 포함한 변수, 공간자료 데이터 세트에 지역을 나타내는 변수, 폰트, 색깔, 크기, 좌표 체계를 나타내는 HSYS[2] 값을 지정 하면 된다. 이 과정을 통해 〈표 6〉과 같이 LABELOUT이라는 ANNOTATION 데이터 세트가 만들어진다. 이 데이터 세트는 SAS 데이터 세트처럼 우리가 자유롭게 수정을 할 수 있다. 만일 레이블이 나타내는 위치를 조금 조정해주고 싶으면 LABELOUT 데이터 세트에서 X, Y 좌표를 수정해주면 된다.

---

2) http://support.sas.com/documentation/cdl/en/graphref/69717/HTML/default/viewer.htm#annotate_hsys.htm

〈표 6〉 %ANNOMAC와 %MAPLABEL을 이용하여 만들어진 LABELOUT 데이터 세트의 형태

position	xsys	ysys	when	hsys	text	function	style	color	size	ID1	x	y	NAME
5	2	2	a	3	서울	label	ARIAL BLACK	RED	3	KR-11	-0.018008	0.029777	서울
5	2	2	a	3	부산	label	ARIAL BLACK	RED	3	KR-26	0.011534	-0.011762	부산
5	2	2	a	3	대구	label	ARIAL BLACK	RED	3	KR-27	0.005014	-0.000923	대구
5	2	2	a	3	인천	label	ARIAL BLACK	RED	3	KR-28	-0.024658	0.028432	인천
5	2	2	a	3	광주	label	ARIAL BLACK	RED	3	KR-29	-0.020114	-0.012231	광주
5	2	2	a	3	대전	label	ARIAL BLACK	RED	3	KR-30	-0.011984	0.008375	대전
5	2	2	a	3	울산	label	ARIAL BLACK	RED	3	KR-31	0.013819	-0.005828	울산
5	2	2	a	3	세종	label	ARIAL BLACK	RED	3	KR-36	-0.013629	0.012425	세종
5	2	2	a	3	경기	label	ARIAL BLACK	RED	3	KR-41	-0.011542	0.030298	경기
5	2	2	a	3	강원	label	ARIAL BLACK	RED	3	KR-42	-0.000457	0.034187	강원
5	2	2	a	3	충북	label	ARIAL BLACK	RED	3	KR-43	-0.009295	0.013459	충북
5	2	2	a	3	충남	label	ARIAL BLACK	RED	3	KR-44	-0.019877	0.012062	충남
5	2	2	a	3	전북	label	ARIAL BLACK	RED	3	KR-45	-0.015708	-0.002292	전북
5	2	2	a	3	전남	label	ARIAL BLACK	RED	3	KR-46	-0.020062	-0.019708	전남
5	2	2	a	3	경북	label	ARIAL BLACK	RED	3	KR-47	0.005652	0.012174	경북
5	2	2	a	3	경남	label	ARIAL BLACK	RED	3	KR-48	0.000522	-0.011151	경남
5	2	2	a	3	제주	label	ARIAL BLACK	RED	3	KR-50	-0.024541	-0.039902	제주

[그림 5] 좌표 체계의 유형

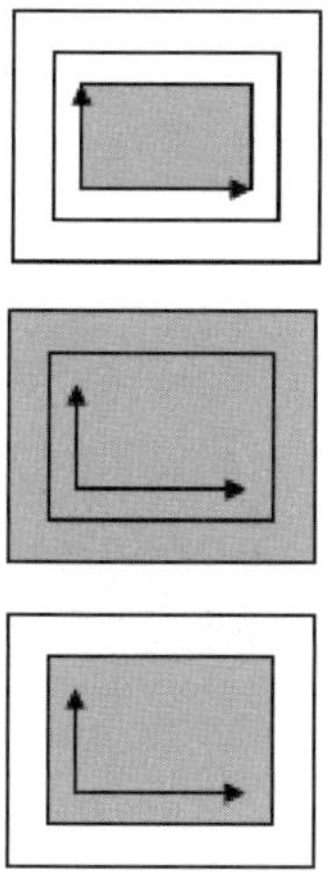

Area	Unit	Coordinate System	
		Absolute	Relative
Data	%	1	7
	Values	2	8
		Absolute	Relative
Graphics Output Area	%	3	9
	Cells	4	A
		Absolute	Relative
Procedure Output Area	%	5	B
	Cells	6	C

참고로 XSYS는 그림의 공간의 좌표를 지정해주는 방식이다. [그림 5]는 ANNOTATION 에서 좌표체계를 지정할 때 좌표의 영역을 나타내주는 방식이다. XSYS= 에 값을 적절히 지정하면 비율을 단위로 사용하기도 하고, 그래프의 좌표 값을 사용할 수 있다.

그리고 이렇게 만들어진 ANNOTATION 데이터 세트를 /*①*/과 같이 ANNOTATE= LABELOUT으로 CHORO 명령문의 옵션으로 지정해주면 레이블이 해당 지역에 나타나게

<표 7> 지도에 레이블 넣기

```
%ANNOMAC;
 %MAPLABEL (KOREA_OUTLINE, EFF, LABELOUT, NAME, ID1,
          FONT=ARIAL BLACK, COLOR=RED, SIZE=3, HSYS=3);
PROC GMAP MAP=KOREA_OUTLINE DATA=EFF DENSITY=4  ALL;
    ID ID1;
    CHORO EFF /NOLEGEND ANNOTATE=LABELOUT ;/*①*/
RUN;
QUIT;
```

[그림 6] 지도에 레이블을 포함시키기

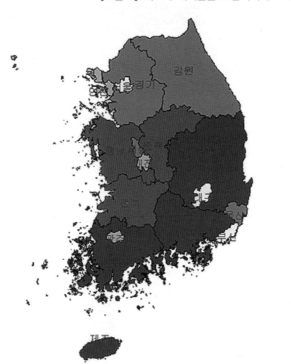

된다. <표 7>은 이를 이용하여 지도에 레이블을 표시한 프로그램의 예제이다.

지역 이름을 레이블을 이용하여 나타낼 수 있지만, 지역과 속성 변수 값을 함께 나타내는 경우 레이블이 겹쳐지기 때문에 정보를 정확히 나타내주기 어렵다. 이 경우에는 ANNOTATION 데이터 세트를 만들어 레이블을 다양하게 나타낼 수 있다. 이 작업을 위해서는 레이블에 지역 이름과 속성변수 값을 결합한 새로운 변수를 레이블로 만들고 이 레이블이 위치할 X, Y 좌표를 지역에 따라 조정해주면 된다. 이러한 작업의 예시를 앞에서 사용한 자료를 이용하여 수행해보면 〈표 8〉의 코드와 같다.

/*①*/은 FUNCTION="LABEL"을 이용하여 지역 레이블을 위치시킬 좌표를 지정하는 것이다. 레이블이 서해 쪽에 위치하는 지역의 X 좌표의 왼쪽과 오른쪽 끝은 동일하게 지정하면 되고, 동해 쪽에 위치하는 지역 역시 X 좌표의 왼쪽과 오른쪽 끝은 동일하게 지정하면 되기 때문에 %LET LEFT=-0.055 및 %LET RIGHT=0.045의 값을 약간씩 변형시켜주면 레이블의 폭이 조정됨을 알 수 있다. 한편 각 지역의 중심에서 레이블이 위치하는 곳까지 연결하는 선을 나타내주기 위해 FUNCTION="MOVE"에 선의 시작점의 좌표를 지정하고 FUNCTION="DRAW"에 선의 끝점의 좌표를 지정하면 선을 그릴 수 있게 된다.

/*②*/은 ANNO1 데이터 세트에 있는 텍스트 변수에 지역 이름뿐만 아니라 속성변수의 변수 값도 함께 나타낸 후 ANNO2 데이터 세트를 만드는 작업을 수행한 것이다.

〈표 8〉 지도에 ANNOTATION 데이터 세트를 이용하여 레이블을 나타내기

```
DATA ANNO1; /*①*/
    LENGTH FUNCTION COLOR $8 POSITION $1 TEXT $8;
    RETAIN XSYS YSYS '2' HSYS '3' WHEN 'A' POSITION '5';
        %LET LEFT=-0.055; %LET LEFT2=%SYSEVALF(&LEFT+0.01);
    %LET RIGHT=0.045; %LET RIGHT2=%SYSEVALF(&RIGHT- 0.01);
    FUNCTION='MOVE'; X=-0.018008; Y=0.029777; OUTPUT;
    FUNCTION='DRAW'; LINE=1; SIZE=0.3;COLOR='BLACK';
    X=&LEFT2; Y=0.029777; OUTPUT;
    FUNCTION='LABEL'; SIZE=3;COLOR='BLACK'; STYLE='ARIAL BLACK';
    X=&LEFT; Y=0.029777;  TEXT='서울'; ID1="KR-11"; OUTPUT;
    FUNCTION='MOVE'; X=0.011534; Y=-0.011762; OUTPUT;
    FUNCTION='DRAW'; LINE=1; SIZE=0.3;COLOR='BLACK';
    X=&RIGHT2; Y=-0.015762;
    OUTPUT;
** 코드 생략 **
    FUNCTION='LABEL';SIZE=3;COLOR='BLACK'; STYLE='ARIAL BLACK';
```

```
        X=&LEFT;  Y=-0.041902;  TEXT='제주';   ID1="KR-50";  OUTPUT;
        IF FUNCTION^="LABEL" THEN ID1=".";
   RUN;


   PROC SORT DATA=EFF;BY ID1;RUN;
   PROC SORT DATA=ANNO1;BY ID1;RUN;


   DATA ANNO2;  /*②*/
        MERGE EFF ANNO1;
        BY ID1;
        IF EFF ^=. THEN DO;
        TEXT2=CAT(TEXT,EFF);
        END;
        IF EFF =. THEN TEXT2=TEXT;
        DROP TEXT;
        RENAME TEXT2=TEXT;
   RUN;
   PROC GMAP MAP=KOREA_OUTLINE DATA=EFF DENSITY=4  ALL;
        ID ID1;;
        CHORO EFF /NOLEGEND ANNOTATE=ANNO2;
   RUN;
   QUIT;
```

[그림 7]은 〈표 8〉의 코드를 실행하여 지도에 지역 이름과 속성변수를 함께 레이블로 나타내서 시각화한 결과를 보여준다.

[그림 7] ANNOTATION 데이터 세트를 이용하여 공간정보를 시각화한 예시

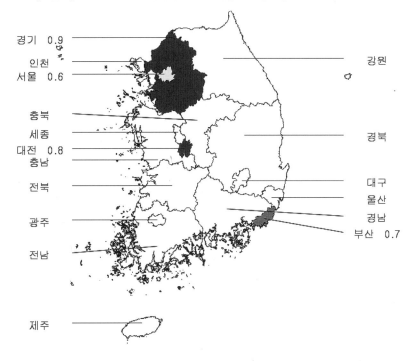

〈표 9〉 색상코드를 이용한 지도의 색깔 바꾸기

```
PATTERN1 COLOR=CXEDDCDF VALUE=MSOLID;
PATTERN2 COLOR=CXE5ACB6 VALUE=MSOLID;
PATTERN3 COLOR=CXDD7C8D VALUE=MSOLID;
PATTERN4 COLOR=CXD44B64 VALUE=MSOLID;
PATTERN5 COLOR=CXCC1B3B VALUE=MSOLID;
PROC GMAP MAP=KOREA_OUTLINE DATA=EFF DENSITY=4  ALL; /*②*/
    ID ID1;;
    CHORO EFF /NOLEGEND ANNOTATE=ANNO2;
RUN;
QUIT;
```

마지막으로 속성변수 값의 색깔을 다르게 나타내기 위해서는 〈표 9〉와 같이 PATTERN
을 지정하면 된다.3)

---

3) SAS에서 지원되는 색상의 코드는 ftp://ftp.sas.com/techsup/download/graph/color_list.pdf 참고.

[그림 8] 색상을 바꾸어 시각화한 예시

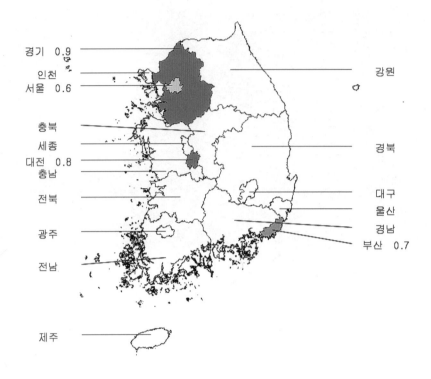

[그림 8] 색상을 바꾸어 시각화한 예시

〈표 10〉 블록그림을 지도에 나타내는 방법

```
PROC GMAP MAP=KOREA_OUTLINE DATA=EFF DENSITY=5  ALL;
    ID ID1;
    BLOCK EFF /SHAPE=STAR NOLEGEND BLOCKSIZE=8 ANNOTATE=LABELOUT;
RUN;
QUIT;
```

[그림 8]은 색상을 바꾸어 시각화한 결과를 보여준다.

이 밖에도 지역 간 차이를 나타내기 위해 CHORO 명령문 대신 BLOCK 명령문을 사용
하면 [그림 9]와 같이 나타낼 수도 있다.

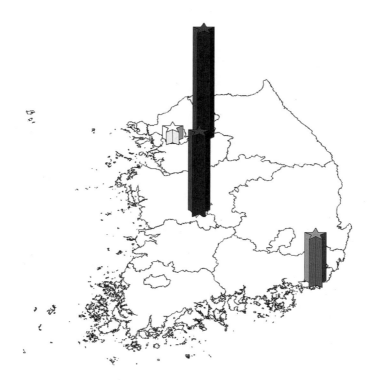

〈표 11〉 PRISM 명령문을 사용하여 지도를 그리는 방법

```
PROC GMAP MAP=KOREA_OUTLINE    DATA=EFF(where=(id1 in ("KR-26",
"KR-41", "KR-30"))) DENSITY=5 resolution=10 ALL;
    ID ID1;
    PRISM EFF /NOLEGEND RELZERO;
RUN;
QUIT;
```

이 밖에도 〈표 11〉과 같이 PRISM 명령문을 사용하면 [그림 10]과 같은 지도를 얻을 수 있다.[4]

───────

4) 프리즘 지도를 그릴 때 해상도 RESOLUTION=을 적절히 지정하여야만 지도에 불필요한 선이 나 나타지 않음에 유의할 필요가 있다.

[그림 10] 프리즘 그래프 예시

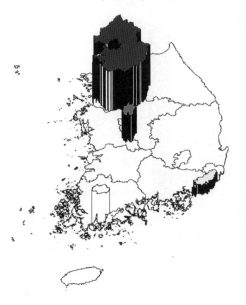

[그림 11] PIE 그림 예시

2016년 과세유형이 면세사업자인 경우 폐업사유 유형별 분포

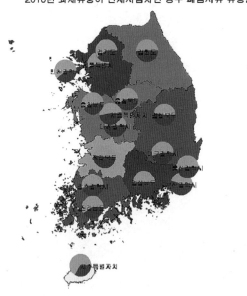

또한, 지도 위에 다양한 정보를 시각화하기 위해 〈표 12〉와 같은 명령문을 활용하면 [그림 11]과 같은 지도를 얻을 수 있다.

```
/* 레이블+파이 통합 annotate 데이터 만들기*/
DATA new.name_pie;
    MERGE new.freq2 new.centers;
    BY sasid1;
    RETAIN xsys '2' ysys '2' when 'a' ; /*레이블과 파이의 공통변수*/

FUNCTION='label';
    LENGTH text $20 color $8;
    TEXT=input(v1, $uesc50.);
    POSITION='5'; COLOR='black'; SIZE=1.2;
OUTPUT;
FUNCTION='pie';
    IF c3="16133ABA7" THEN color='#E5B82E'; /*bioy*/
    ELSE IF c3="16133T2008_0418" THEN COLOR='#80511A';/*deo*/
    ELSE IF c3="16133T2008_0419" THEN COLOR='#D9A465';/*lio*/
    ELSE IF c3="16133T2008_0420" THEN COLOR='#D9576E'; /*stpk*/
    ELSE IF c3="16133T2008_0421" THEN COLOR='#E599A7';/*lipk*/
    ELSE IF c3="16133T2008_0422" THEN COLOR='#769966';/*molg*/
    ELSE IF c3="16133T2008_0423" THEN COLOR='#CDE57A';/*vigy*/
    ELSE  COLOR='cx703070';/*purple*/
    ROTATE=360*pct_row/100;  SIZE=2; STYLE='solid';LINE=0; OUTPUT;
RUN;


/* 레이블+파이 동시 시각화*/
PROC GMAP DATA=new.re1(where=(prd_de="2016" and c1="15133SEJ09"))
MAP=new.korea_maps2; /*new.re1 데이터 세트 : 폐업사업자 현황과 지리 데이터를
merge한 데이터, prd_de=year변수, c1=과세유형 */
ID sasid1;
CHORO dt1/ NOLEGEND ANNO=new.name_pie COUNTLINE=black;
RUN;
```

2. 엑셀에 저장된 속성자료와 SAS 공간자료를 이용한 분석

〈표 13〉과 같이 엑셀에 지역별로 인구자료가 저장되어 있다고 가정해보자. 행정구역 코드는 CODE 변수에 저장되어 있다. 이 속성자료를 이용하여 우리나라의 인구 지도를 그리려고 한다고 가정해보자. 그렇다면 이 속성자료와 SAS 지도를 연결해야 하는데 SAS의 MAPSGFK.SOUTH_KOREA에 있는 지역 코드 변수 ID는 KR-11010과 같은 형식으로 되어 있다. 따라서 엑셀 파일의 CODE와 SAS의 ID 변수를 통일시키는 작업이 필요하다.

〈표 13〉 엑셀에 저장된 인구자료(POPULATION.XLSX)

	A	B	C	D	E	F	G	H
1	code	reg_name	type	Y1992	Y1993	Y1994	Y1995	Y1996
2	0	전국	total	44503200	45001113	45416339	45858029	46266256
3	0	전국	m	22345897	22602933	22814974	23041367	23242707
4	0	전국	f	22157303	22398180	22601365	22816662	23023549
5	11	서울특별시	total	10935230	10889499	10759454	10550871	10418076
6	11	서울특별시	m	5500001	5477845	5408827	5302277	5231039
7	11	서울특별시	f	5435229	5411654	5350627	5248594	5187037
8	11110	종로구	total	226240	221049	213187	203086	197563
9	11110	종로구	m	113677	111055	106942	101960	99067
10	11110	종로구	f	112563	109994	106245	101126	98496
11	11140	중구	total	174605	165129	153901	143138	132189
12	11140	중구	m	88268	83428	77690	72132	66538
13	11140	중구	f	86337	81701	76211	71006	65651
14	11170	용산구	total	280671	271379	264188	254579	247694
15	11170	용산구	m	140424	135727	131830	126809	123294
16	11170	용산구	f	140247	135652	132358	127770	124400
17	11200	성동구	total	778385	765944	750814	341582	329914

KOREAGEOCODE.XLSX 파일은 한국의 시도 이름(V1), 시군구 이름(V2), 행정구역 이름(V3)과, 행정동(V4), 법정동 이름(V5), 그리고 행정구역코드(V6), 행정기관코드(V7), 법정동 코드(V8), 관할지역(V9), 행정동 영문명칭(V10), 시도구 이름(V11), SAS 지도의 시군구 ID (SASID), SAS 지도의 광역시도 ID1(SASID1) 코드 정보를 포함한 엑셀 파일이다. 이러한 파일이 필요한 것은 지역을 나타내는 고유한 단위들이 조금씩 다르게 표현되고 있고, 지역에 대한 코드들 역시 다르게 부여하기 때문이다. 여러 개의 레이어를 겹쳐 GIS를 구현하는 것은 여러 개의 데이터 세트를 결합하는 과정이기 때문에 각 데이터를 연결할 수 있는 ID 변수를 통일할 필요가 있다.

<표 14> KOREAGEOCODE.XLSX 파일의 변수들

	A	B	C	D	E	F	G	H	I	J	K	L	M
1	V1	V2	V3	V4	V5	V6	V7	V8	V9	V10	V11	SASID	SASID1
2	서울특별시	서울특별시	서울특별시	서울특별시	서울특별시	1100000	1100000000	1100000000		Seoul	서울특별시	KR-11000	KR-11
3	서울특별시	종로구	종로구	종로구	종로구	1101000	1111000000	1111000000		Jongno-gu	서울종로구	KR-11010	KR-11
4	서울특별시	종로구	청운효자동	청운효자동	청운동	1101072	1111051500	1111010100		Cheongunhyoja-dong	서울종로구	KR-11010	KR-11
5	서울특별시	종로구	청운효자동	청운효자동	신교동	1101072	1111051500	1111010200		Cheongunhyoja-dong	서울종로구	KR-11010	KR-11
6	서울특별시	종로구	청운효자동	청운효자동	궁정동	1101072	1111051500	1111010300		Cheongunhyoja-dong	서울종로구	KR-11010	KR-11
7	서울특별시	종로구	청운효자동	청운효자동	효자동	1101072	1111051500	1111010400		Cheongunhyoja-dong	서울종로구	KR-11010	KR-11
8	서울특별시	종로구	청운효자동	청운효자동	창성동	1101072	1111051500	1111010500		Cheongunhyoja-dong	서울종로구	KR-11010	KR-11
9	서울특별시	종로구	청운효자동	청운효자동	통의동	1101072	1111051500	1111010800		Cheongunhyoja-dong	서울종로구	KR-11010	KR-11
10	서울특별시	종로구	청운효자동	청운효자동	누상동	1101072	1111051500	1111010900		Cheongunhyoja-dong	서울종로구	KR-11010	KR-11
11	서울특별시	종로구	청운효자동	청운효자동	누하동	1101072	1111051500	1111011000		Cheongunhyoja-dong	서울종로구	KR-11010	KR-11
12	서울특별시	종로구	청운효자동	청운효자동	옥인동	1101072	1111051500	1111011100		Cheongunhyoja-dong	서울종로구	KR-11010	KR-11
13	서울특별시	종로구	청운효자동	청운효자동	세종로	1101072	1111051500	1111011900	분할연계	Cheongunhyoja-dong	서울종로구	KR-11010	KR-11
14	서울특별시	종로구	사직동	사직동	통의동	1101053	1111053000	1111010600		Sajik-dong	서울종로구	KR-11010	KR-11
15	서울특별시	종로구	사직동	사직동	적선동	1101053	1111053000	1111010700		Sajik-dong	서울종로구	KR-11010	KR-11
16	서울특별시	종로구	사직동	사직동	제부동	1101053	1111053000	1111011200		Sajik-dong	서울종로구	KR-11010	KR-11
17	서울특별시	종로구	사직동	사직동	필운동	1101053	1111053000	1111011300		Sajik-dong	서울종로구	KR-11010	KR-11
18	서울특별시	종로구	사직동	사직동	내자동	1101053	1111053000	1111011400		Sajik-dong	서울종로구	KR-11010	KR-11

<표 15> 속성자료에 있는 지역이름과 공간자료에 있는 지역이름을 통일시키기 위한 코드

```
PROC IMPORT OUT= WORK.abcd
    DATAFILE= "f:\My Books\SAS를 이용한 자료분석\KOREAGEOCODE.xlsx"
    DBMS=EXCEL REPLACE;
    RANGE="GEOCODE$";
    GETNAMES=YES;
    MIXED=NO;
    SCANTEXT=YES;
    USEDATE=YES;
    SCANTIME=YES;
RUN;
DATA CODE;
    SET ABCD;
    ID=SASID;
    ID1=SASID1;
    CODE=SUBSTR(V7,1,5)*1.;
RUN;
PROC SORT DATA=CODE NODUPKEY OUT=CODE2;BY CODE;RUN;
RUN;
PROC SORT DATA=RAW;BY CODE;RUN;

DATA POP;
    MERGE RAW CODE2;
    BY CODE;
RUN;
```

인구자료 POPULATION.XLSX에 있는 지역 이름을 위의 KOREAGEOCODE.XLSX 파일을 이용하여 SAS에서 제공하는 지역 코드로 변환시키는 것은 〈표 15〉의 프로그래밍을 실행시키면 어렵지 않게 수행할 수 있다.

외부 공간정보 자료를 가져와 지도 그리기

SAS가 제공하는 지도는 시군구 경계까지밖에 제공하지 않기 때문에 자세한 지도를 원하는 경우가 많다. 또 특정 지역을 세밀하게 분석하기 위해서 해당 지역의 정밀 지도를 사용하는 것이 바람직할 수 있다. 이 경우 SAS 지도를 사용하지 않고 다른 업체에서 제공하는 공간정보 자료를 SAS로 불러 읽어 이를 이용하여 GIS 분석을 수행할 수 있다.

지리정보 자료로 가장 널리 많이 사용되는 것은 ESRI사의 ArcGIS에 사용되는 shapefile이다. 이 파일은 〈표 16〉과 같이 기하학적으로 나타낸 객체의 지리정보를 저장하고 있는 SHP 파일, 속성정보를 나타내는 DBF 파일, 그리고 지리정보와 속성정보 파일을 연결해주는 정보를 가진 SHX 파일로 구성된다.[5]

〈표 16〉 ESRI ArcGIS 파일 체계

파일명 및 확장자	내 용
지도이름.SHP	객체(object)별 위치 정보를 포함하고 있는 파일 (예: 광역시·도별 좌표)
지도이름.DBF	각 객체와 관련된 독립 혹은 종속변수에 대한 정보를 포함하고 있음 (예: 지역별 인구)
지도이름.SHX	공간정보를 갖는 SHP 파일과 속성정보를 갖는 DBF 파일을 연결시켜주는 정보를 포함하고 있는 파일

shapefile 포맷의 지도정보를 제공하는 대표적인 곳은 국토교통부의 국가공간정보포털 오픈마켓이다(http://market.nsdi.go.kr/main/index.do). 이곳은 국토지리정보원의 원시 자료를 기반으로 한 법정경계(시군구, 읍면동, 리) 및 행정경계(시도, 시군구, 읍면) 자료를 무료로 제공한다.

이 파일을 다운받기 위해서는 국가공간정보포털 오픈마켓에 검색하여 '행정경계'를 검색하면 다음과 같은 결과를 얻는다. 물론 "공간정보 데이터 세트 >> 도시개발·지역개발 >> 지역·도시" 카테고리를 찾아가도 된다. 이 중 광역자치단체 단위의 지도 파일인 "행정경계_시도"를 선택하고 내려받으면 된다.

---

5) 이 밖에도 투영정보를 나타내는 PRJ 파일, 공간 인덱스 정보를 저장하고 있는 SBN 파일 등 다양한 파일도 추가될 수 있는데 이를 모두 shapefile의 구성요소가 된다.

[그림 12] 국가공간정보포털 오픈마켓 행정경계 검색결과

행정경계_시도 파일을 다운받아 압축을 풀면 세 개의 파일(Z_NGIMS_N3A_G0010000.shp, Z_NGIMS_N3A_G0010000.dbf, Z_NGIMS_N3A_G0010000.shx)을 얻을 수 있다. 이 파일 중 속성정보를 불러오기 위해 Z_NGIMS_N3A_G0010000.dbf 파일을 MAPIMPORT 프로시저를 〈표 17〉과 같은 코드를 이용할 수 있다. 이 코드를 통해 STATUS라는 SAS 데이터 세트를 얻을 수 있다. 지리정보를 얻기 위해 shp 파일을 불러오는 것도 동일하게 MAPIMPORT 프로시저를 사용하면 된다.

```
PROC MAPIMPORT DATAFILE = "D:\Z_NGIMS_N3A_G0100000.dbf"
    OUT=STATUS;
RUN;
PROC PRINT DATA = STATUS;
RUN;
```

　데이터를 출력해 보면 다음 〈표 18〉과 같다. 앞서 언급한 바와 같이, dbf 파일은 객체들의 속성정보를 저장하는 파일이다. 전체 개체 수는 17개로 한국의 광역자치단체 숫자와 일치한다. 먼저 NAME 변수를 보면 각 광역자치단체의 이름이 나타나 있음을 알 수 있다. 이 중 눈여겨봐야 할 변수는 BJCD이다. BJCD변수는 이 지도에서 나타나는 객체(즉 기초자치단체)들의 각 광역자치단체의 코드를 나타낸다. 행정자치부의 지자체 식별 코드에서 맨 앞의 두 자리 숫자가 광역자치단체의 코드이다. 다음으로 셋째 자리부터 다섯째 자리까지 세 개의 숫자가 기초자치단체의 코드를 나타낸다. 이 dbf 파일에서는 광역자치단체만을 나타내므로 세종시를 제외한 나머지 지자체들은 세 번째 자리 이후가 모두 0으로 표시됨을 알 수 있다. UFID는 각 지자체를 나타내는 지도상의 개체, 즉 다각형(polygon)의 식별번호(ID)를 나타낸다.

　여기서 주목할 것은 각 관측치, 즉 개체(도형)를 식별할 수 있는 변수를 파악해야 한다는 점이다. SAS에서는 각 개체를 독립적으로 식별 가능한 변수를 지정해야 지도를 불러올 수 있기 때문이다. 여기서는 BJCD와 NAME, UFID변수로써 각 개체를 식별할 수 있음을 알 수 있다. 다만 NAME의 경우 광역자치단체 단위에서는 이름이 같은 곳이 없기 때문에 문제가 없지만 시군구 단위의 지도에서는 같은 이름을 지닌 기초자치단체가 있기 때문에 개체 식별을 위한 변수로 부적절할 것이다.

　이렇듯 dbf 파일은 지도가 포함하는 여러 객체(점, 선, 다각형 등)의 정보를 보여주기 때문에, 이를 확인하면 해당 지도가 어떠한 단위에서 어떠한 정보를 지니고 있는지를 대략적으로 파악할 수 있다. 이러한 dbf 파일은 dBASE IV 구조를 지니고 있기 때문에 메모장 또는 MS엑셀/엑세스에서 열어볼 수 있고, 엑세스에서 수정할 수 있다.

OBS	BJCD	DIVI	FMTA	NAME	SCLS	UFID
1	1100000000	HJD002	201378	서울특별시	G0018112	…
2	2700000000	HJD003	201371	대구광역시	G0018112	…
3	2900000000	HJD003	201367	광주광역시	G0018112	…
4	3000000000	HJD003	201372	대전광역시	G0018112	…
5	3100000000	HJD003	201377	울산광역시	G0018112	…
6	3611000000	HJD003	201370	세종특별자치시	G0018112	…
…	…	…	…	…	…	…
17	2600000000	HJD003	201377	부산광역시	G0018112	…

〈표 19〉 MAPIMPORT 프로시저를 활용한 지리정보 불러오기

```
PROC MAPIMPORT DATAFILE = "D:\Z_NGIMS_N3A_G0010000.SHP" OUT=KOREA;
    ID BJCD;
RUN;


PATTERN VALUE=EMPTY COLOR = BLACK;


PROC GMAP MAP = KOREA DATA = KOREA;
    ID BJCD;
    CHORO SEGMENT / NOLEGEND;
RUN;
QUIT;
```

지리정보를 부르기 위해 SHP 파일은 〈표 19〉와 같은 코드를 이용하여 불러 읽을 수 있다. MAPIMPORT 프로시저에서 ID 명령문은 객체를 식별하는 변수를 지정하면 되며 이 예제에서는 광역시도를 나타내는 BJCD 변수를 지정하였다.[6] 한편 예제에서는 PATTERN 명령문에서 색상을 사용하지 않도록 설정했기 때문에 CHORO 명령문에서 SEGMENT 변수 값에 따라 지역을 구분하는 것은 무시된다. [그림 13]은 shapefile에서 제공한 지리정보를 이용하여 지도를 그리는 코드를 실행한 결과를 보여주고 있다.

---

6) pattern 문은 백지도를 그리기 위해 색상설정을 단색으로 한 것이다. pattern문은 지도의 각 객체에 특정 색을 표시할 때에도 사용한다.

[그림 13] Shape 파일을 이용한 광역지방자치단체 지도 표시

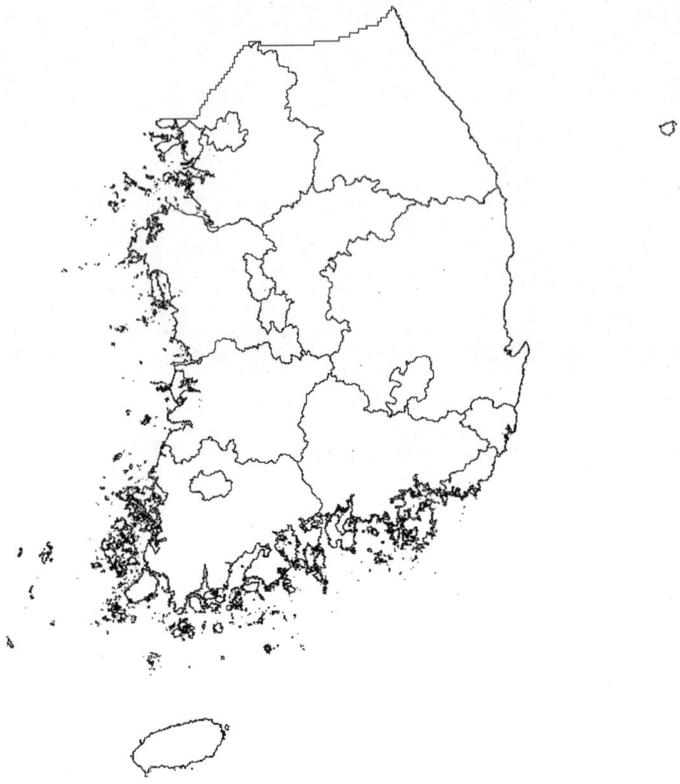

〈표 20〉 X축과 Y축 픽셀의 해상도 조정

```
GOPTION XPIXELS = 1000 YPIXELS = 1000;
```

조금 더 큰 해상도의 지도가 필요한 경우, 다음과 같은 GOPTION 문을 선언해주면 된다. GOPTION에서는 SAS 그래픽스의 여러 가지 옵션을 정할 수 있도록 해줄 수 있는데, 〈표 20〉과 같이 X축과 Y축 픽셀의 해상도를 지정해줄 수 있다.

이제 지도상의 지역 구분에 따라 여러 가지 정보를 나타내는 방법을 알아보자. 예제로는 국가통계포털(http://kosis.kr/)에서 제공하는 자료를 사용한다. 이곳은 통계청에서 주제별 또는 제공기관별로 한국의 다양한 사회경제지표를 제공하고 있다. 다음과 같은 통계목록 화면에서 필요한 자료를 다운받으면 된다.

[그림 14] 국가통계포털의 주제별 통계 제공 화면

본 실습에서는 행정구역(시군구)별 총인구, 남자, 여자 인구수를 활용한다. "주제별통계>>
주민등록인구현황>>행정구역(시군구)별 총인구, 남자, 여자 인구수"를 선택하고 좌측 상단
의 '일괄설정'을 클릭하여, 항목의 총인구수, 남자인구수, 여자인구수와 행정구역(시군구)별
전체 항목을, 시점은 "년"단위를 선택한다. 년 단위의 자료는 1992년부터 제공되고 있다.

[그림 15] 행정구역(시군구)별 총인구 세부설정 항목

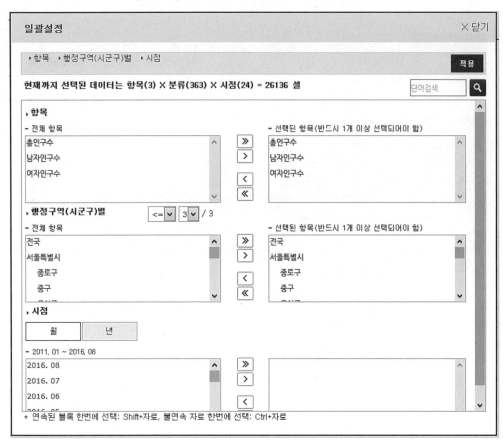

이러한 설정을 마쳤으면 엑셀로 자료를 다운로드 받는다. 이 과정에서 잊지 말아야 할 것은, 엑셀 또는 텍스트 형식으로 자료를 다운받을 경우, 반드시 '코드포함'을 체크하여야 지도상의 자료와 매칭을 시킬 수 있다는 점이다.

[그림 16] 다운로드 화면(코드포함 클릭)

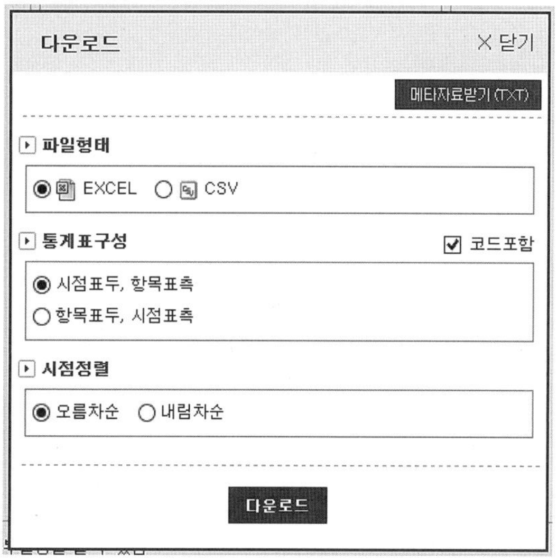

<표 21> 연도별 행정구역별 성별 인구 수

code	행정구역(시군구)별	⋯	항목	단위	1992년	1993년	⋯	2015년
00	전국	⋯	총인구수	명	44503200	45001113	⋯	51529338
00	전국	⋯	남자인구수	명	22345897	22602933	⋯	25758186
00	전국	⋯	여자인구수	명	22157303	22398180	⋯	25771152
11	서울특별시	⋯	총인구수	명	10935230	10889499	⋯	10022181
11	서울특별시	⋯	남자인구수	명	5500001	5477845	⋯	4930943
11	서울특별시	⋯	여자인구수	명	5435229	5411654	⋯	5091238
11110	종로구		총인구수	명	226240	221049	⋯	154986
⋯	⋯		⋯		⋯	⋯	⋯	⋯
26	부산광역시	⋯	총인구수	명	3882389	3862806	⋯	3513777
26	부산광역시	⋯	남자인구수	명	1941895	1931484	⋯	1735570
26	부산광역시	⋯	여자인구수	명	1940494	1931322	⋯	1778207
⋯	⋯	⋯	⋯	⋯	⋯	⋯	⋯	⋯

다운받은 자료를 엑셀로 열어보면 <표 21>과 같음을 알 수 있다. 먼저 맨 앞의 code는 각 행정구역의 고유 코드를 나타낸다. 전국은 00을, 광역자치단체는 두 자리의 코드를 사용하고, 기초자치단체는 다섯 자리의 코드를 사용함을 알 수 있다. 또한 기초자치단체의 다섯 자리 코드의 앞 두 자리는 광역자치단체의 코드임을 역시 확인할 수 있다.

분석상의 편의를 위해, 위의 자료를 〈표 22〉와 같은 종형(long form)으로 변환한다.[7]

〈표 22〉 종형으로 변환한 행정구역별 성별 인구 수

code	reg_name	type	value	year	ADM_SECT_C
0	전국	total	44503200	1992	0
...	...	...	...	...	...
11	서울특별시	total	10935230	1992	11
11	서울특별시	total	10889499	1993	11
11	서울특별시	total	10759454	1994	11
...	...	...	...	...	...
50	제주특별자	total	624395	2015	50

이제 2015년을 기준으로 각 광역자치단체의 인구를 지도상에 표시해보자.

〈표 23〉 지도자료와 속성자료의 코드 일치를 위한 코드변형

```
DATA KOREA_m;
   SET KOREA;
   CODEe = SUBSTR(BJCD, 1, 2)*1;              /*①*/
RUN;
```

지도상에 각 지역의 속성을 표시하기 위해서는 지도상의 다양한 객체(도형)들의 코드와 속성자료들의 코드를 일치시켜야 한다. 현재 지도자료(korea)의 코드(변수 bjcd)는 열 자리이고, 광역지자체의 자료가 담겨 있는 자료(long_form)의 코드(변수 code)는 광역자치단체의 경우 두 자리(기초자치단체의 경우 다섯 자리)이다. 이를 동일한 변수명 및 형식으로 일치시켜야 한다. 이를 위해 DATA 문을 사용하여 지도데이터를 하나 더 만든다. ①은 문자 형식의 열 자리 코드의 맨 앞자리 두 개를 숫자형으로 변환하여 CODE라는 변수에 저장하라는 명령이다.

이제 PROC GMAP문을 사용하여 지도상에 광역자치단체 단위의 인구를 표시하여보자.

---

7) 변환 코드는 〈부록〉을 참조하라.

```
PATTERN;
PROC GMAP MAP = korea_m                                    /*①*/
    DATA = pop_long(where = (type = "total" and year = 2015)) ALL; /*②*/
    ID code;                                               /*③*/
    CHORO value/ ⑤MIDPOINTS = (1000000 TO 10000000 BY 2000000); /*④*/
RUN;
QUIT;
```

 먼저 PATTERN 문을 사용하여 앞서 설정해둔 색상 표시 패턴을 초기화한다. 앞에서는 백지도를 사용하기 위해 PROC GMAP에서 MAP과 DATA를 동일한 자료로 사용하였다. 처음 예와는 달리, 지도 데이터와 속성자료를 결합하여 사용할 것이므로, 양자를 모두 사용한다. ①의 MAP에는 지도자료인 korea_m을, ②의 data에서는 속성자료인 pop_long을 사용한다. 일반적인 SAS DATA STEP에서와 같이 WHERE문을 사용하여 특정 변수의 속성만을 사용할 수 있다. 총인구를 나타내는 type변수의 total 속성과, 2015년도를 선택한다. ③에서는 지도 데이터와 속성자료를 어떠한 변수를 통해 연결할 것인가를 나타낸다. 앞서 광역자치단체를 나타내는 두 자리로 변환한 변수인 code를 사용한다. ④에서는 지도상에 표시할 기준변수인 value를 선택한다. ⑤의 MIDPOINTS에서는 각 광역자치단체의 인구수를 몇 개의 수준으로 분석할지를 각 수준의 중앙값을 통해 나타낸다. 여기서는 백만 명부터 천만 명까지, 이백만 명 단위로 늘려가며 분석하는 것을 나타내었다. 이를 실행하면 [그림 17]과 같은 결과를 얻을 수 있다.

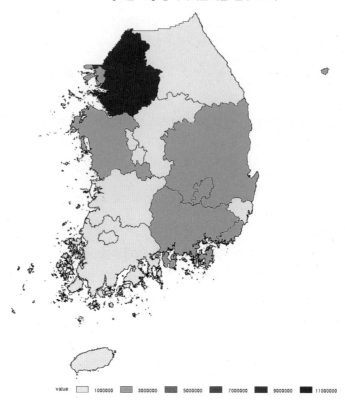

[그림 17] 광역자치단체별 인구 표시

value ▢ 1000000 ▨ 3000000 ▨ 5000000 ▨ 7000000 ▨ 9000000 ■ 11000000

　아래 범례에는 MIDPOINTS 옵션으로 지정한 각 수준의 중앙값이 표시된다. 물론 이 MIDPOINTS 옵션을 지정하지 않더라도 SAS는 각 수준의 숫자와 범위를 자동적으로 지정하여 사용한다. 그러나 각 수준을 설정하는 공식이 (1+3.3 log(n))값을 내림하는 방식이므로, 때에 따라서는 구간이 적절하게 나누어지지 않는 경우가 많기 때문에 주의를 해야 한다.

　지역별 차이를 나타내는 다른 옵션으로, DISCRETE가 있다. 이 옵션의 경우, 앞서 한 가지 색상의 명도변화를 통해 수준을 나타내는 것과 달리, 지도의 객체마다 개별적인 색상을 입혀 나타내게 된다. 또한 LEVEL 옵션을 통해 수준을 임의로 정해 줄 수도 있다. 한편 기초지자체 단위의 인구도 [그림 18]과 같이 시각화를 할 수 있다.

[그림 18] 기초자치단체별 인구 표시

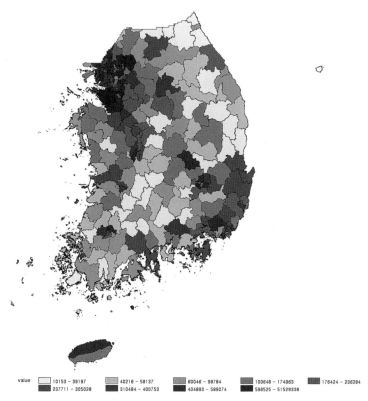

value ▢ 10153 – 39197 ▢ 40216 – 58137 ▢ 60046 – 98784 ▢ 100648 – 174963 ▢ 176424 – 236284
      ▢ 237711 – 305028 ▢ 310484 – 400753 ▢ 404893 – 589074 ▢ 596525 – 51529338

앞서 **PROC GMAP** 프로시저에서 SAS DATA STEP에서 사용하는 명령어를 모두 사용할 수 있음을 언급하였다. 이를 이용하여 특정 지역만을 표시할 수 있다. 예를 들어 서울지역만 대상으로 분석하고 싶은 경우, **PROC GMAP**의 MAP 자료에서 특정 지역만을 WHERE문으로 사용할 수 있다. 예를 들어 서울만을 분석 대상으로 삼을 때는 다음과 같이 MAP 옵션에서 자료의 일부, 즉 서울을 나타내는 REG 변수의 11값만을 지도에 표시하라 사용하면 된다.

〈표 25〉 서울특별시의 지자체별 인구 분포를 표시하는 코드

```
PROC GMAP MAP=koreasgg0
    DATA=pop_long(where = (type = "total" and year = 2015)) ALL;
    ID code;
    CHORO value;
RUN;
QUIT;
```

[그림 19] 서울특별시의 지자체별 인구 분포

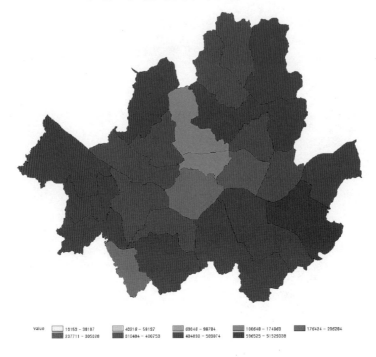

[그림 20] 수도권과 전라권의 인구 분포

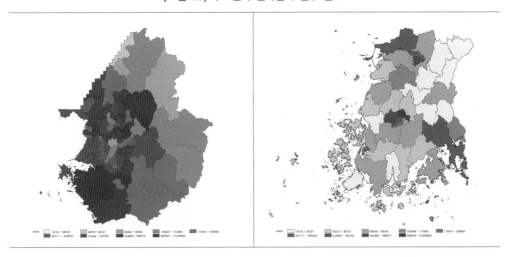

[그림 20]은 동일한 방법으로 수도권과 전라권의 인구 분포를 나타낸 결과이다.

```
PROC GMAP MAP=koreasgg0(where = (reg = 45 or reg = 46 or reg = 29))
    DATA=pop_long(where = (type = "total" and year = 2015)) ALL;
    ID code;
    CHORO value;
RUN;
QUIT;


PROC GMAP MAP=koreasgg0(where = (reg = 11 or reg = 16 or reg = 41))
    DATA=pop_long(where = (type = "total" and year = 2015)) ALL;
    ID code;
    CHORO value;
RUN;
QUIT;
```

한편, 인구변화를 시각화하기 위해 2000년과 2015년 사이의 인구변화를 [그림 21]과 같이 시각화할 수 있다. 이를 위해서는 먼저 연도별 변화를 비교하는 자료를 만들어야 한다. 아래 코드는 종형(long form)으로 구성되었던 pop_long 자료를 바탕으로 2000년과 2015년의 자료를 추출하여 결합하는 과정을 나타내었다. diff 변수는 2000년과 2015년의 인구 격차를 나타낸다.

〈표 27〉 인구 격차 표현을 위한 코드

```
DATA pop_00;
    SET pop_long(WHERE = (year = 2000));
    RENAME value = y2000;
    DROP year;
RUN;


DATA pop_15;
    SET pop_long(WHERE = (year = 2015));
    RENAME value = y2015;
    DROP year;
RUN;
```

```
DATA pop_0015;
    SET pop_00;
    SET pop_15;
    diff = y2015 - y2000;
RUN;
```

〈표 28〉 색상을 지정하는 코드

```
PATTERN1 VALUE = solid COLOR = "#1e90ff";
PATTERN2 VALUE = solid COLOR = "#32a4ff";
PATTERN3 VALUE = solid COLOR = "#46b8ff";
PATTERN4 VALUE = solid COLOR = "#dcdcdc";
PATTERN5 VALUE = solid COLOR = "#ffa2ad";
PATTERN6 VALUE = solid COLOR = "#ff8e99";
PATTERN7 VALUE = solid COLOR = "#ff7a85";
PROC GMAP MAP=koreasgg0 DATA=pop_0015_ed(where = (type = "total"))
ALL;
        ID code;
        CHORO diff / LEVELS = 7;
RUN;
QUIT;
```

다음으로 지도에 표시할 색상을 설정해주어야 한다. 이는 〈표 28〉의 코드와 같이 PATTERN문을 사용한다. 본 예제에서는 7개의 색상을 사용하며, 증가할수록 진한 적색이, 감소할수록 진한 청색이 나타나도록 설정한다. 색상표는 웹 디자인에 관련된 홈페이지에서 쉽게 얻을 수 있다.8) 이러한 PATTERN 문은 최대 255개까지 설정할 수 있다.

PROC GMAP에서 색을 입힐 변수로 지역별 인구 차이를 나타내는 변수인 DIFF를 사용한 후 앞서 지정한 패턴의 숫자를 CHORO 명령문의 LEVEL 옵션에서 지정한다.

이를 실행시킨 결과는 [그림 21]과 같다. 이를 보면 서울과 경기도, 경남 임해공업지역의 일부를 제외하고 전반적인 인구 감소 추세가 나타남을 알 수 있다. 예외적으로 제주도의

---

8) http://www.hipenpal.com/tool/html_color_charts_rgb_color_table_in_korean.php를 참고하라.

[그림 21] 2000-2015 인구 변동 추이

diff
- -289133 - -27244
- -2745 - 15647
- -27144 - -13105
- 16623 - 72806
- -12762 - -8177
- 73172 - 3796780
- -8139 - -2875

[그림 22] 충청권과 경남권의 인구 변동

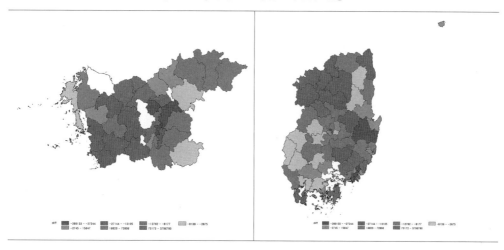

경우가 높은 인구 증가를 보이고 있음을 알 수 있다.

앞서 언급한 바와 같이 지도자료를 PROC GMAP으로 불러올 때 where 문을 사용하여
특정 지역만 불러올 수 있다. [그림 22]에서는 충청권과 경남권의 인구 변동을 나타내었다.

이처럼 SAS는 다양한 GIS 기반의 시각화 기법을 지원하고 있다. 이 밖의 다양한 지도를 이용한 시각화 기법은 SAS PROC GMAP의 갤러리에서 그 종류와 코드를 확인할 수 있다.[9]

4. 인터넷상의 지리정보를 직접 활용하기

최근에는 지리정보를 직접 다운받아서 SAS에서 구현하기보다는 직접 웹상에서 정보를 받아서 분석을 수행하는 방식이 일반화되고 있다. 예를 들어 구글 지도를 이용하여 특정 지역을 표시하고 싶을 때, 굳이 구글에 접속하지 않고, SAS 안에서 구글 지도 웹사이트에 접근하는 프로그램을 실행시키는 것이다. 아래 예제는 위도와 경도 값을 지정한 후에 해당 지역의 이름을 나타낸 후 이를 HTML 파일 형태로 출력을 시키는 SAS 프로그램 코드이다.[10]

〈표 29〉 SAS에서 구글 지도 접속 후 정보를 표현하기

```
FILENAME fout 'C:\temp\geocoding.html';
%LET latitude = 37.465555;
%LET longitude = 126.953092;
%LET facility = 서울대행정대학원;
%LET address1 = 관악구;
%LET address2 = 신림동;
%LET phone = (02) 880-5894;

DATA _NULL_;
   FILE fout;
   PUT
      '<html><head>' /
      '<title>Sample Google map generated by SAS data step</title>' /
      '<script type="text/javascript" src="https://maps.googleapis.com/
      maps/api/js?v=3.exp&sensor=false"></script>' /
```

9) https://support.sas.com/sassamples/graphgallery/PROC_GMAP.html
10) 코드를 위해서 다음을 참고하였다.
   https://blogs.sas.com/content/sgf/2014/06/06/spice-up-sas-output-with-live-google-maps/

```
'<script type="text/javascript">' /

'function initialize() {' /

    'var point = new google.maps.LatLng('"&latitude,&longitude"');'/

    'var mapOptions = {' /
        'zoom: 15,' /
        'center: point,' /
        'mapTypeId: google.maps.MapTypeId.ROADMAP' / '};' /

    'var map = new google.maps.Map(document.getElementById
("map-canvas"), mapOptions);' /

    "var info = '" "<div><b>&facility</b><br>&address1,<br>&
address2<br>Phone: &phone</div>" "';" /

    'var infowindow = new google.maps.InfoWindow({' /'content:
    info' /

    '});' /

        'var marker = new google.maps.Marker({' /
        'position: point,' /
        'map: map,' /
        'title: "Click here for details"' /
          '});' /

        'google.maps.event.addListener(marker, "click",
        function() {' /
              'infowindow.open(map,marker);' /
        '});' /

        'infowindow.open(map,marker);' /
```

```
'}' /

'google.maps.event.addDomListener(window, "load", initialize);' /

'</script>' /

'</head><body>' /
'<h3>This is a sample of Google map shown in SAS ID
Portal</h3>' /

'<div id="map-canvas" style="width:500px; height:350px;
border: 2px solid #3872ac;"></div>' /

'</body></html>'

;
RUN;
```

[그림 23] SAS에서 구글 지도 이용하여 정보 표현하기

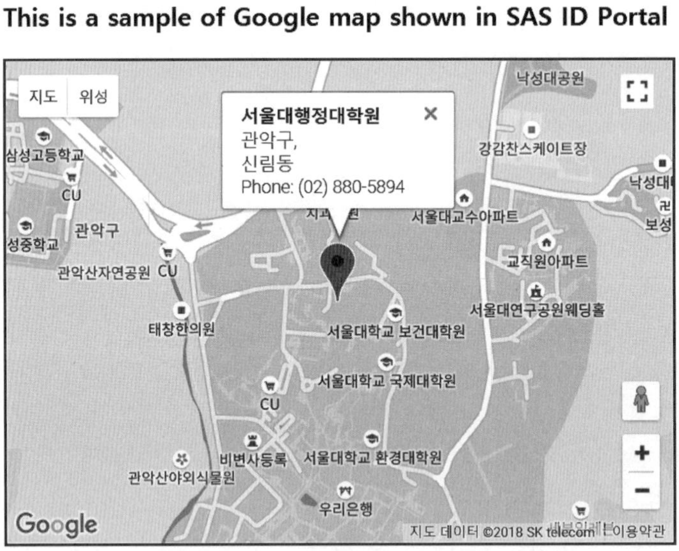

This is a sample of Google map shown in SAS ID Portal

위 〈표 29〉와 같은 프로그램을 실행시키면 [그림 23]과 같은 결과를 얻을 수 있는데, 이 HTML 문서에서 화면 줌 기능이나 확장 기능도 구현할 수 있고 마치 구글 지도에 직접 접속한 것과 동일한 분석을 수행할 수 있다.

```
DATA NEW.NUCLEAR;
   LENGTH NAME $ 30;
   INPUT NAME$ REGION1$ REGION2$ REGION3$ LONG LAT;
   CARDS;
   고리원자력발전소 부산광역시 기장군 장안읍 129.293623 35.323865
   월성원자력발전소 경상북도 경주시 양남면 129.475574 35.714041
   새울원자력발전소 울산광역시 울주군 서생면 129.311607 35.335599
   울진원자력발전소 경상북도 울진군 북면 129.371474 37.116253
   영광원자력발전소 전라남도 영남군 홍농읍 126.416692 35.410772
   ;
RUN;


GOPTIONS RESET=ALL HTITLE=12PT HTEXT=10PT;
ODS GRAPHICS/ HEIGHT=680PX WIDTH=1024PX;
TITLE "우리나라 원자력 발전소 위치";
PROC SGMAP PLOTDATA=NEW.NUCLEAR;
   OPENSTREETMAP;
   SCATTER X=LONG Y=LAT/MARKERATTRS=(COLOR=RED SIZE=20 SYMBOL=
   CIRCLEFILLED);
RUN;
```

널리 사용되는 지도 중의 하나는 OPENSTREETMAP으로 도로 정보를 포함한 지도이다. 이 지도를 불러온 후 여기에 정보를 나타낼 수 있다. 예를 들어 우리나라의 원자력 발전소의 위치와 관련된 nuclear이라는 데이터 세트를 〈표 30〉과 같이 만들 수 있다. 이 데이터 세트에는 위도와 경도 정보가 제공되고 있는데 〈표 30〉과 같이 SCATTER 명령문에 X= , Y= 명령어에 경도와 위도를 나타내는 변수를 각각 지정해주면 된다.

[그림 24]는 〈표 30〉의 프로그램을 실행한 결과이다. 그림에서 확인할 수 있듯이 배경이 되는 지도는 OPENSTREETMAP에서 가져온 대한민국의 지도이며 원자력 발전소의 위치가 나타나 있다.

[그림 24] OPENSTREETMAP을 이용한 시각화 예시

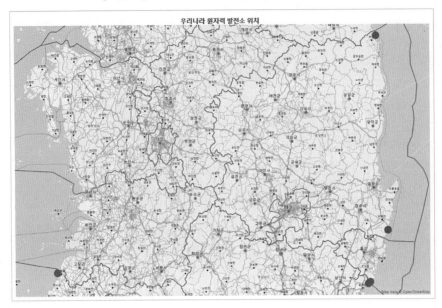

한편 ESRI에서 제공하는 지도 역시[11] SGMAP 프로시저에서 불러 분석에 사용할 수 있
다. 〈표 31〉의 코드를 이용하면 [그림 41], [그림 42]의 결과를 얻을 수 있다. ESRI사에서
제공하는 지도는 SAS에서 바로 연동이 되는 URL을 제공하고 있으며, 그 형태는 이미지,
이미지(레이블 정보 포함), National_Geography, OPEENSTREETMAP 형식, 도로 지도, 지
형지도 등 다양하다. 이러한 지도 위에 데이터를 버블, 산점도 등 다양한 형태로 표현하여
더욱 풍푸한 데이터 시각화가 가능하게 된다. 또한, ESRI사는 단순히 지도를 제공할 뿐 아
니라, 해당 지도에서 선을 그어 두 위치 간의 거리를 바로 계산해주는 등 지형을 기반으로
한 다양한 서비스를 제공하고 있다.

---

11) ESRI에서 공개적으로 제공하는 지도는 다양하며 아래의 링크에서 확인 가능하다.
http://www.arcgis.com/home/webmap/viewer.html?url=http://services.arcgis.com/P3ePLMYs
2RVChkJx/ArcGIS/rest/services/World_Countries_(Generalized)/FeatureServer/0&source=sd
만일 ESRI에서 제공하고 있는 지도를 통해 우리나라 지도를 그릴 경우 SAS에서 바로 지도를 그릴
수 URL은 다음과 같다
1. NatGeo_World_Map
https://services.arcgisonline.com/arcgis/rest/services/NatGeo_World_Map/MapServer
2. World_Street_Map
https://services.arcgisonline.com/arcgis/rest/services/World_Street_Map/MapServer
3.World_Physical_Map
https://services.arcgisonline.com/arcgis/rest/services/World_Physical_Map/MapServer

<예제1>[12)]

```
DATA major_quakes;
    SET sashelp.quakes (WHERE=(magnitude>5.0));
RUN;
PROC SGMAP PLOTDATA=major_quakes;
    ESRIMAP URL=
'http://services.arcgisonline.com/arcgis/rest/services/NatGeo_Wo
rld_Map';
    TITLE H=2 'Earthquakes > 5.0 magnitude';
     BUBBLE  X=longitude  Y=latitude  SIZE=magnitude  /  FILLATTRS
= (COLOR= cxff3344);
RUN;
```

<예제2>

```
ODS GRAPHICS/ height=680px width=1024px;
TITLE "2016년 개인사업자 중 계절사업이라는 이유로 폐업한 지역";
PROC SGMAP PLOTDATA=new.city_loc3;
    ESRIMAP URL=
'https://services.arcgisonline.com/arcgis/rest/services/World_St
reet_Map/MapServer';
    SCATTER  x=long  y=lat/markerattrs=(color=red  size=20  symbol=
circlefilled);
RUN;
QUIT;
```

---

12) 출처:

https://www.sas.com/content/dam/SAS/support/en/sas-global-forum-proceedings/2018/2346-
2018.pdf의 예제 13.

[그림 25] ESRI 예제1

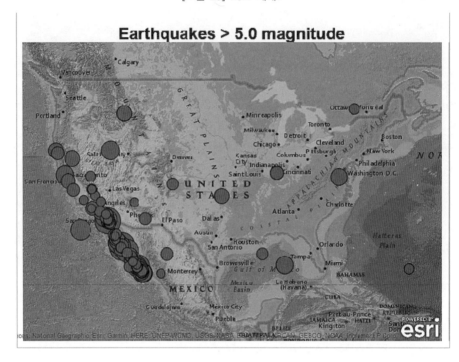

[그림 26] ESRI 예제2

자료 시각화의 발전 방향

ata visualization

이 책을 읽고 난 독자는 자료 시각화가 단지 보기 좋은 그래프를 그리는 것이 아님을 배울 수 있었을 것이다. 좋은 자료 시각화를 위해서는 연구자의 연구 질문에 따라 좋은 자료를 찾아 이를 가공하는 것이 선행되어야 한다. 시각화에 필요한 자료가 완벽히 준비되어 있는 경우는 거의 없으며, 여러 데이터 세트를 결합하고 가공하여 시각화에 적합한 데이터 세트로 변형해야 하는 것이 일반적이다. 이런 이유로 자료 시각화에 관심있는 연구자가 자료가공 및 분석 기능 없이 시각화에 특화된 프로그램을 이용한다면 많은 한계를 느낄 것이다.

일부는 자료 시각화가 데이터 어낼릭틱스(data analytics)에서 단순히 자료의 특성을 파악하기 위한 저급의 분석 기술이라고 오해할 수도 있다. 하지만 자료 시각화의 발전 과정을 보면 자료를 요약·정리하는 기술통계분석 단계에서조차 단지 그래프뿐만 아니라 표나 기술통계량의 정보를 그래프 안에 함께 제공하는 방식으로 발전하고 있다. 어떤 통계량을 그래프와 함께 나타낼 것인가를 판단하는 것은 통계학에 대한 높은 이해 수준이 없으면 쉽지 않은 작업이다. 뿐만 아니라 과거에는 회귀분석이나 로지스틱 회귀분석 결과가 주로 표의 형태로 제공되었지만 이 책에서 시도한 것처럼 분석의 각 단계별로 시각화 기법과 각종 통계량을 동시에 제공함으로써 분석 결과에 대한 해석 가능성을 높이는 노력이 이루어져야 하며 이것이 앞으로 자료 시각화 기법이 발전해 나아가야 할 방향이다.

자료 시각화의 또 다른 쟁점은 공간정보와 전통적인 통계분석 기법의 결합이다. 통신자료, 카드 사용자료, 교통자료, 소득자료 등은 공간정보를 포함하고 있기 때문에 이를 반영한 분석의 중요성이 커지고 있다. 하지만 가공된 자료에서는 공간정보를 누락한 채 단순히 시도나 시군구 자료 형태로 결합되어 제공되는 경향이 있다. 그 결과 지역별 차이들을 제대로 반영하지 못한 채 자료 분석을 수행하는 한계에 직면하고 있다. 이러한 문제를 극복하기 위해서는 공간정보를 반영한 자료수집과 가공이 이루어질 필요가 있다. 또한 공간자료의 특성상 대용량 자료를 처리하여 이를 간결하게 시각화할 수 있는 방법론이 지속적으로 개발될 필요가 있다.

한편 동일한 자료나 분석 결과도 어떻게 자료 시각화를 할 것인지에 따라서 전혀 다르게 해석될 수 있다. 이러한 이유로 자료 수집 단계부터 자료 분석 및 시각화 단계를 보여 주는 실행파일(do file) 혹은 분석 코드를 함께 제공해줄 수 있어야 한다. 현재 책이나 논문에 자료 시각화는 주로 단색의 제한된 지면상에 제공되고 있기 때문에 많은 한계가 있다. 이러한 점에서 자료 시각화가 발전하기 위해서는 전통적인 출판 방식도 바뀌어야 하며, 분석 자료, 코드, 시각화 결과를 보충적으로 제공하는 공간을 함께 제공해야 한다.

이 책은 자료 분석이 단순히 복잡한 수식과 숫자의 과정이 아니라 시각화 기법을 통해 좀더 이해하기 쉬운 방향으로 변화해야 한다는 점을 강조하고자 하였다. 하지만 역설적으로 이해하기 쉬운 시각화를 위해서는 분석 기법에 대한 정확한 이해와 이를 구현할 수 있는 통계 프로그램의 능숙한 활용이 전제되어야 한다. 앞으로 자료 시각화에 대한 관심이 증대하여 한국 사회과학 방법론이 조금이라도 더 발전하기를 기대한다.

SAS UNIVERSITY EDITION

설치법

Data visualization

▌SAS UNIVERSITY EDITION 설치하기

▸ 검색엔진에 "SAS UNIVERSITY EDITION"를 입력하고 검색한다.

▸ 해당하는 운영체제를 선택한다.

해당하는 운영체제를 선택하십시오.

▌사전 점검하기

▸ 해당 운영체제 선택 후 설치를 위해 사전 점검이 필요하다. 컴퓨터가 다음의 최소 시스템 요구 사항을 만족해야 한다.

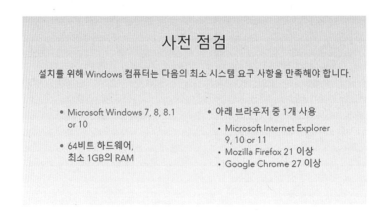

▌가상머신 설치하기

▸SAS UNIVERSITY EDITION을 사용하기에 앞서서 먼저 Oracle VirtualBox for Windows라고 하는 가상머신을 설치해야 한다.

가상화 소프트웨어 다운로드

가상화 소프트웨어를 컴퓨터에 다운로드하여 설치합니다.
Oracle VirtualBox for Windows는 무료로 사용할 수 있습니다.

Download VirtualBox for Windows ↗

참고: SAS University Edition은 VMware Workstation Player와도 호환되지만 비용이 발생할 수
있습니다. (Vmware Workstation Player 다운로드 링크).

▸가상머신이 설치될 운영체제를 선택한 후 가상머신을 설치한다.

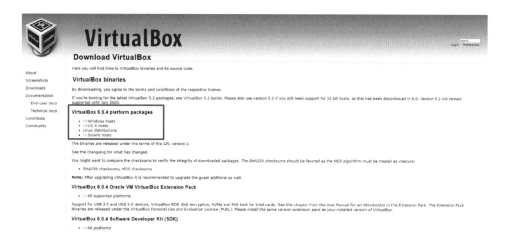

▸ 순서에 따라 가상머신을 설치한다.

┃ SAS 파일을 저장할 폴더 생성하기

▸ VirtualBox가 설치되는 동안 SAS 파일을 저장할 폴더를 생성한다.
▸ 로컬 컴퓨터에 SASUNIVERSITYEDITION이라는 명칭의 폴더를 생성한다. 이때 폴더명을 공백 없이 설정하는 것에 주의한다.
▸ SASUNIVERSITYEDITION 이름의 폴더 안에 myfolders라는 명칭의 하위폴더를 생성한다. 이때 폴더명을 공백 없이 설정하는 것에 주의한다.

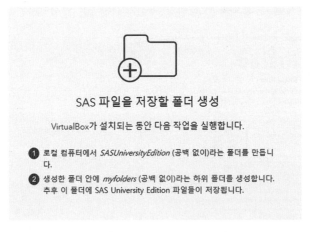

SAS 파일을 저장할 폴더 생성

VirtualBox가 설치되는 동안 다음 작업을 실행합니다.

❶ 로컬 컴퓨터에서 *SASUniversityEdition* (공백 없이)라는 폴더를 만듭니다.
❷ 생성한 폴더 안에 *myfolders* (공백 없이)라는 하위 폴더를 생성합니다. 추후 이 폴더에 SAS University Edition 파일들이 저장됩니다.

┃ SAS UNIVERSITY EDITION 다운받기

▸ 가상머신 설치를 마친 후 SAS UNIVERSITY EDITION을 다운받는다.

‣ 다운로드 버튼을 클릭하면 프로필을 생성한 후 로그인하고 약관에 동의해야 프로그램
   을 다운 받을 수 있다.

▌SAS UNIVERSITY EDITION 설치하기

‣ Oracle VM VirtualBox를 실행한 후에 파일 → 가상 시스템 가져오기 → 가져올 가상
   시스템에서 다운받았던 unvbasicvapp 파일을 불러온다.

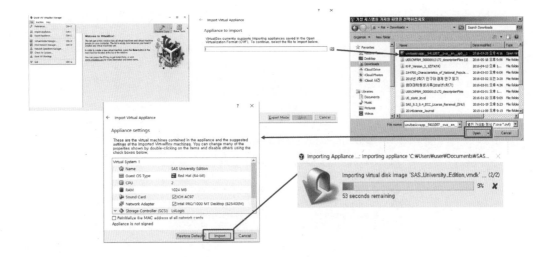

▌'공유폴더' 설정하기

▸ 호스트 운영체제의 드라이브나 폴더를 공유하기 위해 '공유폴더'를 설정해야 한다.

▸ 공유폴더를 새로 생성하기 위해 공유폴더 경로명을 설정해야 하는데, 이를 위해서 설정(setting) → 공유폴더(Shared folders)를 선택한 후 우측 상단에 폴더 아이콘을 클릭한다

▸ 폴더경로(Folder Path)에서 앞서 생성한 공유폴더를 선택하면 경로가 지정된다.

▸ 이때 폴더명은 "myfolders"로 설정하고 자동마운트에 체크한 후 확인버튼을 눌러준다.

▸ 자동마운트에 체크하면 매번 설정할 필요가 없다.

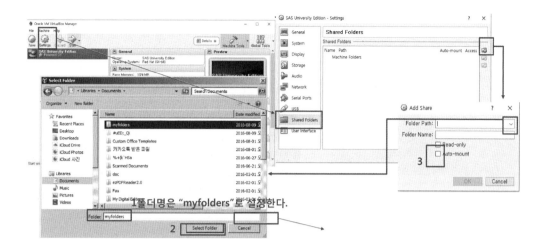

1 폴더명은 "myfolders"로 설정한다.

▶ 공유 폴더 설정이 완료되었다.

▶ 시작(start) 버튼을 선택하여 SAS UNIVERSITY EDITION을 실행할 수 있다.

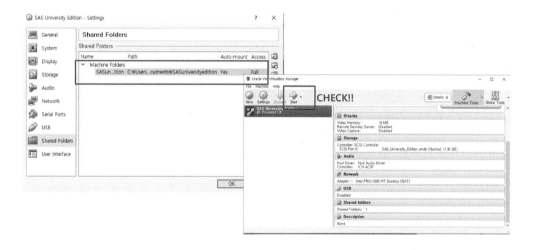

▌SAS UNIVERSITY EDITION 실행하기

▶ 시작버튼을 누르고 대기하면 주소창이 나타난다.

▶ 주소창에 나온 주소를 그대로 새로운 인터넷 창에 입력한다.

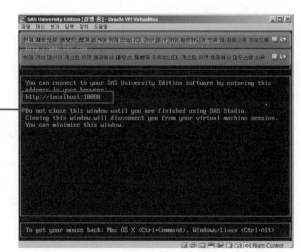

I SAS UNIVERSITY EDITION 설치 완료

Start SAS Studio >

NOTIFICATIONS

☐ SAS University Edition is up-to-date.

RESOURCES

Support (ask questions, share ideas)
Installation Documentation
Frequently Asked Questions (FAQ)
View Software License Agreement

┃ SAS UNIVERSITY EDITION의 내비게이션 기능

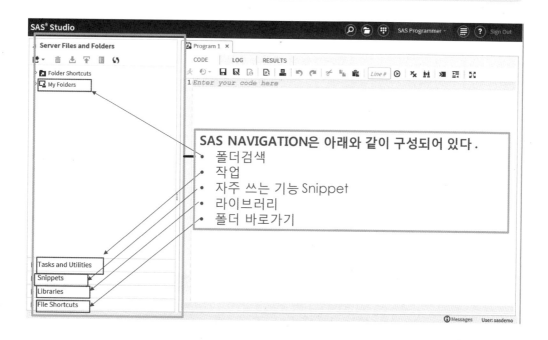

SAS NAVIGATION은 아래와 같이 구성되어 있다 .
- 폴더검색
- 작업
- 자주 쓰는 기능 Snippet
- 라이브러리
- 폴더 바로가기

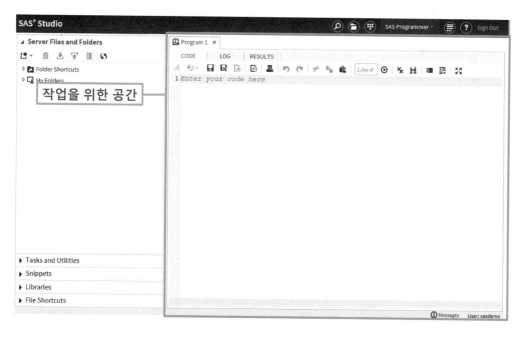

작업을 위한 공간

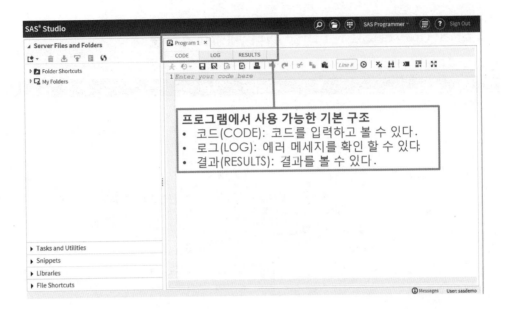

프로그램에서 사용 가능한 기본 구조
- 코드(CODE): 코드를 입력하고 볼 수 있다.
- 로그(LOG): 에러 메세지를 확인 할 수 있다.
- 결과(RESULTS): 결과를 볼 수 있다.

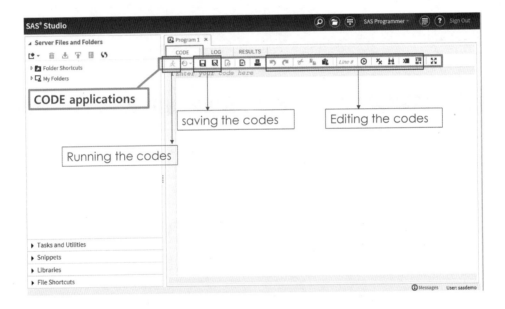

CODE applications

saving the codes

Editing the codes

Running the codes

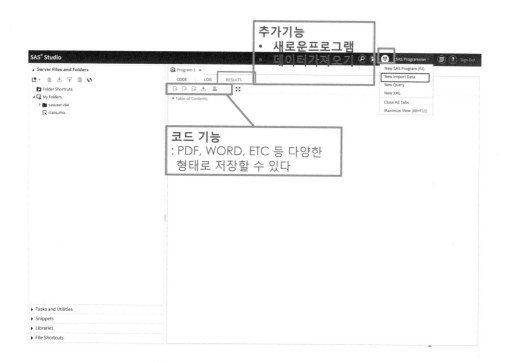

추가기능
• 새로운프로그램
• 데이터가져오기

코드 기능
: PDF, WORD, ETC 등 다양한
  형태로 저장할 수 있다

▌ SAS UNIVERSITY EDITION을 이용하는 데 도움이 되는 사이트

▸ 설치하는 방법: https://www.youtube.com/watch?v=KA0kvTf3tSc

▸ 간단한 기능 소개: https://www.youtube.com/watch?v=5Z8sFKWb-SI

▸ 파일에 접근하는 방법: https://www.youtube.com/watch?v=cFuaaavKvSE

찾아보기

저자 소개

고길곤 교수는 연세대학교 응용통계학과를 나와 서울대 행정대학원 석사, 미국 Pittsburgh 대학 정책학 박사를 마쳤다. National University of Singapore 정치학과에서 교수로 재직하다가 2011년부터 서울대 행정대학원에서 정책 분석 및 평가, 계량분석, 행정윤리 등을 가르치고 있다. [통계학의 이해와 활용], [효율성 분석 이론], [범주형 자료분석] 등을 비롯하여 다수의 저서와 논문이 있으며, 현재 Asian Journal of Political Science 편집장이며, International Review of Administrative Sciences를 비롯한 여러 학술지 편집위원으로 활동하고 있다.

Editor-in-Chief, Asian Journal of Political Science
Professor,
Graduate School of Public Administration
Seoul National University,
599 Gwanak-ro Gwanak-gu, Seoul, Korea 151-742
Tel)82-2-880-5894
Research Gate: https://www.researchgate.net/profile/Kilkon_Ko
homepage: http://gspa.snu.ac.kr/node/80

이 책은 2019년도 서울대학교 행정대학원 행정연구소 연구총서로 발간되었음.

데이터 시각화와 자료분석